통신시스템과 디지털통신

: MATLAB 문제 기반

최권휴 지음

도서출판 홍릉

실습자료 파일 다운로드

이 책의 학습을 위한 실습 파일은 도서출판 홍릉 홈페이지(www.hongpub.co.kr)에서 내려받을 수 있습니다. 홈페이지에서 도서명 검색 후 보조자료를 다운로드하시기 바랍니다. (Chrome 웹브라우저 사용 권장)

교수 및 강사용 강의자료 및 실습 모범답안

hongpub@hongpub.co.kr 에 요청하면 교수 및 강사 정보 확인후 제공받을 수 있습니다.

강의 영상 접속 방법

KOCW (Korea Open Course Ware) 사이트 (www.kocw.net)에 접속하여 본 교재를 위한 인터넷 강의를 수강할 수 있습니다.

- KOCW 사이트 접속 후, '최권휴'로 강의 검색
- Part I, II 관련 강의 링크 :
  http://www.kocw.net/home/search/kemView.do?kemId=1174945
- Part III, IV 관련 강의 링크 :
  http://www.kocw.net/home/search/kemView.do?kemId=1335433

통신시스템과 디지털통신
MATLAB 문제 기반

인　쇄 : 2022년 2월 19일 초판 1쇄
발　행 : 2022년 2월 26일 초판 1쇄

저　자 : 최권휴
발행인 : 송 준
발행처 : 도서출판 홍릉
주　소 : 01093 서울시 강북구 인수봉로 50길 10
등　록 : 1976년 10월 21일 제5-66호

전　화 : 02-999-2274~5
팩　스 : 02-905-6729
e-mail : hongpub@hongpub.co.kr
http://www.hongpub.co.kr
ISBN : 979-11-5600-848-4(93560)

정　가 : 25,000원

머리말

본 교재는 통신시스템 (통신공학) 및 디지털통신의 이론들을 명확하게 이해시키고자 개발하였습니다. 이론만 가지고 바로 검증 실험을 하기는 막연하므로 전체 실험과정을 단계별 문답식으로 구성하여, 학생 스스로 이에 답하고 실습 결과를 통해 이론을 확인하도록 구성하였습니다.

본 교재의 특징을 요약하면 다음과 같습니다.

- MATLAB과 Simulink의 기초에서부터 고급 디지털 통신시스템 설계과정까지 체계적인 학습을 제공함. 따라서, 학생들은 물론 실습 조교나 강사도 MATLAB 프로그래밍에 대한 사전지식 없이 쉽게 시작할 수 있음.
- 정해진 설계과정을 수동적으로 따라하지 않고, 단계별로 질문에 답하게 함으로써, 능동적인 사고로 과정을 이해하여 설계를 완성하도록 함.
- 전산 실험에 의한 신호 파형 데이터를 전기적인 신호로 출력하여 사운드 청취나 오실로스코프 관찰을 통해 알고리듬의 동작을 체감하여 흥미를 갖도록 유도함 (교재 표지 뒷면 사진 참조).
- 별도의 통신 실습 키트없이, 스마트폰과 PC를 이용해 무선으로 데이터를 전송하는 시스템을 구현하고 세부 알고리듬을 이론과 함께 실습할 수 있도록 함. (13장3절 FM 신호 무선 전송 참조, 30장 OFDM 무선 모뎀 구현 참조)
- 시간 함수를 MATLAB샘플 벡터로 생성하게 함으로써, 알고리듬을 파형 수준에서 구현하고 검증할 수 있도록 함.
- 배경 이론이 필요한 실습과정에는 선행 지식을 묻는 기초 이론 문제를 추가하여 실습을 도움. 또한, 심화 과정의 문제도 제공하여 수준별 실습이 가능함.

본 교재의 활용 방안은 다음과 같습니다.

- 통신시스템(통신공학) 및 디지털통신 이론 및 실습 학부 교재.
- 통신시스템(통신공학) 및 디지털통신 이론 이해를 위한 자습서.
- 학부 통신과목 복습을 위한 대학원 수업 교재.
- MATLAB 시뮬레이션 코드 작성을 위한 가이드 북.

본 교재는 PART I, II, III, IV로 나누어져 있으며 각 PART에서는 다음의 내용을 다루고 있습니다.

☞ Part. I 신호와 시스템

1 MATLAB and Simulink Basics

2 Numerical Intergration and Orthogonal expansion

3 Fourier Series and Frequency Transfer Function

4 Fourier Transform

5 Fourier Transform의 성질, Convolution

6 LPF and BPF Design

7 Sampling and Signal Reconstruction

8 Correlation and Spectral Density

☞ Part. II 통신시스템

9 AM Modulation

10 QM (Quadrature Multiplexing) and FDM (Frequency Division Multiplexing)

11 Hilbert Transform and SSB

12 VCO and FM Modulation

13 Phase Locked Loop (PLL) and Synchronization

☞ Part. III 디지털통신

14 Probability and Random Variables

15 Random Signals

16 Maximum Likelihood (ML) Detection for Binary Transmission

17 Signal Vector Space and ML Detection I

18 Signal Vector Space and ML Detection II

19 Correlator-based ML Detection

20 Pulse Shaping and Matched Filter

21 BPSK BER Simulation (Waveform Level)

22 QPSK and OQPSK in Simulink

23 QAM in Simulink

24 Convolutional Coding

☞ Part. IV 고급 디지털통신

25 Fading, Diversity and Combining

26 OFDM under AWGN Channel

27 OFDM under Multipath Fading Channel
28 MIMO System, Part I : Space Time Code
29 MIMO System, Part II : Spatial Multiplexing
30 Near Ultrasonic Wireless OFDM Modem Design

KOCW (Korea OpenCourseWare) 사이트 (www.kocw.net)에 접속하여 본 교재를 위한 인터넷 강의를 수강할 수 있습니다.

- KOCW 사이트 접속 후, '최권휴' 로 강의 검색
- Part I, II 관련 강의 링크 :
  http://www.kocw.net/home/search/kemView.do?kemId=1174945
- Part III, IV 관련 강의 링크 :
  http://www.kocw.net/home/search/kemView.do?kemId=1335433

본 교재는 여러 학기에 걸쳐 통신시스템(통신공학) 및 디지털통신 과목의 실습 강의를 하면서 학생들의 결과물을 토대로, 학생들이 의도된 방향으로 실습을 수행할 수 있도록 문제를 수정 보완한 것입니다. 아무쪼록, 본 교재가 통신시스템(통신공학) 및 디지털통신 과목의 이해를 돕는데 효과적으로 사용되기를 바랍니다.

그 동안 본 교재를 위해 도움을 준 제자들에게 감사의 마음을 전합니다. 특히, 많은 시간 열과 성을 다해 수고해 준 라동준 박사와 DGIST의 김봉석 박사에게 고마움을 표합니다. 끝으로 도서출판 홍릉의 박찬혁 선생님과 김기용 선생님께도 감사드립니다.

2022년 최 권 휴

사용 툴박스

Part I 신호와 시스템

챕터	문제 번호	사용 툴박스
1장	1, 2, 3, 4	Symbolic Math Toolbox
	5, 6	DSP System Toolbox
2장	1, 2	Symbolic Math Toolbox
3장	2, 4	Symbolic Math Toolbox
	1, 3, 4	DSP System Toolbox
	3, 4	SimPowerSystems
4장	1, 2, 3	DSP System Toolbox
5장	1, 2	Symbolic Math Toolbox
6장	1, 2, 3, 4	Signal Processing Toolbox
7장	1, 2, 3, 4	DSP System Toolbox
8장	1, 2, 3	Symbolic Math Toolbox

Part II 통신시스템

챕터	문제 번호	사용 툴박스
9장	1, 2, 3	DSP System Toolbox
	1, 2	Communication System Toolbox
10장	1, 2, 3	DSP System Toolbox
11장	3, 4	DSP System Toolbox
12장	1, 3	DSP System Toolbox
	1, 2	Communication System Toolbox
13장	1, 2, 3	DSP System Toolbox
		Communication System Toolbox

Part III 디지털통신

챕터	문제 번호	사용 툴박스
14장	1	Symbolic Math Toolbox
15장	1, 2, 3, 4	Symbolic Math Toolbox
16장	1, 2, 3	Symbolic Math Toolbox
20장	2, 3	Symbolic Math Toolbox
	1, 2, 3	Communication System Toolbox
	2	Signal Processing Toolbox
21장	1, 2, 3, 4, 5	Symbolic Math Toolbox
		Communication System Toolbox
22장	2, 3, 4, 5, 6, 7	Communication System Toolbox
		DSP System Toolbox
23장	5	Symbolic Math Toolbox
	1, 2, 3, 4, 5	Communication System Toolbox
		DSP System Toolbox
24장	1, 2, 3, 4	Symbolic Math Toolbox

Part IV 고급 디지털통신

챕터	문제 번호	사용 툴박스
25장	1, 2, 3, 4	Symbolic Math Toolbox
26장	1, 2, 3, 4, 5	Symbolic Math Toolbox
27장	1, 2, 3	Symbolic Math Toolbox
28장	1, 2, 3, 4	Symbolic Math Toolbox
29장	1, 2, 3, 4, 5, 6, 7	Symbolic Math Toolbox
30장	1, 2, 3, 4	Symbolic Math Toolbox
		Signal Processing Toolbox

제목 차례

Part I 신호와 시스템

Part IV 고급 디지털통신

부 록

교강사를 위한 실습 강의자료 및 실습 모범답안

[일러두기]

실습 문항에 표시된 각종 심벌들과 ' '로 표시된 단어가 의미하는 바는 아래와 같습니다.

🖫	:	실습자료 파일이 제공되는 문항 (실습자료 파일 다운로드 방법은 교재 뒷표지 참고)
🎧	:	이어폰을 PC에 연결하여 사운드 청취가 필요한 문항
[오실로스코프 아이콘]	:	오실로스코프로 파형을 관찰 하는 문항
☆	:	실습시간 전에 필히 먼저 풀어봐야 할 문항
★	:	추가 학습 문항
' '로 표시된 단어	:	매트랩 변수 또는 매트랩 함수
m-file	:	매트랩 script file

[교재활용 가이드]

Part I 신호와 시스템

챕터	Prelab*	Mainlab*	Further study*	주요 이론 교재 관련진도	
				"Introduction to Communication Systems" by Ferrel G. Stremler 3rd Addison Wesley, 1990	"Introduction to Analog & Digital communication", by Haykin and Moher 2nd, Wiley, 2007
1장	1.A~B **1.C~E*** **5번**	**2.A, 3.A** 3.B~C **4.A**, 4.B~C **6번**	2.B 3.D	-	-
2장	**1.A~1.G** 1.H~1.J **2.A, 2.E1**	**2.B~2.C** **2.E2~E4**	2.D 2.E5, E6 2.F	2.5~2.7	-
3장	**1번** **2.A~C** **4.A**	**2.D~F** 3번, **4.B** 4.C		2.12, 2.13, 2.15, 3.3, 3.9	2.1~2.3, 2.5
4장	**1번, 2번** **3.A~C**	3.D **4번** **5번**	-	3.2, 3.5, 3.6, 3.15, 3.17	2.6
5장	**1.A** **1.F1** **2.A1~A2** **4.F3~F4**	1.B~E 1.F2~F3 2.A3~D1 **2.E~F, 3** **4.A~G** **5번**	2.D2~D3 2.G 4.F1~F2 4.F5	3.5~3.9	2.3
6장	**1번** **2.A~C**	**2.D1~D9** **3번** 4.A~C	2.D10~D12 4.D	2.19, 3.11~3.13	2.7
7장	**1번, 2번** **3.A~B** **3.E2**	**3.C~D** **3.E1,** **3.E3~E9**	4번	3.15, 3.16	5.1~5.2
8장	**1번** **2.A** **2.E1** **2.E5** **2.G1** **2.H1** 2.I 2.J4 3.A1	**2.B~D2** **2.E2~E4** **2.E6, 2.F** **2.G2~G8** **2.H2~H4** 2.J1~J3 2.J5~J9 3.A2~A3 3.B~C3	2.D3~D4 3.C4	4.1~4.7.1	2.8

*Prelab : 원활한 실습 진행 및 실습의 효과를 높이기 위해 실습 시간 전까지 제출해야하는 과제
*Mainlab : 실습 시간 내에 제출해야 하는 과제
*Further study : 실습 시간 이후에 추가 제출해야 하는 과제
***굵은 글씨** : 과제 분량을 줄인 약식 범위

Part Ⅱ 통신시스템

챕터	Prelab*	Mainlab*	Further study*	주요 이론 교재 관련진도	
				"Introduction to Communication Systems" by Ferrel G. Stremler 3rd Addison Wesley, 1990	"Introduction to Analog & Digital communication", by Haykin and Moher 2nd, Wiley, 2007
9장	1번, 2.A1, 2.C1	2.A2~B, 2.C2~C7	3번	5.1, 5.2	3.1~3.3
10장	1번 3.B1	2번 3.A 3.B2~B6	3.C	5.3	3.5, 3.9
11장	1번 4.B1	2.A 2.B1~B4 3번	2.B5~B10 4.A~D	5.4	3.6, 3.8
12장	1.A~2.D 3.A1~A3 3.A4~A5	2.E 3.B~3.E	-	6.1, 6.2	4.1~4.2, 4.4
13장	1번	2.A~2.D4	2.D5, D6, 2.E, 3번	6.7.2, 6.7.3	4.8

Part III 디지털통신

챕터	Prelab	Mainlab	Further study	주요 이론 교재 관련진도	
				"Digital Communications Fundamentals and Applications" by Sklar 2nd PHIPE, 2002	"Digital Communications" by Proakis5th MC GRAW-HILL, 2008
14장	1번~3번 4.A	4.B~6번	7번	1.1 ~ 1.5	2.3
15장	1.A~1.D1, 1.D2, D3 1.D4~1.E, 1.F 2번 4.B8	3.A~B 3.E1~E3 4.A1~A5 4.B1~B7, 4.C1~C3, 4.C5	3.C~D 3.E4~E7 4.A6, 4.B9~B11 4.C4,C6,C7 4.D	1.4 ~ 1.5.5	2.3, 2.7-1
16장	1번 2.D1~D3	2번 3.A~3.B	3.C~3.H	3.1 ~ 3.2.1	2.3, 4.2-1
17장	1번, 2번	3번, 4번	-	3.1.3, 3.2.5.3, 4.2.6, 4.3.1	4.2, 5.1 ~ 5.1-1
18장	1.A	1.C 2번~3번	-		
19장	1번	2번	-	4.3.2	2.2, 2.3, 4.2-2
20장	1번 2.A~2.C	2.D~3번	4번 (오실로스코프실험)	3.2.3, 3.4.2	9.2 ~ 9.2-3
21장	1번~3.A	3.B~4번	5번	4.1 ~ 4.4.2, 4.7.1	3.2-2, 4.2-2
22장	1번~3번	4번 5.A~5.C3	5.C4, C5 6번~7번	4.4.3 ~ 4.8.3, 9.8.1, 9.8.2.1	3.2-2, p124(OQPSK)
23장	1번~3.B 4.E, 4.F2~F3	3.C~F 4.A~D	4.F1,F4 5번(오실로스코프실험)	9.8.3, 9.5.1	3.2-3
24장	1번~3.B	3.C 4.A~4.B2, 4.C1 5번	3.D~3.E 4.B3~B5 4.C2~C4	7.1 ~ 7.4	8.1 ~ 8.1-1, 8.2 ~ 8.2-1, 8.3, 8.4

Part Ⅳ 고급 디지털통신

챕터	Prelab	Mainlab	Further study	주요 이론 교재 관련진도	
				"Digital Communications Fundamentals and Applications" by Sklar 2nd PHIPE, 2002	"Digital Communications" by Proakis5th MC GRAW-HILL, 2008
25장	1.A~1.C6, 1.C7, 1.D 2.A~2.I, 2.J, 3번, 4.C1	4번 (4.C6제외)	4.C6	15.5.4	13.1, 13.4
26장	1번~3번 4.A	4.B~5번	-		11.2, 13.6
27장	1번	2.A1, 2.A3~A5 2.B2~B4 3.A~3.D (3.B2제외)	2.A2 2.A6 2.B1 3.B2 3.E		11.2, 13.6
28장	1번, 2.A	2.B 3.A 3.B1~B5	3.B6 4번		15.4
29장	1, 2번	3, 5, 6번	4, 7번		15.1~15.2
30장	1.A Step1,2 2.A~2.C	1번, 2.D~E, 3번	4번		

PART I 신호와 시스템

>>> 01 CHAPTER MATLAB and Simulink Basics

- MATLAB의 수학 연산자 활용 방법을 익힌다.
- 벡터와 행렬의 연산 및 활용법을 익힌다.
- Symbolic Math 사용법을 익힌다.
- M-file 작성법을 익힌다.
- 사용자 함수 사용법을 익힌다.
- Simulink 사용법을 익힌다.

1. MATLAB을 이용한 다양한 변수 연산 및 그래프 출력

아래 문제 중, 문제 1.A ~ 1.D 는 다양한 유형의 MATLAB 변수들의 연산을 다루며, 문제 1.E ~ 1.F 는 이 교재에서 자주 사용되는 그래프 출력과 관련된 명령을 다룬다. 아래 지침에 따라 각 문항들을 수행하여 각 명령어의 동작을 학습해보자.

(지침1) MATLAB이 설치된 PC에서 MATLAB을 실행시키시오.

(지침2) MATLAB의 Command window(한글판의 경우 명령창, MATLAB을 처음 실행할 때 뜨는 명령 입력창을 말함)에 아래 박스의 모든 명령어들을 입력하여 실행하시오. 명령 프롬프트 '>>' 옆에 한 줄씩 입력하고, 엔터(Enter)키를 누르면 명령어가 수행된다.

(지침3) 각 명령어를 수행하여 출력된 결과를 확인하시오, 실습자료파일 폴더 (본 교재 뒷 표지 참조)에 있는 리포트 샘플 파일 (리포트작성예.docx)과 같이, 자신의 리포트에는 각 명령어 옆에 수행한 연산의 의미가 무엇인지 정확하게 쓰시오. 명령어의 수행결과는 리포트에 쓰지 말고, 수행한 연산의 의미만 작성할 것.

(지침4) 오류 메시지가 출력되는 명령어의 경우 그 오류 메시지의 의미를 리포트에 작성하시오.

리포트 작성은 실습자료 폴더 (본 교재 뒷 표지 참조)에 있는 '리포트작성예.docx' 파일을 사용하여 형식을 지킬 것. 파일명을 적절히 변경하고, 주어진 포맷을 유지하여 작성할 것.

1.A. 스칼라 (실수, 복소수) 변수 연산 (오류가 발생할 경우 오류가 발생한 이유를 적으시오.)

1. `A=12`	10. `C=A^B`	19. `real(Z)`
2. `A=A+2`	11. `A=12e6`	20. `imag(Z)`
3. `B`	12. `clc`	21. `conj(Z)`
4. `B=A*3`	13. `i`	22. `abs(Z)`
5. `B*6`	14. `j`	23. `angle(Z)`
6. `A*B-A*3-B`	15. `X=1+3j`	24. `who`
7. `A=B^2`	16. `Y=-2+j`	25. `whos`
8. `C=sqrt(B)`	17. `Z=X+Y`	26. `clear`
9. `A=2; B=4; C=A+B`	18. `Z=X*Y`	27. `who`

참고

각 명령어에 의한 연산의 의미가 정확하게 이해되지 않는 경우에는 같은 유형의 다른 값을 가지는 변수 또는 상수를 입력하여 여러 번 수행하고 결과를 관찰해 볼 것.
ex) 함수 '`conj()`' 에 대해, `>>conj(1+j)`, `>>conj(2-3j)`, `>>conj(-3+4j)`... 등을 수행 후 관찰

1.B. 벡터 (vector) 변수 연산 (오류가 발생할 경우 오류가 발생한 이유를 적으시오.)

1. `X=2:2:10`	11. `Y=[2; 1; 4; -3]`	21. `Y.^2`
2. `Y=1:5`	12. `Z=Y'`	22. `Y=[7 3 -1 2]`
3. `Z=X+Y`	13. `Z(1)`	23. `min(Y)`
4. `Z=X.*Y`	14. `Z(2)`	24. `max(Y)`
5. `Z=X*Y`	15. `Z(1:3)`	25. `[a b]=min(Y)`
6. `Z=X./Y`	16. `Z(2:4)`	26. `help min`
7. `2*Y`	17. `length(Z)`	27. `sort(Y)`
8. `Z=0:10`	18. `X=[2 4 8 16]`	28. `Y=[Y 5]`
9. `sum(Z)`	19. `Y=log2(X)`	29. `Z=[ Y(3:4) X(1:2) ]`
10. `Y=[2 1 4 -3]`	20. `Y^2`	

1.C. 행렬 (matrix) 변수 연산 (오류가 발생할 경우 오류가 발생한 이유를 적으시오.)

1. X=[3 6 -2; 0 5 2; 7 -1 4];	11. Y(1,:)=X(2,:)	21. Z=X^2
2. X(2,1)	12. Y(2,:)=X(1, :)	22. Z=X.^2
3. X(2,3)	13. Y(3,:)=[1 2 3]	23. Z=2.^X
4. X(1,:)	14. Z=X-Y	24. Z=X.^2+3*Y
5. X(:,2)	15. Z=X+j*Y	25. max(Z)
6. X(1:2,:)	16. Z'	26. [T1 T2]=max(Z)
7. X(:,2:3)	17. Z.'	27. X=inv(Z)
8. Y=[1 0 2; 3 2 1; 2 3 4]	18. Z=X*Y	28. Y=X*Z
9. Y'	19. Z=X*Y'	29. size(Z)
10. Y=zeros(3,3);	20. Z=X.*Y	

1.D. 랜덤 (random) 변수 연산 (밑줄 친 명령어는 반드시 10 번 이상 실행하여 명령어의 의미를 유추하여 적어야 함. 자신의 유추가 맞는지 확인하기 위해서는 'help 해당 함수명' (예: >> help rand)를 수행하여 확인해 보기 바람)

1. n=rand	9. N=randn(1,10000)	17. var(N)
2. n=6*rand	10. mean(N)	18. N=randn(10,5)
3. n=rand+2	11. var(N)	19. max(N)
4. N=rand(1,5)	12. N=sqrt(5)*randn(1,10000)	20. max(N')
5. N=6*rand(3,7)+2	13. mean(N)	21. max(max(N))
6. N=rand(4)	14. var(N)	22. max(min(N))
7. n=randn	15. N=randn(1,10000)+3	23. n=randi(3)
8. N=randn(1,10)	16. mean(N)	24. n=randi(5)

1.E. 기본적인 수학(math) 함수와 그래프 그리기 (23번과 24번은 수행 결과를 리포트에 캡쳐하지 말고 명령어의 의미만 쓸 것)

1. x=0:0.1:10	9. plot(x,y2)	17. plot(x,y1)
2. y1=sin(x)	10. y3=exp(-x)	18. subplot(3,1,2)
3. y2=cos(x);	11. plot(x,y3,'r')	19. plot(x,y2)
4. plot(x)	12. legend('sin(x)','cos(x)','exp(-x)')	20. subplot(3,1,3)
5. plot(y1)	13. axis([-5 15 -3 3])	21. plot(x,y3)
6. plot(x,y1)	14. axis([0 10 -2 2])	22. semilogy(x,y3)
7. grid	15. figure	23. help plot
8. hold on	16. subplot(3,1,1)	24. help semilogy

1.F. 부울 연산과 그래프 그리기

```
1. A=[0 1 2 3 4];
2. A<3
3. B=(A>2)
4. C=([1 1 0 0] & [1 1 1 0])
5. C=([1 1 0 0] | [1 1 1 0])
6. C=~[1 0 1 0 0]
7. C=([1 0 1 1 1]==[1 0 1 0 0])
8. C=([1 0 1 1 1]~=[1 0 1 0 0])
9. x=0:0.01:10;
10. y=x<3;
11. figure
12. plot(x,y); axis([0 10 -2 2]); grid;
13. y=(1<x)&(x<4);
14. plot(x,y); axis([0 10 -2 2]); grid;
15. y=1<x<4;
16. plot(x,y); axis([0 10 -2 2]); grid;
```

추가적으로, 13번째와 15번째 명령어의 차이점을 쓰시오.

2. m-file 만들고 사용하기

앞의 과정까지는 command window에서 명령어 또는 함수들을 직접 수행하여 결과를 확인하였다. 사용자가 수행하고자 하는 MATLAB 명령어가 길거나 그 변수 값을 자주 변경해야 하는 경우 command window에서 일일이 수행하기는 어렵다. m-file을 사용하면 사용자가 수행하고자 하는 MATLAB 명령어들을 작성하여 파일로 저장하거나 불러올 수 있으며 수정 또는 복사가 가능하므로 편리한 점이 많다.

2.A. 아래의 과정을 따라 m-file 작성 방법을 익혀보자.

🖫 2.A1. 먼저, 메뉴의 새 스크립트를 클릭하거나 command window에서 ctrl-N을 눌러 새 창을 활성화한다. 아래의 박스는 a=0.1, 0.25, 0.3, 0.4, 0.5, 0.6, 0.7, 0.8인 경우에 대하여 $y = x\sin(ax)$, $0 < x < 10$을 겹쳐서 그리는 m-file이다. 아래의 내용을 m-file로 작성하고 파일명을 CH1_3A.m으로 저장한다. 아래의 m-file의 모든 라인에 대한 설명을 다음의 지침에 따라 작성하시오.

참고

문항 앞에 플로피 디스켓 (🖫) 아이콘이 있는 문항은 실습자료 파일이 제공 됩니다. 실습자료 파일 다운로드 방법은 교재 뒷표지를 참고할 것.

(지침1) '='이 있는 라인 : '=' 왼쪽 변수의 목적(용도), '=' 오른쪽 수식이 왼쪽 변수의 의미에 왜 부합하는지 그 이유를 쓰시오.

(지침2)'='이 없는 라인 : 명령어에 대한 설명과 이 명령을 왜 수행하는지 설명.

참고

파일명은 반드시 영문자로 시작되어야 한다. 파일명을 숫자로 저장할 경우 m-file은 수행되지 않는다. 띄어쓰기, 수학연산자 (예: +, −, /, *)도 파일명에 사용될 수 없으므로 유의할 것

```
clear
randn(1,XXX); % XXX=학번 끝 세자리, 내용과 상관없는 부분, 그러나 꼭 추가 할 것.
x=0:0.1:(10+학번 끝자리);
for n=1:8
   a=n/10;
   if (a==0.2)
      a=0.25;
   end
   y(n,:)=x.*sin(a*x);
end
plot(x,y)
xlabel('x')
ylabel('y=x sin(ax)')
legend('a=0,1','a=0.25','a=0.3','a=0.4','a=0.5','a=0.6','a=0.7','a=0.8')
grid on
```

2.A2. 작성한 m-file을 실행시켜보자. 키보드에 F5 key를 눌러서 실행할 수도 있고 command window에서 파일명을 타이핑('>>EX1_3A2')하여 실행할 수도 있다. 수행 결과 그림을 캡쳐하여 보이시오.

2.A3. MATLAB의 Command window에서 아래를 실행하고 결과를 보이시오.

```
>>x %결과를 보일 필요없고 결과의 의미만 적을 것.
>>y %결과를 보일 필요없고 결과의 의미만 적을 것.
```

2.B. 문제 2.A에서 작성한 m-file을 참고하여 10개의 sine 파형을 그리는 m-file을 작성해보자.

2.B1. 주파수가 각각 1,2,3,4, ..., 10 Hz인 사인 파형들이 있다. 이중 가장 작은 주기 (가장 큰 주파수)를 갖는 사인 파형의 주기를 T라 할 때, $-2T < t < 2T$ (그래프에서 시간 축(x축)의 범위) 동안 각 사인 파형을 겹쳐서 그리고, 결과 그림을 캡쳐하여 보이시오. 10개의 파형에 라벨('legend()' 사용)을 달 것. 'for' 문을 사용 할 것.

2.B2. 'mesh()'를 이용하여 3차원으로 그리고 그래프의 오른쪽 상단 프레임 경계 바로 위에서(마우스 커서를 가져다 대면 보임) 축 회전 버튼을 선택하여 그래프의 축을 회전하여(마우스 드래그) 보고 회전시킨 그림을 캡쳐하여 보이시오.

2.C. 임의의 행렬에서 최대값을 갖는 행 또는 열을 찾고, 각 행의 평균을 계산하는 m-file을 작성해 보자.

2.C1. 아래 박스는 'rand()'를 사용하여 0에서 3 사이의 임의의 값들을 원소로 하는 10(행)×9(열) 행렬을 생성하고, 함수 'max()'를 이용하여 가장 큰 원소의 값과 위치(행과 열)를 찾는 m-file이다.

```
% 각 라인의 결과를 볼 수 있도록 각 라인의 끝에 ';'를 추가하지 말 것.
clc; clear
randn(1,XXX); % XXX=학번 끝 세자리, 내용과 상관없는 부분, 그러나 꼭 추가 할 것.
A=3*rand(9, 10)

[B C]=max(A)
[D E]=max(B)

Max=D
Position=[C(E) E]
```

(a) 위의 m-file의 각 라인마다 그 의미하는 바를 주석('%' 이용)을 통해 다음의 지침에 따라 작성하시오.

(지침1) '='이 있는 라인 : '=' 왼쪽 변수의 목적(용도), '=' 오른쪽 수식이 왼쪽 변수의 의미에 왜 부합하는지 그 이유를 쓰시오.

(지침2) '='이 없는 라인 : 명령어에 대한 설명과 이 명령을 왜 수행하는지 설명.

(b) m-file을 실행하시오. Command window에 출력된 수행 결과를 캡쳐하여 보이시오. Command window의 스크롤을 올리거나 내려서 출력된 모든 결과를 캡쳐할 것.

(c) m-file의 각 라인의 결과가 본인이 예상한 결과와 일치하는가?

2.C2. 위에서 생성한 행렬의 각 행의 평균을 취하고 가장 큰 평균을 갖는 행이 몇 번째 행인지 찾는 m-file을 작성하고 결과를 보이시오. 평균을 구하기 위해 함수 'mean()'을 이용할 것.

2.D. 다음은 논리연산자를 이용하여 (식 1.5)의 불연속 함수 $y(t)$를 그리는 m-file이다.

$$y(t)=\begin{cases}\sin(2\pi\times 5t+\dfrac{\pi}{3}) & 1\le t\le 2\\ 0 & 0\le t<1 \text{ or } 2<t\le 5\end{cases} \qquad \text{(식 1.1)}$$

```
clear;
randn(1,XXX); % XXX=학번 끝 세자리, 내용과 상관없는 부분, 그러나 꼭 추가 할 것.
t=0:0.01:5;
x=(1<=t)&(t<=2);
x2=sin(2*pi*5*t+pi/3);
y=x.*x2;
plot(t, y); axis([-1 6 -2 2])
```

2.D1.

(a) 위에 주어진 m-file의 각 라인마다 그 의미하는 바를 주석('%' 이용)을 통해 다음의 지침에 따라 작성하시오.

(지침1) '='이 있는 라인 : '=' 왼쪽 변수의 목적(용도), '=' 오른쪽 수식이 왼쪽 변수의 의미에 왜 부합하는지 그 이유를 쓰시오.

(지침2) '='이 없는 라인 : 명령어에 대한 설명과 이 명령을 왜 수행하는지 설명.

(b) 위에 주어진 m-file을 실행하고, 실행결과를 캡쳐하여 보이시오.

2.D2. 사인 (또는 코사인(cosine)) 함수와 〉, 〈, = 등을 이용하여 [그림 1.1]의 $f(t)$를 그리는 m-file을 작성하고 그림을 보이시오.

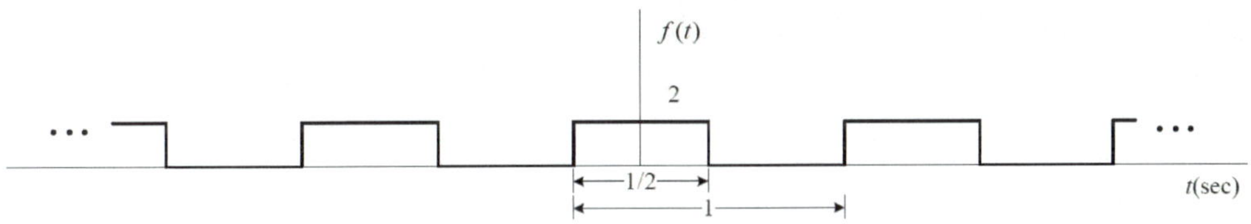

| 그림 1.1 | 주기함수 $f(t)$

★ 3. 사용자 함수 (User MATLAB function) 만들고 사용하기

자주 사용되거나 반복되는 부분은 m-file로 함수화하여 사용할 수 있다. 아래의 예제를 통해 사용자 함수 사용법을 익혀보자.

3.A. Linear scale의 값을 입력 받아 dB scale로 출력하는 함수 'lin2dB()'를 만들어보자. 메뉴의 새 스크립트를 클릭하거나 Command window에서 ctrl-N을 눌러 새 창을 활성화 하고, 아래의 m-file을 작성 하시오. 저장하기를 누르면 파일명이 자동으로 'lin2dB.m'로 설정된다.

```
function xdB=lin2dB(x)
xdB=10*log10(x);
```

3.A1. Command window에 'lin2dB(100)'를 수행한 결과를 보이시오.

3.A2. Command window에 'lin2dB([1 2 10 20 1/10])'를 수행한 결과를 보이시오.

3.B. Gaussian PDF 그리기

🖫 3.B1. 아래의 m-file을 작성하고 저장하자. 각 라인의 의미가 무엇인지 m-file의 모든 라인에 대한 설명을 다음의 지침에 따라 작성하시오.

(지침1)'='이 있는 라인 : '=' 왼쪽 변수의 목적(용도), '=' 오른쪽 수식이 왼쪽 변수의 의미에 왜 부합하는지 그 이유를 쓰시오.

(지침2)'='이 없는 라인 : 명령어에 대한 설명과 이 명령을 왜 수행하는지 설명.

```
function plot_gaussian(m, v)
x=m+sqrt(v)*(-5:0.01:5);
fx=1/sqrt(2*pi*v)*exp(-(x-m).^2/(2*v));
plot(x,fx)
```

3.B2. Command window에 'plot_gaussian(0, 1)'를 수행한 결과를 보이시오.

3.B3. Command window에서 입력으로 사용되는 평균('m')과 분산('v') 값을 임의로 변경해 가며 'plot_gaussian()'을 실행하고 결과를 캡쳐해서 보이시오

3.C. 행렬을 입력 받아 입력 받은 행렬의 특정 행 또는 열의 위치를 서로 교환하는 함수 'swap(A,row0col1,c,d)'를 만들어 보자. 함수 'swap(A,row0col1,c,d)'는 'row0col1'이 0이면, 행렬 A의 c행과 d행을 서로 교환한 행렬을 반환한다. 그리고 'row0col1'이 1 이면, 행렬 A의 c열과 d열을 서로 교환한 행렬을 반환한다.

🖫 3.C1. 아래 박스의 ?를 채워 함수 'swap(A,row0col1,c,d)'를 완성하시오. 그리고 각 라인의 설명을 주석('%' 이용)으로 달고 m-file을 캡쳐하여 보이시오.

```
function e=swap(A,row0col1,c,d)
e=A;
if row0col1 == 0
    e(d,:)=A(c,:);
    e(?,:)=A(?,:);
end

if row0col1 == 1
    ??;
    ??;
end
```

3.C2. m-file을 저장한 후('swap.m'으로 저장), Command window에서 아래 박스의 명령어를 실행하고 결과를 캡쳐하여 보이고, 본인이 작성한 함수가 제대로 동작하는지 확인하시오.

```
>>x=rand(4,5)
>>y=swap(x,0,2,4)
>>z=swap(y,1,5,1)
```

4. Symbolic Math 사용하기

MATLAB에서 제공하는 symbolic math를 사용하면 문자를 변수로 취급할 수 있기 때문에 복잡한 수식 계산이나 수식 정리를 할 수 있다.

4.A. 아래의 박스의 모든 라인에 각각의 의미를 적고 수행결과를 보이시오.

```
>> syms a b c x t
>> y=sin(t);
>> diff(y)
>> int(y)
>> int(y, t, 0, pi)
>> z=int(x^2*exp(-x),x,1,3)
>> double(z)
>> symsum(x^2,x,1,4)
>> T=solve(a*x^2+b*x+c,x)
>> T2=solve(a*x^2+b*x+c,b)
>> a=1;b=2;c=3;
>> z=eval(T)
>> a=t;
>> z=eval(T)
```

4.B. Symbolic math를 이용하여 다음을 확인하시오. 계산결과를 모두 보이시오.

$$\int_{-\infty}^{\infty} e^{-z^2} dz = \sqrt{\pi} \qquad \text{(식 1.2)}$$

$$\sum_{r=1}^{\infty} (\frac{1}{3})^r = \frac{1}{2} \qquad \text{(식 1.3)}$$

$$\lim_{x \to \infty} \left(1 + \frac{1}{x}\right)^x = e \qquad \text{(식 1.4)}$$

4.C. Symbolic math를 이용하여 다음 적분 식을 계산하시오. 계산 후 반드시 Command window

에서 '>>double(c)'를 실행하고, 결과를 보이시오. 또한, 결과 값을 얻기 위해 '>>double( )'를 수행해야하는 이유도 설명하시오.

$$c = \int_{1}^{2} \sin(z) e^{-z} dz \tag{식 1.5}$$

☆ 5. Simulink Basic

아래의 모든 과정을 빠짐없이 수행하자. 리포트에는 5.F2, 5.F3, 5.G6의 결과만 보이면 됨.

5.A. 새 Simulink 설계 파일 생성

5.A1. MATLAB을 실행시킨다.

5.A2. 아래 박스안의 내용과 같이 Command window에서 'simulink'를 타이핑하여 실행한다. 또는 메뉴의 'Simulink'를 클릭 한다.

```
>> simulink
```

5.A3. 'Blank Model'을 클릭하여 새 설계 창을 연다. 보기(View) 메뉴의 'Library Browser'를 클릭하여 Simulink Library Browser 창을 연다. 이렇게 하면 Simulink 설계 환경이 만들어진다.

5.B. Simulink 설계 창에 블록 추가

Simulink 라이브러리에서 원하는 함수 블록(block)을 가져와 사용할 수 있다.

5.B1. 'Simulink Library browser' 창의 왼쪽 'Tree list'는 Simulink에서 제공하는 함수 블록들의 카테고리(category) 구조를 보여준다. 윈도우즈의 디렉토리 탐색과 비슷한 방식으로, 카테고리를 탐색하여 원하는 블록을 찾을 수 있다.사인(sine) 파형을 발생하는 블록을 추가해보자. 사인 파형 발생기의 위치는 'Simulink/Sources' 디렉토리에 있다. 'Simulink/Sources'를 탐색해보면, 현재 클릭한 디렉토리에 속하는 블록들이 오른쪽 창에 나열된다. (다른 디렉토리에는 어떤 블록들이 있는지도 살펴보자. 예를 들어 'Simulink/Math Operations', 'Simulink/Logic and Bit Operations')

5.B2. 'Simulink/Sources' 블록들 중 'Sine wave'라는 블록을 선택하여 과정 5.B1에서 생성한 빈 설계 창에 가져온다. (오른쪽 마우스 버튼 메뉴나 또는 왼쪽 마우스 버튼 클릭하여 드래그)

5.B3. [그림 1.2]와 같이 출력파형을 볼 수 있는 'Scope' 블록도 설계 창에 추가하자. 위치는 'Simulink/Sinks'이고, 이름은 'Scope'이다. 과정 5.B2와 같은 방식으로 설계 창에 가져오

자. 추가하고자 하는 블록의 디렉토리를 모르는 경우 'Simulink Library browser' 창의 'Enter search term' 입력란에 블록명을 입력하고 '엔터키'하면 서치가 가능하다.

| 그림 1.2 | 새 설계 창에 블록 추가

5.C. 블록 연결

블록들로 시스템을 꾸미는 것은 블록들의 출력을 다른 블록의 입력에 연결시키는 것과 같다. 'Sine wave' 블록의 출력을 'Scope' 블록의 입력에 연결하자.('Sine wave' 블록의 출력에서 'Scope' 블록의 입력까지 드래그하면 쉽게 연결 가능함. 또는 'Sine wave' 블록을 클릭 후 'Scope' 블록을 'Ctrl+click'하면 연결 가능함.)

참고

매트랩 버전에 따라 같은 기능을 가진 블록이라도 블록의 이름, 변수, 변수 설정 방법 등이 다를 수 있다. 본인이 설계한 Simulink 설계 파일의 작동에 문제가 있을 경우, 교재 표지 뒷면을 참조하여 실습자료 파일을 다운로드하여 사용 할 것.

5.D. 블록 변수(파라미터, parameter) 설정 및 시뮬레이션(Simulation) 시간 설정

Simulink에서 제공하는 모든 블록들은 자체 변수가 있어, 사용자가 그 변수 값을 설정하여 사용한다. 각 블록의 설명과 변수 설정 입력 창은 해당 블록을 두 번 클릭하여 띄운다.

5.D1. 'Sine wave' 블록의 변수 설정 창을 열어 블록에 대한 설명과 모든 변수 들을 확인하고, 이를 통해 각 변수들이 어떤 의미를 가지는지 알아보자.

5.D2. $\sin(4\pi t)$을 출력하는 'Sine wave' 블록을 만들어 보자. 'Sine wave' 블록의 설정창의 설명을 읽고, $\sin(4\pi t)$이 출력되도록 변수 'Amplitude', 'Bias', 'Frequency', 'Phase'에 정확한 값을 입력하자. 매트랩 변수 입력에서 'π'는 'pi'로 입력 할 수 있다. 'Sample time'은 1/100로 설정하자.('Sample time' 설정에 대한 구체적 내용은 아래를 참조)

참고

Simulink의 모든 신호 발생 블록은 내부 변수로 'Sample time'을 가지며 출력 샘플간의 시간 간격을 의미한다. 따라서 'Sine wave'의 주기(1/주파수)에 비해 훨씬 작은 값을 갖도록 설정하여야 실제 연속적인 파형의 모양에 근사화 시킬 수 있다. 하지만, 너무 작은 값으로 설정하면 simulation 시간이 증가하므로 유의할 것. 참고로, 'Sample time'을 −1 로 설정하면 입력 신호의 'Sample time'과 동일하게 설정된다.

5.D3. 'Scope' 블록을 두 번 클릭하여 'Scope' 창을 띄운다. 그리고 메뉴의 바의 'Configuration Properties' 아이콘(이전 버전에서는 'Parameters' 아이콘)을 클릭하여 'Scope' 블록의 변수 설정 창을 띄운다.

(a) 'Number of input ports'(이전 버전에서는 'Number of axes' 또는 'Axes')는 'Scope' 블록의 입력의 개수를 뜻한다. 입력의 개수를 1로 설정하면, 한 개의 'Sine wave' 블록 출력을 관찰 할 수 있다.

(b) 'Logging' 탭을 클릭하고 'Limit data points to last'의 체크를 해제 한다.

참고

매트랩의 버전에 따라 아이콘 모양이나 이름, 그리고 설정 창의 형태나 변수 명이 다를 수 있으므로 자신의 매트랩 버전에 맞춰 적절히 설정 할 것.

5.D4. 'Simulation stop time' 입력 칸에 대해 알아보자. 'Simulation stop time' 입력 칸은 Simulink 설계 창 상단에 위치해 있으며, 변수 또는 숫자를 입력하여 시뮬레이션을 수행하는 시간을 설정할 수 있다. 'Simulation stop time'은 컴퓨터의 계산 시간이 아니라 각 블록을 통해 발생될 신호의 시간을 의미한다. 문제 5.D2에서 설정한 변수를 참고하여, 발생될 'Sine wave'의 주기의 20배로 'Stop time'을 설정해보자. $\sin(4\pi t)$가 발생되므로 'Simulation stop time'을 $20\times(2\pi/4\pi)=10$ 초로 설정하면 된다. 'Simulation stop time' 입력 창에 10을 입력하자.

5.E. 파일 저장

메뉴 바의 'File/Save As...'를 클릭하여 본인이 다자인한 파일을 저장하자. 아무 폴더에나 저장이 가능하고, 자신의 폴더를 생성한 후 그곳에 저장할 수도 있다. 확장자는 R2012a 이전 버전에서는 '*.mdl'이고, R2012a와 그 이후 버전에서는 '*.slx' 이다. 참고로 확장자가 '*.mdl'인 파일은 모든 매트랩 버전에서 실행가능하다.

5.F. 시뮬레이션 실행 및 출력 파형 관찰

5.F1. Simulink 설계 창의 메뉴 바의 'Simulation stop time' 입력창 왼쪽에 'Run' 아이콘이 있다. 'Run' 아이콘을 클릭하여 시뮬레이션을 실행한다.

5.F2. 시뮬레이션이 완료되면, 'Scope' 블록을 더블 클릭하여 'Scope' 창을 띄우고, 리포트에 캡쳐하여 보이시오. 'Scope' 창에 파형이 올바르게 출력되는지 확인하시오. 발생한 $\sin(4\pi t)$ 신호가 'Scope' 창에 20 주기 동안 출력되었는가?

5.F3. 'Sine wave' 블록의 변수 값을 달리 설정하여서도 실행해 보자. 리포트에 'Scope' 창을 캡쳐하여 보이시오. 그리고 본인이 설정한 변수 값에 따라 파형이 제대로 출력되었는지 설명하시오.

5.G. 블록 추가 및 여러 신호 파형 함께 보기

다음 문항을 수행하기 전에 'Sine wave' 블록에서 $\sin(4\pi t)$ 파형이 출력되도록, 블록 변수를 문제 5.D2에서 설정한대로 설정할 것.

5.G1. 같은 기능의 블록이 여러 개 필요한 경우, 해당 블록을 우클릭하여 'Copy'를 클릭하고, 원하는 장소에 우클릭하여 'Paste'를 클릭하면 같은 기능의 블록을 추가할 수 있다. 또는 해당 블록을 클릭한 후 'Ctrl+C', 'Ctrl+V'를 이용하여 추가 가능하다. 현재 설계 창에 'Sine wave' 블록을 하나 더 추가한다. 기본적으로 추가된 블록의 이름은 'Sine wave1'이다.

5.G2. 'Simulink library browser'에서 덧셈 연산을 수행하는 블록 'Add' 또는 'Sum'을 찾아 자신의 설계 창에 추가하자.

5.G3. 'Scope' 출력 확인 창의 메뉴 바에서 'Configuration Properties' 아이콘 버튼(⚙)을 선택하여, 'Number of input ports'를 3으로 설정하고, 'Layout'(일부 옛날 버전에서는 설정할 필요 없음)을 3×1로 설정하여 'Scope' 창을 3개로 늘린다. 'Scope' 블록의 입력이 3개로 바뀌었는지 확인하자.

5.G4. $2\sin(4\pi t)$의 파형이 출력되도록 'Sine wave' 블록의 'Amplitude'를 2로 설정하자. 그리고 $\sin(5.2\pi t)$의 파형이 출력되도록 'Sine wave1' 블록의 변수를 설정하자.

5.G5. [그림 1.3]과 같이 블록들을 연결하자. 블록의 한 출력에서 여러 개의 입력에 연결하려면, 우선 해당 출력에서 좌클릭/드래그하여 하나의 블록 입력까지 연결한 뒤, 연결된 경로 위에서 또 다른 블록의 입력 까지 우클릭/드래그 하여 연결 가능하다.

5.G6. 시뮬레이션을 수행하여 'scope' 창을 리포트에 캡쳐하여 보이시오.

5.G7. 'Scope' 창에서 메뉴 버튼과 마우스를 이용하여 신호 출력 확인 영역(x축(시간축), y축 범위)를 변경하여 보자. 메뉴 바의 'Zoom In', 'Zoom X', 'Zoom Y', 'Zoom Out', 'Scale Y-Axis Limits', 'Scale X-Axis Limits', 'Scale X & Y Axis Limits' 등의 기능을 파악하자. 'Scale X & Y Axis Limits'는 출력 창에 그래프 전체가 출력되도록 x축과 y축의 범위를 설정한다.

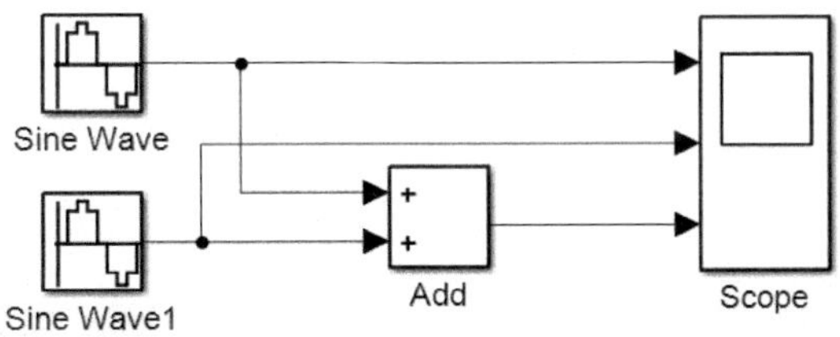

| 그림 1.3 | Sine 파형 생성과 관찰을 위한 Simulink 설계 파일

참고

'Scope' 창의 결과를 캡쳐하는 모든 문항에서, 'Scope' 블록의 설정창의 'Layout'은 각 입력신호에 대해 따로따로 관찰 할 수 있도록 적절히 설정 할 것. ex) 입력이 4개인 경우 4×1, 입력 6개인 경우 4×2 로 설정.

6. 서브시스템 블록 만들기

Simulink 설계 파일을 설계할 때 블록의 개수가 많아지면 보기에도 복잡할 뿐 아니라 연결되는 선들이 많아져서 각 블록 또는 선을 연결할 때에도 불편한 점이 많다. 이러한 경우 메뉴 중 'Create Subsysem'을 사용하면 복수개의 블록으로 구성된 일부분을 하나의 블록으로 만들어 간소화할 수 있다.

본 문항을 수행하여 이후 실습에서 자주 사용할 2개의 사용자 서브시스템 블록 'Sound Source'와 'Spectrum Viewer'를 설계하여 저장해 두자. 아래의 모든 과정을 빠짐없이 수행하자. 리포트에는 6.C1, 6.C2의 결과만 보이면 됨.

6.A. 서브시스템 블록 'Sound Source' 만들기

🖫 6.A1. "실습 자료 파일"에서 sound.mat 파일을 작업 디렉토리에 저장하자. 아래 그림과 같이 Simulink에서 새 설계 창을 열고, 'From File', 'Analog Filter Design' 블록을 추가하여 [그림 1.4]와 같이 연결하시오.

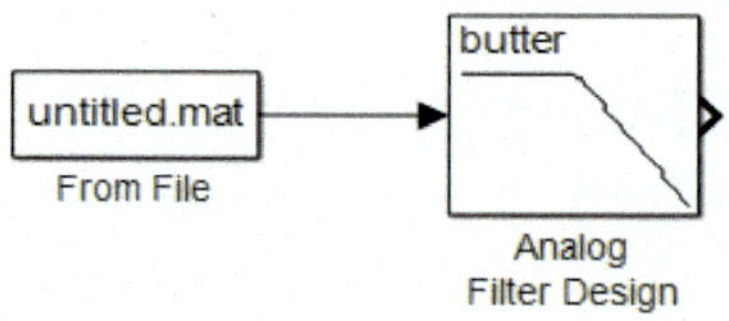

| 그림 1.4 | 서브시스템 'Sound Source' 설계

각 블록의 변수를 아래와 같이 설정하시오. 특별한 언급이 없는 변수는 그대로 둘 것

(1) 'From File' 블록

- 'File name' = sound.mat

(2) 'Analog Filter Design' 블록

- 'Passband edge frequency[rads/sec]' = 2*pi*4e3

6.A2. 설계창 좌상단에 마우스로 클릭 후 드래그하여 두 블록을 모두 선택하시오(메뉴 바에서 'Edit/Select All'을 실행해도 됨. 또는 Ctrl+A를 사용하여도 무방).

선택된 영역 안에서 마우스 우클릭하여 'Create subsystem from selection'을 실행하시오(메뉴바에서 'Edit/Create subsystem'을 실행하거나, 'Ctrl+G'를 사용하여도 됨). 'Subsystem'의 이름을 갖는 서브시스템이 생성됨을 확인할 수 있다. 서브시스템 이름 'Subsystem'을 클릭하여 [그림 1.5]와 같이 'Sound Source'로 변경하시오. 'Sound Source'블록은 추후 실험에서 자주 사용하게 된다. 다시 사용할 수 있도록 현재의 mdl 파일명을 Sound_Source.mdl/slx로 하여 저장하시오.

6.A3. 'Sound Source'블록을 더블 클릭하면 내부 설계를 볼 수 있다. 내부 설계 창을 캡처하여 보이시오.

| 그림 1.5 | 서브시스템 'Sound Source' 생성

6.B. 서브시스템 블록 'Spectrum Viewer' 만들기

6.B1. Simulink에서 새 설계 창을 열고 [그림 1.6]과 같이 'Spectrum Analyzer'블록(일부 이전 MATLAB 버전에서는 'Spectrum Scope'블록을 사용)과 'Signal Specification'블록을 추가하여 연결하시오. 'Spectrum Analyzer'는 DSP System Toolbox/Sinks 범주에 있는 블록을 사용하고, 'Signal Specification'블록은 Simulink/Signal Attribute 범주에 있는 블록을 사용할 것.

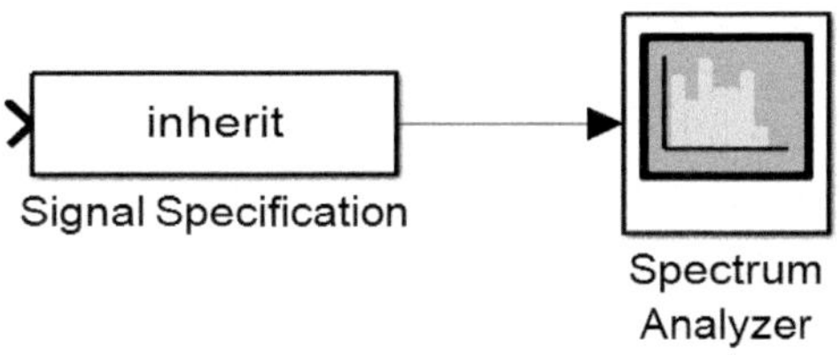

| 그림 1.6 | 서브시스템 'Spectrum Viewer' 설계

6.B2. 'Spectrum Scope'블록을 제공하는 예전 매트랩 버전의 경우에는, 'Spectrum Scope'블록의 변수를 아래와 같이 설정한다. 특별한 언급이 없는 변수는 그대로 둘 것.

(1) 'Scope Properties' 탭

- 'Spectrum Units' = dBm (이 변수가 존재하는 버전에서만 적용)

- 'Buffer input' 체크
- 'Buffer size' = 1024
- 'Number of spectral averages' = 200

(2) 'Axis Properties' 탭

- 'Frequency range' = [-Fs/2 ... Fs/2] (이 변수가 존재하는 버전에서만 적용)
- 'Minimum Y-limit' = -40
- 'Maximum Y-limit' = 25

'Spectrum Analyzer' 블록을 제공하는 매트랩 버전의 경우에는, 'Spectrum Analyzer' 블록의 변수를 아래와 같이 설정한다. 특별한 언급이 없는 변수는 그대로 둘 것.

(3) 메뉴 바에 있는 'Spectrum settings' 아이콘을 누르거나 메뉴에서 View/Spectrum Settings를 클릭하여 설정 창을 연다. 그리고 아래와 같이 변수를 설정한다.

- 'Main options/Type' = Power
- 'Main options'에서 초기 설정인 'RBW (Hz)'를 'Window length'로 변경
- 'Windows options/Overlap (%)' = 6.25
- 'Trace options/Units' = dBm
- 'Trace options/Average' = 200

(4) 메뉴 바에 있는 'Configuration Properties' 아이콘을 누르거나 메뉴에서 View /Configuration Properties...를 클릭하여 설정창을 연다. 변수를 아래와 같이 설정한다.

- 'Y-limits(Minimum)' : -40
- 'Y-limits(Maximum)' : 25

위의 세부적인 변수 세팅은 최근 몇 개의 매트랩 버전에서 검증한 것이다. 위의 세팅 방법과 다르거나 새로 나오는 매트랩 버전에서는 세팅 방법이 다를 수 있으므로 매트랩의 도움말을 이용하거나 따로 조사하여 적절히 세팅할 것.

6.B3. 'Signal Specification' 블록의 변수 'Sample time' 값을 아래와 같이 설정하시오. 특별한 언급이 없는 변수는 그대로 둘 것.

- 'Sample time' = 1/16e4

6.B4. 두 블록을 모두 선택(마우스 클릭 후 드래그)하여 서브시스템을 생성(우클릭 'Create Subsystem from selection')하시오(문제 6.A2와 동일한 과정). 서브시스템 이름 'Subsystem'을 클릭하여 'Spectrum Viewer'로 변경하시오. 이 서브시스템 역시 이후 실습에서 자주 사용된다. 다시 사용할 수 있도록 현재의 mdl 파일명을 Spectrum_Viewer.mdl/slx로 하여 저장하시오.

6.C. 서브 시스템 테스트 하기

문제 6.A에서 생성한 'Sound Source' 블록의 출력 스펙트럼을 문제 6.B에서 생성한 'Spectrum Viewer' 서브블록을 이용하여 관찰해보자.

6.C1. 새로운 설계 창에서 [그림 1.7]과 같이 서브 블록 'Sound Source'와 'Spectrum Viewer'가 연결되도록 한다. 문제 6.A와 6.B에서 저장한 Sound_Source.mdl/slx와 Spectrum_Viewer.mdl/slx를 불러와서 새 설계 창에 Copy/Paste를 이용하여 추가하면 된다. 설계창을 캡처하여 보이시오.

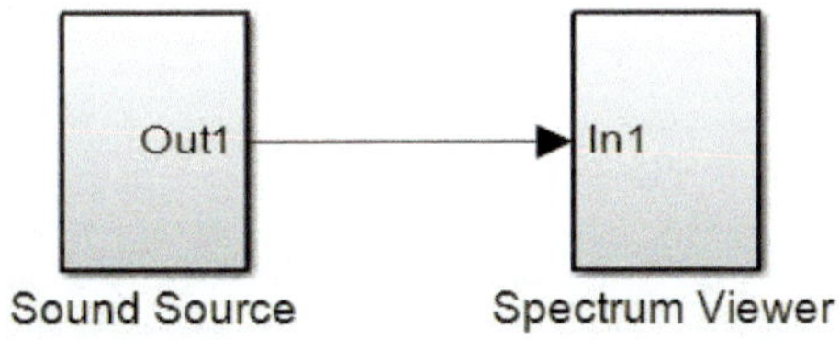

| 그림 1.7 | 서브시스템 'Sound Source'와 'Spectrum Viewer'를 테스트하는 설계 파일

6.C2. 'Simulation stop time'을 3초로 설정하고 Simulation을 실행하시오. Simulation이 수행되는 동안 'Spectrum Viewer'의 결과 출력창이 나타남을 확인할 수 있다. Simulation이 완료되면, 결과 출력창을 캡처하여 보이시오(아래 참고).

주의사항

'Spectrum Viewer'의 결과 출력창을 캡쳐하기전 아래와 같이 가로 : 세로 =7:1 정도로 가로를 늘린 후 캡쳐할 것. 이후 'Spectrum Viewer'의 결과 출력창을 캡쳐하는 모든 실습문제도 마찬가지임.

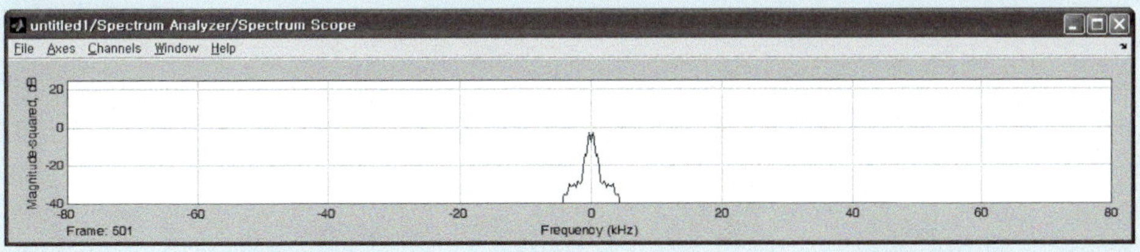

>>> 02 CHAPTER Numerical Integration & Orthogonal Expansion

- 임의의 함수에 대한 정적분을 수치 계산을 이용하여 구하는 수치적분법은 이후 실습에서 필수적으로 요구되므로 계산 방법을 확실히 습득하도록 한다.
- 임의의 함수를 직교(orthogonal) 함수들의 결합으로 나타낸다.

1. 간단한 수치적분 (Numerical Integration)

MATLAB에서 임의의 함수를 수치 적분할 수 있다. 아래는 정적분 $\int_{x=3}^{12} 2xe^{-2x}dx$의 값을 수치적분으로 계산하는 m-file을 보인 것이다.

```
clear
randn(1,XXX); % XXX=학번 끝 세자리, 내용과 상관없는 부분, 그러나 꼭 추가 할 것.
a=3;
b=12;
xstep=0.01;
x=a:xstep:b ;
y=2*x.*exp(-2*x);
S=sum(y)*xstep
```

1.A. 위 m-file을 작성하여 실행시키고 결과를 확인하고, 각 라인의 의미가 무엇인지 m-file의 모든 라인에 대한 설명을 다음의 지침에 따라 작성하시오.

(지침1) '='이 있는 라인 : '=' 왼쪽 변수의 목적(용도), '=' 오른쪽 수식이 왼쪽 변수의 목적(용도)에 왜 부합하는지 그 이유를 쓰시오.

(지침2) '='이 없는 라인 : 명령어에 대한 설명과 이 명령을 왜 수행하는지 설명.

1.B. 함수 'sum(x)'는 벡터 'x'의 원소를 모두 합하여 출력하는 함수이다. 따라서, 마지막 라인 'sum(y)*xstep'은 'xstep* y(1)+ xstep*y(2)+ xstep*y(3) + … '와 같이 풀어 쓸 수 있다. 풀어쓴 식에서 n번째 항은 밑변이 'xstep'이고 높이가 'y(n)'인 직사각형의 면적이다. 이를 바탕으로 'sum(y)*xstep'의 결과가 함수 '$y=2xe^{-2x}$'를 'a'에서 'b' 까지 정적분한 값에 근사함을 설명

하시오.

1.C. 여기서, 벡터 'x'의 간격인 'xstep'을 0.05, 0.1, 0.5, 1로 바꾸어 각각 실행하고 'xstep' 값이 커질수록 적분 결과가 실제 값(약 0.0088)과의 차이가 커지는 이유를 쓰시오.

1.D. $\int_{x=-1}^{5} x^2 e^x dx$을 수치적분으로 구하는 m-file을 작성하고, m-file을 실행한 결과 값을 보이시오. (m-file 코드를 각 문항에 달 것)

1.E. $\int_{x=5}^{x=5.01} x^3 e^{-x} dx$을 수치적분으로 구하는 m-file을 작성하고, m-file을 실행한 결과 값을 보이시오.

1.F. $\int_{x=0}^{250} \frac{e^{-x}}{2x+1} dx$을 수치적분으로 구하는 m-file을 작성하고, m-file을 실행한 결과 값을 보이시오.

1.G. Symbolic Math(1장의 문제 2에서 배운)을 이용하여 문제 1.D, 1.E, 1.F의 적분을 구하시오.(결과가 복잡한 연산으로 주어지면 double()을 이용하여 실수 값으로 반드시 변환하시오).

1.G1. 수치적분으로 구한 결과와 Symbolic Math로 구한 결과를 비교하시오. 두 결과의 오차(식 2.1)를 표로 정리할 것.

$$\text{오차} = \frac{|Symbolic\,Math\text{에 의한 값} - \text{수치적분 값}|}{|Symbolic\,Math\text{에 의한 값}|} \times 100\% \qquad \text{(식 2.1)}$$

1.G2. 오차가 1% 보다 크다면 오차가 발생한 이유를 분석하시오.

1.G3. 오차가 크지 않도록 1.D~1.F의 수치적분 m-file을 수정하고, 다시 m-file을 실행하시오. 수정 후 얻은 결과 값을 보이시오.

1.H★. $f(x) = 2x$, $g(x) = e^{-x}$, $t = 1$ 이라하자. $\int_0^t f(\tau)g(t-\tau)d\tau$를 수치적분으로 구하는 m-file을 작성하시오.

1.I★. $\omega = -1, 0, 2, 1e3$ 에 대하여 각각 $\int_0^{10} 2t \times e^{jwt} dt$를 수치적분으로 구하는 m-file을 작성하시오.

1.J★. Symbolic Math로 H와 I의 적분을 구하고 수치적분 결과와 비교하시오.

2. Orthogonal expansion

2.A. T=8.XXX (XXX = 학번 뒷 세자리, 아래 참고)라 하자. 주기가 $2T$인 사인(sine) 파형을 $s_1(t)$이라 하고, $s_1(t)$의 주파수의 n배의(n은 정수) 주파수를 갖는 사인 파형을 $s_n(t)$이라 하자. 본 문제에서는 신호 집합 $\{s_1(t), s_2(t), s_3(t), \ldots, \}$의 원소(신호)들이 $0 \le t \le T$에서 서로 직교(orthogonal)함을, 수치적분 방법과 Symbolic Math를 이용한 적분 방법으로 각각 확인해 보자

참고

만약 학번이 20840258 이라면, T는 8.258(학번 뒷자리 3개)이고 t의 범위는 0<t<8.258이 됨

2.A1☆. 수치적분 방법과 Symbolic Math를 이용한 적분 방법에 앞서, 수식전개로 $\{s_1(t), s_2(t), s_3(t), \ldots\}$는 직교 집합임을 확인할 수 있다. $s_1(t)$는 사인(sine) 파형이라 했으므로 $s_1(t) = \sin(2\pi f_1 t)$ 로 나타내며, 주기가 $2T$ 라 했으므로 주파수 $f_1 = \dfrac{1}{2T}$이다. $s_n(t)$은 $s_1(t)$의 주파수의 정수 n배의 주파수를 갖는 사인파라고 했으므로 $s_n(t) = \sin(2\pi n f_1 t)$이다. 임의의 두 원소 $s_l(t)$, $s_k(t)$를 내적공식 $\int_0^T s_l(t) s_k^*(t)dt$에 대입하여 정리하면 내적이 0 임을 보일 수 있다. 수식으로 정리하여 보이시오.

2.A2. 아래박스를 참고하여 t 구간 동안 $s_1(t)$와 $s_2(t)$의 샘플벡터를 생성하고 $s_1(t)$와 $s_2(t)$의 에너지를 수치적분으로 구하는 m-file을 완성하여 보이고, 수치적분 결과도 보이시오.

```
clear
randn(1,XXX); % XXX=학번 끝 세자리, 내용과 상관없는 부분, 그러나 꼭 추가 할 것.
T=8.XXX ; %XXX는 학번 뒤 세자리
t_step=1e-3;
t=0:t_step:T;
f1=1/(2*T); % s1(t)의 주파수
s1t=sin(2*pi*f1*t); % s1(t)의 샘플 벡터
s2t=sin(2*pi*(2*f1)*t); % s2(t)의 샘플 벡터
E1=sum(abs(s1t).^2)*t_step %에너지 공식 E1 = ∫_0^T |s1(t)|^2 dt 을 수치 적분으로 구현
E2=?
```

2.A3. $\{s_1(t), s_2(t), s_3(t), \ldots, \}$에서 2개의 원소(신호)를 아래 '참고'에 따라 선택하시오. 그리고 그들의 샘플 벡터를 생성하고 수치적분으로 내적이 0임을 보이는 m-file을 작성하시오. 아래

박스는 $s_5(t)$와 $s_8(t)$의 내적을 수치적분으로 구하는 m-file의 예이다.

(a) 아래 m-file을 참고하여 완성된 m-file과 내적 계산 결과를 보이시오.

(b) 내적 계산 결과를 근거로 2개의 신호가 직교인지 아닌지 판단하고, 그 근거를 쓰시오.(수치적분에 의한 오차가 존재함을 유의할 것.)

```
% s5(t)와 s8(t)을 선택한 경우의 예
clear
randn(1,XXX); % XXX=학번 끝 세자리, 내용과 상관없는 부분, 그러나 꼭 추가 할 것.
T=8.XXX ; %XXX는 학번 뒤 세자리
t_step=1e-3;
t=0:t_step:T;
f1=1/(2*T); % s1(t)의 주파수

s5t=sin(2*pi*5*f1*t); % s5(t)의 샘플 벡터
s8t=?; % s8(t)의 샘플 벡터

InnerProduct=sum(s5t.*conj(?))*?
%내적 공식 <s_l, s_k> = ∫_0^T s_l(t)s_k^*(t)dt 을 수치 적분으로 구현
```

참고

2개의 원소(신호)는 학번 뒷 2자리수에 각각 +1한 수로 선택. 예를 들어 학번이 20840247 이면, 4+1 과 7+1 번째 원소(신호)를 선택 즉, $s_5(t)$와 $s_8(t)$을 선택할 것. 만일 2자리수가 같을 경우는 임의의 두 가지 원소를 선택할 것.

2.A4. Symbolic Math를 이용하여 (t를 벡터가 아닌 'symbolic' 변수로 선언) 적분 결과가 0임을 확인해 보자. 아래는 학번 뒷 2자리가 '4'와 '7'인 경우의 m-file이다. 자신의 학번 뒤 두 자리에 맞게 신호를 선택하여 아래 m-file을 수정하여 보이고, 실행한 결과도 보이시오.

```
clear
randn(1,XXX); % XXX=학번 끝 세자리, 내용과 상관없는 부분, 그러나 꼭 추가 할 것.
T=8.XXX ; %XXX는 학번 뒤 세자리
syms t
f1=1/(2*T);

s5t=sin(2*pi*f1*5*t);  % '4'+1=>5
s8t=??;                % '7'+1=>8

InnerProduct=int(?*conj(?),t,?,?)
double(InnerProduct)
```

2.B. 비주기 오디오 신호를 직교 신호 집합 (orthogonal set)의 원소들을 이용하여 근사화해보자. 아래 문제에서 오디오 신호를 재생해야하므로, PC 오디오 출력에 스피커나 이어폰을 연결하여 PC 사운드를 들을 수 있도록 하시오.(MATLAB 실행 후 이어폰을 연결했다면, 이어폰을 연결한 상태로 MATLAB을 끄고 MATLAB을 다시 실행하여 실습을 진행해야함. 매 실습마다 모든 오디오 청취 문제는 MATLAB 실행 전 이어폰이나 스피커를 연결하여 진행해야함.)

2.B1. "실습 자료 파일"에서 오디오 신호 파일인 song.mat을 자신의 매트랩의 현재 폴더에 다운로드 하시오. 아래를 '명령 창'에서 수행하여 song.mat에 저장된 변수를 작업 공간(워크스페이스)로 가져와 변수의 이름과 크기를 확인하여 쓰시오.

```
>> load song.mat
>> whos
```

2.B2. song.mat 에 저장된 변수 'data'는 어떤 오디오 신호를 1/44100초 간격으로 약 17초간 샘플링한 값을 가진 벡터이다. 참고로, 'data'의 1행에는 샘플링 시간이 저장되어 있고, 'data'의 2행에는 각 샘플링 시간의 샘플 값이 저장되어 있다. 아래를 수행하여 오디오 신호를 재생하고 어떤 소리가 들리는지 쓰시오.

```
>> soundsc(data(2,:), 44100)
```

🖫 2.B3. 실습자료파일의 'plot_waveform.m'을 열어, 9번째 라인의 X를 자신의 학번끝자리로 바꾼 후 실행하시오. 결과 그림을 세로로 길게 늘려서 가로:세로 비율을 1:2로 조정한 후, 캡쳐하여 보이시오

2.B4. 문제 2.B3에서 캡쳐한 그림의 <u>맨 윗 파형(파란색)</u>은 문제 2.B2에서 청취한 음원에서 임의의 일부분을 잘라온 것이다. 이제, 캡쳐한 그림의 <u>아래 파형들(빨간색)</u>에 각각 <u>어떤 수</u>를 곱한 후에 다 더하여 파란색 파형과 일치하는 (또는 매우 근접한) 파형을 만들려고 한다. 이것이 가능할거 같은지 아닌지를, 이론지식과 상관없이 자신의 직관으로 판단해 쓰시오. 정답은 없음. 자신의 직관적인 생각을 쓰면 됨.

🖫 2.B5. 2.B2에서 확인한 오디오 신호를 임의의 시간지점에서 T초 길이만큼 잘라낸 신호를 $f(t)$라 하자. 이제, 직교 신호 집합 $\{s_1(t), s_2(t), s_3(t), \ldots\}$의 원소들을 이용하여 $f(t) \cong \sum_{n=1}^{N} f_n s_n(t)$ 로 근사화 시키려 한다. $f(t)$와 $\sum_{n=1}^{N} f_n s_n(t)$의 오차를 최소화 하는 f_n의 수식은 다음과 같이 $f(t)$와 $s_n(t)$를 이용하여 결정됨을 상기하자.

$$f_n = \frac{\int_0^T f(t) s_n^*(t) dt}{\int_0^T s_n(t) s_n^*(t) dt} \quad (s_n^*(t) \text{은 } s_n(t) \text{의 } conjugate) \qquad (\text{식 } 2.2)$$

아래는 N=5 일 때, 수치적분을 이용하여 $f_1, \cdots, f_N$ 을 계산하고, $f(t)$와 $\sum_{n=1}^{N} f_n s_n(t)$를 겹쳐그리는 m-file이다.

(a) m-file에서 문제 2.B4에서 설명한 '파란색 파형', '빨간색 파형', '어떤 수' 에 해당하는 변수를 차례대로 쓰시오.

(b) 네 군데 ?에 들어갈 매트랩 변수를 채워 완성된 m-file을 보이시오.

```
clear
randn(1,XXX); % XXX=학번 끝 세자리, 내용과 상관없는 부분, 그러나 꼭 추가 할 것.
N=5;
load song.mat;
t_step=1/44100;
sample_num=50;
T=t_step*sample_num; % T= 50개 샘플동안의 시간
t=0:t_step:T-t_step;
interval=(1:sample_num)+sample_num*X; % f(t)의 구간, X는 학번 끝자리
ft=data(2,interval) ; % 음성신호 f(t)의 interval 구간의 샘플 벡터
f1=1/(2*T);
ft_approx= zeros(1, length(t)); %'t'와 길이가 동일한 0벡터 생성.
for n=1:N
   snt=sin(2*pi*n*f1*t);
   f_n=(sum(?.*conj(?))*t_step)/(sum(?.*conj(?))*t_step);
   ft_approx = ft_approx + f_n*snt ;
end
figure
plot(t, ft)
hold on
plot(t, ft_approx, 'r')
legend( 'ft', 'ft_{approx}' )
```

2.B6. m-file을 수행한 후 생성된 각 매트랩 변수에 해당하는 식을 〈표 2.1〉에 쓰시오.

〈표 2.1 문제 2.B의 m-file에서 각 변수와 그에 대응하는 수식〉

변수	수식
ft	$f(t)$
snt	$s_5(t) = \sin(2\pi 5 f_1 t)$ (for 문이 종료되었으므로 아래첨자 $n=5$)
f_n	
ft_approx	?×? + ?×? + ⋯ + ?×? (for 문이 N 번 도는 동안 ft_approx 에 모두 더해진 항을 풀어서 쓸 것)

2.B7. m-file 수행 결과 그림을 캡쳐하여 보이시오.

2.C. N=10, 20, 30까지 증가시키면서 각각 m-file을 수행하시오.

(a) $\sum_{n=1}^{N} f_n s_n(t)$가 $f(t)$에 가까워지는지 그래프를 통하여 확인하고 확인결과를 보이시오.

(b) 문제 2.B5에 보인 m-file에서 'X'(학번 끝자리)를 다른 값으로 수정하여 $f(t)$를 오디오 신호의 다른 임의의 구간으로 설정하고, 문제 2.C(a)를 반복하고 결과를 보이시오.

(c) 위 결과를 바탕으로, 어떤 파형의 모양이라도 직교확장 이론 (주어진 함수(파형)을 직교함수들의 선형결합으로 근사화 할 수 있음)이 성립하는지 판단하여 쓰시오.

2.D★. 이제, 주기가 T (T는 문제 2.B.3에서 주어진 값)인 사인 파형을 $s_1(t)$이라 하고 $s_1(t)$ 주파수의 n배의 주파수를 갖는 사인 파형을 $s_n(t)$이라 하자.

2.D1. 2.B에서 작성한 m-file에서 단순히 라인 `'f1=1/(2*T)'`을 `'f1=1/T'` 로 수정하시오. 수정된 m-file에서 N=35로 설정하고 m-file을 실행하시오. 수행한 결과를 보이시오.

2.D2. 2.D1의 결과를 주기를 $2T$로 수행한 원래 2.C의 결과 그림과 비교해보자. 2.D1의 $s_n(t)$은 "complete"한 직교 집합 (Completely Orthogonal Set : N을 무한대로 증가할 때 주어진 함수와 합성한 함수의 오차가 0으로 수렴할 때 orthogonal set 이 "complete 하다"라고 함)인가? 그 이유는?

2.E. $t_1 \le t \le t_2$ 범위에서 문제 2.B에서 주어진 $f(t)$의 지수(exponential) 푸리에 급수(Fourier series) F_n(아래 (식 2.3) 참조)을 수치적분을 이용하여 구해보자. 여기서, $f(t)$의 주기는 $T = t_2 - t_1$이다.

$$F_n = \frac{\int_{t_1}^{t_2} f(t)e^{-jnw_0 t}dt}{\int_{t_1}^{t_2} e^{jnw_0 t}e^{-jnw_0 t}dt} = \frac{1}{t_2 - t_1}\int_{t_1}^{t_2} f(t)e^{-jnw_0 t}dt \quad \text{(식 2.3)}$$

2.E1☆. (a) (식 2.3)에서 기본 주파수(Fundamental frequency) ω_0를 t_1, t_2의 함수로 표현하여 푸리에 급수 계수 공식을 완성하시오. (b) (a)에서 구한 ω_0를 이용하여 복소 정현파 집합 $\{..., e^{-j2w_0 t}, e^{-jw_0 t}, e^{-j0w_0 t}, e^{jw_0 t}, e^{j2w_0 t}, ...\}$이 $t_1 \le t \le t_2$ 구간에서 서로 직교함을 증명하시오.

2.E2. 아래 박스는 (식 2.3)를 수치적분으로 구하고 $0 \le t \le T$ 범위에서 $f(t)$, $\sum_{n=-3}^{3} F_n e^{jnw_0 t}$를 그리는 m-file이다. m-file을 작성하여 수행하고 결과 그림을 캡쳐하여 보이시오.

```
clear
randn(1,XXX); % XXX=학번 끝 세자리, 내용과 상관없는 부분, 그러나 꼭 추가 할 것.
N=3;
T=8.XXX ;  %XXX는 학번 뒤 세자리

t1=0;
t2=T;
t_step=1e-3;
t=t1:t_step:t2;
ft=(t.^3).*exp(-t).*cos(t);

w0=2*pi/(t2-t1); % 이 문제에서는, w0=2*pi/T로 두어도 무방함.

ft_approx=zeros(1,length(t));
for n=-N:N
   nth_exp=exp(j*n*w0*t);
   f_n=(sum(ft.*conj(nth_exp))*t_step)/ (sum(nth_exp.*conj(nth_exp))*t_step);
      % or (sum(ft.*conj(nth_exp))*t_step)/T
   ft_approx = ft_approx + f_n*nth_exp;
end
figure
plot(t, ft)
hold on
plot(t, ft_approx, 'r')
legend('ft','ft_{approx}')
```

2.E3. m-file을 수정하여 $\sum_{n=-7}^{7} F_n e^{jnw_0 t}$, $\sum_{n=-15}^{15} F_n e^{jnw_0 t}$도 그리시오. 그림을 캡쳐하시오.

2.E4. 2.E3의 결과를 바탕으로 2.E1의 직교함수 집합 $\{..., e^{-j2w_0 t}, e^{-jw_0 t}, e^{-j0w_0 t}, e^{jw_0 t}, e^{j2w_0 t}, ...\}$이 "complete" 한지 판단하시오.

2.E5★. 문제 2.D와 2.E2에서 사용한 직교함수의 가장 작은 주파수(기본주파수 또는 주파수 간격)는 동일함에도 불구하고 문제 2.D의 직교함수는 incomplete하고 2.E2의 직교함수는 complete 한 이유를 쓰시오.

2.E6★. 실수 신호인 사인 함수로만 이루어져 있음에도 불구하고, 문제 2.A에서 2.C의 직교 함수 집합은 complete한 이유를 설명하시오.

2.F★. 다음은 자신이 설정한 임의의 함수를 직교 함수의 선형 결합으로 표현해 보는 문제이다. (식 2.4)-(식 2.6)은 임의의 함수와 구간을 임의로 설정한 예이다.

$$f(t) = t^2 + 2t + 4, \quad -1 \le t \le 3 \qquad \text{(식 2.4)}$$

$$f(t) = \frac{\log(5+t)e^{\sin(x)}}{t^2+1}, \quad 2 \le t \le 10 \qquad \text{(식 2.5)}$$

$$f(t) = \frac{\sin(t)+3}{e^{-t}+2} + t^2, \quad 0.5 \le t \le 5 \qquad \text{(식 2.6)}$$

2.F1. (식 2.4)-(식 2.6)를 참고하여 임의의 함수를 설정해 보시오. 구간, $t_1 \le t \le t_2$를 임의로 설정하고 설정된 범위에서 임의의 연속함수 $f(t)$를 생각하여 쓰시오. 식(식 2.4)-(식 2.6) 중에 하나를 선택하여도 됨. 본인이 선택한 $f(t)$와 구간을 쓰시오.

2.F2. 자신이 설정한 구간($t_1 \le t \le t_2$)의 범위에서 자신이 생각한 $f(t)$를 MATLAB으로 그려서 캡쳐하시오. 캡쳐한 그림으로부터 미분 가능한 연속함수인지 확인하시오. $f(t)$의 그래프가 부드러운 곡선으로 나타나도록 't_step'은 충분히 작은 값으로 설정할 것.

2.F3. $t_1 \le t \le t_2$범위에서 $f(t)$, $\sum_{n=-15}^{15} F_n e^{jnw_0 t}$를 겹쳐 그리는 m-file을 작성하시오. 문제 2.E2의 m-file을 적절히 수정하면 됨. m-file을 실행하고 결과 그림을 캡쳐하여 보이시오. 결과 그림이 2.F2에서 캡쳐한 $f(t)$와 일치하는지 비교하시오.

03 CHAPTER Fourier Series and Frequency Transfer Function

- Simulink를 사용하여 푸리에 급수(Fourier series) 정리를 확인한다.
- 선형(Linear) 시스템에서 주파수 전달 함수(Frequency transfer function)의 개념을 익힌다.

1. 확장된 푸리에 급수 시스템 설계

주기가 T 인 사각 주기함수가 (식 3.1)과 같이 푸리에 급수로 전개됨을 보일 수 있다.

$$f_T(t) = \frac{4}{\pi}\left(\cos w_0 t - \frac{1}{3}\cos 3w_0 t + \frac{1}{5}\cos 5w_0 t - \cdots\right) \text{ where } w_0 = 2\pi/T \qquad \text{(식 3.1)}$$

본 문제에서는 Simulink에서 (식 3.1)의 우변에 해당하는 파형을 생성하여, 결과가 사각 주기함수인지를 확인하고자 한다. 우변의 식은 무한개 코사인파형의 합이므로 Simulink에서 생성하는 것은 현실상 불가능하다. 따라서, 1, 2, 5, 8, 10개 코사인 파형들을 더해나가면서 결과를 보고자 한다. N=1,2,5,8,10 인 경우 해당하는 파형을 하나의 'Scope' 창에 'Axes'를 5개로 분할하여 동시에 볼 수 있도록 시스템을 구성하고 $0 \le t \le 20T$ 구간 동안 파형을 발생시키자.

1.A. T =자신의 학번 뒷 2자리수로 설정하자.

1.A1. T 값을 쓰시오(예: 자신의 학번이 20127123 이면 T = 23).

1.A2. 자신의 T값에 따라 푸리어 급수의 기본 주파수(fundamental frequency) w_0를 쓰시오.

1.B. [그림 3.1]과 같이 mdl/slx 파일을 설계하시오.

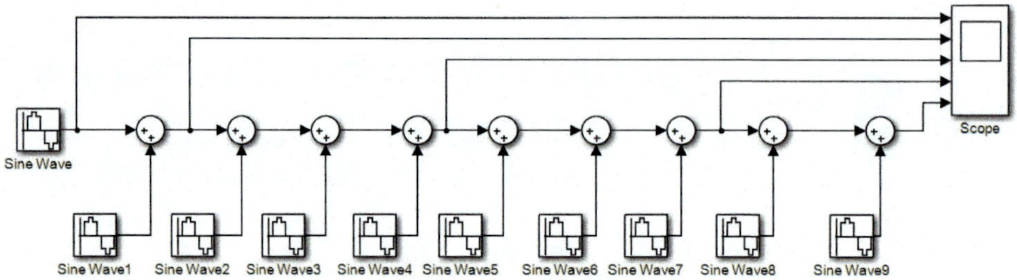

| 그림 3.1 | $f_T(t)$의 부분합 근사를 위한 Simulink 설계 파일

`Sine wave' 블록의 뒤에 붙는 수는 추가 순서에 따라 자동으로 생성된다. 뒷 번호를 위 그림과 일치 시키시오. 모든 `Sine wave' 블록들에 대하여 변수

- `Phase'=pi/2
- `Sample time'=0.1

로 설정하시오.

1.B1. `Sine wave' 블록들의 `Phase'=pi/2로 놓는 이유를 쓰시오. sin파형과 cosine파형의 위상차를 고려할 것.

1.B2. 이제, 모든(10개) `Sine wave' 블록들에 대하여 `Amplitude'와 `Frequency (rad/sec)'를 (식 3.1)에 맞게 설정해보자. 예를 보이면, 만약 $T$=23이라면 `Sine Wave3' 블록의 `Amplitude'=4/pi*(−1/7), `Frequency (rad/sec)'=7*(2*pi/23)로 설정하면 된다. 자신의 T값에 따라 10개의 모든 `Sine wave' 블록들에 대하여 `Amplitude'와 `Frequency (rad/sec)'를 (식 3.1)에 맞게 설정하시오. 그리고 Scope 블록의 첫 번째 입력이 $\frac{4}{\pi}\cos(w_o t)$이다. 2번째 입력을 수식으로 정확히 쓰시오.

1.B3. 20 주기 동안 (만약 T=23이라면 Simulation stop time = 23*20) Simulation을 수행한 후 `Scope'창을 캡쳐하여 보이시오.

1.B4. 항을 많이 더해 나갈수록 어떤 파형으로 접근하는지 쓰시오. 그리고 출력된 파형의 주기를 확인하고, 파형의 주기가 자신이 설정한 T값에 따라 정확히 출력되었는지 검증하시오.

2. 간단한 RC 회로와 미분방정식

선형 시스템의 특성상 시스템에 주파수가 w인 복소 정현파(complex sinusoid) 즉, $\exp(jwt)$를 입력하면 정상 상태(steady state)의 출력은 역시 같은 주파수를 갖는 복소 정현파가 되며 크기와 위상은 입력 주파수와 시스템의 특성에 의해 정해진다. 즉, 출력은 $g(t)=H(w)\exp(jwt)$로 나타낼 수 있으며 $H(w)$는 $g(t)$의 진폭과 초기 위상을 결정하는 복소 변수로써 입력 주파수 w의 함수가 된다. $H(w)$를 이 시스템의 **주파수 전달함수(Frequency Transfer Function)**라 부른다.

2.A☆. [그림 3.2]에 나타나 있는 RC 회로의 입력 전압을 $f(t)$, 출력전압을 $g(t)$라 할 때, 이 회로의 입출력 관계식은 (식 3.2)와 같은 일차 미분 방정식임을 유도하시오.

$$f(t) = RC\frac{d\,g(t)}{dt} + g(t) \quad \text{(식 3.2)}$$

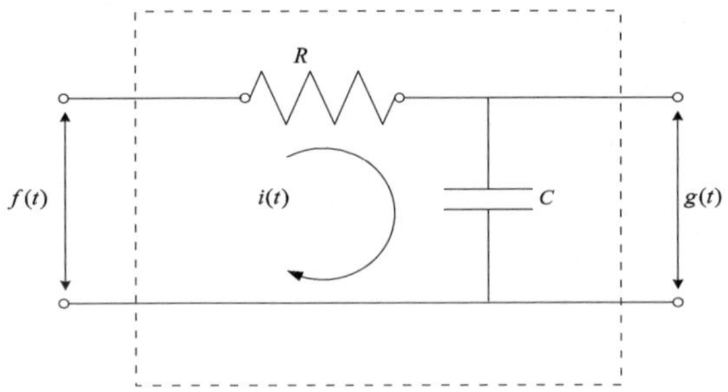

| 그림 3.2 | RC 저역통과필터(LPF; Lowpass Filter)

2.B☆. $H(w)$를 구하기 위해, 문제 2.A의 입출력 미분 방정식에 입력 $f(t) = \exp(jwt)$, 출력 $g(t) = H(w)\exp(jwt)$를 대입한 후 수식을 정리하시오. 정리하면 $H(w) = \dfrac{1}{1+jwRC}$ 임을 보이시오.

2.C☆. $R = 0.5k\Omega$, $C = (1000 + \text{자신의 학번 뒷3자리수})\mu F$라 하자(예를 들어, 자신의 학번이 20123465인 경우 C=1465e−6 F 으로 설정). 입력 주파수 w가 아래 표의 첫 번째 열과 같을 때 각 값에 대하여 $|H(w)|$와 $\measuredangle H(w)$을 계산하여 <표 3.1>을 채우시오.

<표 3.1 [그림 3.2]에 나타낸 저역 통과 필터의 출력의 진폭과 초기 위상>

입력 주파수 w [rad/sec]	출력의 진폭, $\lvert H(w)\rvert$	출력의 초기 위상, $\measuredangle H(w)$ where $\measuredangle H(w)$=arctan$\left(\frac{\mathrm{Im}(H(w))}{\mathrm{Re}(H(w))}\right)$, 단위=[rad/sec]
−120		
−40		
−10		
−5		
0		
5		
10		
40		
120		

참고

$|g(t)|=|H(w)\exp(jwt)|=|H(w)|$이므로 $|H(w)|$는 출력의 진폭의 의미와 동일하다.

2.D. 다음의 과정을 따라, x축을 w로 하고 y축을 $|H(w)|$로 하여, $w=[-120\sim120]$ 범위에서 $|H(w)|$를 그리는 m-file을 완성하고, 보이시오(아래 박스 참고).

- x축에 해당하는 w를 벡터 'w' 로 선언한다. (초기값=-120, 간격=0.1, 마지막 값=120)
- w의 각 원소에 대하여 $H(w)$ (2.B의 식)를 구하여 이들을 원소로 갖는 벡터를 계산. 'for' 문을 사용하지 말 것. 벡터 연산으로 원소들의 결과를 동시에 구할 수 있음.
- 'plot()' 명령을 사용하여 $|H(w)|$를 $w=[-120\sim120]$ 범위에서 그린다.

```
clear
randn(1,XXX); % XXX=학번 끝 세자리, 내용과 상관없는 부분, 그러나 꼭 추가 할 것.
w=-120:0.1:120;
R=0.5e3;
C= 1???e-6; % ???=자신의 학번 뒤 3자리
Hw=??; % ...
% w가 벡터임. 따라서, 벡터단위로 원소별 연산이 한꺼번에 이뤄질 수 있도록 / 대신 ./을 사용함을
주의
plot(?, abs(?))
```

2.E. 문제 2.D의 과정을 참고하여 x축을 w로 하고, y축을 $\measuredangle H(w)$로 하여 $w=[-120\sim120]$ 범위에 대하여 $\measuredangle H(w)$를 그리는 m-file도 작성하시오. 작성한 m-file을 보이시오.

2.F. 문제 2.D 및 2.E의 m-file 수행 결과를 보이시오. 수행 결과를 바탕으로 이 회로를 저역통과필터(Low Pass Filter)라 부르는 이유를 쓰시오.

3. 선형 시스템의 주파수 전달함수를 Simulink를 통해 확인

m-file을 이용하여 계산한 문제 2번의 답이 맞는지 Simulink로 검증해보자.

3.A. 먼저 [그림 3.2]의 RC 회로를 Simulink로 디자인해보자. [그림 3.3]과 같이 mdl/slx 파일을 설계하시오. 'powergui', 'Sine Wave', 'Controlled Voltage Source', 'Series RLC Branch' 2개, 'Voltage Measurement', 'Ground' (주의 Ground Sim power systems\Elements의 'Ground') 블록을 Simulink library에서 찾아서 추가한다. 블록을 클릭한 후 Ctrl-r키를 누르면 시계방향으로 회전시켜 변경할 수 있다.

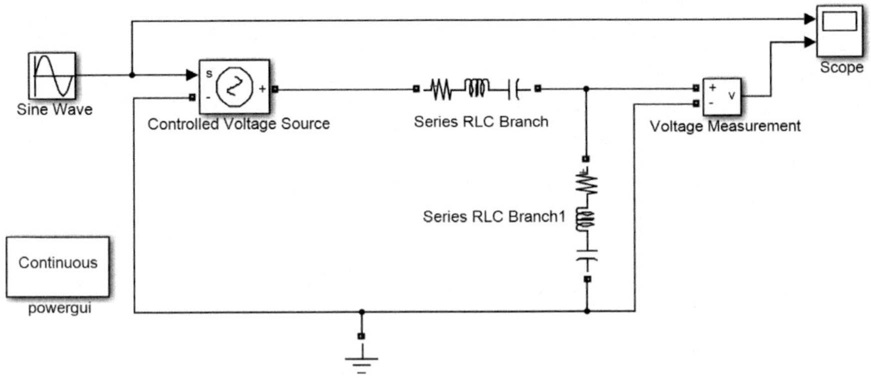

| 그림 3.3 | [그림 3.2]에 나타낸 RC 저역통과 필터의 Simulink 설계 파일

각 블록의 변수는 아래와 같이 설정하시오. 언급 안 된 블록변수는 초기세팅으로 두면 됨.

(1) 'Sine Wave' 블록

- 'Sample time'=1e−4

(2) 'Series RLC Branch' 블록

- 'Branch type'=R
- 'Resistance (Ohm)'=0.5e3

(3) 'Series RLC Branch1' 블록

- 'Branch type'=C
- 'Capacitance (F)'=1XXXe−6 (XXX= 자신의 학번 뒤 3자리)

(4) 'Scope' 블록 ('Scope' 창에서 'Parameters' 아이콘 클릭)

- Logging 탭의 'Limit data points to last' 선택 해제 (일부 다른 버전에서는 Data Logging 탭의 'Limit data points to last' 선택 해제)

3.A1. 설계된 mdl/slx 파일을 캡처하여 보이시오.

3.A2. [그림 3.2]의 입력 $f(t)$와 출력 $g(t)$가 각각 어떤 블록의 출력에 해당하는지 쓰시오.

3.B. 3.A에서 설계한 mdl/slx 파일에서 입력 주파수를 바꿔가면서 실험하여 출력의 크기를 재보자.

3.B1. 입력의 주파수가 120 rad/sec일 때('Sine Wave' 블록의 변수 'Frequency (rad/sec)'=120으로 설정) mdl/slx 파일을 10초간 Simulation을 수행하시오. 완료 후 'Scope' 결과창을 'Autoscale' 한 후 캡처하여 보이시오.

3.B2. 3.B1에서 캡처한 창에서 출력 신호의 주파수가 얼마인지 측정하여 쓰시오. 입력 신호의 주

파수와 어떤 관계인가?

3.B3. 3.B1에서 캡쳐한 창에서 출력 신호의 진폭(시간이 지나 수렴한 후 진폭)을 측정하여 쓰고 2.C의 표에서 수식으로 구한 답과 일치하는지 쓰시오.

3.B4. 'Sine Wave' 블록의 변수 'Frequency (rad/sec)'를 〈표 3.2〉의 9가지 경우에 대하여 각각 10초간 Simulation을 수행하고 출력의 주파수와 진폭을 측정하여 표에 채우시오.
〈'Sine Wave' 블록에서 음수 주파수 설정방법 : $\sin(-wt) = -\sin(wt)$ 이므로 'Sine Wave' 블록의 변수 'Frequency (rad/sec)'를 양수로 설정하고 대신 'Amplitude'=−1로 설정하면 됨. 예를 들어 −120 rad/sec의 경우 'Frequency (rad/sec)'=120, 'Amplitude'=−1로 설정하면 됨〉

〈표 3.2 문제 3.A에서 설계한 RC 저역 통과 필터의 출력의 주파수와 진폭〉

입력 주파수	출력 주파수	출력의 진폭(정상 상태에서)
−120[rads/sec]		
−40		
−10		
−5		
0 (반드시 'Sine Wave' 블록의 변수 phase'=pi/2로 설정할 것)		
5		
10		
40		
120		

3.B5. 문제 3.B4.의 결과로부터 문제 2.C의 표에서 수식으로 구한 '출력의 진폭' 열의 값이 맞는지 검증하고 검증 결과를 쓰시오.

4. 선형시스템에서 주기함수의 정상 상태 응답

본 문제에서는 주기함수 $f(t)$가 [그림 3.2]의 RC회로에 입력되었을 때 출력 $g(t)$을 수식과 실험으로 구해보자. $f(t)$는 아래 (식 3.3)에 주어진 주기가 2인 사각주기 함수를 예로 들어 가정하자.

$$f(t) = \begin{cases} 1 & 0 < t < 1 \\ -1 & 1 < t < 2 \end{cases} \quad \text{and} \quad f(t) = f(t+2) \ \ \forall t \qquad (식\ 3.3)$$

$f(t)$는 주기함수이므로 푸리에 급수 전개를 하면 다음과 같이 쓸 수 있다.

$$f(t) = \sum_{n=-\infty}^{\infty} F_n e^{jnw_0 t} \quad \text{where } w_0 = \frac{2\pi}{T} = \pi \text{ and } F_n = \begin{cases} \frac{2}{jn\pi}, & n = odd(\text{홀수}) \\ 0, & n = even(\text{짝수}) \end{cases} \quad (\text{식 } 3.4)$$

(식 3.4)에서 사각파의 주기함수 $f(t)$가 복소 정현파$(..., e^{j(n-1)w_0 t}, e^{jnw_0 t}, e^{j(n+1)w_0 t}, ...)$의 결합으로 주어짐을 알 수 있다. 선형 시스템의 선형성(Linearity)과 주파수 전달 함수의 개념을 이용하여, 선형 시스템의 출력 $g(t)$ 역시 복소 정현파의 결합으로 나타낼 수 있다. 다음을 따라 구해보자

4.A. 시스템의 주파수 전달 함수를 $H(w)$라 하자. 주파수 전달함수의 정의에 의하면 입력이 e^{jwt} 일 때 출력은 $H(w)e^{jwt}$가 된다.

4.A1☆. 입력이 $e^{jnw_0 t}$일 때 출력을 쓰시오 ($e^{jnw_0 t}$의 주파수는 nw_0)

4.A2☆. 입력이 $F_n e^{jnw_0 t}$ 일 때 출력을 쓰시오. (선형성 이용)

4.A3☆. 입력이 $F_{-2}e^{-j2w_0 t} + F_{-1}e^{-jw_0 t} + F_0 e^{j0w_0 t} + F_1 e^{jw_0 t} + F_2 e^{j2w_0 t}$ 일 때 출력을 쓰시오. (선형성 이용)

4.A4☆. 입력 $f(t)$가 $\sum_{n=-\infty}^{\infty} F_n e^{jnw_0 t}$로 표현되는 주기함수일 때, 출력 $g(t)$는 $g(t) = \sum_{n=-\infty}^{\infty} G_n e^{jnw_0 t}$ 로 표현할 수 있으며 $G_n = H(nw_0)F_n$ 임을 보이시오.

4.A5☆. 4.A4의 결과를 바탕으로 주기함수 $f(t)$에 대한 출력 $g(t)$ 역시 주기함수임을 설명하시오.

4.B. 4.A4에서 얻은 G_n 공식을 이용하여 $g(t) = \sum_{n=-\infty}^{\infty} G_n e^{jnw_0 t}$을 매트랩으로 그려보자.

4.B1. 정확히 그리기 위해서는 무한개의 항을 더하는 계산을 하여야 하므로 이는 불가능하다. 아래는 n=-100에서 100까지 유한개의 합에 대하여 파형을 그리는 m-file이다. 아래 박스의 ?를 채워 m-file을 완성하고, 모든 라인에 대한 설명을 다음의 지침에 따라 작성하시오.

(지침1) '='이 있는 라인 : '=' 왼쪽 변수의 목적(용도) '=' 오른쪽 수식이 왼쪽 변수의 목적(용도)에 왜 부합하는지 그 이유를 쓰시오.

(지침2) '='이 없는 라인 : 명령어에 대한 설명과 이 명령을 왜 수행하는지 설명.

```
clear
randn(1,XXX); % XXX=학번 끝 세자리, 내용과 상관없는 부분, 그러나 꼭 추가 할 것.
R=0.5e3;
C=1XXXe-6; % XXX는 자신의 학번 뒤 3자리
```

```
t=0:(1/1000):20;
T=2;
w0=(2*pi)/?;
gt_approx=0;
for n=-100:100
    if mod(n,2)==0
        Fn=0; % (식 3.4)
    else
        Fn=2/?; % (식 3.4)
    end
    w=n*w0;
    Hw=1/(1+j*R*C*w);
    Gn=Hw*?; % 문제 4.A4
    gt_approx=gt_approx + Gn*exp(j*n*w0*t);
end
figure
plot(t,gt_approx);
grid
```

4.B2. 위의 m-file을 수행하여 결과 파형을 캡처하여 보이시오.

4.C. 수식에 의한 출력 파형 (4.B2에서 캡처한 결과파형)을 Simulink로 검증해 보자. 문제 3.A에서 설계한 mdl/slx 파일에서 'Sine Wave'블록을 'Signal Generator'블록으로 바꾸시오. 'Signal Generator' 블록의 변수는 아래와 같이 설정하시오.

- 'Wave form' = 'square'
- 'Amplitude'=−1
- 'Frequency'=1/2

4.C1. 20초간 Simulation을 수행하시오. 완료 후 'Scope' 창을 'Autoscale' 한 후 캡처하여 보이시오.

4.C2. 문제 4.C1에서 입력 파형이 (식 3.3)과 동일하게 생성되었는지 쓰시오.

4.C3. 실제 실험에 의한 출력 파형(4.C1의 캡처 결과)과 수식유도에 의한 결과(4.B2의 캡처 결과)가 일치하는지 쓰시오. 실제 실험에 의한 파형에서는 시간이 지난 후에 정상상태가 됨을 유의할 것.(Peak의 지점(x축 값), peak의 크기 등이 일치하는지 체크할 것)

>>> 04 CHAPTER Fourier Transform

- Simulink를 이용하여, 주기함수(Periodic function)의 스펙트럼을 파악한다.
- 샘플링된 데이터를 사용하여 푸리에(Fourier) 변환을 이해한다.

1. 정현파 함수(Sinusoid function)의 스펙트럼 분석

1.A☆. 다음과 같이 주어지는 푸리에 변환(스펙트럼)의 시간 함수를 구하시오. 즉, 역 푸리에 변환을 하시오. 역푸리에 변환식 $f(t)=\frac{1}{2\pi}\int_{-\infty}^{\infty} F(w)e^{jtw}dw$에 대입하여 계산과정을 보일 것.

1.A1. $2\pi\delta(w-w_0)$

1.A2. $\pi[\delta(w-w_0)+\delta(w+w_0)]$

1.A3. $-j\pi[\delta(w-w_0)-\delta(w+w_0)]$

1.B. 실습자료 파일에서 [그림 4.1]과 같은 CH4_1B.mdl 파일을 여시오.

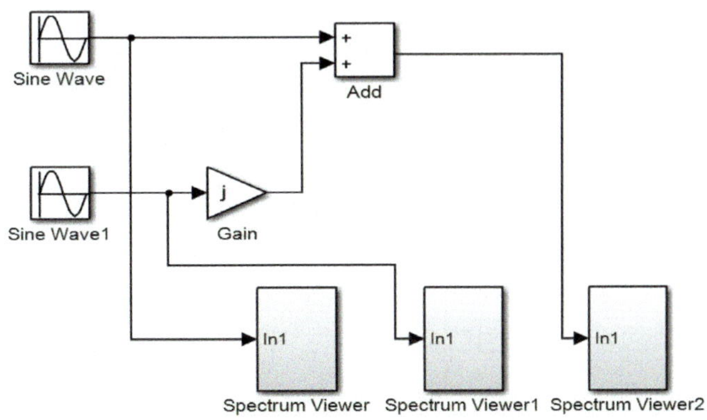

| 그림 4.1 | 정현파의 스펙트럼 관측을 위한 시스템

각 블록의 변수는 아래와 같이 설정하시오. 언급 안 된 변수는 그대로 두면 됨.

(1) 'Sine Wave' 블록

- 'Frequency (rad/sec)'=2*pi*(20+학번끝자리)e3
- 'Phase'=pi/2

(2) 'Sine Wave1' 블록

- 'Frequency (rad/sec)'=2*pi*(20+학번 끝자리)e3
- 'Phase'=0

(3) 'Spectrum Viewer', 'Spectrum Viewer1', 'Spectrum Viewer2' : 세 시스템 모두의 서브시스템의 내부 블록 'Spectrum Analyzer(이전 버전에서는 Spectrum Scope)'의 변수를 아래와 같이 설정 할 것 (변수 설정은 상단 메뉴바의 'Spectrum Settings' 아이콘 ( )을 클릭하여 설정 할 것).

- 'Trace option' 탭의 'Unit'=Watts (2013버전 이후)
- 'Scope properties' 탭의 'Spectrum Unit'=Watts (2009버전 기준)
- 'Axis properties' 탭의 'Amplitude scaling'=Squared magnitude로 변경(2007버전기준)

(4) 'Gain' 블록

- Gain = j

1.B1. 아래 블록의 출력에 해당하는 시간 함수의 식을 쓰시오. ?를 채우시오.

- 'Sine Wave1' : ? 예) 학번 끝자리가 5인 경우 $\sin(2\pi \times 25000t)$
- 'Sine Wave' : ? (참고 : $\sin(x+\pi/2) = \cos(x)$ 임을 이용할 것)
- 'Gain' : ?
- 'Add': ?

1.B2. 10초간 Simulation을 수행하시오. 완료 후 3개의 'Spectrum Viewer' 결과창을 뒤 일련번호 순서대로 캡쳐하시오. 결과창의 위치가 동일하여 겹쳐있을 것임. 역시 창의 가로를 길게 늘려서 캡쳐할 것.

1.B3. 'Spectrum Viewer' 서브 블록들은 입력신호의 스펙트럼(푸리에 변환)의 절대값을 취하여 보여준다. 3개의 'Spectrum Viewer' 결과창에는 모두 라인 스펙트럼을 관찰할 수 있을 것이다. 각 창 별로 아래 사항을 각각 답하시오.

(a) 라인의 개수

(b) 라인의 위치(x 축 값. 단위 주의)

(c) 문제 A의 답을 바탕으로, 라인의 개수와 위치가 위와 같이 나오는 이유 설명

1.B4. 'Sine Wave1' 블록의 'Frequency (rad/sec)'=2*pi*3e3 로 수정한 후 Simulation을 수행하시오. 'Spectrum Viewer1'창을 캡쳐하시오. 라인 스펙트럼의 위치가 어디에 생성되었는지 쓰고 문제 1.A에서 답한 정현파의 스펙트럼 수식과 부합하는지 설명하시오.

1.B5. 'Sine Wave1' 블록의 'Phase'를 임의의 실수로 설정하고 Simulation을 수행하시오. 'Spectrum Viewer1'창을 캡쳐하시오. 라인 스펙트럼의 위치가 위상과 상관없는지 쓰고 이유를 쓰시오.

☆ 2. 주기함수의 스펙트럼

주기함수의 스펙트럼(푸리에 변환)을 분석해보자. 주기가 T인 주기함수 $f_T(t)$의 푸리에 변환 $F[f_T(t)]$는 다음과 같이 주어진다.

$$F[f_T(t)] = \sum_{n=-\infty}^{\infty} 2\pi F_n \delta(w - nw_0) \qquad \text{(식 4.1)}$$

위에서 기본 주파수(fundamental frequency) $w_0 = \frac{2\pi}{T}$ 이고 F_n은 푸리에 급수 계수로서 다음과 같이 구한다.

$$F_n = \frac{1}{T}\int_0^T f_T(t)e^{-jnw_0 t}dt \quad \left(\text{또는 } \int_{t_0}^{t_0+T} f_T(t)e^{-jnw_0 t}dt,\ t_0\text{는 임의의 실수로 설정하여도 무방함}\right)$$

(식 4.2)

2.A. 다음의 절차로 (식 4.1)을 증명해보자.

2.A1. $f_T(t)$를 푸리에 급수 형태로 쓰시오. $f_T(t) = \sum_{n=-\infty}^{\infty} ? \times e^{jnw_0 t}$

2.A2. 2.A1의 결과에 푸리어 변환을 취하면 $F[f_T(t)] = F\left[\sum_{n=-\infty}^{\infty} ? \times e^{jnw_0 t}\right]$과 같다. 우변에 푸리어 변환의 선형성과 복소지수함수의 푸리어 변환식 $F\left[e^{jnw_0 t}\right] = 2\pi\delta(w - ?)$ (문제 1.A1 참조)을 이용하여 (식 4.1)을 보이시오.

2.B. $f_T(t)$가 [그림 4.2]와 같이 주어졌을 때 푸리에 변환 $F[f_T(t)]$을 구해보자.

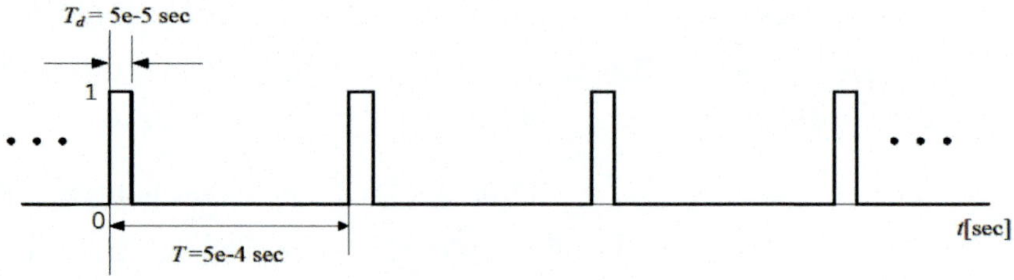

| 그림 4.2 | 주기 신호 $f_T(t)$

2.B1. 먼저, (식 4.2)에 [그림 4.2]의 $f_T(t)$를 대입하여 F_n을 구하시오. 아래 세 가지 수식변형을 이용하여 sinc() 함수가 들어간 형태로 유도하시오.

- $[e^{-jx}-1] = e^{-j\frac{x}{2}}[e^{-j\frac{x}{2}} - e^{j\frac{x}{2}}]$
- $\sin\theta = \dfrac{e^{j\theta} - e^{-j\theta}}{2j}$
- $\dfrac{\sin\theta}{\theta} = \mathrm{sinc}(\theta)$

2.B2. (식 4.1)에 F_n을 대입하여 쓰시오.

3. 주기함수의 스펙트럼 분석 및 실험

3.A. 새로운 mdl/slx 설계창을 열고 [그림 4.3]과 같이 설계하시오.

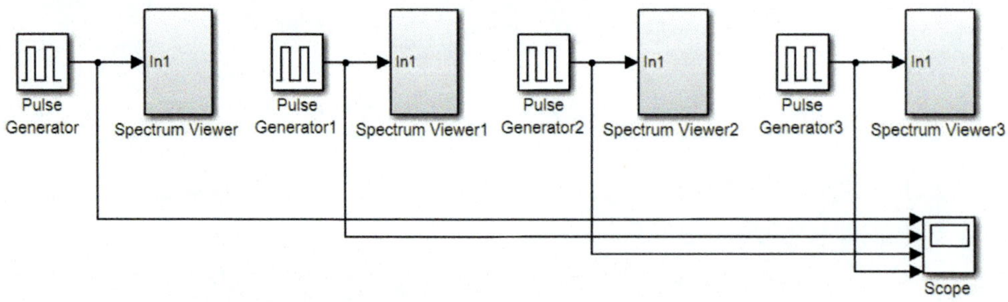

| 그림 4.3 | 주기 신호의 스펙트럼과 파형 관측을 위한 시스템

각 블록의 변수는 다음과 같이 설정하시오. 언급 안 된 변수는 그대로 놔두면 됨.

(1) 'Pulse Generator'

- 'Period'=5e-4
- 'Pulse Width(%of period)'=5

(2) 'Pulse Generator1'

- 'Period'=5e-4
- 'Pulse Width(%of period)'=10

(3) 'Pulse Generator2'

- 'Period'=2.5e-4
- 'Pulse Width(%of period)'=10

(4) 'Pulse Generator3'

- 'Period'=2.5e-4
- 'Pulse Width(%of period)'=20

(5) 'Spectrum Viewer', 'Spectrum Viewer1', 'Spectrum Viewer2', 'Spectrum Viewer3'
: 1.B에서 사용한 서브시스템 사용.

3.A1. 2 msec 동안('Simulation stop time'=2e-3으로 설정) Simulation을 수행하시오. 'Scope' 블록의 결과창을 적당히 크기를 조절한 후 캡처하시오.

3.A2. x 축을 확대하여 아래 블록 출력의 변수를 측정하시오.

(1) 'Pulse Generator'출력: 주파수=1/주기=1/0.5e-3 =2 kHz, 펄스폭=2.5e-5

(2) 'Pulse Generator1'출력: 주파수= ? KHz, 펄스폭= ?

(3) 'Pulse Generator2'출력: 주파수= ? KHz, 펄스폭= ?

(4) 'Pulse Generator3'출력: 주파수= ? KHz, 펄스폭= ?

3.A3. 이제 3초 동안 Simulation을 수행하시오. Simulation이 완료되면 'Spectrum Viewer' 블록들의 결과 창이 화면에서 모두 포개져있을 것이므로 창을 이동하여 겹치지 않게 정리하시오. 모두 'Autoscale'(메뉴바의 아이콘 또는 툴〉 좌표축 스케일링〉 제한을 자동으로 스케일링)한 후 뒷 일련번호의 순서대로 캡처하시오. 역시 창의 가로를 길게 늘려서 캡처할 것.

3.B. 주기함수의 스펙트럼 특징을 살펴보자.

3.B1. 3.A3에서 캡처한 결과에서 네 신호의 스펙트럼은 모두 라인 스펙트럼의 모양을 하고 있다. 이것은 (식 4.1)에 주어진 주기함수의 푸리에 변환(스펙트럼)식과 일치하는가? 라인스펙트럼의 근거를 수식으로 명확히 설명하시오.

3.B2. 3.A3에서 캡처한 결과에서 네 신호의 라인 스펙트럼의 간격을 측정하여 쓰고, 그 값들의 이유를 (식 4.1)로 설명하시오.

3.C. 스펙트럼의 포락선(envelope) 모양과 펄스폭과의 상관관계를 분석하자.

3.C1. 라인스펙트럼의 포락선(enveope)은 모두 sinc() 모양을 하고 있다(Magnitude 스펙트럼이므로 절대값을 취하여 나타냄). sinc() 모양을 한 이유는 무엇인가?

3.C2. 좀 더 자세히 관찰하면 'Pulse Generator'와 'Pulse Generator2'의 라인 스펙트럼 포락선은 동일하게 40kHz에 첫 번째 null(=0)이 위치하고 있음을 알 수 있다. 반면, 'Pulse Generator1'과 'Pulse Generator3'의 라인 스펙트럼 포락선은 동일하게 20 kHz에 첫 번째 null이 위치한다. 전반적으로 'Pulse Generator1'과 'Pulse Generator3'의 스펙트럼 포락선을 만드는 Sinc모양은 'Pulse Generator'와 'Pulse Generator2'의 스펙트럼 포락선을 만드는 Sinc 모양에 비해 x축으로 절반 축소되었음을 알 수 있다. 이러한 관찰 내용을 바탕으로 다음 질문에 답하시오. (a) 3.A2에서 답한 각 주기 신호의 변수중에 스펙트럼 포락선의 x축 축소 비율 (또는 확대 비율)를 결정하는 것은 어떤 것인가? (b) 주기 신호의 펄스 모양과 라인 스펙트럼의 포락선은 일반적으로 어떤 관계를 가지는가?

3.C3. [그림 4.4]와 같은 라인 스펙트럼을 갖는 주기신호를 생성하고자 한다. 라인스펙트럼의 간격은 10 KHz이고 스펙트럼의 포락선을 만드는 Sinc 모양의 첫 번째 null은 80 kHz임을 알 수 있다. 이러한 주기함수의 주파수(1/주기)와 펄스폭을 구하시오.

(a) 주파수 = ? Hz

(b) 펄스 폭 = ? 초

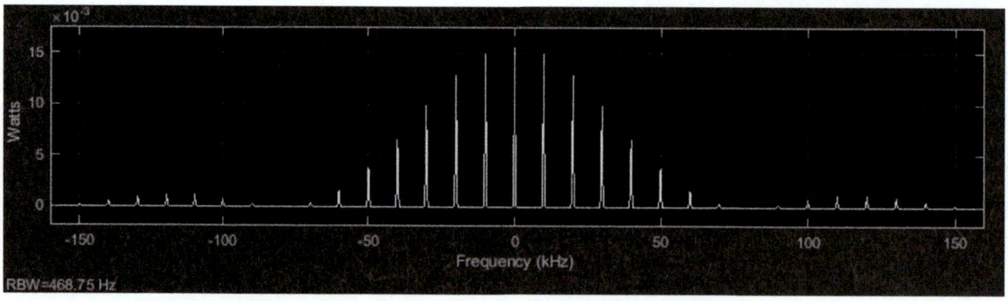

| 그림 4.4 | 생성하고자 하는 주기신호의 스펙트럼

3.C4. 'Pulse Generator3'의 변수를 다시 설정하여 주파수와 펄스폭이 3.C3의 답과 같이 되도록 설정하시오. Simulation을 3초 수행하시오. 'Spectrum Viewer3' 결과 창을 'Autoscale' 한 후 캡쳐하여 보이시오. 3.C3의 스펙트럼과 동일하지 않으면 변수설정이 잘못된 것이므로 다시 수행할 것. 'Spectrum Viewer'의 내부블록 'Signal Specification'의 변수 'Sample time'=1/32e4로 설정할 것. x축의 범위를 -160~160kHz로 확대하여 sinc() 모양을 확실히 보이도록 설정할 것.

3.D★. 'Pulse Generator1'의 출력에서 6kHz에 위치한 라인스펙트럼 성분만 제거된 신호를 만들어 보자. 즉 [그림 4.5]와 같은 스펙트럼을 갖는 신호를 생성해보자.

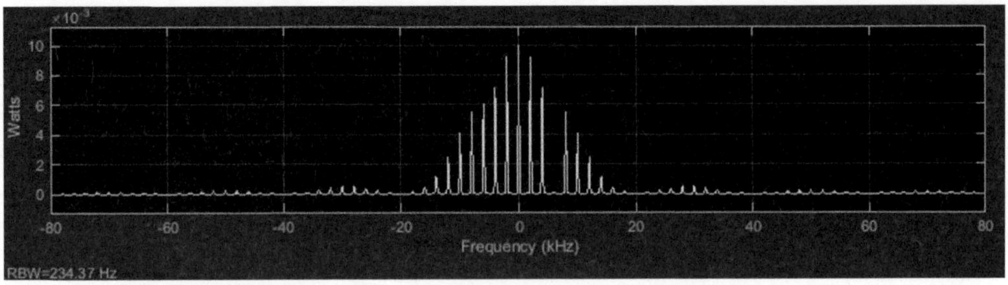

| 그림 4.5 | 생성하고자 하는 라인 스펙트럼

3.D1. 'Pulse Generator1'출력을 $f_T(t)$라 하자. $g(t)=f_T(t)-F_3e^{j3w_0t}$의 스펙트럼이 [그림 4.5]와 같게 된다. 이유를 설명하시오. 푸리어 급수 정리에 따라, $f_T(t)$를 푸리복소지수함수의 합꼴로 나타내어, 식 $g(t)=f_T(t)-F_3e^{j3w_0t}$에 대입한 후 우항의 변화로 설명하시오. w_0는 $f_T(t)$의 주파수(1/주기)이며 F_n은 n 번째 푸리에 급수 계수를 의미함.

3.D2. 3.A2의 답을 보면 'Pulse Generator1'출력은 [그림 4.2]의 $f_T(t)$와 동일하다. $f_T(t)$의 푸리에 계수 F_3은 약 0.0505-0.0694*j 이다. 수식으로 계산하시오(symbolic math 이용해도 무방함). (식 4.2)에 $f_T(t)$를 대입하여 구하던지 문제 2.B1 결과를 사용하면 됨.

3.D3. [그림 4.6]은 3.D1의 $g(t)$를 생성하여 스펙트럼을 관찰하는 mdl/slx파일이다. 각 블록의 변수를 적절히 설정하여 완성하고, mdl/slx파일을 캡쳐하여 보이시오.

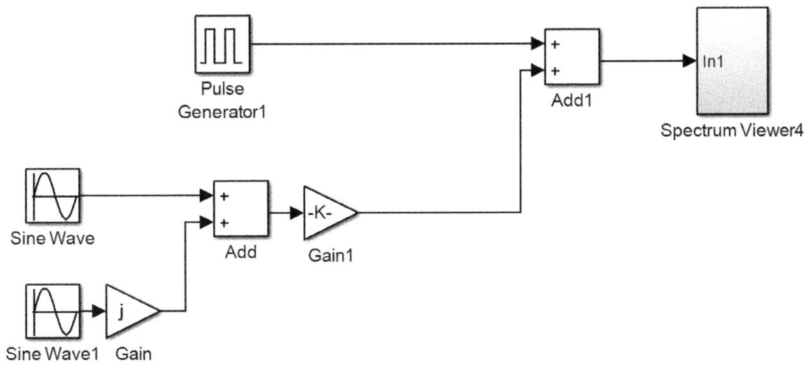

| 그림 4.6 | 생성하고자 하는 라인 스펙트럼을 위한 시스템

〈참고사항〉

- 'Pulse generator1'은 이전 mdl/slx파일에서 사용하던 'Pulse generator1'과 동일. 복사하여 사용.
- 'Add' 블록의 출력이 e^{i3w_0t}가 되도록 'Sine Wave', 'Sine Wave1' 'Gain' 값 설정. e^{j3w_0t}를 Euler 공식으로 전개한 식 $\cos(3w_0t)+j\sin(3w_0t)$을 생성하면 됨. 따라서, 'Sine Wave' 블록의 'Frequency'=3*(2*pi/5e-4), 'Phase'=pi/2'로 설정. 'Sine Wave1' 'Gain'의 변수도 적절히 설정할 것.
- 'Add1'블록의 변수 'List of signs'=+-로 하여 빼셈연산자로 전환.
- 'Add1'블록의 출력이 $g(t)=f_T(t)-F_3e^{j3w_0t}$가 되도록 복소수 'Gain1'에 F_3값 설정.
- 'Spectrum Viewer4'는 문제 1.B 또는 3.A에서 사용한 것과 동일한 것을 사용. 복사/붙여넣기를 이용하여 가져올 것. 이전의 'Spectrum Viewer'들과 구분하기 위해, 복사/붙여넣기 후 'Spectrum Viewer'의 이름을 'Spectrum Viewer4'로 수정할 것.

3.D4 완성된 mdl/slx파일을 3초간 수행하시오. 'Spectrum Viewer4' 창을 'Autoscale'한 후 캡쳐하시오. 6kHz에 위치한 라인스펙트럼 성분이 제거되었는지 확인.

3.D5. −2kHz에 위치한 라인스펙트럼 성분을 제거하도록 mdl/slx파일을 수정하고 'Spectrum Viewer4' 창을 캡쳐하여 보이시오.

4. 일반 비주기 샘플 사운드의 스펙트럼 분석

4.A. "실습 자료 파일"에서 sampled_ft.mat을 자신의 매트랩 작업 폴더(work directory)에 다운로드 한다. 아래를 수행하여 sampled_ft.mat에 저장된 변수를 워크스페이스로 가져와 변수의 이름과 크기를 확인하여 쓰시오.

```
>>load sampled_ft.mat
>>whos
```

4.B. sampled_ft.mat 에 저장된 변수 'ft_vector'는 시간영역의 신호 $f(t)$를 0초부터 10초까지 1/8192초 간격으로 샘플링한 값을 가진 벡터이다. 그리고 변수 't_vector'는 각 샘플이 샘플링된 시간이 저장된 벡터이다.

4.B1. 샘플링 간격을 확인해보기 위해 다음을 Command window에서 실행해보자. 샘플링 간격이

1/8192 인가?

```
>> t_vector(2)-t_vector(1)
```

4.B2. 파형을 관찰해보기 위해 다음을 Command window에서 실행해보자. 그림 결과를 캡쳐하여 보이시오.

```
>> plot(t_vector, ft_vector)
```

4.C. 문제 4.B2의 결과 창에서 돋보기 기능을 이용해 여러 부분을 확대하여 관찰하시오. 'ft_vector'는 비주기 랜덤 신호라 할 수 있는지 쓰시오.

4.D. $f(t)$(매트랩 샘플 벡터='ft_vector')의 푸리에 변환을 $F(w)$라 할 때 수치적분(Numerical integration, 2장의 문제 1참조)을 이용하여 $F(30)$, $F(70)$, $F(200)$을 구해보자.

4.D1☆. 푸리에 변환공식 ($f(t)$로부터 $F(w)$을 구하는 식)을 쓰시오. $0 \leq t \leq 10$ 영역 밖에서는 $f(t)=0$이라 가정한다. 따라서 푸리에 변환식의 적분 구간은 0~10까지로 설정하면 된다.

4.D2. 아래는 수치적분을 이용하여 $F(30)$, $F(70)$, $F(200)$을 구하는 m-file이다. ?를 채워 완성하고 모든 라인에 대한 설명을 다음의 지침에 따라 작성하시오.

(지침1) '='이 있는 라인 : '=' 왼쪽 변수의 목적(용도), '=' 오른쪽 수식이 왼쪽 변수의 목적(용도)에 왜 부합하는지 그 이유를 쓰시오.

(지침2) '='이 없는 라인 : 명령어에 대한 설명과 이 명령을 왜 수행하는지 설명.

```
clear
randn(1,XXX); % XXX=학번 끝 세자리, 내용과 상관없는 부분, 그러나 꼭 추가 할 것.
load sampled_ft.mat
t_step=t_vector(2)-t_vector(1);

Fw30=sum(?.*exp(-j*30*t_vector))*t_step
% 위 라인은 w=30에서 푸리에 변환 F(w) 즉, F(30)을 수치적분(2장의 문제 1참조)으로 구현한 것

Fw70=?
Fw200=?
```

4.E. 아래는 주파수 w를 −25,000에서 50 간격으로 25,000까지 증가시켜가면서, 각각의 w에서의 $F(w)$를 계산하고 이 값들을 순서대로 원소로 갖는 벡터 'Fw_vector'를 만들고 진폭(magnitude) 스펙트럼을 그리는 m-file이다.

4.E1. ?를 채워 완성하고 모든 라인에 대한 설명을 다음의 지침에 따라 작성하시오.

(지침1) '='이 있는 라인 : '=' 왼쪽 변수의 목적(용도), '=' 오른쪽 수식이 왜(또는 어떻게) 왼쪽 변수의 목적(용도)에 왜 부합하는지 그 이유를 쓰시오.

(지침2) '='이 없는 라인 : 명령어에 대한 설명과 이 명령을 왜 수행하는지 설명.

```
clear
randn(1,XXX); % XXX=학번 끝 세자리, 내용과 상관없는 부분, 그러나 꼭 추가 할 것.
load sampled_ft.mat
t_step=t_vector(2)-t_vector(1);

Fw_vector=[];
w_vector=[];
for w=-25000:50:25000

    Fw=sum(?.*exp(-j*?*t_vector))*t_step;

    w_vector=[w_vector w];
    Fw_vector=[Fw_vector Fw];

end
plot(w_vector,abs(Fw_vector))
xlabel('Frequency [rad/sec]')
grid
```

4.E2. m-file에서 굵은 글씨 라인은 푸리에 변환을 수치적분으로 구현한 것이다. 이것을 for문으로 반복해야 되는 이유를 쓰시오.

4.F. 다음의 절차를 수행하시오.

4.F1. 문제 4.E1의 m-file을 수행하여 그래프 결과를 캡쳐하여 보이시오.

4.F2. $f(t)$의 주파수 성분은 주로 몇 kHz(단위 주의) 이내에 있는지 말하시오. 그래프의 x축의 단위는 rad/sec 이므로 Hz 단위로 변환하여야 함.

4.G. m-file을 수행 후 Command window에서 아래를 수행하여 $f(t)$의 스펙트럼에서 최대로 큰 곳의 주파수가 얼마인지 쓰시오(아래 참고).

```
>> [T1 T2]=max(abs(Fw_vector)) % T2는 가장 큰 원소의 인덱스임.
>> abs(w_vector(T2)) %주파수 벡터에서 해당 인덱스의 원소를 읽어 냄. 진폭 스펙트럼은 원점을
   기준으로 좌우 대칭이므로, max()함수는 음수 주파수 영역에서 'Fw_vector'의 최대값을 찾아낸
   다. 양수 주파수 영역에서 진폭 스펙트럼이 최대값을 가지는 주파수를 찾기위해 abs() 함수를 사용
   한다.
```

4.H. 가청 주파수의 범위를 알아내고(인터넷 지식 검색 등 활용), 문제 4.F와 4.G의 답에 근거하여 $f(t)$가 가청 신호인지 판단하시오.

4.I. PC 오디오 출력에 스피커나 이어폰을 연결하여 PC 사운드를 들을 수 있도록 하시오. 아래를 Command window에서 실행하여 재생하고 재생 결과를 쓰시오('sound' 나 'soundsc()' 사용법은 '>>help sound'를 이용).

```
>> soundsc(ft_vector)
```

4.J. 가청신호인 $f(t)$를 미분한 함수 즉, $\frac{df(t)}{dt}$의 스펙트럼을 그려보고, 사운드를 청취함으로써 미분의 물리적 의미를 파악해 보자.

4.J1. 벡터 'ft_vector'의 n번째 샘플에서의 미분값(기울기)은 '(ft_vector(n+1)- ft_vector(n))/샘플간격' 으로 근사화 할 수 있음을 설명하시오.

4.J2. 'ft_vector'의 샘플간격은 1/8192이므로, 'ft_vector'의 길이를 L이라 할 때 'diffout=(ft_vector(2:L)-ft_vector(1:(L-1))/샘플간격' 으로 'diffout'을 생성하면, 'diffout'은 $\frac{df(t)}{dt}$에 대한 샘플 벡터로 근사화할 수 있다. 아래는 $\frac{df(t)}{dt}$의 푸리에변환을 매트랩 벡터를 생성하고 magnitude 스펙트럼 을 그리는 m-file이다. ?를 채워 완성하고 모든 라인에 대한 설명을 다음의 지침에 따라 작성하시오.

(지침1) '='이 있는 라인 : '=' 왼쪽 변수의 목적(용도), '=' 오른쪽 수식이 왼쪽 변수의 목적(용도)에 왜 부합하는지 그 이유를 쓰시오.

(지침2) '='이 없는 라인 : 명령어에 대한 설명과 이 명령을 왜 수행하는지 설명.

```
clear
randn(1,XXX); % XXX=학번 끝 세자리, 내용과 상관없는 부분, 그러나 꼭 추가 할 것.
load sampled_ft.mat
t_step=t_vector(2)-t_vector(1);
L=length(ft_vector);
diff_out=(ft_vector(2:L)-ft_vector(1:(L-1)))/t_step;
t_vector=t_vector(1:L-1); % 'diff_out'의 길이는 L이 아니라 L-1 이므로 't_vector'에 저장
된 마지막 샘플링 시점을 제거함

Dw_vector=[];
w_vector=[];
for w=-25000:50:25000
    w_vector=[w_vector w];
```

```
    Dw=sum(?.*exp(-j*?*?))*t_step; %푸리어 변환 공식을 수치적분으로 구함.
    Dw_vector=[Dw_vector Dw];
end
plot(w_vector,abs(Dw_vector));
xlabel('Frequency [rad/sec]');
grid
```

4.J3. 다음 문항에 답하시오.

(a) $|D(w)| = |w| \times |F(w)|$임을 증명하시오. 여기서, $F(w)$와 $D(w)$는 각각 $f(t)$와 $\dfrac{df(t)}{dt}$의 푸리에 변환이다.

(b) $|D(w)| = |w| \times |F(w)|$ 식을 근거로, $|D(w)|$와 $|F(w)|$ 그래프 모양의 상대적인 차이점에 대해 설명하시오.

(c) 문제 4.J2의 m-file을 실행하고 $|D(w)|$의 그래프 결과를 캡쳐하여 보이시오. $|D(w)|$의 그래프와 문제 4.F1에서 캡쳐한 $|F(w)|$의 그래프의 관계가 (b)의 답과 일치하는지 쓰시오. y축의 절대적인 값보다는 스펙트럼의 전체적인 모양을 보고 설명할 것. 두 스펙트럼의 모양의 차이에 집중할 것.

4.J4. Command line에서 '>> soundsc(ft_vector)'를 실행하여 $f(t)$를 재생하시오. 합창소리 뒷 배경으로 미약한 저음의 베이스 기타 소리가 있음을 확인하자. 다음으로 '>> soundsc(diff_out)'을 실행하여 $\dfrac{df(t)}{dt}$를 재생하시오.

(a) $f(t)$와 $\dfrac{df(t)}{dt}$의 베이스 기타 소리의 크기를 비교하시오.

(b) 4.J3(b)의 결과와 관련지어 (a)의 베이스 기타소리 크기 비교 결과에 대한 이유를 쓰시오.

4.J5. (a) '미분기는 선형 시스템이다' 라고 말할 수 있는 이유를 설명하시오. (b) 4.J3(b)의 결과를 토대로 미분기가 고역 통과 필터(High pass filter)의 일종인 이유를 설명 하시오.

5. Fourier Transform 응용: 반사파의 음향 효과

5.A. 오디오 신호가 지연된 반사파와 함께 같이 귀에 수신되는 상황을 고려하자. 오디오 신호를 $x(t)$ 라하고 귀에 수신되는 신호를 $y(t)$라 할 때, $y(t)$는 다음과 같이 수식으로 나타낼 수 있다.

$$y(t) = x(t) + \beta x(t-d) \tag{식 4.3}$$

5.A1. d는 음수가 될 수 없는 이유를 쓰시오.

🖫 5.A2. "실습 자료 파일"에서 audioCancel.slx 파일을 여시오. 이 파일은 문제 5.A에서 설명한 상황을 간단히 모형화 한 것이다. [그림 4.7]에 나타낸 audioCancel.slx 의 설계를 보면, 실행 후 생성될 매트랩 벡터 'x_t'와 'y_t' 는 각각 $x(t)$와 $y(t)$에 해당함을 알 수 있다. 'Transport Delay' 와 'Gain'블록을 더블 클릭하면 각각의 변수 설정을 확인 할 수 있다. 이를 토대로 (식 4.3)에서 β와 d는 각각 얼마에 해당하는 상황을 설계한 것인지 쓰시오.

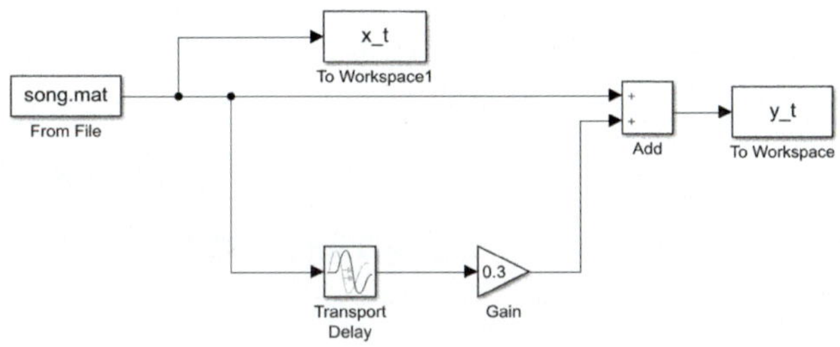

| 그림 4.7 | audio.slx

5.A3. 지연된 반사파의 지연시간은 얼마인가?

5.A4. audioCancel.slx를 실행하시오. 실행 후 명령 창에서 '>> whos' 를 실행하면 'x_t'와 'y_t' 가 생성되었음을 알 수 있다. 원래 오디오 신호 $x(t)$를 듣기 위해 '>> soundsc(x_t,11025)' 를 실행하시오(PC(또는 laptop)의 스피커가 켜져 있어야 함). 어떤 오디오 신호인지 쓰시오.

5.A5. 귀에 수신되는 신호 $y(t)$를 듣기 위해 '>> soundsc(y_t,11025)' 를 실행하고 원래 신호와 어떤 차이가 느껴지는지 쓰시오.

5.B. 오디오 신호를 청취하는 주변 환경(실내 구조)에 따라 (식 4.3)의 β와 d는 바뀌게 된다.

5.B1. 다양한 β와 d에 대하여 실험해 보시오(β와 d를 수정하고 audioCancel.slx를 다시 실행한 후 사운드 청취). 그 중 2가지 경우에 대하여 자신이 설정한 β, d값과, 각 경우에서 $y(t)$는 어떻게 들렸는지 아래 표에 쓰시오. 설정에 따라 $x(t)$와 비슷하게도, 다르게도 들릴 수 있으니, 굳이 다르게 들리는 설정 값을 찾을 필요는 없음.

주의

d의 가장 끝 두 자리 수는 반드시 자신의 학번 두 자리를 붙일 것. 예: 자신의 학번이 20301143인데 d=0.002근처로 잡고 싶은 경우, d =0.00243 로 설정할 것.

	β (음수라도 상관없음, 큰 값, 작은 값 여러 가지 해볼 것)	d (큰 값, 작은 값 여러 가지 해볼 것)	$y(t)$는 어떻게 들렸는지 쓰시오
실험 1			
실험 2			

5.B2. 위의 2가지 실험 외에 여러 가지 경우에 대하여 수행해 보시오. $y(t)$를 들었을 때, 배경악기(기타) 소리는 유지된 채로, 가사(보컬)만 안 들리거나 아주 작게 들리는 순간이 있었는가?

5.B3. (본 문제는 직관을 묻는 문제이므로 정답은 없음. 배운 지식과 상관없이 자신의 직관을 쓰면됨.) β, d를 어떻게 설정하더라도, **배경악기소리는 유지되면서,** 가사(보컬)가 안 들리거나 아주 작게 들리는(겹치거나 메아리치는 거 말고) 경우는 없을 것이라고 생각한다면 그 이유를 쓰시오.

반대로, 있을 수도 있다고 생각 한다면, 어떤 원리(직관적이지 않은 수식설명이나 이론 말고, 직관적 설명이어야 함)로 배경악기 소리는 유지되나 가사(보컬)가 안 들리거나 아주 작게 들리는 순간이 있는지 설명하시오. 또, 그런 상황을 만들 수 있는 β, d를 설정하여 실험하고 자신의 생각이 맞았는지 검증 결과도 쓰시오.

5.C. $\beta=-1$, $d=1/293.6$ 으로 설정한 후 audioCancel.slx를 실행하시오.

5.C1. 실행 후 $y(t)$를 듣고, 아래 가사 중 어떤 음절에서 소리가 들리지 않거나 소리가 작아졌는지 표시하시오.

음절 번호	1	2	3	4	5	6	7	8
가사	Yes–	terday	all	my	trou–	bles	seemed	so
음절 번호	9	10	11	12	13	14	15	16
가사	far	away	Now it	looks	as	though	they're	here
음절 번호	17	18	19	20	21	22	23	24
가사	to stay	Oh	I	be–	lieve	in	Yes–	terday

5.C2. 문제 5.C1에서 가사가 들리지 않는 순간에 배경의 악기(기타) 소리도 같이 사라졌는가?

5.D. 문제 5.C1에서 소리가 들리지 않거나 작게 들린 가사의 계이름은 "높은 레"로 주파수는 293.6Hz 이다. 이제, 문제 5.C에서 설정한 β와 d의 환경에서, 왜 $y(t)$가 문제 5.C에서 답한 것과 같이 들리는지 수식으로 분석해 보자.

5.D1. 문제 5.A에 주어진 식은 $x(t)$를 입력, $y(t)$를 출력으로 하는 선형 시스템의 입, 출력 관계식이라 할 수 있다. 양변을 푸리어 변환한 후 정리하여 $H(\omega)\ (=Y(\omega)/X(\omega))$가 아래와 같음을 보이시오.

$$H(\omega)=1+\beta e^{-jd\omega} \quad (식\ 4.4)$$

5.D2. 윗 식으로부터 $|H(w)|$ 가 아래와 같음을 보이시오. 힌트: 오일러 공식 이용($e^{jx}=?+?$).

$$|H(\omega)|=\sqrt{(1+\beta^2)+2\beta\cos(wd)} \quad (식\ 4.5)$$

5.D3. 위 $|H(\omega)|$ 식에 문제 5.C에서 설정한 β와 d를 대입하고 $|H(\omega)|$ 가 0이 되는 주파수들을 나열 하시오. 단위를 Hz로 환산하여 쓰시오.

5.D4. 문제 5.D1, 5.D2, 5.D3의 답을 토대로, $y(t)$가 문제 5.C1, 5.C2에서 답한 것과 같이 들리는 이유를 쓰시오. 반드시 $H(w)$의 정의, 즉, 시스템의 입출력 관계에서의 $H(w)$의 역할과 연관 지어 설명하여야 함.

5.E. "실습 자료 파일"에서 FT_xt_yt.m을 현재의 MATLAB 작업 폴더에 다운로드하고 실행하시오. 실행하면 $x(t)$(매트랩 변수='x_t')와 $y(t)$(매트랩 변수='y_t')의 스펙트럼을 보여준다.

5.E1. $x(t)$와 $y(t)$의 스펙트럼에 해당하는 그래프의 색깔을 각각 쓰고, 그렇게 생각한 이유를 쓰시오.

5.E2. 두 그래프의 모양이 가장 많이 차이 나는 곳의 주파수를 쓰고, 이 결과는 지금까지의 문제들 중 어떤 문제의 답을 검증하는 것인지도 쓰시오

5.E3. 아래와 같이 연속하여(2번 이상, 그대로 복사하여 붙이기) 통과시켜 실행해 보시오. 여러 번 통과시킬수록 문제 5.C1에서 표시한 음절의 소리가 어떻게 되는가?

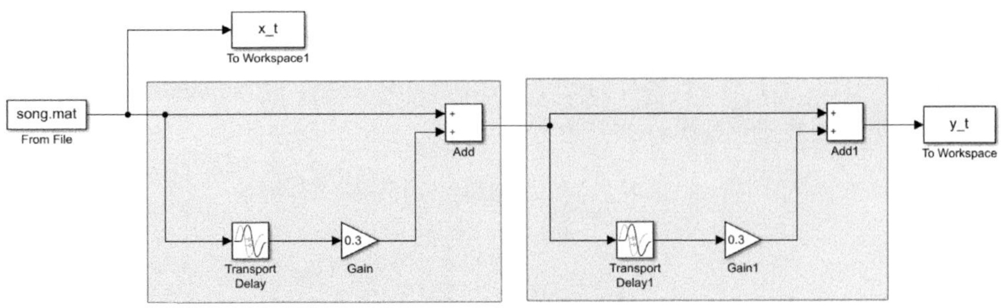

| 그림 4.8 | audio.slx (여러 번 통과시키는 구조)

5.F. 자신의 학번 뒤 두 자리 수를 24로 나눈 나머지를 X라 하자 (예: 학번이 20301143 이면 X =19). 아래를 답하시오.

5.F1. 아래 악보와 계이름 별 주파수 정보를 이용하여, 문제 5.C1의 가사 중 (X+1)번째 글자(음절)의 소리가 들리지 않은 환경의 β와 d를 구하시오.

주의 사항 1 : 만약 (X+1)번째 글자(음절)의 계이름이 "높은 레"라면 '높은 레'가 아닌 임의의 음절을 선택하여 수행할 것.

주의 사항 2 : 13번째 음절(as), 16번째 음절(here)은 반음 내림(♭).

계 이름	레	파	솔	라	시♭	시
주파수 [Hz]	146.8	174.6	196	220	233	246
계 이름	높은 도	높은 도#	높은 레	높은 미	높은 파	
주파수 [Hz]	261.6	277.2	293.6	329.6	349.2	

5.F2. 문제 5.E3에서 여러 번 통과시키는 구조로 수정하였다면, 다시 한 번만 통과시키는 구조로 원상복귀 시킨 후, 문제 5.F1에서 자신이 구한 β와 d로 설정을 바꾸고 실험을 수행하시오. 해당 음절의 소리가 줄어들거나 소거되었는지 쓰시오.

5.F3. 문제 5.E3처럼 여러 번 통과한 실험 결과도 쓰시오.

>>> 05 CHAPTER

Fourier Transform의 성질, Convolution

- 수치적분(Numerical integration)을 이용하여 두 시간함수(time function)의 콘볼루션(convolution)을 계산한다.
- 시간 축에서 콘볼루션이 주파수 축에서 어떤 의미를 지니는지 확인한다.

1. 시간 축 콘볼루션

1.A. Boolean 연산을 이용하여 시간 유한한(time limited) 신호의 매트랩 샘플 벡터를 생성하는 법을 익히자.

1.A1. 'y=(-2<t)&(t<-1)' 로 벡터 'y'를 생성하여 'plot(t, y)'로 그래프를 그리고 캡쳐 하시오.

```
clear
randn(1,XXX); % XXX=학번 끝 세자리, 내용과 상관없는 부분, 그러나 꼭 추가 할 것.
t=-5:0.01:5;
y=(-2<t)&(t<-1);
plot(t, y)
axis([-5 5 -1 2]);grid on
```

1.A2. 위 m-file에 각 라인별로 설명을 주석으로 달아서, 1.A1의 그래프의 모양을 설명하시오.

1.B. 아래 m-file은 [그림 5.1]의 $f_1(t)$와 같은 모양을 갖는 벡터 'f1'과 [그림 5.2]의 $f_2(t)$와 같은 모양을 갖는 벡터 'f2' 생성하려는 것이다. ?를 채워 완성된 m-file을 보이시오.

```
clear
randn(1,XXX); % XXX=학번 끝 세자리, 내용과 상관없는 부분, 그러나 꼭 추가 할 것.
tstep=0.01;
t=-5:tstep:5;

f1=0.5*( (t>?)&(t<?) );
f2=((t>-1)&(t<0))-((t>0)&(t<1));
```

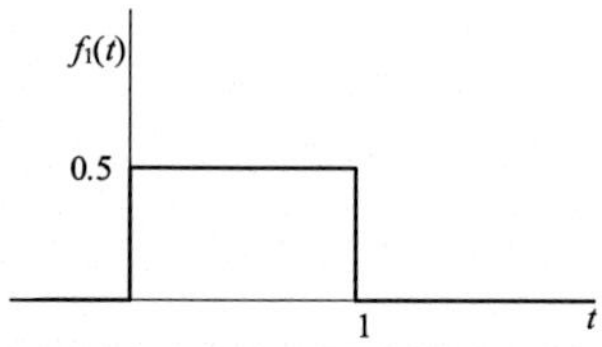

| 그림 5.1 | $f_1(t)$

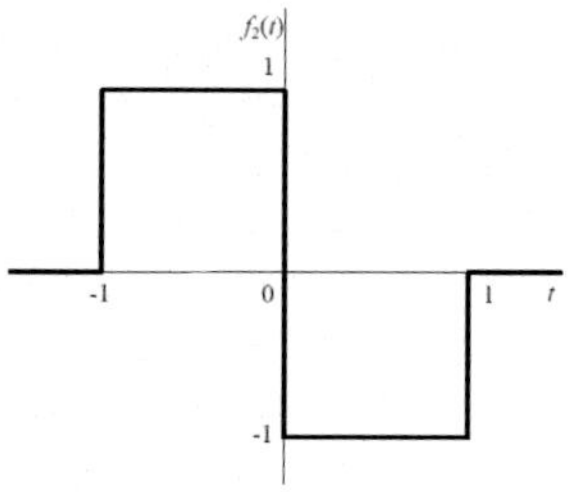

| 그림 5.2 | $f_2(t)$

1.C. 위의 m-file을 실행하시오. 그리고 Command window에서 아래 박스의 명령어를 실행하여 $f_1(t)$를 그리시오. 결과 그림을 캡쳐하여 보이고, 'f1'이 [그림 5.1]의 $f_1(t)$ 모양과 동일하게 생성되었는지 확인하시오.

```
>> figure
>> plot(t,f1);
>> axis([-5 5 -5 5]); grid on
```

1.D. Command window에서 아래 박스의 명령어를 실행하여 $f_2(t)$를 그리시오. 결과 그림을 캡쳐하여 보이고, 'f2'가 [그림 5.2]의 $f_2(t)$ 모양과 동일하게 생성되었는지 확인하시오.(?에 알맞은 변수 이름을 넣을 것.)

```
>> figure
>> plot(?,?);
>> axis([-5 5 -5 5]); grid on
```

1.E. 아래 m-file은 $-5 \le \tau \le 5$범위에서, $f_1(-\tau)$의 모양을 갖는 벡터 'f1mirror'를 생성하고 τ를 x축으로 하여 $f_1(-\tau)$의 그래프를 그린다. (a) m-file을 실행하여 결과 그림을 캡쳐하여 보이시오. (b) $f_1(-\tau)$가 제대로 생성되었는지 확인하시오. (시간 축 변수가 t에서 τ로 바뀐 것뿐임. x축 벡터 τ는 문제 1.A의 벡터 t와 동일한 방식으로 생성)

```
clear
randn(1,XXX); % XXX=학번 끝 세자리, 내용과 상관없는 부분, 그러나 꼭 추가 할 것.
tau_step=0.01;
tau=-5:tau_step:5;
f1mirror=0.5*((tau>-1)&(tau<0));
plot(tau,f1mirror); axis([-5 5 -5 5]);grid on;
```

1.F.

1.F1. 아래와 같이 'circshift()'를 이용하여 벡터의 원소의 위치를 원하는 만큼 이동하는 방법을 익히자. 다음의 MATLAB 명령어를 수행하고, 각 라인의 결과를 비교해보자.

```
>> rand(1, XXXX); % XXXX=학번 뒤에서 4자리, 결과를 보일 필요 없음, 하지만 꼭 입력하도록 함.
>> temp=rand(1,10)
>> temp2=circshift(temp',1)'
>> temp2=circshift(temp',3)'
>> temp2=circshift(temp',-1)'
```

위에서 기호 '는 전치(transpose) 연산자이다. 각 라인의 수행결과를 캡쳐하고, 캡쳐한 결과로부터 각 라인이 어떤 일을 수행하는지 쓰시오.

1.F2. 벡터 'f1mirror'에 대하여, Command window에서 'temp=circshift(f1mirror',100)'; plot(tau, temp); axis([-5 5 -5 5]); grid on;'를 수행하여 결과그림을 보이시오.

1.F3. 문제 1.F2의 결과 그림을 보면 'f1mirror'가 1초 만큼 오른쪽으로 이동되어 있음을 알 수 있다. 1초 이동한 이유를 쓰시오. 't_step'=0.01 초임.

2. 콘볼루션의 시간 축 분석

본 문제에서 콘볼루션의 중간 과정을 시각화하여 관찰함으로써, 시간 축에서의 콘볼루션에 대해 알아보자.

2.A.

2.A1☆. $f_1(a-\tau)$는 $f_1(-\tau)$를 τ축에서 어느 방향으로 얼마만큼 이동한 것인가?

2.A2☆. a가 −1, 0, 2.5인 경우, 각각에 대하여 τ를 x축으로 하여 $f_1(a-\tau)$ ([그림 5.1] 참조)의 그래프를 손으로 직접 그리시오.

🖫 2.A3. 아래 m-file은 $-5 \le \tau \le 5$ 범위에서 a가 각각 −1, −0.5, 0, 0.5, 1, 2.5, 3 일 때, $f_1(a-\tau)$의 모양을 갖는 벡터들을 'circshift'를 사용하여 각각 생성한다. 그리고 τ를 x축

으로 하여 $f_1(a-\tau)$의 그래프를 그린다. 'subplot(7,1,1)', 'subplot(7,1,2)', … 을 사용하여 하나의 창 안에서 7개의 그래프를 세로로 나열하여 그린다. m-file을 마저 완성하고 굵은 글씨로 표기된 라인에 대한 설명을 다음의 지침에 따라 작성하시오.

(지침1) '='이 있는 라인 : '=' 왼쪽 변수의 목적(용도), '=' 오른쪽 수식이 왼쪽 변수의 목적(용도)에 왜 부합하는지 그 이유를 쓰시오.

(지침2) '='이 없는 라인 : 명령어에 대한 설명과 이 명령을 왜 수행하는지 설명.

m-file을 실행하여 결과그림을 보이시오.

```
clear
randn(1,XXX); % XXX=학번 끝 세자리, 내용과 상관없는 부분, 그러나 꼭 추가 할 것.
tau_step=0.01;
tau=-5:tau_step:5;
f1mirror=0.5*((tau>-1)&(t<0));
figure

a=-1;
delay_samples=round(a/(tau_step));
f1mirror_delayed=circshift(f1mirror',delay_samples)';
subplot(7,1,1)
plot(tau,f1mirror_delayed); axis([-5 5 -0.5 1]);grid on

a=-0.5;
delay_samples=round(a/(tau_step));
f1mirror_delayed=circshift(f1mirror', delay_samples)';
subplot(7,1,2)
plot(tau,f1mirror_delayed); axis([-5 5 -0.5 1]); grid on

% a=0, 0.5, 1, 2.5, 3 인 경우에 대해 반복하는 코드를 채울 것
...
...
```

2.A4. 2.A3의 결과그림을 바탕으로 2.A2의 자신의 답이 맞는지 쓰시오.

2.B. 문제 1.D의 m-file과 2.A3의 m-file을 결합하여 $-5 \le \tau \le 5$ 범위에서 a가 각각 -1, -0.5, 0, 0.5, 1, 2.5, 3 일 때 $f_2(\tau)\times f_1(a-\tau)$의 모양을 갖는 벡터를 각각 생성하고, τ를 x축으로 하여 각각의 그래프를 그리시오. 'subplot()'을 사용하여 하나의 창 안에서 7개의 그래프를 세로로 나열하여 그리고, 결과를 캡쳐하여 보이시오.

2.C. $f_2(\tau)\times f_1(a-\tau)$의 그래프의 모양을 바탕으로, a와 상관없이 $\int_{-\infty}^{\infty} f_2(\tau)f_1(a-\tau)d\tau$ 대신 $\int_{-5}^{5} f_2(\tau)f_1(a-\tau)d\tau$을 사용하여도 동일함을 설명하시오.

2.D.

2.D1. 아래의 m-file은 수치적분을 이용하여, t=0.2 일 때 $\int_{-\infty}^{\infty} f_2(\tau)f_1(t-\tau)d\tau$를 구한다. 작성하여 실행하고 결과를 보이시오. 굵은 글씨로 표기된 마지막 라인이 $\int_{-\infty}^{\infty} f_2(\tau)f_1(t-\tau)d\tau$의 값을 수치적분으로 계산한 것이다.

```
clear
randn(1,XXX); % XXX=학번 끝 세자리, 내용과 상관없는 부분, 그러나 꼭 추가 할 것.
taustep=0.01;
tau=-5:taustep:5; % 콘볼루션 적분식은 적분 구간이 -∞에서 ∞인데, 적분구간을 -5에서 5로 하는 이유를 주석으로 쓰시오.
f2= ((tau>-1)&(tau<0)) -((tau>0)&(tau<1)) ;
f1mirror=0.5*((tau>-1)&(tau<0));

t=0.2;
delay_samples=round(t/taustep);
f1mirror_delayed=circshift(f1mirror', delay_samples)';

sum(f2.*f1mirror_delayed)*taustep
```

2.D2. 수식을 직접 적분하여, t=0.2 일 때 $\int_{-\infty}^{\infty} f_2(\tau)f_1(t-\tau)d\tau$값을 구하고 2.D1의 m-file 실행결과와 일치하는지도 보이시오.

2.D3. 't=0.2'가 아닌 다른 값일 때의 $\int_{-\infty}^{\infty} f_2(\tau)f_1(t-\tau)d\tau$의 값을 수치적분으로 계산하기 위해서는 위의 m-file의 't=0.2;' 라인에서 't'값을 수정하면 된다. (−1, 2)의 범위에서 't'를 0.2와 다른 값으로 설정한 후 m-file을 실행하고, 직접 적분한 결과와 비교하여 보이시오.(2가지 이상의 't' 값에 대해 수행할 것.)

2.E. 아래의 m-file은 수치적분을 이용하여, t=−3에서 0.05 간격으로 4까지 증가하면서 $\int_{-\infty}^{\infty} f_2(\tau)f_1(t-\tau)d\tau$를 구하고 그 값들을 순서대로 원소로 갖는 벡터 'f2convf1'을 생성한다.

```
clear
randn(1,XXX); % XXX=학번 끝 세자리, 내용과 상관없는 부분, 그러나 꼭 추가 할 것.
tau_step=0.01;
tau=-5:tau_step:5;
f1mirror=0.5*((tau>-1)&(tau<0));
f2= ((tau>-1)&(tau<0)) -((tau>0)&(tau<1)) ;
t_vector=[];
f2convf1=[];
```

```
for t=?:0.05:?

    delay_samples=round(t/tau_step);
    f1mirror_delayed=circshift(f1mirror', delay_samples)';
    f2convf1_at_t=sum(f2.*f1mirror_delayed)*tau_step;

    t_vector=[t_vector t];
    f2convf1=[f2convf1  f2convf1_at_t];

end
figure
plot(t_vector, f2convf1); grid on
```

2.E1. ?를 채워 m-file을 완성하고 완성된 m-file을 캡쳐하여 보이시오.

2.E2. 'f2convf1_at_t=sum(f2.*f1mirror_delayed)*tau_step;' 라인은 콘볼루션 수식 $\int_{-\infty}^{\infty} f_2(\tau)f_1(t-\tau)d\tau$을 수치적분으로 구현한 것이므로 이 라인이 실행되면 'f2convf1_at_t'는 수치적분 값을 갖게 된다. 이것을 for loop 안에서 반복하여 연산하는 이유를 쓰시오.

2.E3. 위의 m-file에서 변수 'f2convf1_at_t' 와 'f2convf1'의 의미와 차이를 명확히 설명하시오.

2.F. 문제 2.E1의 m-file을 수행하여 콘볼루션 결과그래프를 보이시오.

2.G.

2.G1☆. [그림 5.1]과 [그림 5.2]에 주어진 $f_1(t)$과 $f_2(t)$에 대하여 $f_2(t)*f_1(t)$를 수식으로 풀고 결과그림을 그려 보이시오. 손으로 그려도 무방함.

2.G2. 문제 2.G1의 결과 그림과 2.F의 결과가 일치하는지 확인하시오.

3. 임펄스 함수(Impulse function)와 콘볼루션

3.A. 원점에 존재하는 임펄스 함수와 콘볼루션

3.A1. 아래 박스는 $f_1(t)$의 샘플링 벡터 'f1'을 변경하여 [그림 5.1]의 $f_1(t)$와는 다른 형태의 $f_1(t)$을 생성하는 m-file이다. m-file을 실행하고 결과그래프를 캡쳐하여 보이시오.

```
clear
randn(1,XXX); % XXX=학번 끝 세자리, 내용과 상관없는 부분, 그러나 꼭 추가 할 것.
```

```
t_step=0.01;
t=-5:t_step:5;
f1=1/t_step*(t==0);
figure
plot(t, f1); axis([-5 5 -5 10]); grid on
```

3.A2. 문제 3.A1의 결과그래프를 보면, $f_1(t)$는 잘 알려져 있는 어떤 함수와 근사하다. 그 함수의 이름을 쓰시오.

3.A3. 문제 2.E에서 $f_1(-\tau)$의 샘플링 벡터 'f1mirror'를 생성하여 사용한다. 문제 2.E의 m-file에서 'f1mirror=0.5*((tau>-1)&(tau<0))' 라인을 'f1mirror=1/tau_step*(tau==0)'으로 수정하면, $f_2(t)$와 문제 3.A2에서 확인한 $f_1(t)$의 콘볼루션 결과를 얻을 수 있다. 문제 2.E의 m-file을 수정 후 실행하고, 콘볼루션 결과그래프를 캡쳐하여 보이시오.

3.A4. 문제 3.A3에서 보인 그래프와 $f_2(t)$ 그래프의 모양을 비교하시오. 비교 결과를 바탕으로 콘볼루션의 중요한 공식(성질) 중 하나를 유추하여 쓰시오.

3.B. 지연된 임펄스 함수와 콘볼루션

3.B1. 문제 3.A1의 m-file에서 'f1=1/t_step*(t==0);' 라인을 'f1=1/t_step*(t==1.5);'로 수정하자. 수정한 m-file을 실행하고 결과그래프를 캡쳐하여 보이시오. 그리고 수정한 $f_1(t)$의 그래프와 3.A2(수정 전)의 $f_1(t)$의 그래프가 어떤 차이가 있는지 쓰시오.

3.B2. 문제 3.A3의 m-file에서 'f1mirror=1/tau_step*(tau==0)' 라인을 'f1mirror=1/tau_step*(tau==-1.5)'로 수정하면, $f_2(t)$와 문제 3.B1의 $f_1(t)$의 콘볼루션 결과를 얻을 수 있다. m-file을 수정 후 실행하고, 콘볼루션 결과그래프를 캡쳐하여 보이시오.

3.B3. 문제 3.B2의 콘볼루션 결과와 $f_2(t)$의 차이점을 쓰시오. 그리고 이를 바탕으로, 3.A4에서 자신이 유추하여 쓴 공식(성질)을 좀 더 일반화하여 쓰시오.

4. 콘볼루션의 주파수 축 분석

4.A. 4장의 문제 4.E의 m-file을 참조하여, [그림 5.1]의 $f_1(t)$과 [그림 5.2]의 $f_2(t)$의 샘플링 벡터 'f1', 'f2'에 대한 푸리에 변환 'Fw1', 'Fw2'를 수치적분으로 구하고, 'Fw1', 'Fw2' 각각의 진폭 스펙트럼과 위상(phase) 스펙트럼을 그려보자.

```
clear
randn(1,XXX); % XXX=학번 끝 세자리, 내용과 상관없는 부분, 그러나 꼭 추가 할 것.
tstep=0.01;
t=-5:tstep:5;
f1=0.5*((t>0)&(t<1));
f2= ((t>-1)&(t<0)) -((t>0)&(t<1)) ;

Fw1=[];
Fw2=[];
w_vector=[];
w_step=2*pi*0.01;
for w=(2*pi*?):w_step:(2*pi*?) % 주파수 단위가 rad/sec임을 유의할 것.

    Fw1_at_w=sum(f1.*exp(-j*w*t))*tstep;
    Fw2_at_w=?;

    w_vector=[w_vector w];

    Fw1=[Fw1 Fw1_at_w];
    Fw2=[Fw2 Fw2_at_w];
end
save Fw1_Fw2.mat Fw1 Fw2
figure(1)
subplot(2,1,1)
plot(w_vector, abs(Fw1)) % f1(t)의 진폭 스펙트럼
subplot(2,1,2)
plot(w_vector, angle(Fw1)) % f1(t)의 위상 스펙트럼
figure(2)
subplot(2,1,1)
plot(w_vector, abs(?)) %f2(t)의 진폭 스펙트럼
subplot(2,1,2)
plot(w_vector, angle(?)) % f2(t)의 위상 스펙트럼
```

4.A1. 위 m-file의 ?를 완성하고 수행한 결과 그림을 캡쳐하시오. (주파수 변수 'w'가 범위 = −10 Hz에서 10 Hz 까지 이고, 주파수 간격=0.01 Hz이 되도록 설정할 것. 주파수 변수 'w'는 단위가 rad/sec 임에 유의할 것.)

4.A2. 문제 4.A1의 m-file에서 'Fw1_at_w=sum(f1.*exp(-j*w*t))*tstep;'는 푸리에 변환 수식 $\int_{-\infty}^{\infty} f_1(t)e^{-jwt}dt$을 수치적분으로 구현한 것인데, 이것을 for loop 안에서 반복적으로 연산해야 하는 이유를 쓰시오.

4.B. 아래 박스는 $f_1(t)$와 $f_2(t)$의 콘볼루션인 $f_1(t)*f_2(t)$를 수치적분을 통해 구하고, $f_1(t)*f_2(t)$의 푸리에 변환을 구하는 m-file이다. 변수 'f2convf1'는 $f_1(t)*f_2(t)$의 시간 축 샘플링 벡터이고, 'Fourier_f2convf1'는 $f_1(t)*f_2(t)$의 푸리에 변환 $F[f_1(t)*f_2(t)]$을 주파수 측에서 샘플링 한 벡터이다. 아래 m-file의 물음표를 완성하고 실행하시오. $f_1(t)*f_2(t)$의 진폭 스펙트럼과 위상 스펙트럼을 캡쳐하여 보이시오. 다음 문제에서 이용해야 하므로 workspace에서 'Fourier_f2convf1' 벡터를 삭제하지 말 것.

```
clear
randn(1,XXX); % XXX=학번 끝 세자리, 내용과 상관없는 부분, 그러나 꼭 추가 할 것.
tau_step=0.01;
tau=-5:tau_step:5;
f1mirror=0.5*((tau>=-1)&(tau<0));
f2= ((tau>=-1)&(tau<=0)) -((tau>=0)&(tau<=1));

t_vector=[]; f2convf1=[];
w_vector=[]; Fourier_f2convf1=[];
tstep=0.05;

for t=-3:tstep:4
   delay_samples=round(t/tau_step);
   f1mirror_delayed=circshift(f1mirror', delay_samples)';
   f2convf1_at_t=sum(f2.*f1mirror_delayed)*tau_step; % f2와 f1의 콘볼루션

   t_vector=[t_vector t];
   f2convf1=[f2convf1  f2convf1_at_t];
end

for w=(2*pi*-10):(2*pi*0.01):(2*pi*10)
   Fourier_f2convf1_at_w=sum(?.*exp(-j*?*t_vector))*tstep;
   w_vector=[w_vector w];
   Fourier_f2convf1=[Fourier_f2convf1 Fourier_f2convf1_at_w];
end
figure
subplot(2,1,1)
plot(w_vector, abs(Fourier_f2convf1))% f1(t)*f2(t)의 진폭 스펙트럼
subplot(2,1,2)
plot(w_vector, ?) % f1(t)*f2(t)의 위상 스펙트럼
```

4.C. 문제 4.A1에서 'f1'과 'f2'의 푸리에 변환, 즉 'Fw1'과 'Fw2'를 생성하여 'Fw1_Fw2.mat'에 저장하였다. 아래 명령어를 Command window에서 실행하고, 결과그림을 캡쳐하여 보이시오.

```
>> load Fw1_Fw2.mat
>> figure
>> plot(w_vector, abs(Fw1.*Fw2 - Fourier_f2convf1));
>> axis([-10 10 -2 2])
```

4.D. 문제 4.C의 결과그림을 바탕으로 'Fourier_f2convf1'와 'Fw1.*Fw2'가 동일하다 할 수 있는가? 이러한 결과를 바탕으로 콘볼루션의 중요한 성질중 하나를 유추하여 쓰시오.

4.E. 임펄스 응답이 $h(t)$인 선형 시스템의 입력에 $f(t)$가 인가되면, 그 출력 $g(t)$는 $f(t)$와 $h(t)$의 시간 콘볼루션이 된다. 하지만 문제 4.D에서 답한 콘볼루션의 중요한 성질을 이용하면 실제 시간축 콘볼루션을 수행 하지 않고 다른 방법으로 출력 $g(t)$를 구할 수 있다. 그 방법을 구체적으로 쓰시오.

4.F. 두 함수 $f_1(t)=e^{-(k+1)t}u(t)$, $f_2(t)=e^{-t}u(t)$일 때 아래를 구하시오. 여기서, k는 학번 끝자리로 설정할 것. 모든 문제에 대하여 Symbolic math를 사용하여도 무방함.

Symbolic math 사용하는 경우 요령 : unit step function (단위계단함수) $u(t)$는 Symbolic math에서 함수로 제공하지 않음. 그러나 $u(t)$가 곱해진 수식의 무한대 구간 적분은 $u(t)$가 곱해지지 않은 수식의 유한구간 적분(또는 한 쪽 적분 구간이 유한한 적분)으로 바뀔 수 있음을 이용하면 됨.

4.F1. 두 함수의 콘볼루션 $f_1(t)*f_2(t)$를 구하시오.

4.F2. 문제 4.F1에서 얻은 $f_1(t)*f_2(t)$의 푸리에 변환을 구하시오.

4.F3☆. $f_1(t)$의 푸리에 변환 $F_1(w)$을 구하시오.

4.F4☆. $f_2(t)$의 푸리에 변환 $F_2(w)$을 구하시오.

4.F5. 4.F2의 답과 $F_1(w)\times F_2(w)$의 답이 같음을 보이시오.

5. 여러 가지 시간영역 연산의 주파수 축 분석

아래 문항들은 스펙트럼을 유추하여 그린 후, 실제 실험으로 스펙트럼을 관찰하여 자신의 유추가 맞는지 확인하는 문제이다. 아래 주의 사항에 따라 문제를 푸시오.

주의사항 1. 스펙트럼 유추를 묻는 문항에 대한 답을 쓸 때는, 자신이 유추한 결과에 대한 '근거'를 함께 써야만 정답으로 인정 됨.

주의사항 2. 의도적으로, 스펙트럼 관찰 실험 결과가 이론적인 모양과 다르게 나오도록 설정된 문제들이 섞여 있으니 유의 할 것. 따라서 이러한 문제들의 경우, 스펙트럼을 유추하지 않고, 스펙트럼 관찰 실험을 '먼저' 실행하여 그 결과를 보고, 자신이 유추한 것처럼 적으면 오답이 됨. 자신의 유추에 확신이 있지만, 실험결과가 유추와 일치하지 않는다면, 일치하는지 묻는 문제에 대해서는 "실험 결과가 자신의 유추한 결과와 다르다"고 적는 것이 정답임.

5.A. "실습 자료 파일"에서 FT_property_check.slx 파일을 열고 아래를 답하시오.

5.A1. 먼저, 왼쪽 하단에 있는 2개의 Cosine, Sine 블록을 각각 더블 클릭하여 현재 2*pi*2000로 설정되어 있는 주파수를 2*pi*(2000+X*500)로 수정하시오. (X=자신학번 끝자리 수. 만약 학번이 20301143이면 2*pi*(2000+3*500)으로 설정, 두 Cosine, Sine 블록 모두 바꿀 것). 노드 A에서 노드 K까지 총 10개의 신호 노드가 있음을 알 수 있다. 노드 A (xt.mat의 출력)의 신호를 x(t)라 하자. 파일을 실행한 후 Scope 블록을 더블 클릭하여 모든 파형을 캡쳐하시오.

5.A2. Scope 블록의 입력 연결 상태를 보면 문제 5.A1에서 캡쳐한 파형은 위에서 순서대로 노드 A, B, C, D 에 해당하는 신호임을 알 수 있다. 캡쳐된 파형들의 피크와 그 주변의 신호모양을 비교해보자. 두 번째 신호는 첫 번째 신호가 시간 축에서 2 배 늘려진 모양임을 알 수 있고, 세 번째 신호는 첫 번째 신호가 시간 축에서 절반으로 찌그러뜨린 모양임을 알 수 있고 네 번째 신호는 첫 번째 신호가 지연된 모양임을 알 수 있다. 노드A의 신호를 $x(t)$ 라 할 때, 파형 관찰 결과를 토대로 각 노드의 신호를 $x(t)$의 변형된 식으로 정확히 나타내시오.

노드 B: ? , 노드 C: ? , 노드 D: ?

5.A3. 노드 A, B, C, D의 신호의 모양을 봤을 때, 각각에 담겨있을 정보량이 적을 것 같은 것부터 많을 것 같은 것 순으로 쓰시오.

5.B. 실험에 앞서 먼저, 현재 0.2로 설정되어 있는 Simulation time을 반드시 10으로 설정하시오. 아래 모든 문제 동일. `'Spectrum Viewer'` 블록은 입력 신호의 진폭 스펙트럼을 `'Spectrum Analyzer'` 창에 보여준다. 노드 A 신호 (즉, $x(t)$)의 진폭 스펙트럼 $|X(\omega)|$ 을 보기 위해, Spectrum Viewer에 노드 A를 연결하고, 파일을 실행하시오.

5.B1. 실행 후, 스펙트럼 결과 창(`'Spectrum Analyzer'` 창)을 캡쳐하시오.

주의

캡쳐하기 전, x, y축 범위를 임의로 고치지 말고, 보여 지는 스펙트럼 그대로 캡쳐할 것. 아래 스펙트럼 캡쳐하는 모든 문제들도 동일하게 진행할 것.

5.B2. 스펙트럼의 양쪽에 크기가 급격히 작아지는 지점이 있음을 알 수 있다. 앞으로 이 지점을 언덕 주파수라 부르자. 양쪽의 언덕 주파수 값은 대략 몇 kHz인가? (0.5 kHz 단위로 쓰면 됨)

5.B3 문제 5.B1에서 캡쳐한 결과에 따르면 $x(t)$의 진폭 스펙트럼(= $|X(\omega)|$)은 대역폭이 0.5 kHz인 사각형 모양임을 알 수 있다. 이 결과와, 문제 5.A2, 5.A3에서 답한 노드 B, C, D의 수식표현을 바탕으로, 노드 B, C, D의 진폭 스펙트럼 모양을 예측할 수 있다. 세 노드 (B, C, D)의 진폭 스펙트럼을 각각 예측하여 그리시오. 스펙트럼의 양쪽 언덕 주파수를 0.5 kHz 단위로 쓸 것. 자신이 유추하여 그린 각각의 스펙트럼옆에, 그렇게 예측한 근거에 해당하는 푸리어 변환의 정리도 함께 쓰시오.

5.C. 문제 5.B에서 자신이 유추하여 그린 스펙트럼들을 실험으로 확인해보자.

5.C1. 노드 A에 연결된 'Spectrum Viewer'블록을 떼서(복사하지 말고 반드시 뗄 것. 이하 'Spectrum Viewer'블록을 사용하는 모든 실험에 적용됨.) 노드 B에 연결하고 파일을 다시 실행한 후 스펙트럼 결과 창 ('Spectrum Analyzer' 창)을 캡쳐하시오. 문제 5.B3에서 자신이 그린 스펙트럼과 일치하는지도 쓰시오.

5.C2. 노드 C, D에 대해서도 반복하여 결과를 캡쳐하고 문제 5.B3에서 자신이 그린 스펙트럼과 일치 하는지 쓰시오.

5.C3. 문제 5.A3의 자신의 답과 문제 5.C1, 5.C2의 스펙트럼 캡쳐 결과로 확인할 수 있는, 신호의 정보량과 대역폭(스펙트럼의 폭)의 중요한 관계를 쓰시오.

5.D. slx파일의 설계 내용을 바탕으로 아래 표의 다른 노드들도, $x(t)$를 이용하여 표현하시오. 단 노드 I 는 $x(t)$가 포함된 식이 아님.

노드	신호
A	$x(t)$
F	?
G	$\cos(\omega_0 t)$, $\omega_0 = 2\pi \times ?t$, 자신의 학번으로 결정됨
H	$x(t)\cos(\omega_0 t)$
I	?(오일러 공식 이용하여 간단히)
J	?

5.E. 아래의 각 문항에 답하시오.

5.E1. 문제 5.D의 표에서 자신이 작성한 노드 I의 식을 바탕으로 노드 I의 스펙트럼은 어떤 모양일지 쓰시오. 스펙트럼의 위치를 정확히 쓸 것.

5.E2. 'Spectrum Viewer'블록 ('Spectrum Viewer_for_product' 말고)을 노드 I에 연결하고 파일을 실행한 후 스펙트럼 결과 창('Spectrum Analyzer' 창)을 캡쳐하시오. 문제 5.E1의 답과 일치하는지도 쓰시오.

5.E3. 문제 5.E의 표에서 자신이 작성한 노드 J의 식을 바탕으로 노드 J의 스펙트럼은 어떤 모양일지 그리시오. 스펙트럼의 양쪽 언덕 주파수를 0.5 kHz 단위로 쓸 것.

5.E4. 노드 I에 연결된 'Spectrum Viewer'블록을 떼서 노드 J에 연결하고 파일을 실행한 후 스펙트럼 결과 창('Spectrum Analyzer' 창)을 캡쳐하시오. 문제 5.E3의 답과 일치하는지도 쓰시오.

5.E5. 문제 5.D의 표에서 노드 G의 식을 바탕으로 노드 G의 스펙트럼은 어떤 모양일지 그리시오. 스펙트럼의 위치를 정확히 쓸 것.

5.E6. 노드 J에 연결된 'Spectrum Viewer'블록을 떼서 노드 G에 연결하고 파일을 실행한 후 스펙트럼 결과 창('Spectrum Analyzer' 창)을 캡쳐하시오. 문제 5.E5의 답과 일치하는지도 쓰시오.

5.E7. 문제 5.D의 표에서 자신이 작성한 노드 H의 식을 바탕으로 노드 H의 스펙트럼은 어떤 모양일지 그리시오. 스펙트럼의 양쪽 언덕 주파수를 0.5 kHz 단위로 쓸 것.

5.E8. 노드 G에 연결된 'Spectrum Viewer'블록을 떼서 노드 H에 연결하고 파일을 실행한 후 스펙트럼 결과 창('Spectrum Analyzer' 창)을 캡쳐하시오. 문제 5.E7의 답과 일치하는지도 쓰시오.

5.F. 복소수 신호 $z(t)$의 푸리어 변환을 $Z(\omega)$라 하자. 다음을 답하시오.

5.F1. $z^*(t)(=z(t)$의 conjuage(공액))의 푸리어 변환을 $Z(\omega)$를 이용한 변형식으로 쓰시오.

$$F[z^*(t)] = ? \qquad \text{(식 5.1)}$$

5.F2. 파일에 따르면 노드 K는 노드 J의 conjuage(공액) 된 신호임을 알 수 있다. 따라서 문제 5.E4에서 캡쳐한 노드 J의 스펙트럼과, 문제 5.F1의 답을 이용하면 노드 K의 스펙트럼은 어떤 모양일지 알 수 있다. 문제 5.F1의 답을 이용한 설명과 함께 스펙트럼을 그리시오. 스펙트럼의 양쪽 언덕 주파수를 0.5 kHz 단위로 쓸 것.

5.F3. 노드 H에 연결된 'Spectrum Viewer'블록을 떼서 노드 K에 연결하고 파일을 실행한 후 스

펙트럼 결과 창('Spectrum Analyzer' 창)을 캡쳐하시오. 문제 5.F2의 답과 일치하는지도 쓰시오.

5.G. $x(t)$와 $y(t)$의 푸리어 변환을 각각 $X(\omega)$, $Y(\omega)$라 할 때 아래를 답하시오.

5.G1 $x(t)$와 $y(t)$ 곱의 푸리어 변환은 아래와 같이 $X(\omega)$와 $Y(\omega)$를 연산하여 구할 수 있다. ?에 들어갈 연산자를 쓰시오.

$$F[x(t)y(t)] = \frac{1}{2\pi}(X(\omega)\,?\,Y(\omega)) \quad \text{(식 5.2)}$$

5.G2 윗 식으로부터, 신호 제곱의 푸리어 변환 공식을 완성해 보이시오.

$$F[x(t)^2] = ? \quad \text{(식 5.3)}$$

5.G3. 문제 5.D에서 답한 노드 F의 수식 표현, 문제 5.B1에서 캡쳐한 $X(\omega)$의 스펙트럼, 그리고 5.G2에서 완성한 관계식, 이 3가지로 부터, 노드 F 신호의 스펙트럼 모양을 알아 낼 수 있다. 스펙트럼을 그리고 그렇게 그린 이유를 설명하시오. 스펙트럼의 양쪽 끝 지점의 주파수를 정확히 쓸 것.

5.G4. 노드 F에 'Spectrum Viewer for product' ('Spectrum Viewer' 말고)블록을 연결하자. 다시 파일을 실행하고 스펙트럼 결과 창('Spectrum Analyzer for product' 창)을 캡쳐하시오. 5.G3에서 자신이 그린 스펙트럼과 모양이 일치하는지도 쓰시오.

>>> 06 CHAPTER LPF and BPF Design

- LPF(Low Pass Filter)와 BPF(Band Pass Filter)를 설계한다.
- LPF와 BPF의 주파수 특성과 임펄스 응답(impulse response)을 관찰한다.

☆ 1. 사운드 신호의 파워 스펙트럼 분석

주의

매트랩을 실행한 이후에 이어폰 또는 스피커를 PC에 연결할 경우, 소리를 재생하는 문항에서 재생장치를 인식하지 못하여 오류가 날 수 있으므로 재생장치를 PC에 연결한 이후에 매트랩을 실행하시기 바랍니다.

1.A. MATLAB의 `Command window`에서 '`>>help audiovideo`'를 실행하여 MATLAB에서 제공하는 6가지의 오디오(audio) 샘플링 파일들을 확인하고 그 이름을 쓰시오.

1.B. `Command window`에서 '`>>load file_name(예 load gong)`'을 실행하여 6 개중 하나의 오디오 데이터를 워크스페이스(workspace)로 불러들이시오. 다음 '`>>whos`'를 하시오, 매트랩 변수 '`y`'와 '`Fs`'가 워크스페이스(workspace)에 존재함을 알 수 있다. '`y`'는 오디오 샘플 벡터이며 '`Fs`'는 샘플링 주파수값을 나타낸다.

1.B1. Command window에서 '`>> Fs`'를 하여 샘플링 주파수가 얼마인지 쓰고, 샘플링 주파수로부터 샘플의 시간간격을 계산하여 쓰시오.

1.B2. 샘플 시간간격과 오디오 샘플벡터 '`y`'의 길이로부터 오디오 샘플의 시간길이를 계산하시오.

1.C☆. `Command window`에서 '`>>soundsc(y)`'를 하여 샘플 벡터를 재생하여보고 어떠한 소리가 나는지 쓰시오. 6가지의 오디오 샘플링 파일 각각에 대하여 반복하시오.

1.D. MATLAB 명령어 '`pwelch()`'는 샘플링된 벡터의 진폭(magnitude) 스펙트럼의 제곱을 dB 단

위로 출력하거나 그래프를 그린다. 예를 들어, 임의의 시간함수(또는 신호) $h(t)$를 'Fs'의 샘플링 주파수로 샘플링한 벡터를 'ht'라 할 때, '>>pwelch(ht,[],[],[],Fs)'를 수행하면 x축은 주파수 w, y축은 $10\log_{10}|H(w)|^2$(=$h(t)$의 PSD)의 그래프를 그린다. 6개의 오디오 파일의 PSD를 그려보자.

1.D1. 아래를 실행하여 6개의 오디오 파일의 데이터를 불러오고, 각 오디오 파일에 대한 PSD를 그리시오. 'subplot()'을 사용하여 한 개의 창에 모두 나타내시오. 6개의 PSD를 명확히 볼 수 있도록 그래프 창을 세로로 적당히 늘려 조절한 후 캡쳐하시오.

```
>> figure
>> subplot(6,1,1);load chirp; pwelch(y,[],[],[],Fs)
>> subplot(6,1,2);load gong; pwelch(y,[],[],[],Fs)
>> subplot(6,1,3);load handel; pwelch(y,[],[],[],Fs)
.
.
.
```

1.D2. 6개의 오디오 파일중 가장 높은 소리가 났던 파일은 어떤 것이었으며 PSD 모양이 그것에 부합하는지 쓰시오. 각 PSD의 절대적인 크기가 아니라, 각 신호에 포함된 주파수 성분이 주로 어디에 분포되어있는지를 분석하여 볼 것.

1.E. 문제 1.D에서 그린 PSD 그래프를 보면 양수의 주파수 영역에서만 주파수 스펙트럼을 보여주는 것을 알 수 있다. 실수 함수의 주파수 스펙트럼 모양은 y축에 대하여 대칭이기 때문이다. 임의의 "실수" 함수 $f(t)$의 푸리에 변환을 $F(w)$라 할 때 $|F(w)|=|F(-w)|$임을 수식유도로 증명하시오.

1.F. 아래는 오디오 파일 handel의 데이터 샘플에 주파수 3.x kHz(x=학번 끝자리)인 사인파의 샘플 벡터(변수이름을 'tone'이라 하자)를 더한 사운드 샘플 벡터(변수 이름 'y_plus_tone'이라 하자)을 생성하고 PSD를 그리는 m-file이다.

```
clear
randn(1,XXX); % XXX=학번 끝 세자리, 내용과 상관없는 부분, 그러나 꼭 추가 할 것.
load handel
t_step=1/Fs;
t=0:t_step:(length(y)-1)*t_step;
tone=sin(2*pi*3.?e3*t); %예) 학번끝자리가 5인 경우 sin(2*pi*3.5e3*t)
y_plus_tone=y'+tone;
figure
pwelch(y_plus_tone,[],[],[],Fs)
```

1.F1. 위 m-file의 5번째 line에 자신의 학번 끝자리에 맞는 ?를 채우자. 작성한 m-file을 실행하고 결과 그래프를 캡쳐하시오.

1.F2. 문제 1.F1의 PSD그래프를 바탕으로 3.x kHz인 사인파의 샘플 벡터가 제대로 더해졌다고 볼 수 있는 이유를 쓰시오.

1.F3. Command window에서 '`>>soundsc(y_plus_tone)`'을 실행하여 소리를 재생하고 결과를 쓰시오. 그리고 그런 소리가 나는 이유도 쓰시오.

2. LPF(Low Pass Filter) 설계

2.A☆. 주파수 전달 함수가 $H(w)$인 선형시스템이 있다.

2.A1. 입력의 스펙트럼(푸리에 변환)이 $X(w)$일 때 출력의 스펙트럼(푸리에 변환) $Y(w)$을 $H(w)$와 $X(w)$로 나타내시오.

2.A2. 선형시스템의 주파수 전달 함수 $H(w)$이 주어졌을 때 이로부터 이 시스템의 임펄스 응답 $h(t)$를 구하려한다. 구하는 관계식을 쓰시오.

2.A3. 문제 2.A1, 2.A2에서 답한 식을 유도하면, 입력이 $x(t)$일 때 출력 $y(t)$는 아래의 연산을 통해 구할 수 있음을 보일 수 있다. 2.A1, 2.A2에서 답한 식으로부터 아래의 식을 유도하시오.

$$y(t)=h(t)*x(t),\quad * = \text{콘볼루션 연산자} \qquad \text{(식 6.1)}$$

2.B☆. 다음과 같은 주파수 전달함수를 갖는 선형시스템이 있다.

$$H(w)=\begin{cases}1, & |w|\le 2\pi B\ [\text{rad/sec}]\\ 0, & |w|> 2\pi B\ [\text{rad/sec}]\end{cases} \qquad \text{(식 6.2)}$$

2.B1. 이 시스템을 LPF(Low Pass Filter, 저역 통과 필터)라 부르는 이유는 무엇인가? 반드시 문제 2.A1의 답을 이용하여 설명하시오.

2.B2. 이 LPF의 대역폭은 몇 Hz인가? 단위 주의.

2.B3. (식 6.2)에 주어진 $H(w)$의 식에서 B가 무한대일 경우, $H(w)$는 대역폭이 무한대인 필터의 주파수 응답이 된다. 대역폭이 무한대인 필터를 통과할 경우 $Y(w)=X(w)$가 되는 이유를 문제 2.A1의 답을 이용하여 설명하시오.

2.C. 선형시스템의 주파수 전달 함수 $H(w)$이 주어졌을 때 이로부터 이 시스템의 임펄스 응답 $h(t)$를 구하려한다.

2.C1☆. 문제 2.A2에서 답한 관계식을 이용하여 (식 6.2)에 주어진 LPF의 임펄스 응답은 다음과 같음을 유도하시오.

$$h(t) = 2B\mathrm{sinc}(2Bt) \quad \text{where} \quad \mathrm{sinc}(x) \equiv \frac{\sin(\pi x)}{\pi x} \qquad \text{(식 6.3)}$$

참고

책에 따라 sinc(x)를 sin(x)/x로 정의하기도 함. 또 sinc(x)를 Sa(x)로 표기하기도 함.

🖫 2.C2. 아래는 B=200 Hz일 때 (식 6.3)의 $h(t)$를 매트랩 벡터로 생성하여 그림을 그리는 과정이다. 무한대의 시간까지 존재하지만 모든 시간영역을 그릴 수는 없으므로 t=−0.02~0.02 영역에서 1/8192초 시간간격으로 $h(t)$를 생성하였다. 아래 m-file을 실행하고 결과그림을 캡처하시오.

```
clear
randn(1,XXX); % XXX=학번 끝 세자리, 내용과 상관없는 부분, 그러나 꼭 추가 할 것.
B=200;
t=-0.02:(1/8192):0.02;
ht=2*B*sinc(2*B*t);
plot(t,ht);
grid
```

2.C3. B=100과 400인 각 경우에 대하여 위 m-file을 수정하여 반복 실행하시오. 그림결과를 토대로 LPF의 대역폭과 LPF의 임펄스 응답의 폭의 관계를 쓰시오.

2.C4. 만약 B가 무한대가 되면 $h(t)$는 어떤 함수로 수렴하겠는가?

2.C5. 문제 2.C4에서 답한 함수를 (식 6.1)에 대입하면 $y(t)$는 무엇과 동일해지는가?

2.C6. 문제 2.C5의 결과는 문제 2.B3에서 답한 대역폭이 무한대인 LPF의 개념과 일치하는가?

2.C7. 문제 2.C2(또는 2.C3)에서 그린 임펄스 응답을 갖는 선형시스템은 현실적으로 구현할 수 없는 이유는 무엇인가?

2.D. 아래와 같은 현실적인 임펄스 응답을 갖는 LPF를 고려하자.

$$h(t) = \begin{cases} 2B\mathrm{sinc}(2B(t-t_d)), & 0 \le t \le 2t_d \\ 0 & elsewhere \end{cases} \qquad \text{(식 6.4)}$$

🖫 2.D1. 아래는 B=200 Hz, t_d=0.02에 대하여 (식 6.4)을 생성하고 그리는 m-file이다. 실행하고 결과를 캡처하시오.

```
clear
randn(1,XXX); % XXX=학번 끝 세자리, 내용과 상관없는 부분, 그러나 꼭 추가 할 것.
B=200;
td=0.02
t=0:(1/8192):2*td;
ht=2*B*sinc(2*B*(t-td));
plot(t,ht);
grid
```

2.D2. 문제 2.D1에서 그린 임펄스 응답을 갖는 선형시스템은 현실적으로 구현 가능한 이유는 무엇인가?

2.D3. (식 6.4)는 (식 6.3)과 다르므로 (식 6.4)의 임펄스 응답을 갖는 현실적인 LPF의 $H(w)$ 또한 (식 6.2)와 다르게 된다. $H(w)$는 (식 6.4)의 $h(t)$를 푸리에 변환하여 얻을 수 있다. 하지만 시간축에서 제한된 영역에만 존재하는 truncated sinc 모양이므로 수식에 의한 푸리에 변환은 힘들다. 이런 경우, 수치적분(2장의 문제 1참조)을 이용한 푸리에 변환으로 $H(w)$의 매트랩 벡터를 생성할 수 있다.

아래 박스는 $h(t)$의 매트렙 샘플벡터 'ht'로부터 $H(w)$의 매트랩 벡터 'Hw_vectror'를 수치적분으로 구하고 진폭(magnitude) 스펙트럼 $|H(w)|$과 위상(phase) 스펙트럼 $\measuredangle H(w)$을 그리는 m-file이다.

〈수치 적분 참고 사항〉

- $0 \le t \le 0.04$ 영역 밖에서는 $h(t)=0$이므로 푸리에 변환식 $\int_{-\infty}^{\infty} h(t)e^{-jwt}dt = \int_{0}^{0.04} h(t)e^{-jwt}dt$임. 따라서, 수치 적분 구간도 0~0.04까지로 설정함.
- 푸리에 변환 주파수 범위 = −20000 rad/sec에서 20000 rad/sec까지, 주파수 간격 = 10 rad/sec로 설정함.

```
clear
randn(1,XXX); % XXX=학번 끝 세자리, 내용과 상관없는 부분, 그러나 꼭 추가 할 것.
B=2000; %대역폭, 현재 2 KHz로 설정
td=0.02; %지연시간
t_step=1/8192;
t=0:t_step:0.04;

ht=2*B*sinc(2*B*(t-td)); %(식 6.4)

Hw_vector=[];
w_vector=[];
```

```
for w=-20000:10:20000
    w_vector=[w_vector w];
    Hw=sum(?.*exp(-j*w*?))*t_step;
    Hw_vector=[Hw_vector Hw];
end

figure
subplot(3,1,1)
plot(t,ht);xlabel('t [sec]');ylabel('h(t)');grid
subplot(3,1,2)
plot(w_vector,abs(Hw_vector))
xlabel('w [rad/sec]');ylabel('|H(w)|');grid
subplot(3,1,3)
plot(w_vector,angle(Hw_vector));
xlabel('w [rad/sec]');ylabel('\angle H(w)');grid;axis([-50 50 -1 1])
```

위 m-file에서 라인 'Hw=sum(?.*exp(-j*w*?))*t_step;'은 $h(t)$(매트랩 샘플벡터 = 'ht')의 푸리에 변환 $\int_0^{0.04} h(t)e^{-jwt}dt$를 수치적분(2장의 문제 1 참조)으로 구현한 것이다. 두 군데 ?를 채워 완성하고 수행하시오. 수행한 결과 그림을 캡쳐하여 보이시오.

2.D4. 문제 2.D3에서 그린 진폭 스펙트럼으로부터 설계한 LPF의 3dB 대역폭은 얼마인지 측정하여 Hz 단위로 쓰시오. 3dB 대역폭을 어떻게 측정한 것인지, 스펙트럼의 관심영역을 적절히 확대하여 설명한 그림을 덧붙이시오. (참고: 1 rad/sec = ? Hz)

2.D5. $H(w)$의 위상 스펙트럼(Figure 창에서 맨 하단 그림)의 원점에서의 기울기를 측정하여 쓰시오.

2.D6. m-file에서 지연값 'td'을 0.01, 0.03 로 수정하여 각각 수행한 결과를 캡쳐하시오.

2.D7. 문제 2.D3과 2.D6에서 캡쳐한 각 Figure창에서 맨 상단 그림을 보면 $h(t)$는 지연된 sinc 파형임을 알 수 있다. 각 Figure 창에서 지연시간을 측정하여 쓰시오. 또, 각각에 대하여 $H(w)$의 위상 스펙트럼 (각 Figure 창에서 맨 하단 그림)의 원점에서의 기울기를 측정하여 〈표 6.1〉을 채우시오.

〈표 6.1 $h(t)$의 지연시간과 위상 스펙트럼의 기울기〉

$h(t)$의 지연 시간	측정한 지연 시간(최댓값 위치)	측정한 위상 스펙트럼의 기울기
$t_d = 0.01$		
$t_d = 0.02$		
$t_d = 0.03$		

2.D8. 문제 2.D5와 2.D7의 〈표 6.1〉의 결과를 바탕으로 시간축에서 신호의 지연은 위상 스펙트럼

에 어떤 영향을 미치는지 쓰시오. 'td'와 $\measuredangle H(w)$의 기울기의 관계식을 세우시오.

2.D9. 문제 2.D3, 2.D6에서 캡쳐한 그림들을 바탕으로 시간축에서 신호의 지연은 진폭 스펙트럼 $|H(w)|$에 어떤 영향을 미치는지 쓰시오.

2.D10★. m-file에서 대역폭 'B'를 250, 1000으로 바꿔서 각각 수행하시오. 결과그림에서 측정한 대역폭이 'B'와 일치하는지 다시 확인하시오.

2.D11★. $h(t)$의 파형이 지연된 만큼 LPF의 출력 또한 지연된다. LPF의 지연을 줄이기 위하여 'td' = 0.001로 수정한 후 m-file을 실행하시오. 결과그림을 보이고 지연이 줄어든 대신 발생한 문제점을 쓰시오.

2.D12★. 지연을 줄인 것이 왜 2.D11에서 답한 문제를 유발한 것인지 이유를 쓰시오.

3. LPF 출력 실험

시간 함수 $a(t)$와 $b(t)$의 콘볼루션을 $c(t)(=a(t)*b(t))$라 하자. $a(t)$, $b(t)$의 매트랩 샘플 벡터를 각각 'at', 'bt'라 하면 $c(t)$의 매트랩 샘플벡터 'ct'는 다음과 같이 생성할 수 있다.

```
>>ct=conv(at ,bt);
```

본 문제에서는 'conv()' 함수를 이용하여 LPF출력을 생성하고 분석한다.

3.A. 아래는 오디오 샘플 파일 handel.mat의 신호 벡터 'y'를 대역폭이 2kHz인 LPF에 입력하여 출력 벡터 'yt'를 생성하는 m-file이다.

```
clear
randn(1,XXX); % XXX=학번 끝 세자리, 내용과 상관없는 부분, 그러나 꼭 추가 할 것.
B=2000; %대역폭, 현재 2 kHz 설정
td=0.02; %지연시간

t_step=1/8192;
t=0:t_step:0.04;
ht=2*B*sinc(2*B*(t-td)); % ht는 LPF의 임펄스응답 h(t)의 샘플 벡터

load handel
xt=y';
%xt는 LPF입력신호 x(t)의 샘플 벡터, handel의 데이터벡터 y는 열벡터이므로 ' 하여 행으로 바꿈.

yt=conv(?,xt); %입출력과 임펄스 응답과의 관계식 이용
```

3.A1. ?에 들어갈 매트랩 변수를 쓰시오.

3.A2. 위의 m-file을 완성하고 수행하시오. 완료되면 Command window에서 아래를 수행하여 LPF 입력과 출력의 소리를 재생하시오. 입출력의 소리를 비교하여 쓰시오.

```
>>soundsc(xt)
재생이 완료되면 아래를 수행
>>soundsc(yt)
```

3.A3. 문제 3.A의 m-file에서 LPF의 대역폭 'B'를 500Hz로 수정하여 다시 m-file을 실행하고, 'yt'를 재생하시오. 또, 'B'가 4000Hz 인 경우로도 변경하여 m-file을 실행하여 'yt'를 재생하시오. 재생 결과를 비교하고 대역폭 B가 증가하거나 감소함에 따라 출력의 소리는 어떻게 바뀌는지 쓰시오.

3.A4. command window에서 아래의 코드를 실행하고 결과 그래프를 보이시오.

```
>> t_axis=1/8192*(1:length(yt));
>> plot(t_axis, yt)
>> axis([0 0.1 -8000 8000])
>> grid
```

3.A5. 문제 3.A4의 그래프에서 본격적으로 신호가 출력되는 (크기가 커지기 시작하는) 위치의 x 좌표값을 쓰고, 그 값을 가지는 이유를 설명하시오.

3.B. LPF를 이용하여 사운드 신호에 더해진 사인파를 제거해보자.

3.B1. 아래의 m-file은 handel의 사운드 벡터 'y'에 사인파를 더한 신호 'xt'를 생성하고 'xt'의 PSD를 그린다. m-file을 작성하여 수행하고 'xt'의 PSD 결과를 캡쳐하시오.

```
clear
randn(1,XXX); % XXX=학번 끝 세자리, 내용과 상관없는 부분, 그러나 꼭 추가 할 것.
load handel
f=3250+500*rand;
tone=sin(2*pi*f*(1:length(y))*1/Fs);
xt=y'+ tone;
pwelch(xt,[],[],[],Fs)
clear f;
```

3.B2. 'xt'의 PSD 결과 그래프를 바탕으로, 더해진 사인파의 주파수가 얼마인지 최대한 정확히 쓰시오.

3.B3. Command window에서 아래를 수행하여 'xt'를 재생하고 결과를 쓰시오.

```
>>soundsc(xt)
```

3.B4. 'xt'를 LPF에 통과시켜, 원래 사운드에 큰 손상 없이 "삐"소리를 제거해보자. 아래와 같이 m-file을 작성하여 수행하면 LPF의 출력 'yt'는 "삐"소리가 제거된 할렐루야 사운드가 되도록 할 수 있다. 주석을 참고하여 세 군데의 ?에 상수, 변수, 함수 등을 적절히 채워 완성된 m-file을 보이시오.(3.B1의 m-file과 아래 m-file을 연속하여 반복 수행하여도 매번 "삐"소리가 제거되어야 함)

```
randn(1,XXX); % XXX=학번 끝 세자리, 내용과 상관없는 부분, 그러나 꼭 추가 할 것.
B=?; %xt에 들어있는 사인파(삐소리의 원인)의 주파수를 걸러내기 위한 LPF 대역폭 결정(상수)
td=0.02; %지연시간
t_step=1/8192;
t=0:t_step:0.04;
ht=2*B*sinc(2*B*(t-td)); % LPF h(t)의 샘플 벡터
yt=?(?,xt);  %xt를 LPF에 통과시켜 출력 yt를 생성. 첫 번째 ?는 함수이름. 두번째 ?는 변수이름
```

〈주의 사항: 본 세부 문제의 m-file에는 'clear'를 삽입하지 말 것. 3.B1에서 생성한 'xt'를 이용하기 때문임〉

3.B5. 자신이 설정한 'B' 값의 근거를 쓰시오.

3.B6. 적어도 5번 이상, (1) 3.B1의 m-file, (2) 3.B4의 m-file, (3)〉〉soundsc(yt)을 순서대로 실행하여 모두 "삐"소리가 제거 되었는지 확인하시오.

```
>>soundsc(yt)
```

★ 4. BPF(Band Pass Filter) 설계

4.A. Command window에서 아래를 수행하여 대역폭 300Hz LPF의 임펄스 응답을 생성하고 PSD를 그리시오. PSD 그림을 캡쳐하시오.

```
>>t=0:(1/8192):0.04;
>>B=300;td=0.02;
>>ht=2*B*sinc(2*B*(t-td));
>>pwelch(ht,[],[],[],8192);
```

4.B☆. $z(t)$의 푸리에 변환을 $Z(w)$라 하자. $z(t)\cos(w_o t)$의 푸리에 변환은 $\frac{1}{2}[Z(w+w_0)+Z(w-w_0)]$임을 유도하시오.

4.C. Command window에서 아래를 계속 수행하자. 4.A에서 생성한 'ht'와 동일한 길이를 갖는 3 kHz 코사인 파형 벡터 'cos3000'을 생성하시오. 'ht'와 'cos3000'을 곱하여 'ht_times_cos'를 생성하고 'ht_times_cos'의 PSD를 관찰하시오.

```
>>cos3000=cos(2*pi*3000*t);
>>ht_times_cos=ht.*cos3000;
>>pwelch(ht_times_cos,[],[],[],8192)
```

4.C1. PSD 결과그림을 캡쳐하시오.

4.C2. 문제 4.B에서 유도한 식과 연관지어 PSD 결과그림을 설명하시오.

4.C3. 'xt'의 PSD 모양이 각각 아래 세 가지인 경우에 대하여 'conv(xt, ht_times_cos)'의 PSD 모양을 위에 겹쳐 그리시오. (ht는 길이가 무한대인 완벽한 sinc함수로 가정)

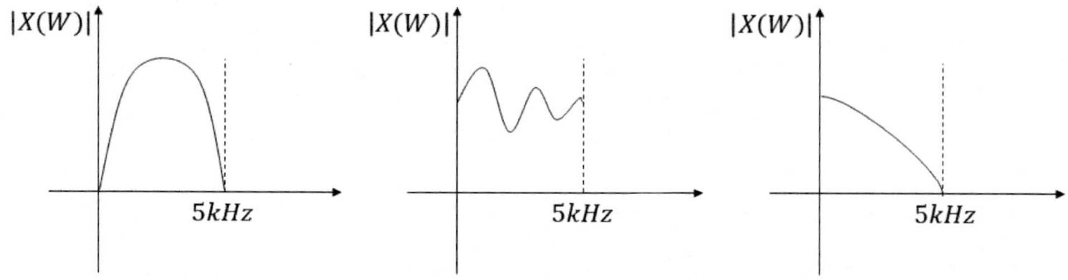

(a) (b) (c)

4.D. [그림 6.1]과 같이 입력신호에서 주파수가 B_L보다 크고 B_H보다 작은 성분만을 추출하는 시스템을 BPF(Band Pass Filter, 대역통과 필터)라 한다.

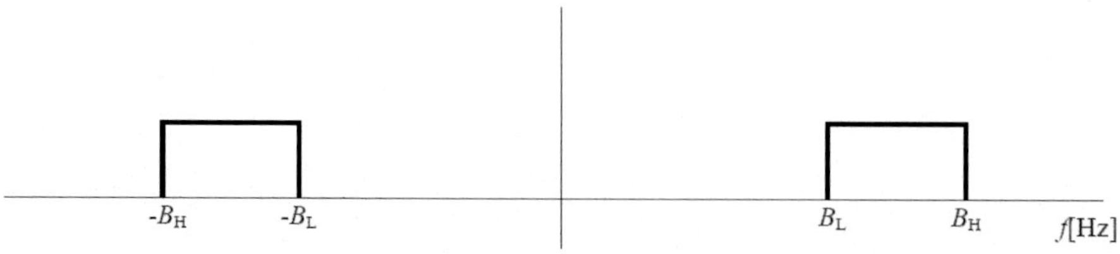

| 그림 6.1 | 통과대역필터

4.D1. 문제 4.A~4.C를 토대로 매트랩에서 BPF의 임펄스 응답 'ht_BPF'를 생성하는 방법을 설명하시오.

4.D2. 아래 m-file은 BPF를 이용하여, 문제 3.B1에서 생성한 'xt' (삐소리가 더해진 할렐루야 사운드)에서 "삐"소리만을 추출하고자 한다. 두 군데 ?에 들어갈 적절한 상수를 근거와 함께 쓰시오. 변수 'f'는 clear 되어 지워져있으므로 'f' 값을 사용할 수 없음을 주의할 것

```
randn(1,XXX); % XXX=학번 끝 세자리, 내용과 상관없는 부분, 그러나 꼭 추가 할 것.
B=?; % BPF를 만들기 위한 LPF의 대역폭
td=0.02;
t_step=1/8192;
t=0:t_step:0.04;
ht_BPF=2*B*sinc(2*B*(t-td)).*cos(2*pi*?*t); % BPF의 임펄스 응답 h(t)의 샘플 벡터
yt = conv(xt,ht_BPF);
```

4.D3. 위의 m-file을 수행하고 Command window에서 '>>soundsc(yt)'하여 BPF 출력 'yt'를 재생하시오. 결과가 어떠한지 쓰시오. 주의 사항: 문제 3.B1에서 생성한 'xt'가 지워진 경우는 3.B1의 m-file을 다시 실행하여 생성한 후 위 m-file을 수행할 것. ((1) 3.B1 m-file , (2) 4.D2 m-file, (3)〉〉soundsc(yt) 을 순서대로 반복 실행했을 때, 모든 경우, "삐"소리가 깨끗하게 추출되어야 함.)

>>> 07 CHAPTER Sampling and Signal Reconstruction

- 샘플링에 의한 스펙트럼 변화를 실험을 통해 확인한다.
- LPF(Lowpass Filter)를 사용하여 샘플링 신호를 복원한다.
- 샘플링과 BPF(Band Pass Filter)를 이용하여 주파수 천이를 구현한다.

1. 'Analog Filter Design' 블록을 이용하여 LPF 만들기

1.A. Simulink를 띄우고 새 mdl/slx 파일 설계 창을 열어(File메뉴에서 New/Model) [그림 7.1]과 같이 설계하시오. 각 블록은 Simulink Library에서 이름으로 검색하여 불러오면 됨.

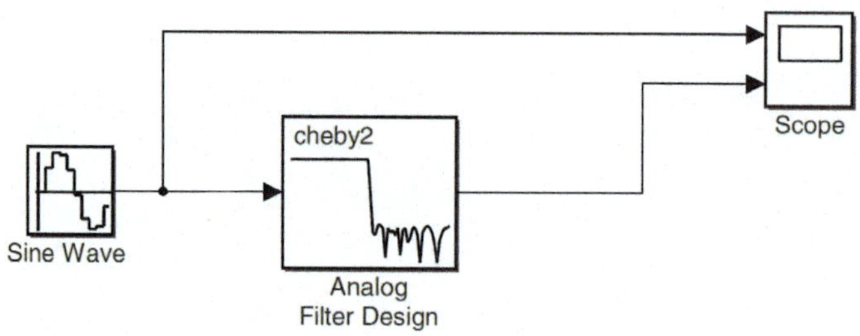

| 그림 7.1 | 'Analog Filter Design' 블록 테스트

'Sine Wave' 블록과 'Analog Filter Design' 블록의 내부 변수를 아래와 같이 설정하시오.

(1) 'Sine Wave' 블록

- 'Sample time' = 1/3e4

(2) 'Analog Filter Design' 블록

- 'Design method' = Chevichev II
- 'Filter type' = Lowpass

- 'Filter order' = 32
- 'Stopband edge frequency' = 2*pi*1000
- 'Stop attenuation in dB' = 40

1.A1. 'Analog Filter Design' 블록을 위와 같이 설정하면 LPF (Low Pass Filter)가 된다. 대역폭은 얼마로 설정된 것인가? Hz 단위로 답하시오.

1.A2. 'Simulation Stop Time'=0.05로 설정하시오. 'Sine Wave'블록의 변수 'Frequency (rad/sec)'를 〈표 7.1〉에 나타낸 주파수로 설정하여 Simulation을 별도로 수행하고, 각 경우에 대하여 LPF('Analog Filter Design' 블록)의 입출력 신호를 'Scope' 창으로 관찰하시오. 7가지 각 주파수에 대하여 LPF 출력 신호(시간이 어느정도 지난 후)의 크기(Amplitude)를 측정하여 〈표 7.1〉을 채우시오.

〈표 7.1 LPF의 입력과 출력 신호의 크기〉

'sine wave' 블록의 주파수(LPF의 입력)	출력 신호의 크기(Amplitude)
2*pi*(400+학번 끝 두자리)	
2*pi*900	
2*pi*950	
2*pi*1000	
2*pi*1050	
2*pi*1500	
2*pi*3000	

1.A3. 실험 결과를 토대로 LPF가 제대로 설계된 것이라 판단할 수 있는가? 그렇게 판단한 이유를 쓰시오.

2. 사운드(Sound) 데이터 저장 및 재생

2.A. 1장의 문제 6.A에서 생성한 서브시스템 블록 'Sound Source'가 저장된 Sound_Souce.mdl /slx를 불러오시오. Sound_Souce.mdl/slx 파일이 없는 경우, 실습 1장 문제 6.A를 다시 수행할 것.

Simulink Library에서 'To file'블록을 추가하여 [그림 7.2]와 같이 간단한 mdl/slx 파일을 설계하고 설계화면을 캡쳐하여 보이시오.

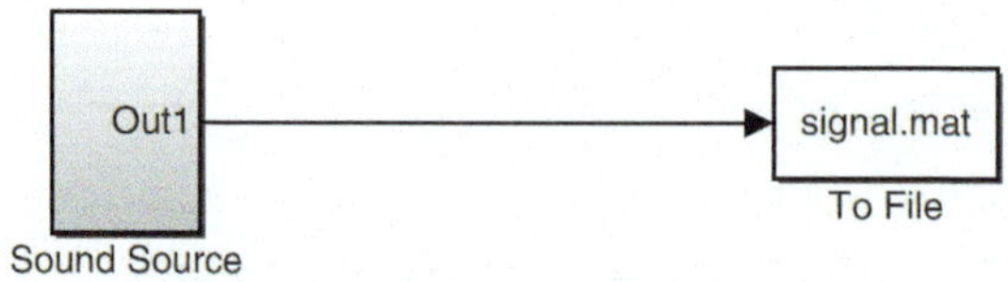

| 그림 7.2 | 'Sound Source' 서브시스템 블록 테스트

2.B. 아래 문제에 따라 위 설계 파일의 블록 변수를 설정해보자.

2.B1. 먼저 '실습 자료 파일'에서 sound_CH7.mat 파일을 자신의 매트랩 작업폴더(아래 참고)에 저장하시오. 저장 후, Command window에서 아래를 실행하고 결과화면을 캡처하여 보이시오.

```
>> ls *.mat
```

주의

작업 폴더(디렉토리)는 Command Window에서 ' >>pwd '를 수행하여 확인할 수 있음.

2.B2. 'Sound Source'의 내부 블록 'From File'의 내부 변수 'File name'을 'sound_CH7.mat'으로 설정하시오. 자신의 설정화면을 캡처하시오.

2.B3. 'To File' 블록의 내부 변수를 아래와 같이 설정한다. 변수 설정화면을 캡처하시오.

- 'Save format'=array (해당 변수("Save format")가 없는 경우는 설정할 필요 없음)
- 'File name'=signal.mat
- 'Sample time'=1/8192

2.C. 'Simulation stop time'을 20초로 하여 실행시키자. 시뮬레이션이 끝나면 Command Window에서 아래 명령을 실행하시오. 스피커나 이어폰을 이용하여 소리를 청취하고 어떤 사운드인지 쓰시오.

```
>> clear; load signal.mat; soundsc(ans(2,:))
```

3. 샘플링 및 신호 복원 시스템 설계

아래 [그림 7.3]은 샘플링 과정과 샘플링 된 신호를 LPF로 복원하는 간단한 시스템을 보인 것이다.

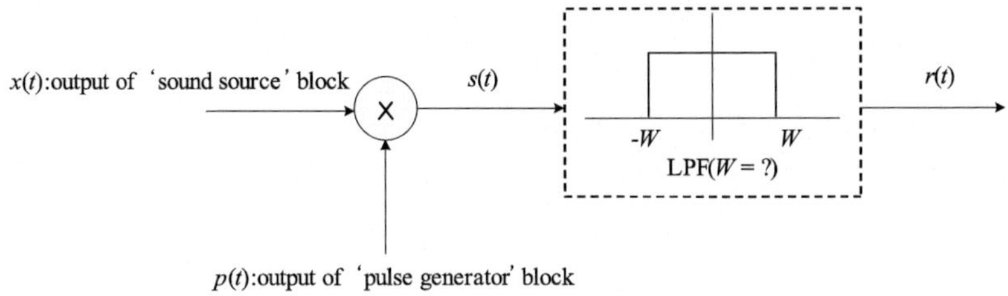

| 그림 7.3 | 샘플링 및 신호 복원 시스템

3.A. 실습에서 샘플링 할 $x(t)$ ('Sound Source' 블록의 출력신호)는 대역폭 B가 4kHz인 사운드 신호이다. 일반적인 사운드 신호의 주파수 스펙트럼(푸리에 변환)은 간단한 모양은 아니지만 수식 분석을 위해 $x(t)$의 스펙트럼(푸리에 변환) $X(\omega)$은 [그림 7.4]와 같이 한쪽 폭이 4kHz인 삼각형 모양으로 가정하자.

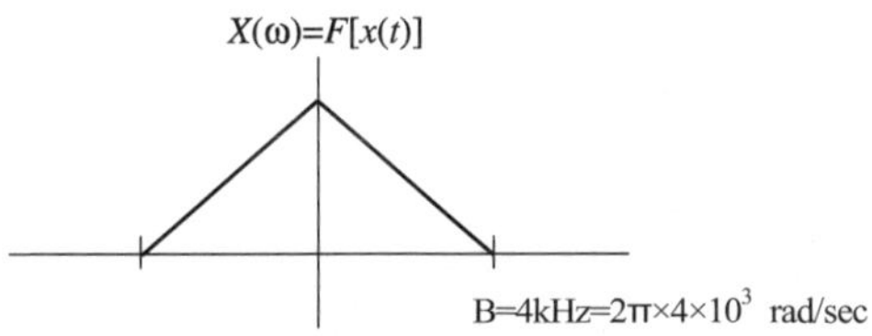

| 그림 7.4 | 사운드 신호 $x(t)$의 스펙트럼

3.A1☆. $x(t)$를 샘플링한 후 왜곡없이 다시 복원 하려면 샘플링 펄스 신호([그림 7.3]의 $p(t)$)의 샘플링 주파수 F_s는 최소한 얼마 이상이어야 하는가(즉, Nyquist rate은 얼마인가)? 그 이유를 설명하시오.

3.A2☆. 샘플링 펄스 신호 $p(t)$가 [그림 7.5]와 같다고 가정하자. 즉, 샘플링 주파수 $F_s = 2B$=8 kHz이고 높이는 1, 펄스폭은 주기의 1/10이다.

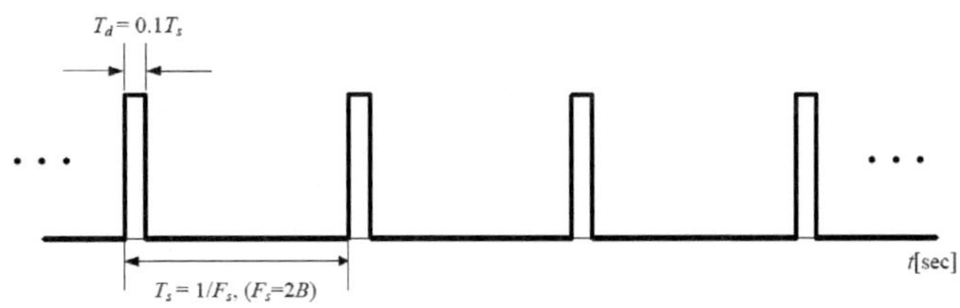

| 그림 7.5 | 샘플링 신호 $p(t)$

이때, 샘플링된 신호 $s(t)(=x(t)p(t))$의 주파수 스펙트럼(푸리어 변환) $S(\omega)$을 $X(\omega)$를 이용한 수식으로 아래와 같이 유도할 수 있다. 푸리에 급수의 계수를 P_n이라 할 때 $p(t)$의 푸리에 변환 $P(w)$는 $2\pi P_n$을 크기로 갖는 라인 스펙트럼인 점(4장 참조), 그리고 두 함수의 시간축에

서 곱은 주파수 축에서 콘볼루션이라는 점을 이용하여 아래 식에서 두 군데 ?를 채우시오. 또한, 이를 주파수 축에서 그리고 P_n의 절대값을 n에 대하여 sinc함수로 정확히 유도하시오. 여기서, $F[s(t)]$는 $s(t)$의 푸리어 변환 연산을 나타냄.

$$S(w) = F[s(t)] = \sum_{n=-\infty}^{\infty} ? \times X(w - n \times ?) \qquad (식\ 7.1)$$

3.B. 아래의 과정을 따라 'Sound Source' 블록의 출력([그림 7.3]에서 $x(t)$)을 샘플링하여 $s(t)$를 생성하고 다시 LPF를 이용하여 $s(t)$로부터 $x(t)$를 복원해보자. 'Pulse generator' 블록 'Product' 블록 'Analog Filter Design' 블록을 이용하여 [그림 7.3]에 주어진 시스템을 Simulink에서 설계할 수 있다.

먼저 문제 2의 mdl/slx 파일을 [그림 7.6]과 같이 수정하자.

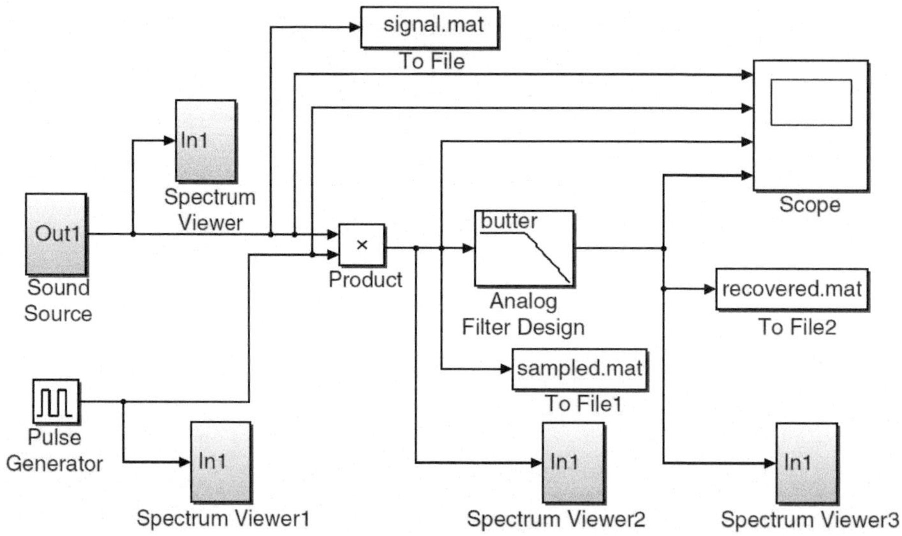

| 그림 7.6 | 샘플링 및 복원 시스템 시뮬링크 설계

추가된 서브 블록의 내부 변수는 다음과 같이 설정하시오. 언급되지 않은 블록의 변수 설정은 그대로 사용하면 됨.

(1) 'Product' 블록

- 'Sample time' =1/(16e4) (일부 이전 버전의 매트랩에서 필요, 최신 버전에서는 설정할 필요 없음)

(2) 'Pulse Generator' 블록

- 'Period' =1/(8e3)

- 'Pulse Width (% of Period)'=10

(3) 'To File1'

- 'Save format'=array (해당 변수("Save format")가 없는 경우는 설정할 필요 없음)
- 'File name'=sampled.mat
- 'Sample time'=1/8192

(4) 'To File 2'

- 'Save format'=array (해당 변수("Save format")가 없는 경우는 설정할 필요 없음)
- 'File name'=recovered.mat
- 'Sample time'=1/8192

(5) 'Spectrum Viewer', 'Spectrum Viewer1', 'Spectrum Viewer2', ... 블록들: **1장의 6.B에서 만든 것 사용**, 없으면 다시 만들 것. 뒤에 붙은 일련번호는 블록을 추가할 때 추가 순서에 따라 자동으로 생성됨. [그림 7.6]에 주어진 순서대로 블록을 추가하여 번호를 일치시킬 것.

3.B1. 완성된 자신의 mdl/slx 파일 설계창을 캡쳐하여 보이시오.

3.B2. 'Simulation stop time'을 5e-4 초로 설정하여 실험을 수행하시오. 실험이 완료되면, scope 창을 열어서, 샘플링 신호 $p(t)$('Pulse generator' 출력)가 [그림 7.5]와 같이 생성되었는지 확인해 보자. 'Scope'의 여러 신호들 중 'Pulse generator' 출력 파형으로부터 주파수와 펄스폭(크게 확대하면 됨)을 측정하여 값을 쓰고 [그림 7.5]와 일치하는지 쓰시오. 우클릭 후 Axis properties에서 Y-min : -0.5, Y-max : 1.5로 설정하시오.

3.B3. 'Simulation stop time'을 1e-2 초로 설정하여 실험을 수행하시오. 실험이 완료되면 'Scope' 결과 창에서 $x(t)$와 $s(t)$ 신호에 대하여 'Autoscale'(우클릭)을 하시오. x축 돋보기 기능을 이용하여 x축의 범위를 0.006~0.01초로 확대한 후 'Scope' 창을 캡쳐하여 보이시오.

3.B4. 문제 3.B3의 결과로부터 샘플링된 신호 $s(t)$가 생성 수식($x(t)p(t)$)에 맞게 제대로 생성되었는지 쓰시오.

3.B5. 'Simulation stop time'을 4초로 설정하고 Simulation을 수행하고 Simulation이 완료되면 Command window에서 아래를 실행하시오. [그림 7.3]의 네 가지 신호($x(t), p(t), s(t), r(t)$) 중 어떤 신호가 PC에서 재생되는 것인지 쓰시오.

```
>>load sampled.mat; soundsc(ans(2,:))
```

3.B6. 위 명령을 실행하여 어떠한 소리가 재생되는지 쓰시오. 그 이유도 쓰시오.

3.B7. 'Spectrum Viewer', 'Spectrum Viewer1', 'Spectrum Viewer2'('Spectrum Viewer3'는 제외)의 내부블록 'Spectrum Analyzer'(일부 이전 버전의 매트랩에서는 'Spectrum Scope')의 결과창을 각각 순서대로 캡쳐하여 보이시오. 주의사항: ① 캡쳐하기 전에 각 창을 4장 [그림 4.4]와 같이 가로 세로 비율을 7:1 정도로 조절하여 가로길이를 크게 늘릴 것. ② Auto scale 하지 말 것. 이후 교재의 모든 실습 문제에서도 모두 이와 같이 조절할 것.

'Spectrum Viewer1/Spectrum Analyzer'의 결과 창에 일정한 간격의 라인 스펙트럼을 확인할 수 있다.

(a) 라인 스펙트럼이 발생한 이유를 쓰시오.
(b) 라인 스펙트럼의 주파수 간격은 얼마인지 쓰시오.
(c) [그림 7.6]에 나타낸 시스템에 사용된 신호들에 근거하여 라인 스펙트럼의 최소 주파수 간격을 쓰고, (b)의 답과 일치하는지 쓰시오.

3.B8. 'Spectrum Viewer2/Spectrum Analyzer'의 결과그림은 3.A2에서 수식유도를 통해 그린 그림과 부합하는가? 스펙트럼의 순간적인 크기는 변할 수 있으므로 다음 두 가지 사항에 대해 집중할 것.

(a) 결과그림의 전체적인 스펙트럼의 포락선 모양과 3.A2에서 유도한 $|P_n|$의 모양이 부합하는지 쓰시오. 만약 부합한다면 그렇게 판단한 이유를 쓰시오.
(b) 결과그림의 라인 스펙트럼의 간격이 3.A2에서 본인이 그린 그림과 부합하는지 쓰시오.

3.B9. 'Pulse Generator' 블록의 'Period'를 1/(32e3) 로 수정하면 'Spectrum Viewer2/Spectrum Analyzer' 창에서 스펙트럼의 간격은 어떻게 될지 예상하여 쓰시오.

3.B10. 'Pulse Generator' 블록의 'Period'= 1/(32e3)로 수정한 후 실행하시오. 4초동안 $s(t)$의 스펙트럼 ('Spectrum Viewer2/Spectrum Analyzer' 창 출력화면)을 관찰한 후 실험이 종료되면 'Spectrum Viewer2/Spectrum Analyzer'창을 캡쳐하시오. 3.B9의 예상과 일치하는지도 쓰시오.

3.B11. 다시 'Pulse Generator' 블록의 'Period'= 1/(8e3)로 복원하시오. 이번엔 'Pulse Width (% of Period)'를 1로 변경하면 'Spectrum Viewer2/Spectrum Analyzer' 창의 결과 모양은 3.B7에서 캡쳐한 'Spectrum Viewer2/Spectrum Analyzer' 창의 결과 모양과 어떻게 달라질지 예상하여 쓰고 그 이유도 쓰시오. 스펙트럼의 절대적인 크기 변화가 아니라 주파수축에서 반복되는 스펙트럼들의 상대적인 크기 비, 즉 포락선(각 스펙트럼의 꼭짓점을 이은 선) 모양이 어떻게 바뀔지 쓰고, 그렇게 예상한 이유를 가능한 수식에 기반하여 설명하시오.

3.B12. 'Pulse Generator' 블록의 'Pulse Width (% of Period)'를 1로 변경한 후 실행하시오.

'Spectrum Viewer2/Spectrum Analyzer' 창을 캡쳐하시오. 3.B11의 예상과 일치하는지도 쓰시오.

3.C. 본 문제에서는 샘플링 신호 $s(t)$로부터 원래 신호 $x(t)$를 복원하는 과정을 학습한다. 먼저, 'Pulse Generator' 블록의 'Period'= 1/(8e3), 'Pulse Width (% of Period)'=10으로 복원되었는지 확인하시오.

3.C1. $x(t)$를 저장하거나, 전송해야 한다면 $x(t)$ 대신 $s(t)$를 사용하는 것이 더 효율적이다. 3.B3에서 캡쳐한 Scope 출력화면을 토대로 $x(t)$ 대신 $s(t)$(중 0이 아닌 부분만)를 사용하는 것이 더 효율적인 이유를 쓰시오. 처리해야 하는 신호의 양 측면에서 따져 볼 것.

3.C2. 신호처리 관점에서 $s(t)$가 $x(t)$보다 효율적이지만, 3.B6에 따르면 $s(t)$는 잡음처럼 들리므로 $s(t)$로부터 원래 신호 $x(t)$를 복원하는 과정이 필요하다. 3.B3에서 캡쳐한 Scope 출력화면을 보면 매 샘플 주기당 1/10은 $s(t)=x(t)$이지만 나머지 9/10 주기 동안은 $s(t)=0$임을 알 수 있다. 즉, $x(t)$신호 파형의 90%가 $s(t)$에는 담겨있지 않다는 것이다. 만약 효율을 위해 Pulse Width(현재 10%)를 더 줄인다면 $s(t)$에 담겨있는 $x(t)$의 파형은 그만큼 더 작아지게 된다. 따라서, 샘플링 신호 $s(t)$로부터 원래 신호 $x(t)$를 복원한다는 것은 다시 말하면, 유실된 90%파형을 채워 넣는다는 것을 의미한다. 직관적으로 볼 때 $s(t)$만 가지고 이러한 복원이 가능한가? 자신의 판단과 그 근거를 쓰시오.

3.C3. 문제 3.A2에서 그린 $s(t)$의 스펙트럼 $S(\omega)$(또는 3.B7에서 캡쳐한 'Spectrum Viewer2/Spectrum Analyzer' 화면)을 토대로, $S(\omega)$에서 $X(\omega)$($x(t)$의 스펙트럼, 3.B7에서 캡쳐한 'Spectrum Viewer/Spectrum Analyzer' 화면)을 복원하기 위해서는 단순히 대역폭이 B(=4kHz)인 LPF를 통과시키면 되는 이유를 설명하시오.

3.C4. 복원을 위해, 문제 3.B에서 설계한 mdl/slx 파일에서 'Analog Filter Design' 블록의 내부 변수 'Passband edge frequency' 값을 얼마로 설정하여야 하는지 쓰시오. 단위가 rad/s임을 주의할 것.

3.C5. 'Analog Filter Design' 블록의 내부 변수 'Passband edge frequency' 값을 3.C4의 답과 같이 설정하시오. 'Simulation stop time'을 5e-2초로 설정하고 Simulation을 수행하시오. 'Scope'창에서 모든 파형에 대하여 'Autoscale'(우클릭) 한 후 'Scope'창을 캡쳐하여 보이시오.

3.C6. 복원된 신호 $r(t)$ ('Analog Filter Design' 블록의 출력)의 모양이 $x(t)$와 동일한지 확인하시오. 신호 파형의 절대적인 크기가 아니라 전체적인 모양이 일치하는지 확인할 것.

3.C7. $r(t)$가 $x(t)$의 1/10로 줄었음을 확인하고 이유를 수식으로 설명하시오. 3.A2의 답을 참고하여도 됨.

3.C8. 'Simulation stop time'을 4초(PC성능이 좋으면 더 길게 설정해도 무방)로 설정하고

Simulation을 수행하시오. Simulation이 완료된 후 Command window에서 아래를 실행하면 [그림 7.3]의 4 신호 중 어떤 신호가 PC에서 재생되는 것인지 쓰시오.

```
>>load recovered.mat;soundsc(ans(2,:))
```

3.C9. 위의 명령을 실행하여 소리를 재생하고 문제 2.C에서 재생한 원 사운드(signal.mat)와 비교하시오.

3.D. Ideal한 샘플링(샘플링 펄스가 임펄스 즉, 샘플링 펄스 Width=0)에 더 근사화한 경우를 실험해보자.

3.D1. mdl/slx 파일에서 `'Pulse Generator'`의 `'Pulse Width (% of Period)'`를 1로 설정하시오. 이렇게 설정하면 $s(t)$는 ? % 시간영역에서 $x(t)$와 같고 나머지 ?? % 시간영역은 0으로 채워지게 된다. ?와 ??를 채우시오.

3.D2. 4초 동안 Simulation을 수행하시오. $r(t)$ (`'Analog Filter Design'` 출력, recovered.mat) 신호를 재생하시오. 제대로 복원 되었는지 쓰시오.

```
>>load recovered.mat;soundsc(ans(2,:))
```

3.E. 샘플링 주파수와 신호 복원 여부의 관계를 파악해 보자.

3.E1. 샘플링된 신호에서 신호 처리량(= 0 이 아닌 신호 부분이 차지하는 시간영역 비)을 줄이기 위해서는 `'Pulse Width'`를 감소시키는 것 말고, `'Pulse Generator'` 블록의 `'Period'`를 변화시키는 방법도 있다. 절대적인 `'Pulse Width'`(% 말고 절대적인 길이)가 상수로 고정되었다 가정할 때, 신호 처리량을 줄이기 위해서는 `'Period'`는 증가시켜야하는가 감소시켜야 하는가?

3.E2☆. 문제 3.A2에서 F_s=B=4 kHz로 수정하고 펄스폭은 5%(주기의 1/20)로 수정하면 펄스폭의 절대적인 길이는 유지하면서 샘플링 주파수를 절반으로 줄인 경우가 된다. 이 경우에 대하여 샘플링된 신호 $s(t)(=x(t)p(t))$ 의 주파수 스펙트럼 (푸리에 변환) $S(\omega)$의 수식을 (식 7.1)의 두 군데 ?를 채워서 완성하고 이를 주파수 축에서 그리시오.

3.E3. `'Pulse Generator'` 블록의 `'Period'`= 1/(4e3), `'Pulse Width (% of Period)'`= 5로 설정하고 4초 동안 Simulation을 실행하시오. 4초 동안 $s(t)$의 스펙트럼 (`'Spectrum Viewer2/Spectrum Analyzer'` 창 출력화면)을 관찰하자. 실험이 종료되면 한 번 더 실행한 후 `'Spectrum Viewer2/Spectrum Analyzer'` 창을 캡쳐하시오.

3.E4. 문제 3.E3에서 캡쳐한 결과그림은 3.E2에서 자신이 유도한 수식에 의한 그림과 부합하는

가? 스펙트럼의 순간적인 크기는 변할 수 있으므로 스펙트럼들의 간격 및 전반적인 모양에만 집중할 것.

3.E5. 문제 3.E3에서 캡쳐한 스펙트럼과 3.B7에서 캡쳐한 스펙트럼(`'Spectrum Viewer2/Spectrum Analyzer'`)의 차이(또는 3.A2에서 수식 유도에 의한 그림 과 3.E2에서 수식유도에 의한 그림의 차이)의 두드러진 차이점을 확인하시오. 이 차이점을 바탕으로 $F_s=B=4$ kHz 인 경우 $s(t)$로부터 $x(t)$를 왜곡 없이 복원하는 것은 불가능한 이유를 쓰시오.

주의

샘플링 주파수가 충분히 크지 않아 샘플링된 신호의 스펙트럼이 겹치는 현상을 'Aliasing' 이라 한다.

3.E6. 4초 동안 Simulation을 수행하시오. Simulation이 완료되면 $r(t)$(`'Analog Filter Design'` 출력, recovered.mat)신호를 재생하시오. 제대로 복원 되었는지 쓰시오.

```
>>load recovered.mat;soundsc(ans(2,:))
```

3.E7. `'Period'`= 1/(2e3), 1/(5e3), 1/(6.4e3), 1/(10e3) 등 다양한 다른 값에 대하여서도 실험을 반복하여 각 샘플링 주파수에서 $s(t)$ 스펙트럼(`'Spectrum Viewer2/Spectrum Analyzer'` 결과 화면)의 변화를 관찰하고 $r(t)$도 각각 재생해 보시오. 각각의 `'period'` 값에 따라 $r(t)$가 어떻게 들리는지 쓰시오.

3.E8. 지금까지의 실험결과에 따르면 $s(t)$로부터 $x(t)$를 왜곡 없이 복원하기 위한 샘플링 주파수 F_s의 조건은 무엇인가?

3.E9. 문제 3.E8에서 제시한 조건의 이유를 수식으로 설명하시오.

4. 사인파를 곱하지 않고, 샘플링과 BPF로 주파수 천이하기

[그림 7.3]에서 LPF 대신, 중심 주파수가 샘플링 주파수(8 kHz)이고 대역폭이 8 kHz 인 BPF로 바꿔 넣은 경우를 고려하자. 이 경우 BPF 출력을 $z(t)$라 하자. 샘플링 신호 $p(t)$는 [그림 7.5]와 동일하다.

4.A. 문제 3.A2에서 구한 $S(w)$의 수식과 그림(또는 문제 3.B7에서 캡쳐한 `'Spectrum Viewer2/Spectrum Analyzer'` 결과화면)을 바탕으로, $s(t)$가 BPF를 통과했을 때 출력 $z(t)$의 스펙트럼 $Z(w)$의 모양(중심, 크기)을 알 수 있다. $Z(w)$의 모양을 바탕으로 $Z(w)$를 P_n과 $X(w)$의 수식으로

유도하시오(지연시간이 없고, 이상적인 BPF를 사용한다고 가정).

4.B☆. BPF의 출력 $z(t)$는 시간영역에서 해석하면 아래와 같이 $x(t)$가 들어간 수식으로 쓸 수 있다.

$$z(t) = Ax(t)\cos(\omega t + \theta) \qquad \text{(식 7.2)}$$

(식 7.2)에 들어갈 A, ω, θ를 구하시오. 과정도 쓰시오.

4.C. 문제 4.B를 실험으로 검증해보자. 먼저, 문제 3에서 설계한 mdl/slx 파일에서 샘플링 신호 $p(t)$가 [그림 7.5]와 동일하게 되어 있는지 'Pulse Generator' 블록의 변수 설정('Period' = 1/(8e3), 'Pulse Width (% of Period)' = 10)을 확인하시오.

4.C1. BPF를 구현하기 위해 'Analog Filter Design' 블록의 파라미터 'Filter type= Bandpass'로 설정하고, [그림 7.7]을 참조하여 두 개의 파라미터 'Lower passband edge frequency'와 'Upper passband edge frequency'를 적절히 설정(단위 : rad/s)하여 'Analog Filter Design' 블록이 중심 주파수(f_c)는 샘플링 주파수(8 kHz)이고 대역폭(B)이 8 kHz 인 BPF가 되도록 만드시오. 자신의 'Analog Filter Design'의 변수 설정 화면을 캡처하시오.

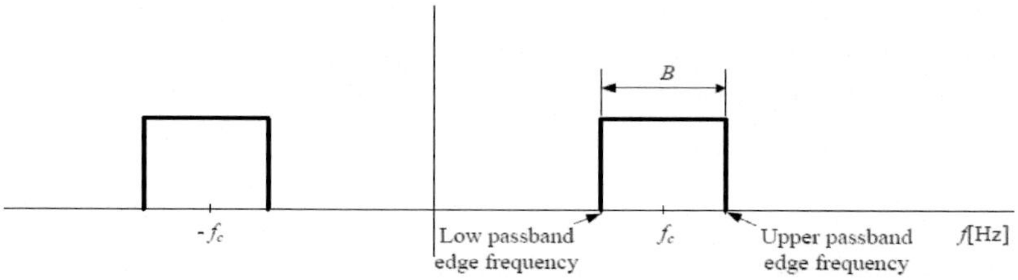

| 그림 7.7 | "BPF 블록 변수 설정"

4.C2. [그림 7.8]과 같이 mdl/slx 파일을 수정하시오. 4.B에서 답한 A, ω, θ를 바탕으로 'Sine Wave' 블록의 변수를 적절히 설정하여 'Product 1'의 출력이 (식 7.2)의 우변과 같도록 하시오. 'Sine Wave' 블록의 변수설정 창을 캡처하여 보이시오.(변수 'Phase'를 적절히 설정하여 'Sine Wave' 블록의 출력이 $A\sin(wt+\theta)$가 아닌 $A\cos(wt+\theta)$가 되도록 유의할 것.)

4.C3. 1e−2초 동안 Simulation을 수행하시오. 'Scope'창의 모든 파형을 'Autoscale'(우클릭)한 후 캡처하여 보이시오.

4.C4. 문제 4.C3에서 캡처한 결과를 토대로 문제 4.B의 답이 맞는지 확인하기 위해 즉, 샘플링과 BPF를 통해 주파수를 천이한 결과와 cosine파형을 곱해서 주파수를 천이한 것이 같음을 확인하기 위해, (a) 캡처한 5개의 결과 파형 중 어떤 두 파형을 비교해야하는가? (b) 비교한 결과 문제 4.B의 답이 맞는가? (BPF 자체의 지연시간이 있으므로 BPF 출력의 지연을 감안할 것)

4.C5. Simulation을 0.1초 실행한 후 'Spectrum Viewer3/Spectrum Analyzer'의 창을 캡처하

여 보이시오.

4.C6. 문제 4.C5의 결과는 4.A의 답과 일치하는가?

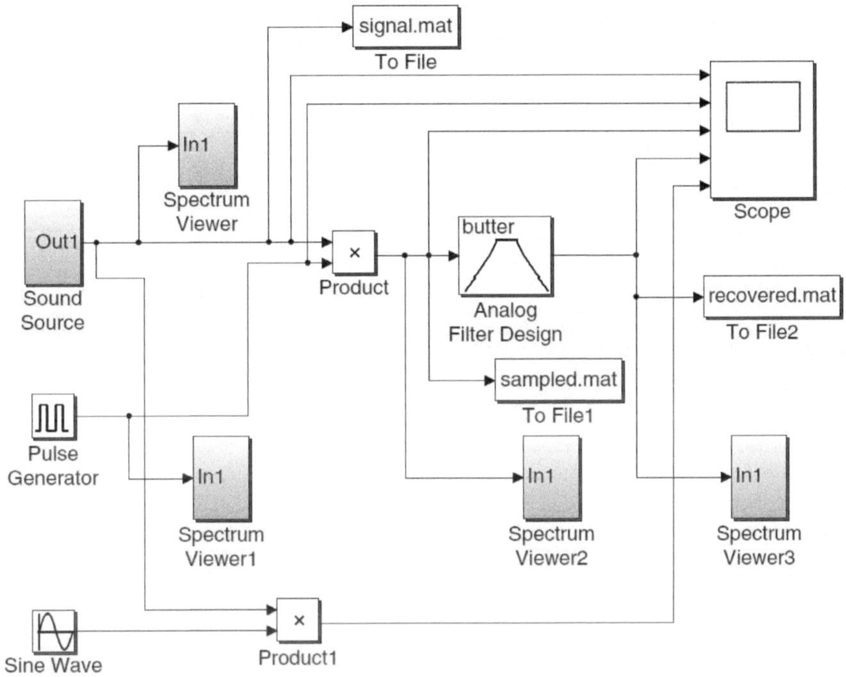

| 그림 7.8 | 샘플링과 BPF로 주파수를 천이하는 시스템 설계

4.C7. 샘플링과 BPF로 주파수를 천이시키는 방식에서, 샘플링을 증가시키지 않아도, 앞서 설정한 중심주파수(f_c=8 kHz)가 아닌 다른 주파수로도 주파수 천이가 가능하다. 천이 가능한 다른 주파수를 쓰고, 다른 주파수로 천이하는 방법도 쓰시오.

4.D. 위 실험을 참조하여 사인파를 곱하지 않고, 샘플링과 BPF만으로 임의의 신호 $x(t)$를 임의의 주파수 w_0만큼 천이(스펙트럼 이동)하는 방법을 기술하시오.

>>> 08 CHAPTER Correlation and Spectral Density

- 수치적분(Numerical integration)을 이용하여 두 시간 함수의 상관함수(correlation)를 구한다.
- 상관함수의 성질을 이용하여 잡음 속 펄스의 위치를 알아낸다.
- 상관함수의 성질을 이용하여 잡음 속 주기신호의 모양 및 변수를 알아낸다.
- 상관함수와 Spectral density의 관계를 학습한다.

1. 펄스 생성

1.A. 아래의 m-file은 $0 \le t \le 0.05$ 구간 동안만 주파수 50 Hz의 사인(sine) 파형인 펄스 신호, 'psint'를 생성한다. −5초에서 5초까지 0.001초 간격으로 주파수 50 Hz의 사인 파형을 샘플링한 벡터, 'tone'을 이용하여 'psint'를 생성한다.

```
clear
randn(1,XXX); % XXX=학번 끝 세자리, 내용과 상관없는 부분, 그러나 꼭 추가 할 것.
t_step=0.001;
t=-5:t_step:5;
tmp=(0<t) & (t<0.05);
figure(1)
plot(t,tmp); title('tmp');axis([-5 5 -2 2]);
tone=sin(2*pi*50*t);
psint=tone.*tmp;
figure(2)
plot(t,psint); title('sine pulse');axis([-5 5 -2 2]);grid on;
```

1.A1. 모든 라인에 대한 설명을 다음의 지침에 따라 작성하시오.

(지침1) '='이 있는 라인 : '=' 왼쪽 변수의 목적(용도), '=' 오른쪽 수식이 왼쪽 변수의 목적(용도)에 왜 부합하는지 그 이유를 쓰시오.

(지침2) '='이 없는 라인 : 명령어에 대한 설명과 이 명령을 왜 수행하는지 설명.

1.A2. m-file을 실행하여 나온 그림들(Figure 1창, Figure 2창)을 관찰하고, 다시 두 그림의 x축의 범위를 −0.1~0.1초 영역으로 확대해서(돋보기기능이나 'axis()' 이용) 관찰하여 두 그림이 의도한 대로 된 것인지 설명하시오.

1.B. 문제 1.A의 m-file에 아래 라인을 추가하여 $0 \le t \le 0.05$ 구간 동안만 주파수 50 Hz의 사각파 펄스 신호 $p(t)$의 샘플링 벡터 'pt'를 생성할 수 있다.

```
%문제 1.A의 m-file에 다음을 추가.
pt=sign(psint);
figure(3)
plot(t,pt); title('pt');axis([-5 5 -2 2]);grid on;
```

1.B1. 위의 m-file을 수행하고 결과 그래프를 캡쳐하여 보이시오.

1.B2. 그래프로부터 'pt'의 에너지를 구하여 쓰시오.

2. 상관함수 (Correlation Function)

2.A. 'circshift()'를 이용하여 벡터의 원소들을 원하는 만큼 쉬프트 하는 방법을 익히자. Command window에서 다음을 실행하고 각 라인의 수행결과를 해석하여 쓰시오.

```
>> temp=rand(1,12)
>> temp2=circshift(temp',1)'
>> temp2=circshift(temp',4)'
>> temp2=circshift(temp',-5)'
```

참고

위에서 기호 '는 전치(transpose) 기호이다. 또한 'circshift(a, b)'에서 'b'는 쉬프트 하는 값을 나타내므로 정수 값이어야 한다.

2.B. 문제 1.B의 m-file에서 생성한 매트랩 벡터 변수 'pt'는, 길이 0.05초, 주파수 50 Hz의 펄스 신호인 $p(t)$를 0.001초 간격으로 샘플링한 벡터이다. $p(t)$가 시간 축에서 t_d초 만큼 지연되어 가우시안 노이즈 $n(t)$가 더해져 수신되었다 하자. 이때, 수신신호를 $b(t)$라 하면 $b(t) = p(t-t_d) + n(t)$로 나타낼 수 있다. $b(t)$를 0.001초 간격으로 샘플링한 벡터 신호를 'bt'라 하면 아래와 같이 생성할 수 있다.

2.B1. 문제 1.B의 m-file에 아래의 내용을 추가하시오. 굵은 글씨의 라인에 대한 설명을 다음의 지침에 따라 작성하시오.

(지침1) '='이 있는 라인 : '=' 왼쪽 변수의 목적(용도), '=' 오른쪽 수식이 왼쪽 변수의 목적(용도)에 왜 부합하는지 그 이유를 쓰시오.

(지침2) '='이 없는 라인 : 명령어에 대한 설명과 이 명령을 왜 수행하는지 설명.

```
%문제 1의 m-file(1.B까지 추가한)에 다음을 추가
randn(1,XXX); % XXX=학번 끝 세자리, 내용과 상관없는 부분, 그러나 꼭 추가 할 것.
td=2+2*rand;
delayed_pt = circshift( pt', round(td/t_step) )' ;
nt=randn(1,length(delayed_pt));
bt= delayed_pt+nt;
figure(4)
plot(t, bt);axis([-5 5 -5 5]);
save mydelay.mat td %내용과 상관없는 부분, 그러나 꼭 추가 할 것.
clear td delayed_pt %코드와 상관없는 부분, 그러나 꼭 추가 할 것.
```

2.B2. 'rand'는 0에서 1사이의 값을 균일한 값으로 생성한다. 2.B1 m-file의 지연시간 'td' 생성 문장으로부터 'td'가 가질 수 있는 값의 범위는 얼마인지 쓰시오. 'load mydelay' 하지 말 것.

2.B3. m-file을 실행하여 $b(t)=p(t-t_d)+n(t)$ 파형 (매트랩 벡터 변수 = 'bt')을 캡쳐하시오. 그림으로부터 펄스의 위치('td' 값)을 육안으로 알아 맞혀보시오.

2.C. 임의의 신호 $f(t)$의 자기 상관(autocorrelation) $r_f(\tau)$는 (식 8.1)과 같이 주어진다.

$$r_f(\tau)=\int_{-\infty}^{\infty} f^*(t)f(t+\tau)dt \qquad \text{(식 8.1)}$$

다음 문제들을 통해 2장의 1번 문제에서 배운 수치적분을 이용하여 자기상관함수를 구해보자.

2.C1. 아래의 명령어는 τ=1.5에 대하여 노이즈 신호 $n(t)$의 자기상관 함수 $r_n(\tau)$를 구하는 과정이다.

(a) 두 ?에 들어갈 변수를 채워 명령어를 완성해 보이시오.

(b) 모든 라인에 대한 설명을 다음의 지침에 따라 작성하시오. '=' 왼쪽 변수의 목적(용도), '=' 오른쪽 수식이 왼쪽 변수의 목적(용도)에 왜 부합하는지 그 이유를 쓰시오.

```
% 2.B-1의 m-file을 수행한 후에 아래를 Command line에서 수행
>>tau=1.5;
>>shift_samples=round(tau/t_step);
>>nt_tau=circshift(nt', -shift_samples)';
>>rn_tau=sum(conj(?).*?)*t_step % 수치적분, 아래 (또는 2장의 문제 1) 참고
```

참고

임의의 시간 함수 $x(t)$에 대하여, 't_step'의 간격으로 시간을 증가하면서 각 시간에 해당하는 $x(t)$의 값을 원소로 하는 벡터를 'xt'라 할 때 $x(t)$의 면적은 'sum(xt)*t_step'과 같이 수치적분으로 구할 수 있음을 상기하자. 수치적분에 대한 더 자세한 내용은 2장의 문제 1 참조.

2.C2. Command line에서 위의 명령을 수행하여 $r_n(1.5)$의 실험결과를 쓰시오.

2.C3. 문제 2.C1의 명령어를 참고하여 τ가 각각 0, −1.5, 2.72 일 때 $r_n(\tau)$를 실험으로 구하시오.

2.D. 아래 박스안 내용은 τ를 −4에서 4까지 0.001 간격으로 증가시키면서 각각의 값에 대하여 자기상관 $r_n(\tau)$을 구한 후, τ를 x축으로 $r_n(\tau)$을 y축으로 그래프로 그린다. 즉, $n(t)$의 자기 상관값을 지연시간 τ의 함수로 그린다.

```
% 문제 2.B1의 m-file에 아래를 추가
tau_vector=[];
rn_vector=[];
for tau=-4:0.001:4
    tau_vector=[tau_vector tau];
    shift_samples=round(?/t_step);
    nt_tau=circshift(nt', -shift_samples)';
    rn_tau=sum(conj(?).*?)*t_step;
    rn_vector=[rn_vector rn_tau];
end
figure(5)
plot(tau_vector, rn_vector)
```

2.D1. 세 군데 ?를 채워 완성된 m-file을 보이시오.

2.D2. m-file을 수행하여 얻어진 노이즈 자기 상관 함수 그래프 $r_n(\tau)$(Figure 5창)를 캡쳐하시오.

2.D3. 문제 2.D2에서 얻은 가우시안 노이즈(배경잡음)의 자기상관 함수 결과로부터 가우시안 노이즈 신호의 특성을 설명하시오. 또 자신의 직관과도 일치하는지 쓰시오.

2.D4. (a) (식 8.1)에서 τ=0일 때, 자기상관 값은 신호의 에너지와 같음을 증명하시오. (b) 문제 2.D2에서 얻은 노이즈의 자기상관 함수 그래프와 (a)에서의 증명으로부터 노이즈 신호의 에너지를 알아내시오. 그리고 수학적인 근거도 말하시오.

2.E. 문제 2.D에서 완성한 m-file을 수정하여 이제, 펄스 신호 $p(t)$ (해당 매트랩 샘플 벡터 변수 이름은 'pt')의 자기 상관 함수 $r_p(\tau)$의 그래프를 그릴 수 있다.

2.E1☆. 먼저 (식 8.1)을 참고하여 $r_p(\tau)$를 수식으로 표현하시오.

🖫 2.E2. 문제 2.E1에서 표현한 식에 따라 2.D의 m-file에서 수정해야 하는 라인을 적절히 수정하고 수정된 라인을 보이시오. $r_p(\tau)$에 해당하는 매트랩 샘플 벡터 변수 이름은 'rp_vector' 로 하시오.

2.E3. 수정된 m-file을 수행하여 얻어진, 펄스의 자기 상관함수 $r_p(\tau)$를 캡쳐하시오. 'axis()' 나 돋보기 기능을 이용하여 x축의 범위를 −0.2~0.2초 영역으로 확대하여 캡쳐하시오.

2.E4. 문제 2.E3에서 그린 자기상관 함수 그래프로부터 $p(t)$ 신호의 에너지를 알아내시오. 문제 1.B2의 결과와 동일한지 쓰시오.

2.E5☆. (식 8.1)에 주어진 $f(t)$의 자기 상관함수 $r_f(\tau)$는 아래 식을 만족함을 증명하시오.

$$r_f(-\tau) = r_f^*(\tau) \qquad \text{(식 8.2)}$$

2.E6. 문제 2.D2와 2.E3에서 각각 그린 $r_n(\tau)$와 $r_p(\tau)$의 그래프로부터 윗 식을 만족하는지 확인하여 보이시오.

2.F. 신호 $f(t)$와 신호 $g(t)$의 상호 상관 함수 $r_{fg}(\tau)$은 다음과 같이 정의 된다.

$$r_{fg}(\tau) = \int_{-\infty}^{\infty} f^*(t)g(t+\tau)dt \qquad \text{(식 8.3)}$$

🖫 2.F1. 아래의 m-file은 펄스 신호의 샘플 벡터 'pt'와 노이즈 신호 $n(t)$의 샘플 벡터 'nt'를 이용하여, $n(t)$와 펄스 신호의 상호 상관(Crosscorrelation), $r_{pn}(\tau)$을 수치적분으로 구하는 부분이다. ?를 적절히 채워 완성된 것을 보이시오. (아래 m-file에서 변수 'rpn_tau'는 $r_{pn}(\tau)$의 샘플 벡터이다. (식 8.3)의 상호 상관 함수식을 참조하여 '?'를 채워 넣을 것.)

```
% 문제 2.B1의 m-file에 아래를 추가
tau_vector=[];
rpn_vector=[];
for tau=-4:0.001:4
    tau_vector=[tau_vector tau];
```

```
    shift_samples=round(tau/t_step);
    nt_tau=circshift(nt', -shift_samples)';
    rpn_tau=sum(conj(?).*?)*t_step;
    rpn_vector=[rpn_vector rpn_tau];
end
figure(6)
plot(tau_vector, rpn_vector); axis([-4 4 -0.05 0.05]);
```

2.F2. 위 m-file을 수행하여 $r_{pn}(\tau)$ 결과 그래프 (Figure 6 창)을 캡처하여 보이시오.

2.F3. 문제 2.D2, 2.E3, 2.F2의 결과 그래프를 참조하여 $r_n(\tau)$, $r_p(\tau)$, $r_{pn}(\tau)$의 최댓값을 쓰시오.

2.F4. 문제 2.F3의 답이 그렇게 나온 이유를 설명하시오. $r_{pn}(\tau)$의 최댓값이 $r_n(\tau)$와 $r_p(\tau)$의 최댓값보다 작은 이유를 쓰시오.

2.G. 펄스 $p(t)$와 수신신호 $b(t)$ $(= p(t-t_d)+n(t))$의 상호 상관 $r_{pb}(\tau)$는 다음과 같이 정리할 수 있다.

$$r_{pb}(\tau) = r_p(\tau - t_d) + r_{pn}(\tau) \qquad \text{(식 8.4)}$$

2.G1☆. (식 8.4)를 유도하시오.

2.G2. 문제 2.E3, 2.F2에서 실험으로 구한 $r_p(\tau)$와 $r_{pn}(\tau)$의 모양을 (식 8.4)에 대입(직접 매트랩 벡터를 대입하여 구하지 말고 대충 그림으로 떠올릴 것)하면 $r_{pb}(\tau)$의 모양을 예측할 수 있다. t_d는 미지수이므로 임의의 상수로 가정하여 다음 문항에 답하시오.

(a) $r_{pb}(\tau)$의 모양을 예측하여 기술하시오.

(b) $r_{pb}(\tau)$ 최댓값은 τ가 얼마일 때 인지 쓰시오.

2.G3. 문제 2.G2의 답을 토대로 $r_{pb}(\tau)$를 이용하여 노이즈에 묻힌 펄스의 지연시간을 알아내는 방법을 설명하시오. 즉, (식 8.4)에 나타낸 $r_{pb}(\tau)$의 수식에서 t_d값을 찾는 방법을 설명하시오.

2.G4. 아래는 $r_{pb}(\tau)$를 수치적분으로 구하고 그래프를 그리는 m-file 이다. ?를 채워 완성하시오. (아래 m-file에서 'bt_tau'는 $b(t+\tau)$의 샘플 벡터이다. 문제 2.F1의 m-file과 비슷한 명령어로 구성되어 있으므로 이를 참조하여 아래 m-file을 완성 할 것.)

```
% 문제 2.B1의 m-file에 아래를 추가
tau_vector=[];
rpb_vector=[];
for tau=-4:0.001:4
    tau_vector=[tau_vector tau];
```

```
    shift_samples=round(tau/t_step);
    bt_tau=circshift(bt', -shift_samples)';
    rpb_tau=sum(conj(?).*?)*t_step;
    rpb_vector=[rpb_vector rpb_tau];
end
figure(7)
plot(tau_vector, rpb_vector); axis([-4 4 -0.07 0.07]); grid on;
```

m-file을 수행하여 얻은 $r_{pb}(\tau)$의 그래프 (Figure 7 창)을 캡쳐하여 보이시오.

2.G5. 돋보기 기능이나 'axis()'를 적절히 이용하여 $r_{pb}(\tau)$ 그래프의 관심있는 부분을 크게 확대하여 t_d 값을 추정하시오.

2.G6. Command line에서 다음을 실행하여 실제 t_d (해당 매트랩 변수 'td')값을 보이고 2.G5의 결과와 부합하는지 확인하시오. 수치계산 및 노이즈에 의한 오차가 존재할 수 있음.

```
>>load mydelay.mat
>>td
```

2.G7. m-file을 다시 수행하면 'td' 값과 노이즈 샘플이 바뀌게 된다. 다시 수행하여, 바뀐 'td'를 추정하고 실제값과 비교하는 것을 반복하여 자신의 추정 방법이 올바름을 검증하시오. m-file 수행과 비교하는 것을 여러 번 반복하고 비교 결과를 캡쳐하여 보이시오.

2.G8★. m-file에서 라인 'pt=sign(psint);'를 'pt=psint;'로 수정하여 'pt'를 사각파에서 사인파로 바꾸고, m-file을 다시 수행하여 'td'를 추정하고 실제값과 맞는지 확인하시오. 펄스 파형의 모양이 추정에 영향을 미치는가?

2.G9★. 실습자료파일 noisy_pulse.mat 을 작업폴더에 저장하고 다음을 수행하시오.

(a) 다음을 실행하고 결과창을 캡쳐하시오.

>>load noisy_pulse.mat: plot(t_vector, signal);

(b) (a)에서 캡쳐한 신호 샘플 벡터 'signal'은, 펄스 'pt'가 노이즈와 함께 수신되었을 때 수신신호의 샘플 벡터이다. 'pt'의 위치(지연시간)을 알아내시오.

2.H. $p(t)$와 $n(t)$의 상관이 없다고 가정하자. 즉, $p(t)$와 $n(t)$의 상호 상관이 매우 작아 무시할 수 있다고 가정하자. 이런 가정 하에서 수신신호 $b(t)$ $(= p(t-t_d)+n(t))$의 자기 상관 $r_b(\tau)$는 다음과 같이 유도할 수 있다.

$$r_b(\tau) = r_p(\tau) + r_n(\tau) \qquad \text{(식 8.5)}$$

2.H1☆. (식 8.5)를 유도하시오.

2.H2. 문제 2.B1의 m-file에서 'nt' 생성 문장을 'nt = 0.075 * randn(1, length(delayed_pt));'로 수정하시오. 수정한 m-file을 실행한 후, 아래 박스의 명령어를 Command window에서 실행하여 수정된 노이즈 샘플 벡터 'nt'의 에너지를 계산하시오.

```
>> sum(nt.^2)*t_step
```

2.H3. 문제 2.B1의 m-file에 아래 박스를 추가하고 m-file을 실행하여 얻은 $r_b(\tau)$의 그래프를 캡쳐하여 보이시오. 먼저, 만약 2.G8를 수행한 경우라면 'pt' 생성 문장을 'pt=sign(psint);'로 복원할 것.

```
% 문제 2.B1의 m-file에 아래를 추가
tau_vector=[];
rb_vector=[];
for tau=-4:0.001:4
    tau_vector=[tau_vector tau];
    shift_samples=round(tau/t_step);
    bt_tau=circshift(bt', -shift_samples)';
    rb_tau=sum(conj(bt).*bt_tau)*t_step;
    rb_vector=[rb_vector rb_tau];
end
figure(5)
plot(tau_vector,rb_vector);
grid on
axis([-0.2 0.2 1.5*min(rb_vector) 1.5*max(rb_vector)]);
```

2.H4. 문제 2.H3의 결과가 (식 8.5)와 부합하는지 확인하시오. (식 8.5)의 그래프 모양은 앞서 풀이한 문제들에서 유추할 수 있다. 어떤 문제의 답에서 유추할 수 있는지 쓰고, 본인이 유추한 (식 8.5)의 그래프 모양과 문제 2.H3의 결과가 부합하는지 확인할 것.

2.I☆. 주기신호는 에너지신호(Energy signal)가 아니라 파워신호(Power signal)이다. 파워신호 $f(t)$의 상관함수는 아래와 같이 (식 8.1)의 상관함수를 적분구간으로 나눈 것으로 정의된다.

$$R_f(\tau) = \lim_{T\to\infty} \frac{1}{T} \int_{-\frac{T}{2}}^{\frac{T}{2}} f^*(t) f(t+\tau) dt \qquad \text{(식 8.6)}$$

참고

문제 2.H까지는 에너지신호에 대해 다루었다. 따라서 상관함수를 $r_f(\tau)$와 같이 소문자로 표기하였다. 문제 2.I에서는 파워신호에 대해 다루므로 파워신호에 대한 상관함수를 $R_f(\tau)$와 같이 대문자로 표기한다.

주기함수의 경우 (식 8.6)에서 적분구간 T를 무한대로 극한을 취하지 않고 주기 P로 놓아도 동일한 값을 갖게 된다. 따라서 주기함수의 상관함수는 다음과 같이 구할 수 있다.

$$R_f(\tau) = \frac{1}{P}\int_{-\frac{P}{2}}^{\frac{P}{2}} f^*(t)f(t+\tau)dt \qquad (식\ 8.7)$$

2.I1☆. 파워신호 $f(t)$가 주기함수일 경우, (식 8.6)에서 적분구간 T를 무한대로 극한을 취하지 않고 주기 P로 놓아도 동일한 값을 갖는 이유를 설명하시오.

2.I2☆. 1장의 그림 1.1과 같은 모양의 사각 주기함수 $f(t)$의 상관함수를 수식으로 유도해보자. 일반적인 사각 주기함수의 상관함수를 유도하기 위해, 주기=P, 펄스폭 (한 주기에서 0이 아닌 구간의 길이)=W, ($W< P/2$), 높이=A로 놓자. (식 8.7)에 $f(t)$를 대입하여 사각주기 함수의 자기상관 함수 $R_f(\tau)$를 P, W, A의 함수로 유도하시오.

2.I3☆. $R_f(\tau)$를 τ축에서 그리고 P, W, A를 표기하시오. 손으로 그려서 캡쳐하여도 무방함.

2.J. 주기 신호가 노이즈와 더해져 수신되었다고 가정하자. 즉, 수신신호 $r(t)=f(t)+n(t)$이며 $f(t)$는 주기 신호이고 $n(t)$는 노이즈 신호이다.

2.J1. 실습 자료 파일에서 'rt_sampled.mat'을 load하여 저장된 샘플 벡터이름과 샘플벡터의 길이를 적으시오.

```
>> clear
>> load rt_sampled.mat
>> whos
```

2.J2. 'rt_sampled.mat'에 저장된 샘플벡터 'rt'는 $r(t)$ (= $f(t)+n(t)$ 즉, 주기신호에 노이즈가 더해진 신호)를 0.001초 간격으로 20초 동안 샘플링한 벡터이다. 다음의 명령어를 실행하여 $r(t)$의 파형을 그려서 캡쳐하시오.

```
>> plot(0:0.001:20, rt)
```

2.J3. $r(t)$의 파형을 돋보기 기능이나 axis()로 확대하던지 하여 잘 관찰하시오. $r(t)$에 들어있

는 주기신호 $f(t)$가 어떤 모양인지(주파수, 파형의 모양, 신호의 크기 등) 알아 맞혀보시오.

2.J4☆. $r(t)$의 자기 상관함수는 아래와 같이 $f(t)$와 $n(t)$의 자기 상관함수의 합으로 나타낼 수 있다. 수식유도로 증명하시오.

$$R_r(\tau) = R_f(\tau) + R_n(\tau) \tag{식 8.8}$$

2.J5. 아래는 수신 신호 $r(t)$의 자기 상관 함수 $R_r(\tau)$를 수치적분으로 구하여 그리는 m-file이다. 주기를 모르는 상황이므로 적분구간을 'rt' 샘플의 시간길이인 20초로 설정하고 그에 따라 적분값을 20으로 나누었음. 모든 라인에 대한 설명을 다음의 지침에 따라 작성하시오.

(지침1) '='이 있는 라인 : '=' 왼쪽 변수의 목적(용도), '=' 오른쪽 수식이 왼쪽 변수의 목적(용도)에 왜 부합하는지 그 이유를 쓰시오.

(지침2) '='이 없는 라인 : 명령어에 대한 설명과 이 명령을 왜 수행하는지 설명.

```
clear
randn(1,XXX); % XXX=학번 끝 세자리, 내용과 상관없는 부분, 그러나 꼭 추가 할 것.
load rt_sampled.mat

t_step=0.001;
Rr_vector=[];
tau_vector=[];
for tau=-4:0.01:4
    tau_vector=[tau_vector tau];
    shift_samples=round(tau/t_step);
    rt_tau=circshift(rt', -shift_samples)';
    Rr_tau=1/20*sum(conj(rt).*rt_tau)*t_step;
    Rr_vector=[Rr_vector Rr_tau];
end
figure
plot(tau_vector, Rr_vector);grid on;
```

2.J6. 위 m-file을 실행하여 $R_r(\tau)$ 그래프를 캡쳐하시오.

2.J7. 문제 2.J6에서 캡쳐한 $R_r(\tau)$와 (식 8.8)을 이용하여, $f(t)$의 자기 상관 함수 $R_f(\tau)$를 추정하여 그리고, 본인이 그린 $R_f(\tau)$ 그래프 모양의 근거를 설명하시오.

2.J8. $R_f(\tau)$는 2.I3에서 그린 그림의 결과와 유사함을 알 수 있다. $R_f(\tau)$ 그래프와 2.I3의 결과 그림을 바탕으로 $f(t)$를 추정하여 그리시오. 주기(P), 크기(A), 펄스폭(W)을 정확히 표시하고 그릴 것. 손으로 그려서 캡쳐하여도 무방함.

2.J9. 노이즈가 더해져 수신된 주기신호를 이용하여 주기신호의 모양(주기, 크기, 펄스모양)등을

알아내기 위한 방법을 쓰시오.

2.K★. 실습자료파일 noisy_signal.mat 을 작업폴더에 저장하고 다음을 수행하시오.

(a) 다음을 실행하고 결과 창을 캡처하시오.

>>load noisy_signal.mat: plot(t_vector, signal);

(b) (a)에서 캡처한 신호 샘플 벡터 'signal'은, 어떤 주기신호가 노이즈와 함께 수신되었을 때 수신신호의 샘플 벡터이다. 샘플간격은 t_step=0.005초이다. 주기신호의 주기는 얼마인지 알아내시오. 샘플간격이 0.001이 아님을 유의할 것.

(c) 주기신호의 한 주기 동안의 모양을 최대한 정확히 그리시오. 주요지점의 x 축(시간)값을 정확히 표시할 것.

3. Energy Spectral Density (ESD, 에너지 밀도 스펙트럼)

3.A. 수치적분으로 에너지 밀도 스펙트럼(Energy Spectral Density(ESD))을 계산하고 그려보자.

3.A1☆. 에너지 신호 $f(t)$의 ESD의 수식은 $|F(\omega)|^2$로 나타낼 수 있다. 여기서, $F(w)$는 $f(t)$의 푸리에 변환이다. (a) 자기상관 함수 $r_f(\tau)$와 $|F(\omega)|^2$의 관계를 쓰시오. 즉, $r_f(\tau)$로부터 $|F(\omega)|^2$를 구하는 식을 쓰시오. (b) $r_f(\tau)$와 $|F(\omega)|^2$의 관계식을 증명하시오.

🖫 3.A2. 먼저, 만약 2.G8을 수행한 경우라면 'pt' 생성 문장을 'pt=sign(psint);'로 복원하시오. 아래는 3.A1에서 자신이 답한 관계식과 $r_p(\tau)$를 이용하여 $p(t)$의 ESD $|P(w)|^2$를 수치적분으로 구하는 m-file이다. 굵은 글씨의 라인에 대한 설명을 다음의 지침에 따라 작성하시오.

(지침1) '='이 있는 라인 : '=' 왼쪽 변수의 목적(용도), '=' 오른쪽 수식이 왼쪽 변수의 목적(용도)에 왜 부합하는지 그 이유를 쓰시오.

(지침2) '='이 없는 라인 : 명령어에 대한 설명과 이 명령을 왜 수행하는지 설명.

```
%문제 2.E2의 m-file에 아래를 추가.
tau=-4:0.001:4; % rp_vector의 원소들에 해당하는 tau 영역
f_vector=[]; ESD_vector=[];
for f=0:3:500
   f_vector=[f_vector f];
   ESD_f=sum(rp_vector.*exp(-j*2*pi*f*tau))*0.001;
   ESD_vector=[ESD_vector ESD_f];
end
figure(8)
plot(f_vector,ESD_vector); grid on % 0~500Hz에 대한 ESD 벡터의 절대값을 그림으로 표현
xlabel('frequency [Hz]')
```

3.A3. m-file을 수행하고 $p(t)$의 ESD 그래프를 캡쳐하여 보이시오.

3.B. 문제 3.A3의 $p(t)$의 ESD 그래프에서, (a) ESD가 최댓값이 되는 지점의 주파수가 얼마인가? (b) 문제 1.B1에서 캡쳐한 $p(t)$의 모양(파형)에 근거하여 (a)의 답이 그렇게 나온 이유를 쓰시오.

3.C. 아래는 $p(t)$의 푸리에 변환인 $P(\omega)$을 수치적분으로 구하여 ESD(=$|P(\omega)|^2$)를 구하는 m-file이다.

```
%문제 2.E2의 m-file에 아래를 추가.
f_vector=[]; P_vector=[];
for f=0:3:500
    f_vector=[f_vector f];
    P_f=sum(pt.*exp(-j*2*pi*f*t))*0.001;
    P_vector=[P_vector P_f];
end
figure(9)
plot(f_vector,abs(P_vector).^2)
grid on
xlabel('frequency [Hz]')
```

3.C1. 굵은 글씨의 라인에 대한 설명을 다음의 지침에 따라 작성하시오.

(지침1) '='이 있는 라인 : '=' 왼쪽 변수의 목적(용도), '=' 오른쪽 수식이 왼쪽 변수의 목적(용도)에 왜 부합하는지 그 이유를 쓰시오.

(지침2) '='이 없는 라인 : 명령어에 대한 설명과 이 명령을 왜 수행하는지 설명.

3.C2. 위 m-file을 작성하여 수행하고 결과(Figure 9 창)를 캡처하여 보이시오

3.C3. (a) 문제 3.C2의 결과그래프와 3.A3의 결과그래프가 일치하는가? (b) (a)의 결과를 통해 본 실습의 어떤 문제를 검증할 수 있는가?

3.C4. 임의의 에너지 신호 $f(t)$의 ESD를 구하는 아래 두 가지 방법에 대하여 절차를 자세히 쓰시오.

(a) 자기상관함수를 통하여 구하는 방법:

(b) 자기상관함수를 통하지 않고 구하는 방법:

PART II 통신시스템

>>> 09 CHAPTER AM Modulation

- DSB-SC 방식 기반 AM 변복조 시스템을 설계한다.
- 사운드 파일을 변복조하여 재생해 봄으로써 올바른 동작을 직접 확인한다.
- Sine파를 사용하지 않고 샘플링을 이용하여 AM 변조 신호를 생성한다.

1. AM 변복조기 (송수신기) 만들기

DSB-SC AM 변조된 신호의 수신신호 $\phi(t)$는 (식 9.1)과 같이 만들 수 있다.

$$\phi(t) = f(t) \times A\cos(w_c t) + n(t) \quad \text{(식 9.1)}$$

위에서 $f(t)$는 변조하고자 하는 정보 신호, $A\cos(w_c t)$는 반송파(carrier wave) 신호, 그리고 $n(t)$는 노이즈(배경 잡음) 신호이다.

수신기(복조기)에서는 아래 (1), (2) 과정에 따라 복조신호 $y(t)$를 생성한다.

(1) 먼저, 아래식과 같이 송신기에서 사용한 반송파와 동일한 주파수와 위상을 갖는 사인파(로컬 캐리어, 또는 국부 반송파라고 함) $\cos(w_c t)$를 수신신호에 곱하여 신호 $g(t)$를 생성한다.

$$g(t) = \phi(t)\cos(\omega_c t) \quad \text{(식 9.2)}$$

(2) 다음, $g(t)$에 LPF를 수행하여 복조 신호 $y(t)$를 생성한다.

$$y(t) = LPF_{B_f}[g(t)] \quad \text{(식 9.3)}$$

위에서 $LPF_{B_f}[g(t)]$는 대역폭이 B_f(=정보신호 $f(t)$의 대역폭)인 LPF(저역통과필터)에 $g(t)$를 입력하였을 때 LPF의 출력을 의미한다.

1.A☆. (식 9.1)에서 $n(t)$를 0이라 가정하고 (식 9.1)과 (식 9.2)를 (식 9.3)에 대입하여 $y(t) = (A/2) \times f(t)$ 임을 유도하시오. 반송파 주파수 w_c는 신호의 대역폭 B_f보다 크다고 가정할 것.

🖫 **1.B.** '실습 자료 파일'에서 sound_CH9.mat을 자신의 매트랩 작업 폴더에 저장하시오. [그림 9.1]은 sound_CH9.mat에 저장된 사운드신호를 DSB-SC AM 변조하고, 노이즈 환경에서 복조하는 과정을 구현한 것이다.

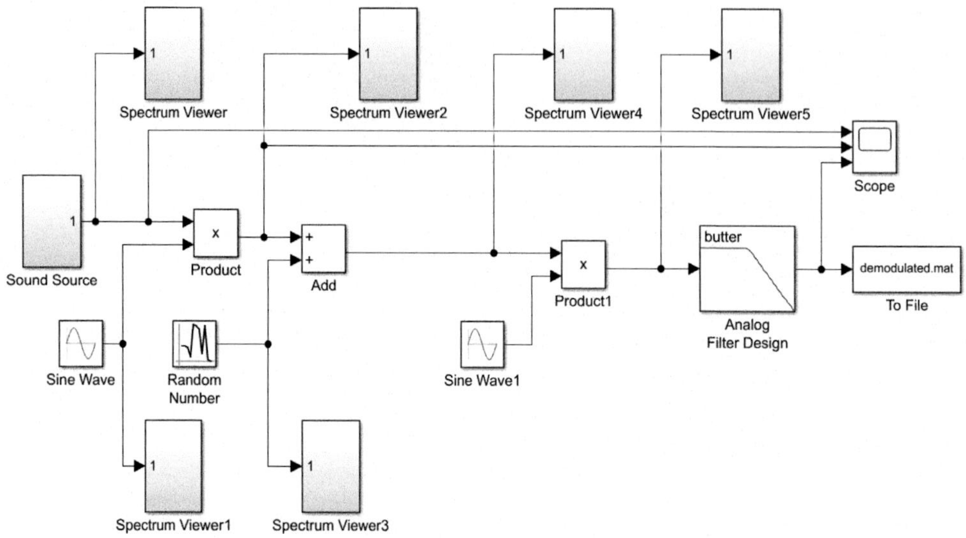

| 그림 9.1 | DSB-SC AM 시스템 설계

[그림 9.1]의 mdl/slx 파일을 설계하시오. 또, 아래와 같이 블록들의 변수를 설정하시오. 아래 언급 안 된 블록들은 이후 문제에서 변수 설정하므로 블록만 추가해 놓을 것.

(1) `Sound Source` 블록 : 1장의 6.B에서 만든 것 사용, 없으면 다시 만들 것.

- 내부 블록 `Form File`의 변수 `File name`= sound_CH9.mat

(2) `Sine Wave` 블록

- `Frequency`=2*pi*(20+학번 끝자리)e3
- `Phase`=pi/2

(3) `Random Number` 블록 (※ `Random Number` 블록이 없는 경우에는 `Gaussian Noise Generator` 블록을 사용할 것.)

- `Variance`=1e-3
- `Sample time`=1/16e4

(4) `To File` 블록

- `Save format`=array (해당 변수("Save format")가 없는 경우는 설정할 필요 없음)
- `File name`=demodulated.mat
- `Sample time`=1/8192

(5) `Spectrum Viewer`, `Spectrum Viewer1`, `Spectrum Viewer2`, ... 블록들: 1장의 6.B에서 만든 것 사용, 없으면 다시 만들 것. 뒤에 붙은 일련번호는 블록을 추가할 때 추가 순서에 따라 자동으로 생성됨. [그림 9.1]의 mdl/slx 파일에 주어진 순서대로 블록을 추가하여 번호를 일치시킬 것 .

1.B1. 완성된 mdl/slx 설계 창을 캡쳐하여 보이시오.

1.B2. `'Sound Source'` 블록의 출력이 DSB-SC AM 변조하고자 하는 정보신호 $f(t)$에 해당한다. (식 9.1) ~ (식 9.3)의 수식을 바탕으로, 출력이 있는 8개 모든 블록의 출력에 해당하는 수식을 ?에 채워 작성하시오.

예)
- `'Sound Source'` 출력= $f(t)$
- `'Sine Wave'` 출력= $A\cos(w_c t)$
- `'Product'` 출력= ?
- `'Random Number'` 출력= ?
- `'Add'` 출력= ?
- `'Sine Wave1'` 출력= ?
- `'Product1'` 출력= ?
- `'Analog Filter Design'` 출력= ?

1.B3. 문제 1.B1에 주어진 대로 블록들의 변수를 설정하면 반송파 신호 $Acos(w_c t)$ 의 주파수는 몇 kHz인가? 또 A는 얼마인가?

1.B4. 문제 1.B1에서 `'Sine Wave'` 블록의 `'Phase'`=pi/2로 설정하는 이유는 무엇인가? $\cos(x) = \sin(x+\pi/2)$ 임을 이용.

1.C. 송신신호의 파형과 스펙트럼을 분석해보자.

1.C1. 0.01초 동안 (`'Simulation stop time'`= 0.01초로 설정) Simulation을 실행하시오. `'Scope'` 창을 일단 `'Autoscale'` 한 후 (a) x 축을 0.008~0.01초 영역으로 확대하여 캡처하여 보이시오. (b) 결과 파형으로부터 DSB-AM 변조신호 $f(t) \times A\cos(w_c t)$ (`'Scope'`에서 위에서 두 번째 파형)가 제대로 생성되었는지 설명하시오.

1.C2. `'Simulation stop time'`= 3초로 늘리시오. Simulation을 수행한 후 `'Spectrum Viewer/Spectrum Analyzer'`, `'Spectrum Viewer1/Spectrum Analyzer'`, `'Spectrum Viewer2/Spectrum Analyzer'` 3개의 결과화면을 순서대로 캡쳐하여 보이시오(나머지 3개의 `'Spectrum Viewer/Spectrum Analyzer'` 창은 최소화(Minimize) 해놓을 것).

주의사항

스펙트럼을 캡쳐하기전 아래와 같이 가로 : 세로 =7:1 정도로 가로를 늘린 후 캡쳐할 것. 이후 스펙트럼을 캡쳐하는 이후 모든 실습문제도 마찬가지임.

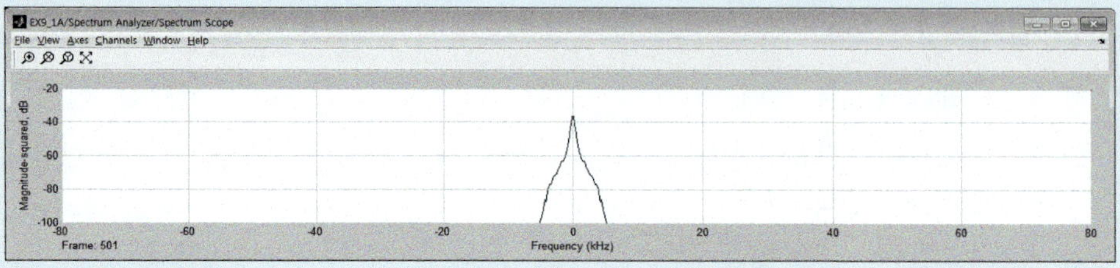

1.C3. 문제 1.C2에서 캡쳐한 3개의 창의 스펙트럼의 모양이 제대로 나온 것인지, 왜 그렇게 나와야 하는지 이유를 각각 1.B2의 수식을 이용하여 설명하시오.

1.D. 배경잡음(노이즈)의 스펙트럼을 분석하자.

1.D1☆. 8장의 3번 문제에서, 에너지 신호의 자기상관함수와 ESD(Energy Spectral Density)의 관계를 살펴보았다. 이 관계는 파워 신호의 자기상관함수와 PSD(Power Spectral Density)에서도 동일하게 적용된다. 어떤 신호의 자기상관함수(Autocorrelation Function) $R_f(\tau)$와 그 신호의 PSD $S_f(\omega)$의 수학적인 관계를 쓰시오.

1.D2☆. 배경 잡음(노이즈)의 자기상관함수는 어떤 모양인지 그리시오. (8장의 2.D 참조).

1.D3☆. 문제 1.D1과 1.D2에 따르면 배경 잡음(노이즈)의 PSD는 어떤 모양인지 그리시오. 그리고 반드시 1.D1과 1.D2의 답을 이용하여 설명하시오.

1.D4. 'Spectrum Viewer3/Spectrum Analyzer' 결과 화면을 캡쳐하여 보이시오.

1.D5. 문제 1.D4의 캡쳐 결과가 1.D3에서 그린 노이즈의 이론적 PSD와 일치하는가?

1.D6. 문제 1.D4의 모양의 스펙트럼을 갖는 노이즈를 백색(White) 노이즈라 하는 이유는 무엇인가?

1.E. 노이즈 환경에서 수신신호의 스펙트럼을 분석하자.

1.E1. 'Spectrum Viewer4/Spectrum Analyzer' 결과 화면을 캡쳐하여 보이시오.

1.E2. 문제 1.E1에서 캡쳐한 스펙트럼에 대해 스펙트럼 모양의 이유를 설명하시오.

1.E3. 수신신호의 CNR(Carrier to noise ratio)은 몇 dB인지 측정하여 쓰시오.(아래 참고)

참고

신호의 CNR은 신호의 스팩트럼 중심(주로 최대값)에서의 높이(y축 dB값)와 배경 잡음의 PSD 높이(y축 dB값)의 차를 말한다. 예를 들어 아래와 같은 경우 CNR=-42[dB]- (-92[dB])= 50dB 이다.

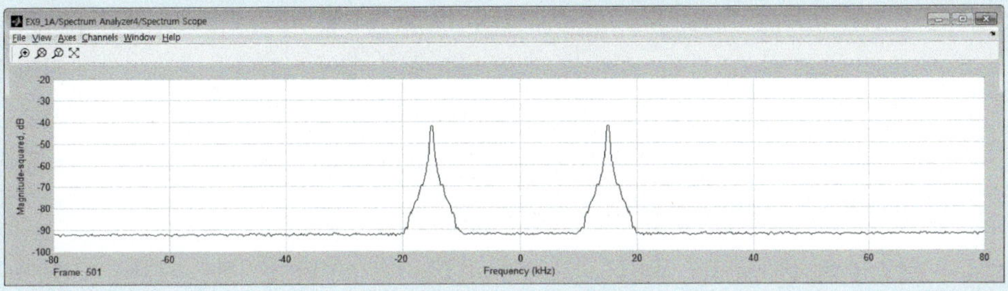

1.F. 복조과정을 완성해 보자. 본 문제에서는 'Analog Filter Design' 블록의 출력이 복조신호((식 9.3)의 $y(t)$)가 되도록 설계하려 한다.

1.F1. 'Product1' 블록 (mdl/slx 파일의 두 'Product' 블록 중 오른쪽 블록)의 출력이 (식 9.2)의 $g(t)$와 동일하게 하고자한다. 'Sine Wave1' 블록 (mdl/slx 파일의 두 'Sine wave' 블록 중 오른쪽 블록)의 변수 'Frequency', 'Phase'를 어떻게 설정해야 하는지 쓰시오.

1.F2. 문제 1.F1과 같이 설정하고 다시 3초간 Simulation을 수행하시오. 'Spectrum Viewer5/Spectrum Analyzer'를 캡쳐하여 보이시오. 문제 1.F1에서 'Sine Wave1' 블록의 변수를 제대로 설정하였다면 주파수 축에서 3개의 스펙트럼을 관찰할 수 있다. 3개의 스펙트럼의 중심 주파수가 얼마인지 쓰고 수식으로 설명하시오.

∩ 1.F3. 'Analog Filter Design' 블록의 변수 'Passband edge frequency (rad/sec)'=2*pi*500 으로 설정하시오. 이제 5 초간 Simulation을 수행하시오(PC 성능에 여유가 있으면 20초 까지 가능). 완료 후 아래에 ??를 채워서 Command window에서 수행하여 복조된 소리를 재생하시오.

```
>> load ??;soundsc(ans(2,:))
```

1.F4. 'Passband edge frequency (rad/sec)'를 2*pi*4e3, 2*pi*40e3 로 바꾸어 1.F3을 반복 수행하여 복조된 신호를 재생하시오. (a) 각각의 재생소리가 어떠한지 비교하시오. (b) 가장 듣기 좋은 음질의 결과를 얻은 설정은 무엇인가?

1.F5. 문제 1.F2의 'Spectrum Viewer5/Spectrum Analyzer' 결과 창을 이용하여 'Passband edge frequency (rad/sec)'= 2*pi*500 일때 복조신호가 2*pi*4e3일 때 복조신호보다 음질이 좋지 않은 이유를 쓰시오.

1.F6. 문제 1.F2의 'Spectrum Viewer5/Spectrum Analyzer' 결과 창을 이용하여 'Passband edge frequency (rad/sec)'= 2*pi*40e3 일때 복조신호가 2*pi*4e3일 때 복조신호보다 음질이 좋지 않은 이유를 쓰시오.

1.F7. 'Analog Filter Design' 블록의 변수 'Passband edge frequency (rad/sec)' =2*pi*4e3 으로 설정하시오. 'Scope' 블록 변수 설정 창의 'Logging' 탭(매트랩 버전에 따라 설정 방법이 다를 수 있음)의 'Limit data points to last'의 체크를 해제하시오. 0.5초 동안 ('Simulation stop time'을 0.5초로 설정) Simulation을 수행하시오. 'Scope' 창을 캡쳐하여 보이시오. 캡쳐하기 전 'Autoscale' 할 것.

1.F8. 문제 1.F7의 결과그림을 적당히 확대하여 $y(t) = Af(t)/2$와 일치하는 지 확인하고 이를 확인할 수 있는 확대 그림을 캡쳐하여 보이시오. 일치하지 않으면 변수설정이 잘못된 것이므로 다시 설정할 것.

2. 송수신기 위상, 주파수 오차의 영향 분석

2.A. 위상 오차의 영향을 파악해보자.

2.A1☆. 송수신기의 캐리어간 위상 오차가 θ만큼 존재하는 경우, 즉 수신기의 로컬 캐리어가 $\cos(\omega_c t)$가 아니라 $\cos(\omega_c t+\theta)$ 인 경우를 고려하자. 이 경우 (식 9.2)는 $g(t) = \phi(t)\cos(\omega_c t+\theta)$로 수정된다. 수정된 식을 대입하여 (식 9.3)를 다시 유도하여 $y(t) = (A\cos(\theta)/2)f(t)$ 임을 보이시오. 노이즈 $n(t)$는 무시할 것.

2.A2. 실험으로 확인해보자. 다음과 같이 변수 설정하시오.

(1) 'Random Number' 블록

- 'Variance'=0 (수식확인을 위해 0으로 설정, 문제 2.B에서 다시 1e-3으로 설정함)

(2) 'Sine Wave1' 블록(mdl/slx 파일의 두 'Sine wave' 블록 중 오른쪽 블록)

- 'Frequency'=2*pi*(20+학번 끝자리)e3
- 'Phase(rad)'=pi/2+pi/4. 송신기의 'Sine Wave'블록의 'Phase(rad)'=pi/2는 변경하지 말 것.

(3) 'Analog Filter Design'블록

- 'Passband edge frequency (rad/sec)'=2*pi*4e3

위와 같이 설정하면 송수신기 간 위상 오차 θ는 얼마가 되는가?

2.A3. 'Simulation stop time'을 0.25초로 설정한 후 Simulation을 수행하시오. 'Scope' 창을 캡쳐하여 보이시오. 캡쳐하기 전 'Autoscale' 할 것.

2.A4. 문제 2.A3의 실험 결과로부터 $y(t) = (A cos(\theta)/2)f(t)$와 일치하는지 쓰시오. Y축을 확대하여 위에서 첫 번째 그림의 최대 진폭과 세 번째 그림의 최대 진폭의 비(ratio)를 관찰해보면 쉽게 구할 수 있음.

2.A5★. θ를 각각 –pi/4, pi/3, pi/2, –pi/2, pi 인 경우에 대하여 실험을 수행하고 각각에 대하여 (a) $y(t)$ 결과를 캡쳐하여 보이고 (b) 수식결과와 일치하는지 쓰시오.

2.B. 노이즈 환경에서 위상 오차의 영향을 파악해보자. 먼저 노이즈 신호 $n(t)$를 수신신호에 더하기 위해 현재 0으로 설정되어 있는 `'Gaussian Generator'` 블록의 변수 `'Variance'`를 1e–3으로 재설정하시오.

2.B1. `'Sine Wave1'`(로컬 캐리어) 블록의 변수 `'phase'`=pi/2로 복원하시오. 3 초간 Simulation을 수행하시오. (a) `'Spectrum Viewer5/Spectrum Analyzer'` 결과창을 캡쳐하여 보이고 (b) 그림으로부터, 기저대역신호 스펙트럼의 최대값(주파수=0에서의 y축값), 배경잡음의 PSD(노이즈 스펙트럼의 높이), 그리고 기저대역신호의 CNR은 각각 몇 dB인지 쓰시오.

- 기저대역신호 스펙트럼의 최대값 = ? dB
- 배경잡음의 PSD =? dB
- 기저대역 신호 CNR = ? dB

2.B2. `'Sine Wave1'`(로컬 캐리어) 블록의 변수 `'phase'`=pi/2+7*pi/16 로 설정하고 다시 Simulation을 수행하시오. (a) `'Spectrum Viewer5/Spectrum Analyzer'` 결과창을 캡쳐하여 보이고 (b) 기저대역신호 스펙트럼의 최대값(주파수=0에서의 y축값)과 배경잡음의 PSD(노이즈 스펙트럼의 높이)가 각각 몇 dB인지 쓰시오.

- 기저대역신호 스펙트럼의 최대값 = ? dB
- 배경잡음의 PSD =? dB
- 기저대역 신호 CNR = ? dB

2.B3. 문제 2.B1과 2.B2 결과에 따르면, 로컬캐리어를 곱한 배경잡음의 PSD 크기는 로컬캐리어의 위상과 어떤 관계가 있는가?

2.B4. 송수신기의 캐리어간 위상 오차가 θ일 때, 기저대역 신호의 파워는 $\cos^2\theta$ 만큼 감소한다. 이를 수식으로 증명하시오.

2.B5. 송수신기의 캐리어간 위상 오차 θ가 존재할 때, (a) 기저대역 신호의 CNR은 $10\log_{10}\cos^2\theta$ [dB] 만큼 감소함을 문제 2.B3과 2.B4의 결과를 이용하여 설명하시오. (b) 문제 2.B1에서 캡쳐한 스펙트럼과 문제 2.B2에서 캡쳐한 스펙트럼을 비교하여 위상 오차로 인한 CNR 감소량을 측정하시오. (c) 측정한 CNR 감소량이 $10\log_{10}\cos^2\theta$와 동일한가?

2.B6. 'Sine Wave1'(로컬 캐리어) 블록의 변수 'phase'=pi/2로 복원하시오. 3 초간 Simulation을 수행하시오. 아래를 실행하여 복조신호를 재생하고 음질을 기억하시오.

```
>> load demodulated;soundsc(ans(2,:))
```

'Sine Wave1'(로컬 캐리어) 블록의 변수 'phase'=pi/2+7*pi/16 로 설정하고 다시 Simulation을 수행하시오. 복조신호를 재생하시오.

(a) 위상오차에 따라 음질의 변화가 있는가?

(b) 음질이 변한 이유를 설명하시오.

2.B7. (a) 만약 'Sine Wave1'(로컬 캐리어) 블록의 변수 'phase'=0 으로 설정하여 Simulation한 후 복조신호를 재생하면 어떤 소리가 들릴지 자신의 예측을 쓰고 (b) 수학적인 근거를 대시오.

2.B8. 'Sine Wave1'(로컬 캐리어) 블록의 변수 'phase'=0 으로 설정하여 Simulation한 후 복조신호를 재생하시오. 자신의 예측과 일치하는가?

2.B9. 'Spectrum Viewer5/Spectrum Analyzer' 결과창을 캡처하여 보이시오. 로컬 캐리어의 위상을 문제 2.B8과 같이 설정한 경우에 대한 $g(t)$(식 9.2)를 수식으로 유도하고, 이를 이용하여 결과그림을 해석하시오.

2.B10☆★. 문제 2.B3의 결과를 수식으로 증명해보자. 배경잡음 $n(t)$의 PSD를 $\frac{N_0}{2}$라 하자. 로컬 캐리어 $\cos(w_c t+\theta)$를 곱한 후의 노이즈를 $n_c(t)$ $(n_c(t)=n(t)\cos(w_c t+\theta))$라 하자. $n_c(t)$의 PSD는 로컬캐리어의 위상오차 θ와 무관하게 배경잡음 $n(t)$의 PSD의 절반, 즉 $\frac{N_0}{4}$ 임을 수식을 통해 보일 수 있다. (a) 먼저, $n_c(t)$의 자기상관함수 $R_{n_c}(\tau)$ $\left(=\lim_{T\to\infty}\frac{1}{T}\int_{-T/2}^{T/2} n_c^*(t)n_c(t-\tau)dt\right)$는 $\left(\frac{N_0}{4}\right)\delta(\tau)$가 됨을 보이시오. (b) 그리고 PSD와 $R_{n_c}(\tau)$의 관계를 이용하여 $n_c(t)$의 PSD는 $\frac{N_0}{4}$ 임을 보이시오.

2.C. 주파수 오차의 영향을 파악해보자.

2.C1☆. 'Sine Wave'와 'Sine Wave1' 블록의 'Frequency'를 2*pi*25e3으로 설정하자. 송수신기의 캐리어간 주파수 오차가 $\Delta\omega$만큼 존재하는 경우, 즉 수신기의 로컬 캐리어가 $\cos(\omega_c t)$가 아니라 $\cos((\omega_c+\Delta\omega)t)$인 경우를 고려하자. 이 경우 (식 9.2)는 $g(t)=\phi(t)\cos((\omega_c+\Delta\omega)t)$로 수정된다. 이 경우 (식 9.3)를 다시 유도하여 $y(t)=(A\cos(\Delta\omega t)/2)f(t)$ 임을 보이시오. 노이즈 $n(t)$는 무시할 것.

2.C2. (a) 만약, 현재 2*pi*25e3로 설정되어있는 'Sine Wave1'(로컬 캐리어) 블록의 변수 'Frequency(rad/sec)'를 2*pi*(25e3+0.2) 로 설정하고 Simulation을 수행하여 복조된 신

호를 재생하였다면 어떤 사운드가 재생될지 유추하여 쓰시오. (b) 유추에 대한 근거를 수식으로 설명하시오.

🎧 2.C3. 'Sine Wave1'(로컬 캐리어)블록의 변수 'Frequency(rad/sec)'를 2*pi*(25e3+0.2)로 설정하시오. 10초간 Simulation을 수행하여 복조된 신호를 재생하고 2*pi*25e3로 설정하였을 때의 재생결과 소리와의 차이점을 쓰시오.

2.C4. 'Scope' 블록의 출력 파형 결과 화면을 'Autoscale'한 후 캡쳐하여 보이시오.

2.C5. 문제 2.C4에서 캡쳐한 결과가 2.C1에서 유도한 수식과 일치하는가?

🎧 2.C6. 'Frequency(rad/sec)'를 2*pi*24.5e3로 설정하여 다시 실험하고 복조된 신호를 재생하시오. 재생 결과 사운드가 어떠한지 쓰시오. 또 결과를 해석하시오.

2.C7. 실험 결과를 토대로 주파수 오차는 복조신호에 어떤 영향을 미치는지 정리하시오.

★ 3. 'Sine Wave' 블록을 사용하지 않고 AM (DSB-SC) 신호 만들기

7장의 문제 3에서 사운드 신호에 주기적인 사각 펄스 신호를 곱하였을 때(또는 샘플링을 수행하였을 때) 결과 신호의 주파수 스펙트럼의 특성에 대하여 학습한 바 있다. 그리고 7장의 문제 4에서, 사운드 신호에 주기적인 사각 펄스 신호를 곱했을 때 스펙트럼의 특징을 이용하면, 주기적인 사각 펄스 신호를 곱한 후 BPF를 적절히 통과시킴으로써, AM 변조신호를 만들 수 있다. 즉, 'Sine Wave' 블록을 사용하지 않고 AM 변조신호를 만들 수 있다.

3.A. [그림 9.2]와 같이 mdl/slx 파일을 설계하시오.

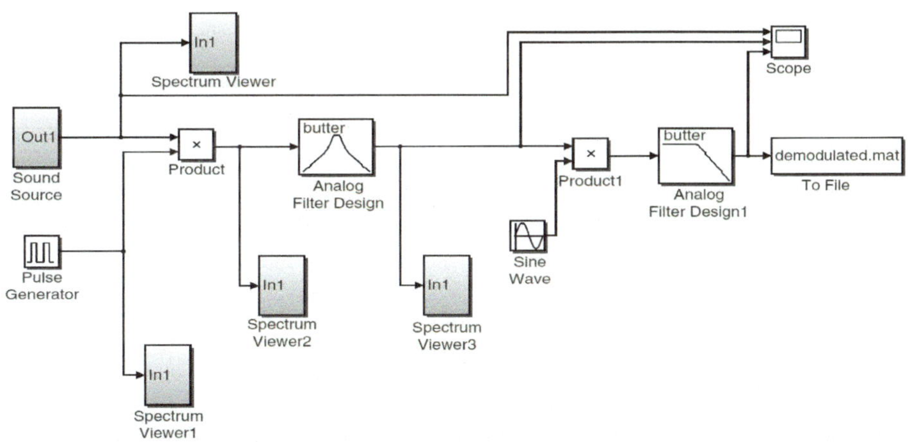

| 그림 9.2 | 'Sine wave' 블록을 사용하지 않는 DSB-SC AM 시스템 설계

아래와 같이 블록의 변수를 설정하시오. 나머지 블록의 변수는 이후 문제에서 설정함

(1) 'Sound Source' 블록

- 내부 'From File' 블록의 변수 'File name'= sound_CH9.mat, 문제 1에서 사용한 파일과 동일함

(2) 'Pulse Generator' 블록

- 'Period'=1/2e4
- 'Pulse Width (% of period)'=5

3.A1. 'Simulation stop time'을 5초로 설정하고 Simulation을 수행하시오. Simulation이 완료되면 'Spectrum Viewer/Spectrum Analyzer', 'Spectrum Viewer1/Spectrum Analyzer', 'Spectrum Viewer2/Spectrum Analyzer' ('Spectrum Viewer3/Spectrum Analyzer'는 제외)의 결과 창을 순서대로 캡쳐하여 보이시오.

3.A2. 'Spectrum Viewer1/Spectrum Analyzer'의 결과 창에 일정한 간격의 라인 스펙트럼을 확인할 수 있다. 'Pulse Generator' 출력의 스펙트럼이 라인 스펙트럼으로 나타나는 이유를 쓰시오.

3.A3. (a) 라인 스펙트럼의 주파수 간격은 얼마인지 측정하여 쓰고 (b) 그 값의 이유를 설명하시오.

3.A4. 'Spectrum Viewer2/Spectrum Analyzer'의 결과 창에 나타난 모양의 이유를 설명하시오. 'Product' 출력의 스펙트럼(푸리에 변환)은 'Product' 입력의 스펙트럼(푸리에 변환)으로부터 구할 수 있다. 두 신호의 곱의 스펙트럼(푸리에 변환)과 두 신호의 스펙트럼(푸리에 변환)의 수학적인 관계를 쓰시오.

3.B. 'Analog Filter Design' 블록의 변수를 잘 설정하면 'Analog Filter Design' 블록의 출력은 DSB-SC AM 변조 신호가 된다.

3.B1. 아래와 같이 'Analog Filter Design'(왼쪽 블록) 블록의 변수를 잘 설정하면, 'Analog Filter Design' 블록의 출력은 캐리어 주파수가 20kHz 인 DSB-SC AM 변조 신호가 된다. 아래 3개의 변수 설정의 이유를 쓰시오.(그림 7.7 참조)

- 'Filter type'=Bandpass
- 'Lower passband edge frequency (rad/sec)'=2*pi*16e3
- 'Upper passband edge frequency (rad/sec)'=2*pi*24e3

3.B2. 문제 3.B1과 같이 설정한 후 Simulation을 수행하시오. Simulation이 완료되면 'Scope' 블록('Spectrum Viewer/Spectrum Analyzer' 말고)의 창을 'Autoscale'한 후 (a) 4.995초 ~ 5초 영역을 확대하여 캡쳐하여 보이시오. (b) DSB-SC AM 신호의 파형이 맞는가? (c) x축을 확대하여 주파수가 20kHz가 맞는지 확인하시오.

3.B3. (a) 'Spectrum Viewer3/Spectrum Analyzer'의 결과 창을 캡쳐하여 보이시오. (b) 캐리어 주파수가 20kHz인 DSB-SC AM 신호의 스펙트럼인가?

3.B4. 'Pulse Generator'의 주파수를 적절히 변경한다면, 현재 주파수 설정보다 작은 주파수(현재 Period 설정보다 큰 period)로 설정하여도 'Analog Filter Design' 출력이 여전히 반송파 주파수가 20kHz인 DSB-SC AM 신호가 되도록 할 수 있다. (a) 현재 Period 설정보다 큰 값 중 가능한 값을 구하고 (b) 그 근거를 쓰시오.

3.B5. 문제 3.B4에서 얻은 결과대로 변수를 설정한 뒤, Simulation을 수행하자. (a) 4개의 'Spectrum Viewer' 창의 결과를 캡쳐하여 보이시오. (b) 문제 3.B4에 대한 자신의 답이 올바른지 검증하시오.

3.B6. 'Analog Filter Design' 블록의 변수만을 다시 설정하여 반송파 주파수가 40kHz인 DSB-SC AM 신호를 생성할 수 있다. 적절히 변경하여 Simulation을 수행하고 'Spectrum Viewer3/Spectrum Analyzer'의 결과 창을 캡쳐하여 보이시오.

3.C. 'Pulse generator'의 'Period'=1/2e4 로 복원하고 'Analog Filter Design' 블록의 변수는 3.B1과 같이 복원하시오. 이제, 주기신호로 생성한 DSB-SC AM 신호를 복조해보자.

3.C1. mdl/slx 파일의 오른쪽에 있는 'Sine Wave', 'Analog Filter Design1' 블록의 변수를 적절히 설정하면 DSB-SC AM 신호('Analog Filter Design' 블록의 출력)을 복조할 수 있다. 두 블록의 변수를 적절히 설정하고 변수 설정 화면을 캡쳐하여 보이시오.

3.C2. 0.5초 동안 Simulation을 수행하시오 ('Simulation stop time'을 0.5초로 설정). (a) 'Scope' 창을 캡쳐하여 보이시오. 캡쳐하기 전 'Autoscale' 할 것. (b) DSB-SC AM 신호가 제대로 복조 되었는가?

3.C3. 'To file' 블록의 'File name'=demodulated.mat, 'sample time'=1/8192로 설정하시오. 5초 동안 Simulation을 수행하시오. 아래 명령어의 ??를 적절히 채우고, Command window에서 아래 명령어를 실행하여 재생한 후 재대로 복조되었는지 결과를 쓰시오.

```
>>clear;load ??;soundsc(ans(2,:))
```

3.C4. 수신기에서도 'Sine Wave' 블록없이 복조할 수 있다. (a) 'Sine Wave' 블록없이 mdl/slx 파일을 설계하고 캡쳐해 보이시오. (b) 본인이 설계한 시스템에서, 각 블록의 변수를 복조가 가능하도록 적절히 설정하시오.

3.C5. 문제 3.C4에서 완성한 mdl/slx 파일이 제대로 동작하는지 확인하기 위해, 0.5초 동안 Simulation을 수행하시오. (a) 실험 결과 scope 파형을 캡쳐해 보이시오. 캡쳐하기 전 'Autoscale' 할 것. (b) 신호가 제대로 복조되었는가?

10 CHAPTER QM(Quadrature Multiplexing) and FDM(Frequency Division Mutiplexing)

- QM (Quadrature Multiplexing) AM 변복조 시스템을 설계한다.
- FDM (Frequency Division Multiplexing) 시스템을 설계한다.
- QM 방식에서 위상오차와 주파수 오차의 효과를 분석한다.
- QM 방식에서 주파수 오차를 이용하여 서라운드 스테레오 사운드 효과를 구현한다.

1. QM, FDM으로 다중화된 신호 파형 및 스펙트럼 분석

대역폭이 모두 4 kHz인 3 개의 사운드 정보 신호 $x(t)$, $y(t)$, $z(t)$가 DSB-SC AM 변조되어 동시에 송출되었다고 가정하자. 각각의 변조신호는 무선채널의 특성상 서로 더해지게 된다. 세 변조신호가 더해진 후 수신된 신호를 $w(t)$라 하자. $w(t)$가 (식 10.1)와 같이 주어진 상황을 고려하자.

$$w(t)=x(t)\cos(2\pi f_1 t+\theta_1)+y(t)\sin(2\pi f_1 t+\theta_1)+z(t)\cos(2\pi f_2 t+\theta_2)+n(t) \quad \text{(식 10.1)}$$

위에서 $f_1=35000$, $\theta_1=\pi/6$, $f_2=16000$, $\theta_2=-\pi/1000$이다. 그리고 $n(t)$는 배경잡음(노이즈)이다.

$z(t)$과 $x(t)$의 AM 변조신호가 동시에 전송되어 수신되지만 서로 다른 주파수대역을 사용하므로 간섭 없이 복조될 수 있다. 이렇게 주파수 대역을 달리하여 복수개의 신호를 간섭 없이 전송하는 방식을 FDM (Frequency Division Multiplexing)이라 한다.

1.A☆. (식 10.1)에서 $x(t)$, $y(t)$, $z(t)$를 전송하는데 소요되는 통과대역 대역폭을 알아보자.

1.A1☆. $z(t)$의 기저대역 대역폭은 4 kHz이다. (식 10.1)에서 $z(t)$의 AM 변조 신호 $z(t)\cos(2\pi f_2 t+\theta_2)$가 통과대역에서 차지하는 대역폭은 얼마인가?

1.A2☆. $x(t)$와 $y(t)$의 기저대역 대역폭 역시 4 kHz이다. (식 10.1)에서 $x(t)$의 AM 변조 신호와 $y(t)$의 AM 변조 신호의 합 $x(t)\cos(2\pi f_1 t+\theta_1)+y(t)\sin(2\pi f_1 t+\theta_1)$이 함께 차지하는 전체 대역폭은 얼마인가?

1.A3☆. $x(t)$ 와 $y(t)$ 는 동일한 주파수의 반송파(캐리어)로 변조되어 스펙트럼이 겹친다. 따라서, 두 신호를 보내는데 소요되는 전체 대역폭은 하나의 신호를 전송하는데 필요한 대역폭과 동일함을 알 수 있다. 이러한 방법을 QM(Quadrature Multiplexing)이라 한다. 통과대역에서 두 신호의 스펙트럼이 겹침에도 불구하고, QM으로 간섭 없이 복조할 수 있는 이유는 무엇인가? 수식으로 설명하시오.

1.B. '실습 자료 파일'의 wt.mat은 (식 10.1)의 $w(t)$ 신호를 160 kHz로 샘플링한 샘플 데이터를 저장한 파일이다. '실습 자료 파일'의 wt.mat 파일을 자신의 매트랩 작업 폴더에 복사하시오.

1.B1. wt.mat에 저장된 데이터의 이름과 길이를 확인하자. 아래 명령을 명령창(Command window)에서 실행하고, 결과 화면을 캡쳐하시오.

```
>> clear;load wt.mat;whos
```

1.B2. wt.mat에 저장된 샘플 데이터 벡터의 1행은 각 데이터 샘플의 샘플링을 수행한 시점이 저장되어 있고, 2행은 각 샘플링 시점에서 데이터를 샘플링한 값이 저장되어 있다.
(a) 데이터 샘플 벡터의 길이와 샘플링 주파수(= 160 kHz)로부터 $w(t)$ 의 총 시간 길이는 몇 초인지 계산하시오. (b) 일반적인 행렬 X의 n행 마지막 열은 '`>>X(n,end)`'로 구할 수 있다. 샘플 데이터 벡터의 1행 마지막 값과 (a)의 답이 동일한가?

1.C. 식 (10.1)에 주어진 $w(t)$ 신호의 샘플 데이터가 저장된 wt.mat으로부터 $w(t)$ 의 스펙트럼을 관찰하기 위하여 아래 그림과 같이 mdl/slx파일을 설계하시오.

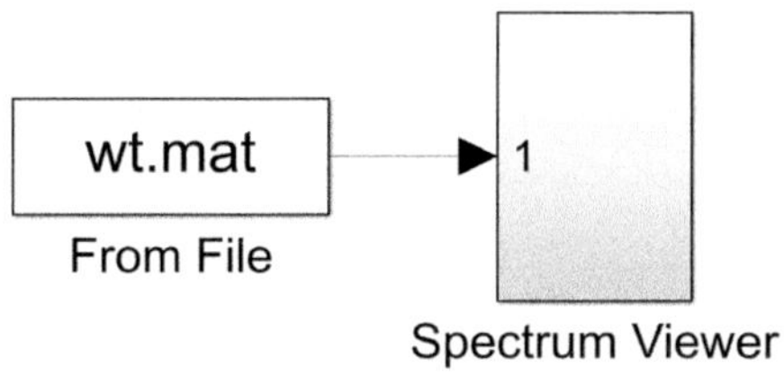

| 그림 10.1 | QM, FDM 신호 스펙트럼 관찰

'`Spectrum Viewer`' 블록은 1장의 6.B에서 만든 서브시스템 사용하고, '`From file`' 블록의 변수는 아래와 같이 설정하시오.

- '`File name`' (파일이름) = wt.mat
- '`Sample time`' (샘플시간) = 1/16e4

1.C1. 5초 동안 (`'Simulation stop time'=5`) 동안 Simulation을 수행하시오. 완료 후 `'Spectrum Viewer/Spectrum Analyzer'`(`'From File'` 출력에 연결된 것) 블록의 결과창을 캡쳐하시오. 캡쳐전에 창의 가로:세로 비를 7:1정도로 조절할 것. `'Autoscale'`은 수행하지 말 것.

1.C2. 문제 1.C1의 결과 그림으로부터 $z(t)$의 DSB-SC AM 변조된 신호(=$z(t)\cos(2\pi f_2 t+\theta_2)$, 결과 그림에서 16 kHz에 중심인 스펙트럼)의 스펙트럼을 확인할 수 있다.

(a) $z(t)$의 DSB-SC AM 변조된 신호의 대역폭을 측정하여 쓰시오. 음의 주파수 영역에 대칭으로 존재하는 스펙트럼은 무시할 것.

(b) $z(t)$의 DSB-SC AM 변조된 신호의 대역폭은 변조되기 전 기저대역에 존재하는 $z(t)$의 대역폭의 몇 배로 증가하는가?

1.C3. (식 10.1)의 $w(t)$ 수식에서, 변조된 사운드 정보 신호는 3개 ($x(t)$, $y(t)$, $z(t)$)인데 1.C1의 결과 그림에서는 2개(대칭이므로 음의 주파수 영역의 2개는 무시)의 스펙트럼만 확인되는 이유는 무엇인가?

1.C4. (a) 문제 1.C1의 결과 그림으로부터 $x(t)$, $y(t)$의 DSB-SC AM 변조된 신호의 전체 대역폭은 얼마인지 쓰시오. (b) $z(t)$의 DSB-SC AM 변조된 신호에 비해 어떤 장점이 있는가?

2. 복조 시스템 설계하기

2.A. 본 실습에서는, wt.mat의 샘플데이터(=식 (10.1)의 $w(t)$ 신호의 샘플 데이터)로부터 사운드 신호 $x(t)$, $y(t)$, $z(t)$를 각각 분리하여 복조해 내는 것을 목표로 한다. 이를 위해 아래와 같이 mdl/slx파일을 설계하시오.

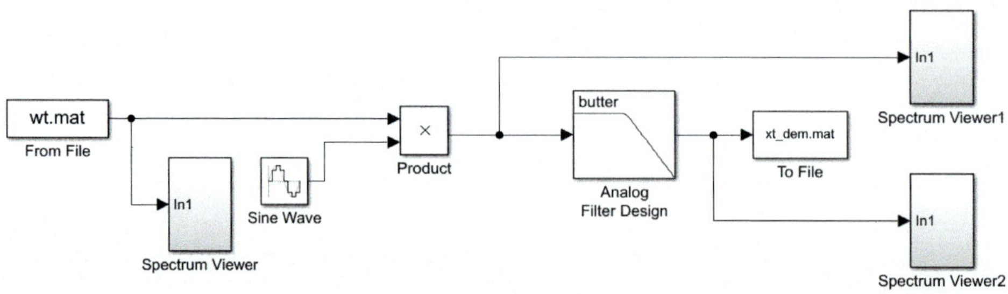

| 그림 10.2 | QM, FDM 신호 복조

각 세부 블록의 기본 변수들을 아래와 같이 설정하시오. 복조와 관련한 주요 변수는 이후 문제에서

설정함.

(1) `'From file'` 블록

- `'File name'` = wt.mat
- `'Sample time'` = 1/16e4

(2) `'Sine Wave'` 블록

- `'Sample time'` = 1/16e4

(3) `'To Workspace'` 블록

- `'Varaible name'` (변수이름) = demodulated
- `'Save format'` (저장 형식) = 'Array' (배열)
- `'Sample time'` (샘플시간) = 1/8192

(4) `'Spectrum Viewer'`, `'Spectrum Viewer1'`, `'Spectrum Viewer2'` 블록들 : 1장의 6.B에서 만든 서브시스템 사용. 뒤 일련번호는 블록을 추가한 순서임. 일련번호가 위 그림과 동일하게 되도록 순서대로 블록을 추가할 것. 일치하지 않으면 블록이름을 직접편집하면 됨.

2.A1. $x(t)$, $y(t)$, $z(t)$를 각각 복조하기 위해서는 `'Sine Wave'` 블록과 `'Analog Filter design'` 블록의 중요 변수를 적절히 달리하여 설정하여야 한다. (a) (식 10.1)를 참고 하여 아래 ?에 들어갈 값을 모두 쓰시오. (b) 모든 변수 설정에 대한 설정 근거를 쓰시오.

(1) $x(t)$를 복조하기 위한 `'Sine Wave'` 블록의 변수 설정

- `'Frequency (rad/sec)'` = ? (단위 주위), 설정근거 ?
- `'Phase (rad)'` = pi/2+pi/6, 설정근거 ? ($\cos(x) = \sin(x+\pi/2)$를 이용)

(2) $y(t)$를 복조하기 위한 `'Sine Wave'` 블록의 변수 설정

- `'Frequency (rad/sec)'` = ? 설정근거 ?
- `'Phase (rad)'` = pi/6 설정근거 ?, 설정근거 ?

(3) $z(t)$를 복조하기 위한 `'Sine Wave'` 블록의 변수 설정

- `'Frequency (rad/sec)'` = ?, 설정근거 ?
- `'Phase (rad)'` = ?, 설정근거 ?

(4) `'Analog Filter Design'` 블록의 변수 설정($x(t)$, $y(t)$, $z(t)$에 상관없이 동일함)

- `'Passband edge frequency (rad/s)'` = 2*pi*4e3, 설정근거 ?

2.B. 아래를 수행하고, 각 문항에 답하시오.

2.B1. $x(t)$를 복조하기 위해, 문제 2.A1 (1)에서 답한 것과 같이 블록들의 중요변수를 설정하시오. 10초 동안 Simulation을 수행한 후, 아래를 Command window에서 실행하여 복조된 $x(t)$ 신호를 재생하시오. 어떤 사운드가 재생되는지 쓰시오. 주의사항: 본 문제에서 설계한

slx/mdl 파일은 나중에 다시 쓰이니 저장하여 둘 것.

```
>> soundsc(demodulated)
```

2.B2. $y(t)$를 복조하기 위해, 문제 2.A1 (2)에서 답한 것과 같이 블록들의 중요변수를 설정하시오. 10초 동안 Simulation을 수행한 후, 복조된 $y(t)$의 복조신호를 재생하시오. 어떤 사운드가 재생되는지 쓰시오

2.B3. $z(t)$를 복조하기 위해, 문제 2.A1 (3)에서 답한 것과 같이 블록들의 중요변수를 설정하시오. 10초 동안 Simulation을 수행한 후, 복조된 $z(t)$의 복조신호를 재생하시오. 어떤 사운드가 재생되는지 쓰시오.

2.B4. `'product'` 블록의 출력에 연결된 `'Spectrum Viewer`**`1/`**`Spectrum Analyzer'`의 결과 창을 캡쳐하여 보이시오. 캡쳐하기 전에 창의 가로:세로 비를 7:1정도로 조절할 것.

2.B5. `'Sine Wave'` 블록의 변수를 제대로 설정하였다면 `'Spectrum Viewer`**`1`**`/Spectrum Analyzer'`의 결과창에는 모두 7개(음/양 모든 주파수영역)의 스펙트럼이 존재한다. 가운데 스펙트럼부터 순서대로 해당하는 수식과 중심 주파수를 적으시오. 〈표 10.1〉의 빈칸을 모두 채우시오. $w(t)\times\cos(2\pi f_2 t+\theta_2)$에 (식 10.1)을 대입한 후, 삼각함수 공식으로 전개하여 중심 주파수가 같은 항끼리 묶은 후 해당 스펙트럼에 매핑하면 됨.

〈표 10.1 `'Spectrum Viewer1/Spectrum Analyzer'`에 출력된 각 스펙트럼〉

스펙트럼	수식	중심 주파수
가운데 스펙트럼	$z(t)/2$	0 kHz
가운데로부터 첫 번째 음/양 스펙트럼	$\frac{x(t)}{2}\cos[2\pi(f_1-f_2)t+(\theta_1-\theta_2)]$ $+\frac{y(t)}{2}\sin[2\pi(f_1-f_2)t+(\theta_1-\theta_2)]$	$19(=f_1-f_2)$ kHz
가운데로부터 두 번째 음/양 스펙트럼		
가운데로부터 세 번째 음/양 스펙트럼		

2.B6. `'Spectrum Viewer2/Spectrum Analyzer'`의 결과창을 캡쳐하여 보이시오. 캡쳐하기 전에 창의 가로:세로 비를 7:1정도로 조절할 것.

3. QM 시스템에서 위상 오차와 주파수오차 효과

3.A★. 스테레오 사운드는 좌우 신호가 다르므로 스테레오 사운드를 전송하기 위해서는 2개의 사운드 신호를 전송하여야 한다. 식 (10.1)에서 $x(t)$, $y(t)$가 스테레오 사운드를 이루는 좌우 신호 쌍이라 하자. (식 10.1)는 QM 방식(문제 1.A3 참조)을 사용함으로써 모노 사운드를 전송할 때 필요한 대역폭을 2배로 늘리지 않고 스테레오 사운드 ($x(t)$, $y(t)$)를 전송하고 있음을 알 수 있다.

2행으로 이루어진 사운드 샘플 벡터 'x'를 이용하여 'soundsc(x')'를 실행하면, 1행의 사운드 샘플은 왼쪽 스피커(이어폰)에서, 2행의 사운드 샘플은 오른쪽 스피커(이어폰)에서 각각 재생된다.

수신기에서 스테레오 신호를 올바르게 재생하기 위해서는 좌우 신호 쌍 $x(t)$, $y(t)$를 분리하여 복조해야 한다. 그러기 위해서는 아래 그림과 같이 2 개의 'Sine wave' 블록, 2 개의 곱셈기 그리고 2 개의 LPF가 필요하다. 결론적으로, QM방식의 스테레오 라디오 수신기는 좌/우 사운드를 위해, 두 개의 독립적인 AM 복조기가 필요하게 된다. 이를 구현하기 위해 그림 10.3과 같이 mdl/slx파일을 설계하시오.

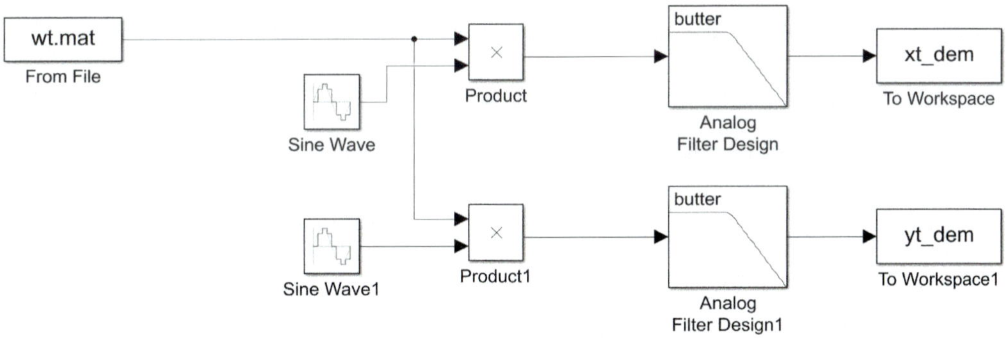

| 그림 10.3 | QM 방식 스테레오 신호를 위한 수신기

복조된 $x(t)$ $y(t)$가 각각 'xt_dem' 과 'yt_dem'이라는 변수로 생성될 수 있도록, 'To Workspace'와 'To Workspace1'블록을 아래와 같이 설정하시오.

(1) 'To Workspace' 블록

- 'Varaible name' (변수이름) = xt_dem
- 'Save format' (저장 형식) = 'Array' (배열)
- 'Sample time' (샘플시간) = 1/8192

(2) 'To Workspace1' 블록

- 'Varaible name' (변수이름) = yt_dem

- 'Save format' (저장 형식) = 'Array' (배열)
- 'Sample time' (샘플시간) = 1/8192

또, 'xt_dem' 과 'yt_dem'이 $x(t)$ $y(t)$의 복조신호가 되도록 'Sine Wave', 'Sine Wave2', 'Analog Filter Design', 'Analog Filter Design2'의 변수를 적절히 설정(2.A1의 설정과 동일)한 후 10초 동안 실행하시오. 주의사항: 본 문제에서 설계한 slx/mdl 파일은 나중에 다시 쓰이니 저장하여 둘 것.

(a) slx/mdl 파일실행 후, 이어폰 중 한쪽만 귀에 꼽은 후, 아래를 실행하여 사운드를 재생하고 어떤 사운드가 들리는지 쓰시오.

```
>>st_data(1,:)=xt_dem;
>>st_data(2,:)=yt_dem;
>>soundsc(st_data')
```

(b) 이어폰의 다른 한쪽만 귀에 꼽은 후, soundsc(st_data')을 다시 실행하여 어떤 사운드가 들리는지 쓰시오.

(c) 양쪽 모두 꼽은 후 soundsc(st_data')을 다시 실행하여 스테레오 사운드로 들리는지 쓰시오.

3.B★. 문제 A와같이 수신기에서 스테레오 신호를 올바르게 재생하기 위해서는 좌우 신호 쌍 $x(t)$, $y(t)$를 분리하여 복조해야 한다. 그러기 위해서 2 개의 'Sine wave' 블록, 2 개의 곱셈기 그리고 2 개의 LPF가 필요했다. 결론적으로, QM방식의 스테레오 라디오 수신기는 좌/우 사운드를 위해 두 개의 독립적인 AM 복조기가 필요하게 된다. 모노라디오 수신기(1개의 'Sine wave' 블록, 1 개의 곱셈기, 1 개의 LPF로 구성됨)만으로 스테레오 좌/우 사운드 모두 들을 수 있는 방법을 알아보자.

3.B1☆★. 2.B1에서 설계한 slx/mdl 파일을 불러와, 'Sine Wave' 블록의 Frequency (rad/sec)'는 2*pi*35000으로, 'Phase (rad)'를 pi/2+pi/6-**pi/4**로 설정하시오. 이와 같이 변수를 설정하면 변수 'xt_yt_mono'는 $x(t)$와 $y(t)$가 복조되어 더해진 하나의 신호가 된다. 좀 더 정확히는 $\frac{1}{2\sqrt{2}}(x(t)+y(t))$가 저장된다. 그 이유를 수식으로 보이시오.

3.B2★. 설계한 mdl/slx 파일을 10초간 실행한 후, 한 쪽 이어폰만 귀에 꼽고, 아래를 실행하여 무슨 소리가 들리는지 쓰시오. 3.A에서 양쪽 귀에 각각 들렸던 소리를, 한쪽 이어폰 만으로 동시에 들을 수 있었는지 쓰시오.

```
>>soundsc(demodulated)
```

3.B3★. QM 방식으로 변조된 스테레오 사운드 신호(좌우 두 사운드 신호)를, 모노라디오 수신기 (한 개의 'Sine wave' 블록, 한 개의 곱셈기, 한 개의 LPF로 구성됨)로 동시에 들을 수 있는 방법을 정리하여 설명하시오.

3.C★. QM 방식 스테레오 전송에서 인위적인 주파수 오차를 이용하여 서라운드 사운드 효과를 내 보자.

3.C1★. 3.A에서 설계하여 저장해 둔 slx/mdl 파일을 불러와, 'Sine Wave' 블록과 'Sine Wave1' 블록 모두 'Frequency (rad/sec)'=2*pi*(35e3+0.05) 로 변경하시오. 10초간 실행 후 후 아래 명령을 다시 실행하여 스테레오 사운드를 들으시오.

```
>>st_data(1,:)=xt_dem;
>>st_data(2,:)=yt_dem;
>>soundsc(st_data')
```

(a) 어떤 소리가 들리는지 쓰시오.

(b) 문제 3.A(c)에서 재생한 소리와의 차이점을 쓰시오.

3.C2☆★. 배우대사와 음악소리의 각 전력(한쪽 이어폰에서 들리는 배우대사의 볼륨이 아니라 양쪽 이어폰으로 나눠어진 배우대사의 전체 볼륨, 또는, 음악소리의 전체 볼륨)가 변하지 않고 들리는 방향만 회전했다면 그 이유를 수식으로 설명하시오

(a) 소리의 방향이 회전하는 이유를 수식으로 설명하시오.

(b) 배우대사의 전체 볼륨 즉, 좌, 우 이어폰에 나누어진 배우대사 소리의 전력의 합이 변하지 않는 이유를 수식으로 설명하시오. 또한, 음악소리의 전체 볼륨이 변하지 않은 이유를 수식으로 설명하시오.

(c) 'Sine Wave'블록과 'Sine Wave1' 블록 모두 'Frequency (rad/sec)' =2*pi*(35e3+0.05) 로 설정되어 있다. 이를 참조하여 두 사운드의 회전 주기를 계산하시오.

(d) >>soundsc(st_data')를 실행하여 문제 3.C1에서 생성한 사운드 신호를 다시 재생하시오. 두 사운드의 회전 주기를 측정하시오. (c)의 답과 동일한가?

3.C3★. 서라운드 속도를 2배 빠르게 하려면 'Frequency (rad/sec)' 설정을 어떻게 바꿔야 하는가?

3.C4. 문제 3.C3의 자신의 답을 실험으로 검증하고 결과가 맞는지 쓰시오.

>>> 11 CHAPTER Hilbert Transform and SSB

- Hilbert 변환의 개념을 이해하고 구현한다.
- Hilbert 변환을 이용하여 Analytic signal을 생성한다.
- Hilbert 변환을 이용하여 SSB(Single Side Band) 변조 신호를 생성한다.
- BPF를 이용하여 SSB 변조 신호를 생성한다.
- SSB 복조 시스템을 설계한다.

1. 힐버트(Hilbert) 변환, 분석 신호(Analytic signal) 및 SSB 변조 수식

힐버트(Hilbert) 변환기는 선형 시스템으로서 주파수 전달함수가 아래와 같이 정의된다.

$$H(w) \equiv -j \times sgn(w) = \begin{cases} -j & w > 0 \\ j & w \le 0 \end{cases} \qquad \text{(식 11.1)}$$

임의의 신호 $f(t)$의 스펙트럼(푸리에 변환)을 $F(w)$라 하면 $f(t)$의 힐버트 변환은 $\hat{f}(t)$으로 나타낸다. (식 11.1)에 의해 힐버트 변환 $\hat{f}(t)$의 스펙트럼(푸리에 변환) $\hat{F}(w)$은 다음과 같이 쓸 수 있다.

$$\hat{F}(w) = H(w)F(w) = \begin{cases} -jF(w) & w > 0 \\ jF(w) & w \le 0 \end{cases} \qquad \text{(식 11.2)}$$

만약 $f(t)$가 실수 신호라면 $f(t)$의 Analytic signal(분석 신호) $z(t)$는 다음과 같이 정의된다.

$$z(t) \equiv \frac{1}{2}\left(f(t) + j\hat{f}(t)\right) \qquad \text{(식 11.3)}$$

Analytic signal(분석 신호)는 실제로 존재하지 않는 복소 신호이나, 용이한 수식분석을 위해 널리 사용된다. Analytic signal의 스펙트럼 특성은 다음 문제 1.A와 문제 1.B를 통해 알 수 있다.

1.A☆. $z(t)$의 스펙트럼(푸리에 변환) $Z(w)$을 계산하면 다음과 같다. 수식으로 보이시오.

$$Z(w) = \begin{cases} F(w) & w > 0 \\ 0 & w \le 0 \end{cases} \qquad \text{(식 11.4)}$$

1.B☆. (식 11.4)에 따르면 어떤 실수의 Analytic signal(분석신호)의 스펙트럼의 모양은 원래 실수신호의 스펙트럼과 관련하여 어떤 특징을 갖는가?

1.C☆. 힐버트 변환기의 임펄스 응답 $h(t)$는 $H(w)$의 역 푸리에 변환으로 아래와 같이 계산할 수 있다.

$$h(t) = \frac{1}{\pi t} \qquad \text{(식 11.5)}$$

(식 11.2)의 첫 번째 등식을 시간영역에서 다시 쓰면 아래와 같다. ?에 들어갈 연산자를 채우시오.

$$\hat{f}(t) = h(t)\ ?\ f(t) \qquad \text{(식 11.6)}$$

1.D☆. AM변조된 신호 $f(t)\cos\omega_c t$의 Analytic signal은 $\frac{1}{2}f(t)e^{jw_c t}$이다. 이것은 수식유도를 통하지 않고 문제 B의 답으로 쉽게 증명할 수 있다.

1.D1. $f(t)\cos\omega_c t$의 스펙트럼 모양과 $\frac{1}{2}f(t)e^{jw_c t}$의 스펙트럼 모양을 비교하여 이를 증명하시오.

1.D2. 그러나 항상 $f(t)\cos\omega_c t$의 Analytic signal가 $\frac{1}{2}f(t)e^{jw_c t}$이 되지는 않는다. 성립하기 위해 반송 주파수 ω_c 가 [그림 11.1]에 나타낸 $f(t)$의 대역폭 B보다 커야한다. 이유를 쓰시오.

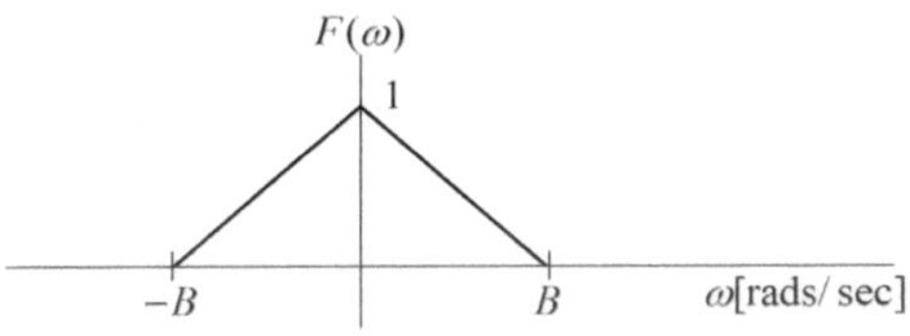

| 그림 11.1 | $f(t)$의 푸리에 변환 $F(w)$

1.E☆. $f(t)$의 스펙트럼(푸리에변 환 $F(\omega)$)이 [그림 11.1]과 같이 삼각형 모양이라 가정하자.

1.E1. $f(t)\cos\omega_c t$(단, $w_c \geq B$)의 스펙트럼(푸리에 변환)을 $F(\omega)$를 이용하여 수식으로 표현하면 $\frac{1}{2}(F(w-w_c)+F(w+w_c))$ 임을 알고 있다. $F(\omega)$가 [그림 11.1]과 같이 주어질 때 $f(t)\cos\omega_c t$의 스펙트럼을 그리시오.

1.E2. $\hat{f}(t)\sin\omega_c t$의 스펙트럼(푸리에 변환)을 $\hat{F}(\omega)$를 이용하여 수식으로 나타내시오.

1.E3. $\hat{f}(t)\sin\omega_c t$의 스펙트럼을 그리면 $|\omega| \leq \omega_c$ 영역에서는 $f(t)\cos\omega_c t$의 스펙트럼과 동일하며 $|\omega| \geq \omega_c$ 영역에서는 $f(t)\cos\omega_c t$의 스펙트럼과 부호가 반전된다. 수식으로 증명하고 $\hat{f}(t)\sin\omega_c t$의 스펙트럼을 그리시오. $\hat{F}(\omega)$와 $F(\omega)$의 관계식을 이용할 것.

1.E4. $F(\omega)$가 [그림 11.1]과 같이 주어질 때 $\frac{1}{2}\left(f(t)\cos\omega_c t+\hat{f}(t)\sin\omega_c t\right)$의 스펙트럼을 그리시오. 문제 1.E3의 스펙트럼을 이용할 것.

1.E5. $F(\omega)$가 [그림 11.1]과 같이 주어질 때 $\frac{1}{2}\left(f(t)\cos\omega_c t - \hat{f}(t)\sin\omega_c t\right)$의 스펙트럼을 그리시오. 문제 1.E3의 스펙트럼을 이용할 것.

2. 힐버트(Hilbert) 변환을 이용한 분석 신호(Analytic signal) 생성

임의의 실수 신호 $f(t)$의 Analytic signal $z(t)$는 다음과 같이 주어진다.

$$z(t) \equiv \frac{1}{2}\left(f(t) + j\hat{f}(t)\right) \qquad \text{(식 11.7)}$$

다음 일련의 문제는 임의의 사운드 신호인 $f(t)$의 매트랩 샘플벡터로부터 $f(t)$의 힐버트 변환 $\hat{f}(t)$와 Analytic signal $z(t)$를 생성하고 검증한다.

2.A. 사운드 신호 $f(t)$의 매트랩 샘플 벡터와 샘플링 시간을 원소로 갖는 벡터를 생성하자.

2.A1. '실습 자료 파일'의 sound_CH11.mat를 자신의 매트랩 작업 폴더 (work directory)에 복사한 후, Command window에서 다음을 실행하시오. 'data(2,:)'는 사운드 신호인가?

```
>>load sound_CH11.mat;soundsc(data(2,:))
```

2.A2. 다음의 m-file을 작성하고 실행하여 이후 문제에서 사용할 $f(t)$의 매트랩 샘플 벡터와 샘플링 시간을 원소로 갖는 벡터를 생성하시오.

```
clear;
randn(1,XXX); % XXX=학번 끝 세자리, 내용과 상관없는 부분, 그러나 꼭 추가 할 것.
load sound_CH11.mat
t_vector=data(1,1:4000);
ft_vector=data(2,1:4000);
```

2.A3. 문제 2.A2에서 생성한 'ft_vector'는 사운드신호 $f(t)$를 8000Hz로 샘플링한 벡터이며, 길이는 4000 샘플이다. 또, 't_vector'는 'ft_vector'의 각 원소의 샘플링 시간을 원소로 갖는 벡터이다. 따라서, 1/8000에서 시작하여 1/8000 간격으로 증가하는 벡터이다.
따라서, Command window에서 다음을 실행하면 8000Hz로 샘플링된 사운드 $f(t)$의 파형을 그리게 된다. 다음을 실행하고 결과를 캡쳐하시오.

```
>>figure;plot(t_vector,ft_vector)
```

2.B. 아래의 절차에 따라 $f(t)$(매트랩 샘플 벡터='ft_vector')의 힐버트 변환 $\hat{f}(t)$(매트랩 샘플 벡터를 'Hilbert_ft_vector'라 하자)를 구할 수 있다.

- Step 1. $f(t)$의 푸리에 변환인 $F(\omega)$의 주파수 축 샘플 벡터('Fw_vector' 라 하자)를 수치적분으로 생성
- Step 2. $F(\omega)$로부터 (식 11.2)를 이용하여 $\hat{F}(\omega)$의 주파수 축 샘플벡터('Hilbert_Fw_vector' 라 하자)를 생성
- Step 3. $\hat{F}(\omega)$의 샘플벡터('Hilbert_Fw_vector')로부터 역푸리에 변환을 수치적분으로 계산하여 $\hat{f}(t)$의 샘플 벡터 'Hilbert_ft_vector' 생성

2.B1. 아래의 m-file은 위의 절차에 따라 'Hilbert_ft_vector'을 생성하는 것이다. Step 1의 시간축 수치적분을 위한 시간간격은 샘플간격과 동일하게 1/8000으로 설정하였고, Step 3의 주파수축 수치적분을 위한 주파수 간격은 2*pi rad/sec 로 설정하였다. 위의 3 Step에 해당하는 라인을 쓰시오.

- Step 1: ? ~ ? 라인
- Step 2: ? ~ ? 라인
- Step 3: ? ~ ? 라인

```
clear ;
randn(1,XXX); % XXX=학번 끝 세자리, 내용과 상관없는 부분, 그러나 꼭 추가 할 것.
load sound_CH11.mat
t_vector=data(1,1:4000);
ft_vector=data(2,1:4000);

t_step=t_vector(1,2)-t_vector(1,1);
w_vector=[]; w_step=2*pi;
Fw_vector=[]; Hilbert_Fw_vector=[];
for w=(-2*pi*4000):w_step:(2*pi*4000)
    w_vector=[w_vector w];
    Fw=sum(?.*exp(-j*w*t_vector))*t_step;
    Fw_vector=[Fw_vector Fw];
    if ? >0
        Hilbert_Fw=-j*Fw;
    else
        Hilbert_Fw=j*Fw;
    end
    Hilbert_Fw_vector=[Hilbert_Fw_vector Hilbert_Fw];
end

w_step=2*pi;
Hilbert_ft_vector=[];
for t=t_vector
```

```
    Hilbert_ft=1/(2*pi)*sum(?.*exp(j*t*w_vector))*w_step;
    Hilbert_ft_vector=[Hilbert_ft_vector Hilbert_ft];
end

Data(1,:)=t_vector;
Data(2,:)=ft_vector;
save ft.mat Data

Data(1,:)=t_vector;
Data(2,:)=real(Hilbert_ft_vector);
save Hilbert_ft.mat Data
```

2.B2. 위에서 3군데 ?에는 매트랩 변수(벡터변수 포함)가 삭제되어 있다. 각 ?에 들어가야 할 매트랩 변수를 순서대로 쓰고 이유를 쓰시오.

2.B3. (a) 위 m-file을 작성하고, 굵은 글씨로 쓰여진 17개의 라인에 대한 설명을 아래의 지침에 따라 작성하시오. (b) 완성된 m-file을 보이시오.

(지침1) '='이 있는 라인 : '=' 왼쪽 변수의 목적(용도), '=' 오른쪽 수식이 왼쪽 변수의 목적(용도)에 왜 부합하는지 그 이유를 쓰시오.

(지침2) '='이 없는 라인 : 명령어에 대한 설명과 이 명령을 왜 수행하는지 설명.

2.B4. 위의 m-file을 수행하시오(PC 사양에 따라 시간이 다소 걸림). 완료되면 다음을 Command window에서 실행한 후 결과를 캡쳐하여 보이시오.

```
>>figure
>>plot(t_vector,ft_vector)
>>hold on
>>plot(t_vector, Hilbert_ft_vector,'r')
```

2.B5★. 문제 2.B4에 따르면 $f(t)$의 진폭이 크면 $\hat{f}(t)$의 진폭도 큰 것을 알 수 있다. 이것은 힐버트 변환의 선형성으로 인한 결과이다.

(a) 이러한 결과가 힐버트 변환의 선형성을 뒷받침할 수 있는 이유를 설명하시오.

(b) (식 11.6)을 이용하여 힐버트 변환은 선형 시스템임을 수식으로 설명하시오.

2.B6. 문제 2.B4에서 수행한 그래프를 활성화 한 후, 아래를 Command window에서 실행하여 확대된 그림을 캡쳐하여 보이시오.

```
>>axis([0 0.04 -0.5 0.5]);grid on
```

2.B7★. $t=t_0$에서 $f(t)$가 x축에서 양에서 음으로 부호반전된다고 할 때, 2.B6의 그림에 따르면 $\hat{f}(t)$의 양의 피크(로컬)값들은 $t=t_0$에 위치함을 알 수 있다. 이 현상을 $\hat{f}(t)=\dfrac{1}{\pi t}*f(t)$의 그래프 해석으로 설명해보시오.

$a(t)$와 $b(t)$의 콘볼루션 $a(t)*b(t)$는 τ 축에서 $a(\tau)b(t-\tau)$의 적분값과 동일하다. 여기서 $b(t-\tau)$는 $b(-\tau)$ (=$b(\tau)$의 y축 대칭 이미지)를 t만큼 이동한 신호이다. 콘볼루션 과정의 도식적인 해석에 따라, 2.B6의 그래프 위에 $\dfrac{1}{\pi(t-\tau)}$을 겹쳐 그릴 수 있다. 2.B6의 그래프는 x축 변수를 τ로 하면 $f(\tau)$가 된다. $f(\tau=\tau_0)$에서 $f(\tau)$가 감소하면서 τ축을 교차한다고 하자. τ축에서 $\dfrac{1}{\pi(t-\tau)}$의 중심을 결정하는 t가 τ_0를 지나게 되면 $f(\tau)\times\dfrac{1}{\pi(t-\tau)}$가 τ_0를 중심으로 어떠한 형태를 갖게 되는지 (예: τ_0를 중심으로 기함수 형태/ 우함수 형태/ 양수/ 음수) 대략적으로 그리시오. 직관적으로 그렇게 판단한 이유를 쓰고 $\hat{f}(t)$의 양의 피크값들이 음의 기울기를 가지면서 $f(\tau)$의 0 교차점인 지점에 위치하는 이유를 쓰시오.

2.B8. 문제 2.B7의 답을 통해 $\hat{f}(t)$의 그래프는 $f(t)$의 그래프를 이용하여 그릴 수 있음을 알 수 있다. $f(t)$의 네 지점, 즉, $f(t)$의 양의 피크(로컬)값, 음의 피크(로컬)값, 양에서 음으로 부호 반전되는 지점, 음에서 양으로 부호 반전되는 지점을 이용하여 $\hat{f}(t)$의 그래프 모양을 예상하고, 문제 2.B6의 그래프를 통해 자신의 답을 증명하시오.

2.B9★. 문제 2.B8에서 자신이 답한 답과 문제 2.B6의 그래프로부터, (a) $f(t)$가 음성신호가 아니라 깨끗한 사인 파형이라면 $\hat{f}(t)$는 무엇이 될지 유추할 수 있는가? (b) (식11.2)를 이용하여 자신의 답을 증명하시오.

2.B10. 문제 2.B9의 답으로부터, Hilbert 변환기를 '$\pi/2$ phase shifter' 라고도 부르는 이유는 무엇이겠는가?

3. 분석신호(Analytical signal), SSB 변조신호 생성 및 스펙트럼 관찰

3.A. 문제 2에서 생성한 $f(t)$와 $\hat{f}(t)$이 샘플 파형을 이용하여 문제 1.A를 실험으로 검증하자. 즉, Simulink에서 두 신호의 샘플 벡터를 불러들여 분석신호를 생성하고 스펙트럼을 관찰해보자. 먼저, [그림 11.2]와 같이 mdl/slx 파일을 설계하시오.

블록의 변수는 다음과 같이 설정하시오.

(1) '`From File`' 블록과 '`From File1`' 블록의 '`File name`' : [그림 11.2]에 보이는대로

(2) '`Gain`', '`Gain1`' 블록: [그림 11.2]에 보이는 대로

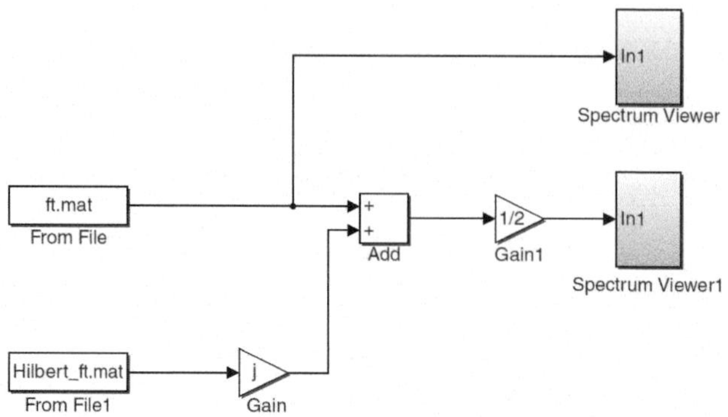

| 그림 11.2 | 분석 신호 생성을 위한 Simulink 시스템 설계

(3) 'Spectrum Viewer1', 'Spectrum Viewer2' 블록: 1장의 6.B에서 만든 서브시스템 사용. 뒤 일련번호는 블록을 추가한 순서임. 위 그림과 일치시킬 것.

- 내부블록 'Signal Specification'의 변수 'Sample time'=1/4e4로 설정.

3.A1. [그림 11.2]의 모든 블록의 출력에 해당하는 수식을 〈표 11.1〉에 쓰시오.

〈표 11.1 [그림 11.2]의 각 블록의 출력 수식〉

블록 명	출력의 수식
'From File'	$f(t)$
'From File1'	?
'Gain'	?
'Add'	$f(t)+j?$
'Gain1'	?

3.A2. 0.5초('Simulation stop time'=0.5)동안 Simulation을 수행한 후 'Spectrum Viewer/Spectrum Analyzer', 'Spectrum Viewer1/Spectrum Analyzer'의 결과 화면을 캡쳐하시오. 창의 가로를 늘려 7:1정도의 가로:세로 비를 만든 후 캡처하시오. 'Autoscale'은 수행하지 말 것.

3.A3. 문제 3.A2의 결과가 문제 1.A를 검증함을 설명하시오.

3.A4. 만약 'Gain' 블록의 값을 −j로 설정한다면 'Spectrum Viewer1/Spectrum Analyzer'의 모양은 어떻게 바뀔지 쓰시오. (식 11.3)을 이에 맞게 수정한 후 (식 11.4)를 다시 정리하여 설명하시오.

3.A5. `Gain' 블록의 값을 −j로 설정한 후 Simulation을 수행하시오. `Spectrum Viewer1 /Spectrum Analyzer'를 캡쳐하여 보이시오.

3.B. 문제 2에서 생성한 $f(t)$와 $\hat{f}(t)$의 샘플 파형을 이용하여 문제 1.E4와 1.E5를 실험으로 검증하자. 즉, Simulink에서 두 신호의 샘플 벡터를 불러들여 SSB 변조신호 생성하고 스펙트럼을 관찰해보자. 먼저, [그림 11.3]와 같이 mdl/slx 파일을 설계하시오.

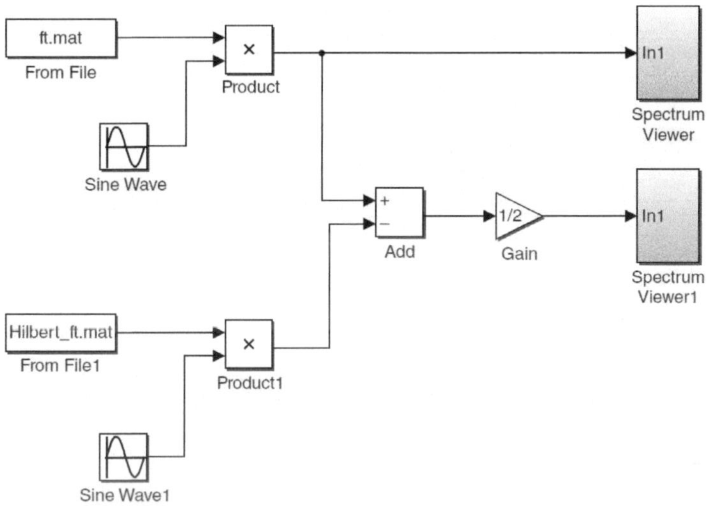

| 그림 11.3 | SSB 신호 생성을 위한 Simulink 시스템 설계

블록의 변수는 다음과 같이 설정하시오.

(1) `From File', `From File1', `Gain' 블록: [그림 11.3]에 보이는대로

(2) `Sine Wave' 블록

- `Frequency'=2*pi*(7+학번 끝자리)*1e3
- `phase'=pi/2

(3) `Sine Wave1' 블록

- `Frequency'=2*pi*(7+학번 끝자리)*1e3
- `phase'=0

(4) `Add' 블록

- `List of signs'=+ − (공백 없이)

(5) `Spectrum Viewer', `Spectrum Viewer1': 1장의 문제 6.B에서 만든 거 재사용 단,

- 내부블록(더블 클릭으로 오픈)의 'Signal Specification'의 변수 'Sample time'= 1/4e4로 설정.

3.B1. 출력이 있는 8개 모든 블록의 출력에 해당하는 수식을 〈표 11.2〉에 쓰시오.

〈표 11.2 [그림 11.3]의 각 블록의 출력 수식〉

블록 명	출력의 수식
'From File'	$f(t)$
'From File1'	?
'Sine Wave'	$\cos(2\pi\times(7+3)\times1000t)$ 학번 끝자리가 3인 경우의 예
'Sine Wave1'	?
'Product'	?
'Product1'	?
'Add'	?
'Gain'	?

3.B2. 0.5초('Simulation stop time'=0.5)동안 Simulation을 수행한 후 'Spectrum Viewer /Spectrum Analyzer', 'Spectrum Viewer1/Spectrum Analyzer'의 결과 화면을 캡쳐하시오. 창의 가로를 늘려 7:1정도의 가로:세로 비를 만든 후 캡쳐하시오.

3.B3. 문제 3.B2의 결과가 문제 1.E5의 답을 실험으로 검증함을 설명하시오.

3.B4. 만약 'Add' 블록의 'List of signs'를 ++(공백 없이)로 설정한다면 'Spectrum Viewer1 /Spectrum Analyzer'의 모양은 어떻게 바뀔지 쓰시오.

3.B5. 'Add' 블록의 'List of signs'를 ++로 설정한 후 Simulation을 수행하시오. (a) 'Spectrum Viewer1/Spectrum Analyzer'를 캡쳐하여 보이시오. (b) 문제 1.E4의 답과 일치하는가?

4. BPF(대역 통과 필터)를 이용한 SSB 변복조 시스템 구현

[그림 11.4(a)]는 BPF를 이용한 SSB변조 시스템 블록도를 보인 것이다. $\phi_{DSB-SC}(t)$는 $f(t)$에 $\cos w_c t$를 곱하여 통과대역으로 변조된 DSB-SC신호이고, $\phi_{USSB}(t)$는 $\phi_{DSB-SC}(t)$가 BPF를 통과하여 생성된 USSB(Upper-side Single Side Band)신호를 나타낸다.
주파수 영역에서 동작을 구체적으로 보자. $f(t)$의 스펙트럼이 [그림 11.4(b)]와 같다고 가정하면 DSB-SC 신호 $\phi_{DSB-SC}(t)$의 스펙트럼은 [그림 11.4(c)]와 같게 된다. BPF의 주파수 전달 함수를

$H_{BPF}(w)$라 하자. $H_{BPF}(w)$의 모양은 [그림 11.4(d)]와 같이, 통과대역 최소 주파수('Analog Filter Design' 블록의 'Lower passband edge frequency'에 해당)가 반송파주파수 w_c와 같고, 대역폭이 $f(t)$의 기저대역 대역폭보다 크게 설정한다. 이렇게 설정된 $H_{BPF}(w)$에 $\phi_{\mathrm{DSB-SC}}(t)$의 스펙트럼이 통과하게 되면 [그림 11.4(e)]와 같이 U(Upper)SSB 변조신호가 생성된다.

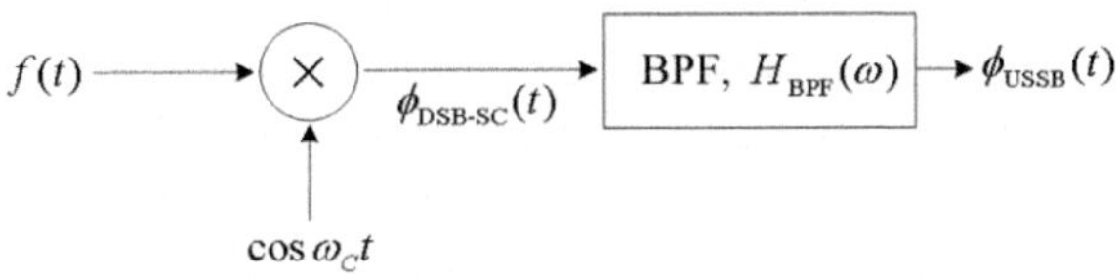

(a) SSB 변조 시스템 블록

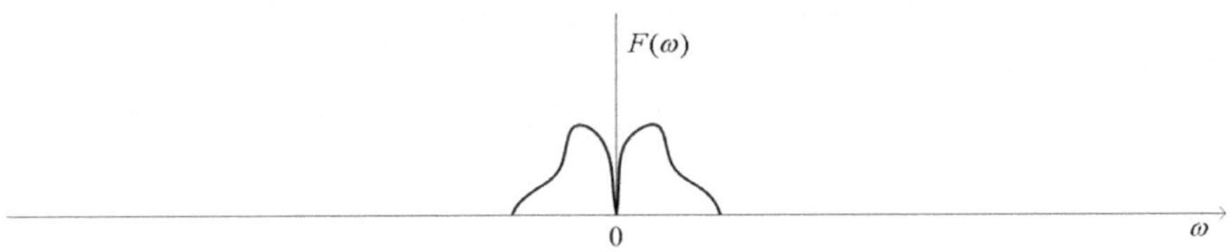

(b) 원래 신호의 스펙트럼 파형

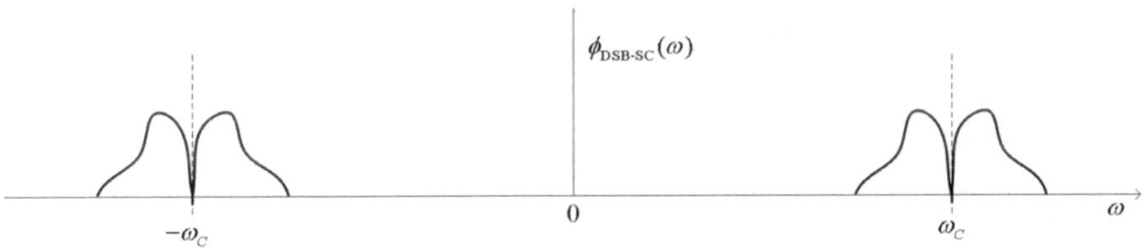

(c) DSB-SC 신호의 스펙트럼 파형

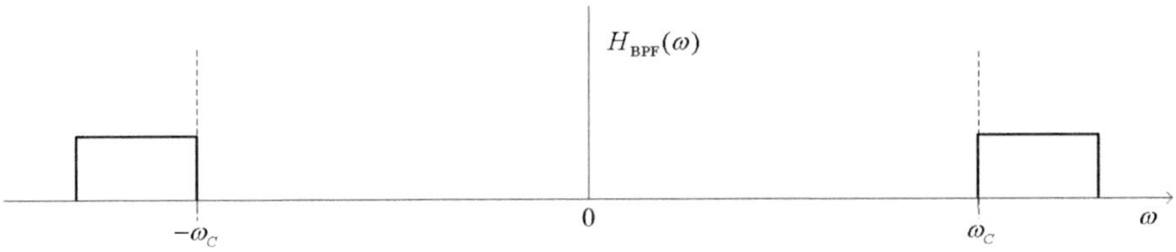

(d) 대역 통과 필터(BPF)의 주파수 전달함수

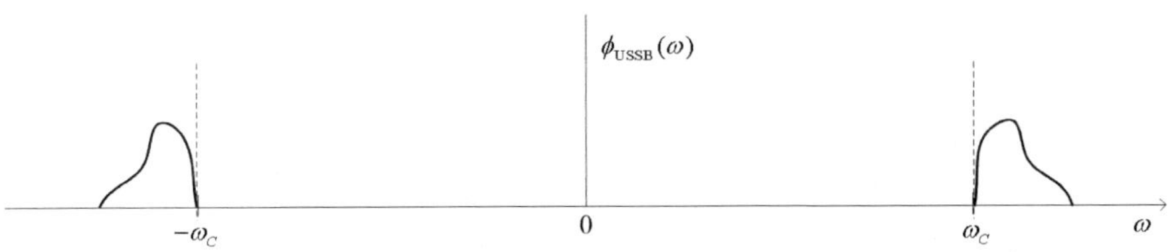

(e) 대역 통과 필터 통과후 변조된 USSB 신호의 스펙트럼 파형

| 그림 11.4 | BPF를 이용한 U(Upper)SSB 변조기와 신호생성 과정.

본 문제에서는 BPF를 이용하여, `'From File'` 블록의 출력을 SSB 변조하는 시스템을 설계해보자.

4.A. [그림 11.5]와 같이 mdl/slx 파일을 설계하시오.

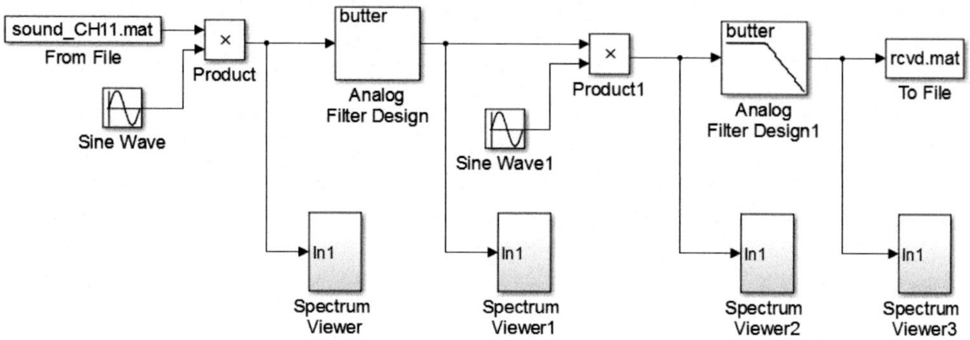

| 그림 11.5 | BPF를 이용하여 SSB 신호 생성을 위한 Simulink 시스템 설계

블록의 변수는 아래와 같이 설정하시오. 언급 안 된 블록들은 추후 문제에서 설정하므로 현 단계에서는 변수설정 필요 없음.

(1) `'From File'` 블록

- `'File name'` = sound_CH11.mat

(2) `'To File'` 블록

- `'Save format'` = array (해당 변수("Save format")가 없는 경우는 설정할 필요 없음)
- `'File name'` = rcvd.mat
- `'Sample time'` = 1/8192

(3) `'Sine Wave'` 블록

- `'Frequency'`=2*pi*7e3
- `'Phase'`=pi/2

(4) `'Analog Filter Design'` 블록

- `'Filter type'`= Bandpass
- `'Filter order'`=32
- `'Lower passband edge frequency (rad/s)'`=2*pi*7e3
- `'Upper passband edge frequency (rad/s)'=2*pi*11e3`

(5) `'Spectrum Viewer'`, `'Spectrum Viewer1'`, `'Spectrum Viewer2'`, `'Spectrum Viewer3'`: 1장의 문제 6.B에서 만든 거 재사용. 단,

- 내부블록(더블 클릭으로 오픈)의 `'Signal Specification'`의 변수 `'Sample time'`= 1/4e4로

설정.

4.A1. 그림 11.4(a)의 $f(t)$는 mdl/slx 파일의 'From file' 출력에 해당한다. 그림 11.4(a)의 $\phi_{DSB-SC}(t)$, 반송파($\cos(\omega_c t)$), $\phi_{USSB}(t)$는 각각 mdl/slx 파일의 어떤 블록의 출력에 해당하는가? 〈표 11.3〉을 채우시오.

〈표 11.3 [그림 11.4(a)]에 나타낸 각 신호를 출력하는 블록〉

[그림 11.4(a)]에 나타낸 신호	해당 신호를 출력하는 블록의 이름
정보신호 $f(t)$	
DSB-SC 신호 $\phi_{DSB-SC}(t)$	
반송파 $\cos(w_c t)$	
USSB 신호 $\phi_{USSB}(t)$	

4.A2. 다음을 답하시오.

(a) mdl/slx 파일 변수 설정에 따르면 반송파($\cos(\omega_c t)$)의주파수 ω_c는 얼마인가?

(b) 'Analog Filter Design' 블록의 'Lower passband edge frequency (rad/s)'=2*pi*7e3 로 설정한 이유는 무엇인가?

4.A3. 10초간 Simulation을 수행하시오('Simulation stop time'=10). 완료 후 'Spectrum Viewer/Spectrum Analyzer', 'Spectrum Viewer1/Spectrum Analyzer' 두 결과화면을 캡쳐하시오. 창을 가로방향으로 늘려 가로:세로 비가 7:1이 되도록 한 후 캡쳐할 것.

4.A4. 문제 4.A3의 결과를 토대로 $\phi_{DSB-SC}(t)$의 스펙트럼이 x축과 만나는 스펙트럼 폭(대역폭)을 측정하여 쓰시오. 또, $\phi_{USSB}(t)$의 대역폭을 쓰시오.

4.B. $\phi_{USSB}(t)$ 신호를 복조해보자.

4.B1☆. 문제 1.E5에 따르면 $f(t)$의 USSB 변조 신호 $\phi_{USSB}(t) = \frac{1}{2}\left(f(t)\cos w_c t - \hat{f}(t)\sin w_c t\right)$로 표현됨을 알 수 있다. 아랫식 좌변에 대입하여 아랫식을 증명하시오.

$$LPF_{B_f}[\phi_{USSB}(t)\cos(w_c t)] = \frac{1}{4}f(t) \qquad (식\ 11.8)$$

B_f는 $f(t)$의 대역폭이고, $LPF_B[x(t)]$의 의미는 아래의 참고를 따른다.

참고

$LPF_B[x(t)]$는 $x(t)$가 입력신호이고 B가 LPF의 대역폭일 때, 이상적인(딜레이와 왜곡이 없을 때) LPF의 출력을 의미한다.

4.B2. 결국 USSB 복조기는 $LPF_{B_f}[\phi_{USSB}(t)\cos(w_c t)]$를 구현하는 것이다. 4.A에서 설계한 mdl/slx 파일에서 왼쪽의 'Analog Filter Design' 출력이 $\phi_{USSB}(t)$에 해당하며 오른쪽 3블록('Sine Wave1', 'Product1', 'Analog Filter Design1')이 $LPF_{B_f}[\phi_{USSB}(t)\cos(w_c t)]$를 생성하기 위한 부분이다. 일단, 3블록의 변수 설정을 제대로 하였다고 가정하자. 이때, 각 블록의 출력을 수식으로 〈표 11.4〉에 쓰시오.

〈표 11.4 [그림 11.5]에 나타낸 각 블록 출력의 수식〉

[그림 11.5]의 각 블록 이름	출력의 수식
'Analog Filter Design'	$\phi_{USSB}(t)$
'Sine wave1'	
'Product1'	
'Analog Filter Design1'	

4.B3. $LPF_{B_f}[\phi_{USSB}(t)\cos(w_c t)]$이 생성되도록 'Sine Wave1'과 'Analog Filter Design1'의 변수 설정을 하고, 각 블록의 변수 설정화면을 캡처하여 보이시오.

4.B4. 10초간 Simulation을 다시 수행한 후 'Spectrum Viewer2/Spectrum Analyzer', 'Spectrum Viewer3/Spectrum Analyzer' 두 결과화면을 캡처하시오.

4.B5. 'Spectrum Viewer2/Spectrum Analyzer' 결과화면을 보면 3개의 스펙트럼이 존재함을 알 수 있다. 이유를 수식으로 설명하시오.

4.B6. 'Spectrum Viewer3/Spectrum Analyzer' 결과화면이 제대로 나온 것인지 설명하시오.

4.B7. 아래를 Command window에서 실행하여 복조된 신호를 재생하시오. 원래 신호와 동일한가?

```
>>clear;load rcvd.mat;soundsc(ans(2,:))
```

4.C. 문제 4.A와 문제 4.B에서는 USSB 변복조 시스템을 구현하였다. 변수 설정을 바꿔서 L(Lower-side)SSB 변복조 시스템으로 변경할 수 있다. L(Lower-side)SSB 변복조 시스템으로 변경하기 위하여 'Analog Filter Design'의 변수를 아래와 같이 바꾸시오.

- 'Lower passband edge frequency (rad/s)'=2*pi*3e3
- 'Upper passband edge frequency (rad/s)'=2*pi*7e3

4.C1 위와 같이 바꾸어야 하는 이유를 쓰시오.

4.C2. (a) LSSB 복조기를 위해서 mdl/slx 의 오른편 블록들의 변수들 중 바꿔야하는 것이 있는지 쓰고 (b) 이유를 쓰시오.

4.C3. 'Analog Filter Design'의 변수 설정을 위와 같이 변경한 후, 10초간 Simulation을 다시 수행한 후 'Spectrum Viewer1/Spectrum Analyzer', 'Spectrum Viewer2/Spectrum Analyzer', 'Spectrum Viewer3/Spectrum Analyzer' 결과화면을 모두 캡쳐하시오.

4.C4. (a) 문제 4.C3의 결과를 바탕으로 L(Lower-side)SSB 변복조 결과들이 자신의 예상과 일치하는지 쓰시오. (b) 자신의 답에 대한 근거를 쓰시오.

4.D★. 음성신호의 SSB 변복조 시스템에서 로컬 캐리어의 주파수 오차(=변조기 반송 주파수와 복조기의 로컬 반송 주파수의 차이)가 복조된 신호에 어떤 영향을 미치는지 살펴보자.

4.D1. '실습 자료 파일'에서 sound_billy.mat을 매트랩 작업폴더에 복사하시오. 복사한 후, 다음을 실행하시오. sound_billy.mat에 저장된 'data(2,:)'은 음성 신호인가?

```
>>clear;load sound_billy.mat;soundsc(data(2,:),11025)
```

4.D2. 음성신호의 SSB 변복조를 수행해보자. 4.B(또는 4.C도 무방)의 mdl/slx 파일에서 'From file' 블록 변수 'File name'을 sound_billy.mat로 변경하시오. 변경 후 10초간 Simulation 수행하시오. 완료 후 아래를 수행하여 복조된 신호와 원래 신호가 동일한지 쓰시오.

```
>>clear;load rcvd.mat;soundsc(ans(2,:))
```

4.D3. 로컬 캐리어의 주파수 오차를 설정해보자. 주파수 오차를 150 Hz로 놓기 위해 'Sine Wave1' 블록의 변수 'Frequency (rad/sec)'를 2*pi*(7e3+150)로 변경하시오. 변경 후 10초간 Simulation 수행하시오. 완료 후 복조된 신호를 재생하고 원래 신호와 어떻게 다른지 쓰시오.

4.D4. 주파수 오차를 −150 Hz로 놓기 위해 'Sine Wave1' 블록의 변수 'Frequency (rad/sec)'를 2*pi*(7e3−150)로 변경하시오. 변경 후 10초간 Simulation 수행하시오. 완료 후 복조된 신호를 재생하고 원래 신호와 어떻게 다른지 쓰시오.

4.D5. 문제 4.D3과 4.D4에서 들리는 복조된 신호의 소리는 분명하게 다르다. (a) 원본 음성신호의 스펙트럼이 문제 1.D2의 [그림 11.1]과 같은 모양이라고 가정하고, 양수 주파수 오차와 음수 주파수 오차가 있는 경우에 대해 각각 복조 신호의 스펙트럼을 그리시오. (b) 주파수 오차가 존재하는 복조 신호의 스펙트럼을 토대로 주파수 오차의 극성에 따라 복조 신호의 사운드가 어떻게 왜 변하는지 설명하시오.

CHAPTER 12 VCO and FM Modulation

- 클리핑(Clipping) 채널 환경에서 AM 변복조의 문제점을 파악한다.
- VCO의 입출력 관계식을 이해하고 동작을 확인한다.
- FM 변복조 시스템을 설계한다.

★ 1. 클리핑(Clipping) 채널에서 AM 변복조의 문제점

채널의 특성상, 또는 송수신기의 증폭기나 필터 출력의 한계에 의해 신호의 크기가 제한을 받을 수 있다. 클리핑 채널에서 AM 변복조의 문제점을 실험으로 알아보자.

1.A. 9장의 문제 1.B에서 설계한 mdl/slx 파일을 Open 하시오. [그림 12.1]과 같이 mdl/slx 파일을 수정하시오. 9장의 문제 1에서 설계한 mdl/slx 파일이 없을 경우 9장의 문제 1을 반복하여 새로 설계할 것.

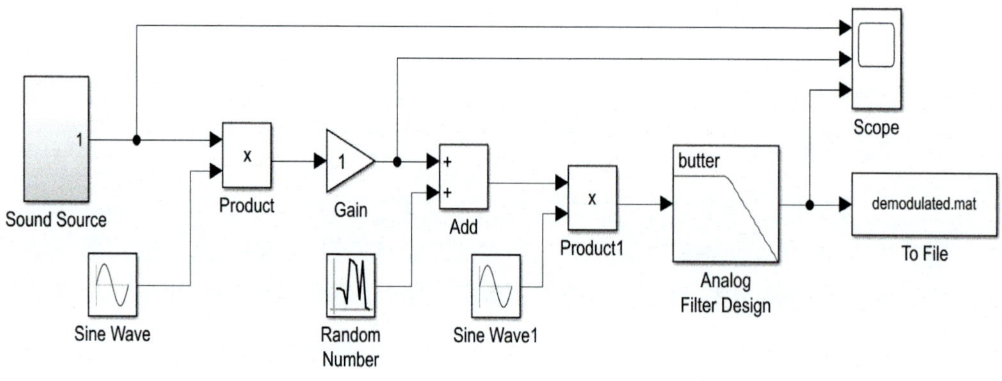

| 그림 12.1 | AWGN(additive white Gaussian noise) 채널에서의 AM 변복조 시스템 설계

우선, 아래의 변수 설정을 확인하시오.

- 'Sine Wave'와 'Sine Wave1' 블록의 'Frequency'와 'Phase'가 같은지 확인
- 'Analog Filter Design' 블록의 'passband edge frequency(rad/s)'=2*pi*4e3인지 확인
- 'To File' 블록의 'File name'=demodulated.mat, 'Sample time'=1/8192인지 확인

아래를 참고하여 mdl/slx 파일을 수정하시오.

- Simulation 속도를 위해 'Spectrum Viewer'블록은 모두 제거함.
- '실습 자료 파일'에서 sound_CH12.mat을 자신의 MATLAB 작업 폴더에 복사하시오.
- 'Sound Source/from file' 서브 블록의 변수 'File name'=sound_CH12.mat 로 수정
- DSB-SC 신호 출력의 크기를 조절할 수 있도록 송신기 마지막 단에 'Gain'블록을 추가함.
- 'Random Number' 블록의 변수 'Variance'=1e-6(9장 당시 설정 값=1e-3이었음)으로 설정.

∩ 1.A1. 5초간(Simulation stop time= 5) mdl/slx 파일을 실행하시오. 완료되면 아래를 실행하여 복조신호를 재생하고 깨끗한 음악 소리가 나오는지 확인하시오.

```
>>clear;load demodulated.mat;soundsc(ans(2,:))
```

∩ 1.A2. 'Random Number' 블록의 변수 'Variance'=1e8로 설정하시오. 5초간(Simulation stop time= 5) mdl/slx 파일을 실행하시오. 완료되면 복조신호를 재생하고 음질이 어떠한지 쓰시오.

1.A3. 'Random Number' 블록의 'Variance'=1e-6 이었을 때 복조신호와 동일한 음질을 얻기 위해선 'Gain' 블록의 값을 1e7으로 설정하면 된다. 그 이유를 쓰시오.

∩ 1.A4. 'Gain' 블록의 값을 1e7으로 설정한 후 Simulation을 다시 수행한 후 복조신호를 재생하시오. 음질이 원상 복구되었는가?

1.B. 문제 1.A에서처럼 복조신호의 품질은 신호와 노이즈의 전력비(SNR)에 의해 결정되므로 노이즈의 전력이 증가하면 신호의 전력을 그만큼 키우면 동일한 품질이 유지된다. 클리핑 채널에서는 어떠한지 실험해보자. 아래 〈수정사항〉을 참조하여 문제 1.A의 mdl/slx 파일을 [그림 12.2]와 같이 수정하시오.

〈수정사항〉

- 'Saturation' 블록 추가. 'Saturation'블록의 'Upper limit'=10, 'Lower limit'=-10으로 설정.
- 'Scope' 블록입력수를 4개로 설정하고 3번째 입력에 'Saturation' 블록 출력을 연결.

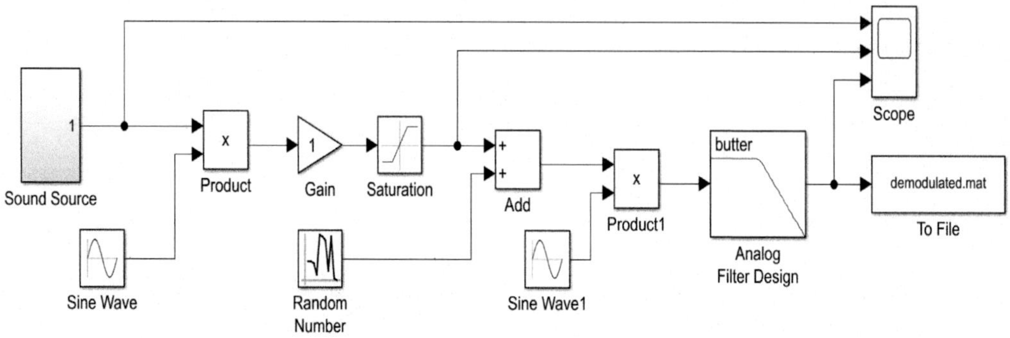

| 그림 12.2 | 클리핑 채널에서의 AM 변복조 시스템 설계

채널의 특성상, 또는 송수신기의 증폭기나 필터 출력의 한계에 의해 신호의 크기가 제한을 받을 수 있다. 이러한 채널을 클리핑 채널이라 한다. [그림 12.2]의 mdl/slx 파일에서 'Saturation' 블록은 클리핑 채널을 구현한 것으로, 입력신호의 절대값 크기가 작으면 출력은 입력과 같지만 만약, 블록 변수 'Upper limit'보다 큰 신호가 입력되면 'Upper limit'값을 출력하고, 블록 변수 'Lower limit'보다 작은 신호가 입력되면 'Lower limit'값을 출력한다.

1.B1. 'Gain'=1, 'Random Number'블록의 'Variance'=1e−6으로 원상복구 시키자. mdl/slx 파일을 5초간 Simulation하시오. 'Scope'블록을 'Autoscale' 한 후 캡쳐하여 보이시오.

1.B2. 'Saturation'블록의 입출력이 동일한 이유는 무엇인가?

1.B3. 복조된 신호를 재생하고 음질이 깨끗한지 확인하시오.

1.B4. 'Random Number'블록의 'Variance'=1e8로 키운 후 mdl/slx 파일을 실행하시오. 복조된 신호를 재생하고 음질이 어떠한지 쓰시오.

1.B5. 문제 1.A3과 1.A4에서 했던 것처럼, SNR을 1.B1의 SNR 값으로 증가시키기 위해 'Gain' 블록의 값을 1e7으로 설정한 후 Simulation을 다시 수행하시오. 복조신호를 재생하시오. 음질이 원상 복구되었는가?

1.B6. 'Scope'창을 'Autoscale' 한 후 'Scope' 창에서 세 번째 파형('Saturation'블록의 출력 파형)의 y축 영역을 -20에서 20으로 설정한 후 'Scope' 창을 캡쳐하시오.

1.B7. 'saturation' 블록의 입력 신호(문제 1.B6의 결과에서 두 번째 파형)와 'saturation' 블록의 출력 신호(문제 1.B6의 결과에서 세 번째 파형)를 보면, 'Gain'을 1e4로 키워서 신호의 크기를 키웠음에도 불구하고, 클리핑 채널환경으로 인해 'saturation' 블록의 출력 신호(송신 신호)의 크기는 예상했던 신호(두 번째 파형)의 크기보다 작음을 알 수 있다. 따라서, 수신단에서의 SNR이 예상한 만큼 증가하지 않고, 복조신호의 음질 또한 복구되지 않는다.

열화된 음질을 개선하기 위하여 SNR을 무한대로 설정해보자. 즉, 노이즈를 0으로 만들기 위해 'Random Number' 블록과 'Add' 블록의 연결선을 제거한다. (a) 이 때, mdl/slx 파일을 실행하면 복조신호가 원래신호와 동일하게 들릴 것으로 예상되는가? (b) 예상에 대한 근거를 쓰시오.

🎧 1.B8. mdl/slx 파일을 실행하시오. (a) 복조된 신호를 재생하고 음질이 어떠한지 쓰시오. 문제 1.B7(a)의 예상과 일치하는가? (b) 본인의 예상이 틀렸다면, 예상이 틀린 이유를 쓰시오.

1.B9. AM 변복조의 문제점을 설명하시오. 변복조 과정 중의 비선형성을 가진 블록이 있음을 고려하여 설명할 것.

2. VCO 동작 확인 및 FM 송신기로 활용

2.A. Simulink 실험을 통하여 VCO의 동작을 수식화해보자. [그림 12.3]과 같이 간단한 mdl/slx 파일을 설계하시오.

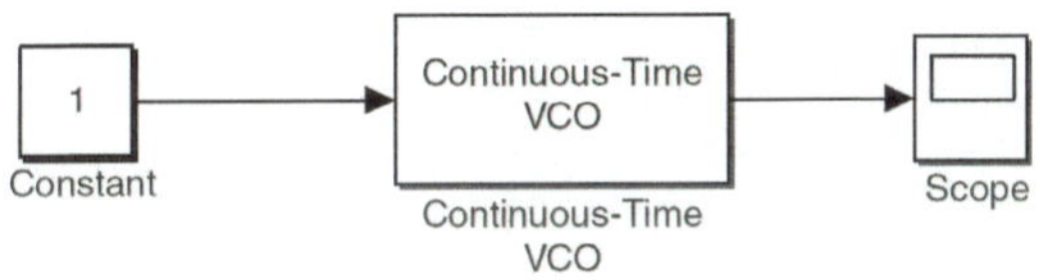

| 그림 12.3 | VCO 동작 테스트

세부 문제에 앞서 아래의 순서를 통해 'Scope' 블록의 변수를 설정하시오. 설정 방법은 Simulink 버전에 따라 다를 수 있음.

(1) 'Scope' 블록 더블클릭으로 'Scope' 창 open

(2) 'Scope' 창에서 변수 설정 아이콘('Configuration Properties') 클릭

(3) 변수 설정 창에서 'Main' 탭의 'Sample time'에 1e-4 입력

(4) 변수 설정 창에서 'Logging' 탭(MATLAB 2009 버전에는 'Data History' 탭) 선택 후 'Limit data points to last' 체크 해제

(5) 'Continuous time VCO' 블록(이하 간단히 'VCO' 블록으로 부름)의 변수는 다음과 같이 설정한다.

- 'Quiescent frequency'=학번 끝자리+1
- 'Input sensitivity'=1

2.A1 'Scope' 블록과 'VCO' 블록의 설정을 완료하고, Simulation을 1초 동안 수행하시오.

(a) 'Scope' 출력을 캡쳐하시오.

(b) 'VCO' 출력파형을 토대로 주파수를 계산하여 쓰시오. 'Scope' 출력 파형에서 1초 동안 반복되는 주기가 몇 번 반복되는지 세어보면 쉽게 계산할 수 있음. 단위는 rad/sec임을 주의할 것.

2.A2. x='Constant' 블록의 'Constant value' 값, y='Quiescent frequency', z='Input sensitivity'라 할 때, 〈표 12.1〉의 각 행의 경우에 대해서 각각 1초 동안 Simulation을 수행하시오. 각각의 경우에 대하여 'Scope'출력 파형에서 1초 동안 주기 반복회수를 세어 출력의 주파수를 계산하여 〈표 12.1〉에 쓰시오. 단위는 rad/sec임을 주의할 것.

〈표 12.1 입력과 'VCO'의 변수의 설정에 따른 'VCO'의 출력 주파수〉

x(입력)	y(Quiescent frequency)	z(Input sensitivity)	'Scope'출력 파형의 초당 주기 반복 횟수	w_i(VCO 출력의 주파수) (rad/sec)
1	0	4		
2	0	2		
2	0	4		
4	0	2		
1	1	4		
2	1	2		
2	1	4		
4	1	2		
1	4	4		
2	4	2		
2	4	4		
4	4	2		

2.B. 문제 2.A의 결과를 바탕으로 'VCO' 출력 파형의 주파수 w_i를 x, y, z의 관계식은 다음과 같이 나타낼 수 있다. 자신이 채운 w_i가 아래의 식과 같은지 확인하시오.

$$w_i = (2\pi \times y) + (2\pi \times x \times z) \qquad \text{(식 12.1)}$$

2.C☆. FM 변조기의 입출력 관계식을 유도해보자

2.C1. 순간 주파수 $w_i(t)$란 시간 t에서 위상 $\theta(t)$의 순간적인 변화율 즉, 위상의 기울기(1차 도함수)를 의미한다. 즉, $w_i(t) = \dfrac{d\theta(t)}{dt}$ 이다. 이 관계식을 이용하여 역으로 순간 주파수 $w_i(t)$로부터 위상 $\theta(t)$을 구하는 일반적인 관계 공식을 쓰시오.

$$\theta(t) = \ ? \qquad \text{(식 12.2)}$$

2.C2. 주파수 변조(FM)기는 입력신호(변조하고자 하는 정보신호) $f(t)$와 출력신호(변조된 신호)

의 순간 주파수 $w_i(t)$ 의 관계식이 (식 12.3)과 같이 정의할 수 있다.

$$w_i(t) = w_c + k_f f(t) \qquad \text{(식 12.3)}$$

위에서 w_c는 반송파 주파수이며 k_f는 FM 변조차수이다.

먼저, 2.C1에서 답한 순간 주파수 $w_i(t)$ 와 위상 $\theta(t)$ 의 관계식에 (식 12.3)를 대입하여 FM 변조기 출력의 순간 위상 $\theta(t)$ 를 유도하시오. 다음 $\phi_{FM}(t) = A\cos(\theta(t))$ 에 대입하여 FM 변조신호 $\phi_{FM}(t)$ 를 w_c, k_f, $f(t)$ 의 함수로 정확히 표현하시오.

2.D. FM 변조기는 VCO만으로 구현할 수 있다. 문제 2.B에서 구한 (식 12.1)과 (식 12.3)을 통해 이러한 사실을 검증해 보자.

2.D1. 정보신호 x, `'Quiescent frequency'` y, `'Input sensitivity'` z가 다음과 같이 주어졌을 때,

$$x = f(t), \quad y = \frac{w_c}{2\pi}, \quad z = \frac{k_f}{2\pi} \qquad \text{(식 12.4)}$$

문제 2.B에 나타낸 VCO의 출력 주파수는 (식 12.3)에 나타낸 FM 신호의 순간 주파수와 동일함을 보이시오.

2.D2. 정보신호 $f(t)$ 를 `'VCO'` 블록에 입력하고 `'VCO'` 블록의 변수를 적절히 선택하면 `'VCO'` 출력 주파수를 (식 12.3)과 동일하게 만들 수 있다. 이는 VCO가 FM 변조기와 수학적으로 동일한 동작을 수행함을 의미한다.

정보신호 $f(t)$ 를 `'VCO'` 블록에 입력하였을 때 `'VCO'` 출력이 w_c=3e4 rad/sec, k_f=50인 FM 변조 신호가 되게 하고자 한다. `'VCO'` 블록의 변수 `'Quiescent frequency'`와 `'Input sensitivity'`를 얼마로 설정하여야 하는가?

2.E. [그림 12.4]와 같이 `'Constant'` 블록을 제거하고 `'Signal Generator'` 블록으로 교체하시오.

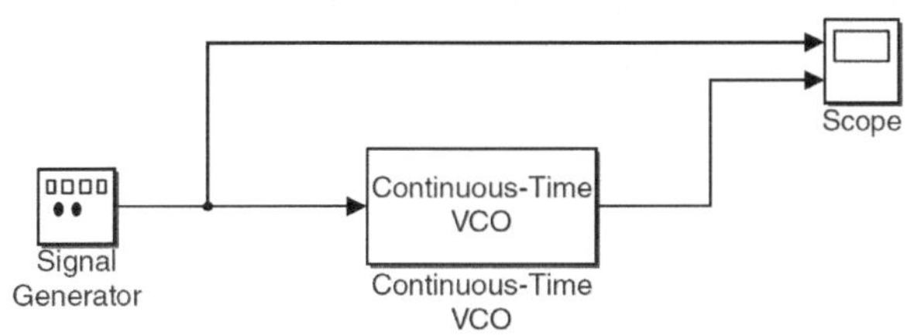

| 그림 12.4 | VCO 동작 테스트 2

각 블록의 변수는 다음과 같이 설정하시오.

(1) 'Signal generator'

- 'Waveform' : sawtooth
- 'Amplitude' = 1
- 'Frequency' = 2
- 'Units' : Hertz

(2) 'VCO' 블록

- 'Quiescent frequency'=(80+학번끝자리)
- 'Input sensitivity'=40

(3) 'Scope'블록 : 문제 2.A와 변수 설정 동일 단, [그림 12.4]와 같이 입력을 2개로 늘리고 'Signal Generator' 출력 연결

2.E1. 2초간 ('Simulation stop time'= 2) mdl/slx 파일을 실행시키시오. 'Scope' 결과 창을 캡쳐하여 보이시오.

2.E2. 0.4초를 중심으로 'VCO'출력 파형을 1~2 주기 정도 볼 수 있도록 x축을 확대하시오. (a) 출력 파형으로부터 0.4초에서의 'VCO' 입력 값의 크기와 0.4초에서의 'VCO'출력의 순간 주파수를 측정하여 쓰시오. (b) 현재의 'VCO' 입력(x)과 'VCO'의 변수(2.A2에서의 y, z)설정을 2.B의 결과식에 대입하여 0.4초에서 순간주파수의 이론값을 쓰시오. (c) 측정치와 이론치가 일치하는가? 측정에 의한 작은 오차는 무시할 것.

2.E3. 'Input sensitivity'를 20과 80으로 변경하여 각각 실험하고 (a) 각각의 'Scope' 결과 창을 캡쳐하여 보이시오. (b) 'Input sensitivity'변화에 따라 VCO 출력파형이 어떻게 변화할지 본인의 예상을 쓰시오. (c) 'scope' 결과 창을 관찰하여 'Input sensitivity'변화에 따른 VCO 출력파형의 변화가 자신의 예상과 일치하는지 설명하시오.

참고

실제 FM에서 k_f의 값은 아주 작다. 이번 실습의 경우에는 FM 방식이 정보를 주파수에 실어서 보내는 것이라는 것을 가시적으로 보기 위해서, k_f값을 크게 설정한 것이다. 실제적으로, k_f값은 작아서 가시적으로 주파수의 변화를 구별하기는 어렵다. 만일 k_f값이 주파수 변화가 관찰될 수 있을 만큼 커지면, 대역폭이 일반적인 FM의 대역폭보다 엄청나게 크게된다.

3. Narrow band FM (NBFM) 송수신기 구현

3.A☆. FM 변조 신호는 아래와 같이 정리된다.

$$\phi_{FM}(t) = A\cos\left(w_c t + k_f \int_0^t f(\tau)d\tau\right) \quad \text{(식 12.5)}$$

위에서 $f(t)$는 정보신호, w_c는 반송파 주파수이며 k_f는 FM 변조차수이다.

3.A1. (식 12.5)를 삼각함수정리를 이용하여 $\phi_{FM}(t) = X\cos(w_c t) + Y\sin(w_c t)$의 형태로 정리할 수 있다. X와 Y에 들어갈 식을 쓰시오.

3.A2. (식 12.5)에서 $k_f \int_0^t f(\tau)d\tau$의 절댓값이 매우 작으면 (통상 0.2보다 작으면) $\phi_{FM}(t)$은 NBFM(Narrow band FM) 변조신호가 된다. $k_f \int_0^t f(\tau)d\tau$의 절댓값이 매우 작은 조건에서 3.A1의 결과식이 다음과 같이 근사화됨을 보이시오.

$$\begin{aligned}\phi_{NBFM}(t) &\approx A\cos(w_c t) + k_f \int_0^t f(\tau)d\tau \times (-A\sin(w_c t)) \\ &= A\cos(w_c t) - Ak_f \int_0^t f(\tau)d\tau \times \sin(w_c t)\end{aligned} \quad \text{(식 12.6)}$$

3.A3. 다음을 증명하시오.

$$\frac{d}{dt} LPF[\phi_{NBFM}(t) \times (-\sin(w_c t))] \approx \frac{Ak_f}{2} f(t) \quad \text{(식 12.7)}$$

참고

$LPF_{B_f}[\ ]$의 정확한 의미는 '대역폭이 B_f(=$f(t)$의 대역폭)인 LPF에 [ ]의 신호를 입력하였을 때의 출력'을 의미한다.

3.A4. 'VCO' 블록을 사용하지 않고, Simulink에서 (식 12.6)에 주어진 NBFM 변조 신호 $\phi_{NBFM}(t)$을 생성하려 한다. 필요한 블록을 모두 쓰시오.

참고

미분과 적분에 해당하는 블록의 이름은 각각 'Difference', 'Integrator'이다.

3.A5. (식 12.7)에 따르면 Simulink에서 NBFM 변조 신호 $\phi_{NBFM}(t)$을 복조하기 위해 필요한 블록 4개는 무엇인지 쓰시오.

3.B. 문제 1에서 사용한 'Sound Source' 출력을 $f(t)$라 할 때 $f(t)$에 대한 NBFM 변복조 시스템을 [그림 12.5]와 같이 설계하시오. 'Add' 블록의 출력이 $\phi_{NBFM}(t)$에 해당하며 'Difference'(미분기) 블록의 출력이 복조신호에 해당한다.

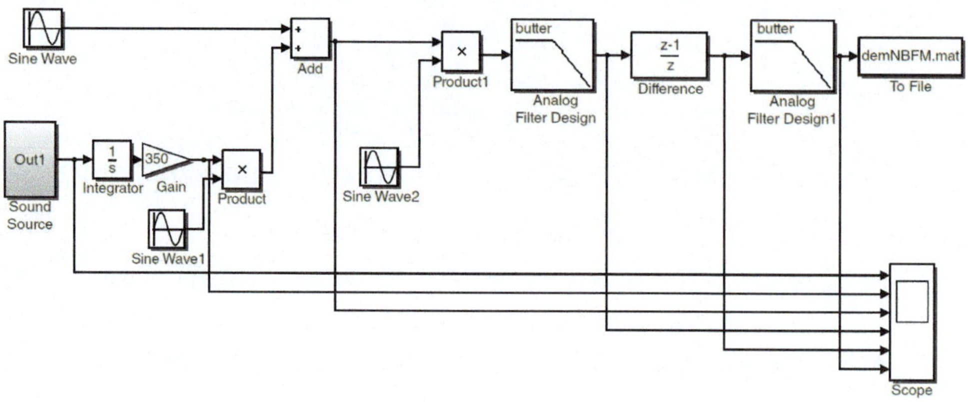

| 그림 12.5 | NBFM 시스템 설계

각 블록의 변수는 다음과 같이 설정하시오. 언급 안 된 블록은 라이브러리 초기세팅 그대로 사용

(1) 'Sound Source'
- 내부 블록 'From file'의 변수 'File name'= sound_CH12.mat

(2) 'Gain' 블록
- 'Gain' =350

(3) 'Sine Wave' 블록
- 'Frequency (rad/s)' =2*pi*10e3
- 'Phase' =pi/2

(4) 'Sine Wave1', 'Sine Wave2' 블록
- 'Amplitude' =−1
- 'Frequency (rad/s)' =2*pi*10e3
- 'Phase' =0

(5) 'Analog Filter Design', 'Analog Filter Design1' 블록
- 'Pass band edge frequency (rad/s)'=2*pi*4e3

(6) 'To File'블록
- 'Save format'=array (해당 변수("Save format")가 없는 경우는 설정할 필요 없음)
- 'File name'=demNBFM.mat
- 'Sample time'=1/8192

(7) 'Scope' 블록 : 문제 2에서 사용한 블록 사용하지 말 것. 라이브러리 초기 변수 세팅 그대로 사용할 것('Limit data points to last' = 5000 선택이 초기세팅임). 입력포트 개수만 6개 ('Number of axes' =6)로 늘릴 것.

3.B1. (식 12.6)의 $\phi_{NBFM}(t)$ 이 'Add'블록의 출력에 해당한다. 송신단의 각 블록의 출력에 해당하는 식을 〈표 12.2〉에 쓰시오.

〈표 12.2 [그림 12.5]에 나타낸 NBFM 송신단의 각 블록 출력의 수식〉

송신단의 각 블록 이름	출력의 수식
'Sound Source'	$f(t)$
'Integrator'	$\int_0^t f(\tau)d\tau$
'Gain'	$350\int_0^t f(\tau)d\tau$
'Sine Wave'	$\cos(2\pi\times 10000t)$
'Sine Wave1'	
'Product'	
'Add'	

3.B2. (식 12.7)의 복조신호는 'Difference'(미분기)블록 출력에 해당한다. 수신단의 각 블록의 출력에 해당하는 식을 〈표 12.3〉에 쓰시오. 'Analog Filter Design'의 출력은 'Product1'의 출력을 삼각함수 공식으로 정리한 다음, LPF 통과 후에 남는 성분이 무엇인지 생각하여 작성할 것.

〈표 12.3 [그림 12.5]에 나타낸 NBFM 수신단의 각 블록 출력의 수식〉

수신단의 각 블록 이름	출력의 수식
'Sine Wave2'	$-\sin(2\pi\times 10000t)$
'Product1'	$\left[\cos(2\pi\times 10000t)-350\int_0^t f(\tau)d\tau\times\sin(2\pi\times 10000t)\right]\times(-\sin(2\pi\times 10000t))$
'Analog Filter Design'	
'Difference'	

3.C. 0.2초 동안 mdl/slx 파일 Simulation을 수행하시오.

참고

'Difference' 블록 에러 발생시 에러창을 닫지 말고 아래 과정을 수행할 것.

1. 에러창의 'Simulink Upgrade Advisor'를 클릭.
2. 'Upgrade Advisor' 탭의 'Run Selected Checks' 버튼 클릭하여 'Difference' 블록의 업그레이드 수행.

3.C1 'Scope'창을 일단 'Autoscale'하고, x축의 범위를 0.195초~0.2초로 확대한 후 캡쳐하여 보이시오.

3.C2.

(a) 0.195초~0.2초 동안에도 $f(t)$(창에서 첫 번째 신호)는 변하고 있음을 알 수 있다. 변조신호 $\phi_{NBFM}(t)$(창에서 세 번째 신호)는 진폭의 변화가 있는가?

(b) (식 12.6)에서 $-Ak_f\int_0^t f(\tau)d\tau \times \sin(w_c t)$ 성분은 진폭이 일정하지 않은 사인파임을 알 수 있다. 그런데, 이를 포함하고 있는 $\phi_{NBFM}(t)$의 진폭은 거의 1로 유지되는 이유를 NBFM의 조건을 토대로 설명하시오.

3.C3. FM 신호라면 $\phi_{NBFM}(t)$의 주파수가 정보신호 $f(t)$에 따라 변해야 한다. 문제 3.C2(a)에서 캡쳐한 $\phi_{NBFM}(t)$ 파형의 주파수 변화를 육안으로 관찰하여, $\phi_{NBFM}(t)$로부터 $f(t)$를 유추해 낼 수 있는가? 즉, 육안으로 대충의 복조가 가능한가?

3.C4.

(a) 다시 'Scope'창을 일단 'Autoscale'하여 x축의 범위를 원래 값으로 복구한 후 캡쳐하시오.

(b) 복조가 잘 되었는지 확인하시오. 즉, 복조신호(미분기 출력)의 파형이 $f(t)$와 일치하는가?

3.C5. 설계된 mdl/slx 파일에서 마지막 LPF('Analog Filter Design1')을 추가한 이유는 'Difference'(미분기) 블록의 내부 수치계산 문제에 의한 왜곡을 제거하기 위함이다. 'Analog Filter Design1'의 출력의 파형과 $f(t)$와 일치하는가?

∩ **3.D.** 복조된 신호를 재생해보자. 5초 동안 mdl/slx 파일 Simulation을 수행하시오. 다음의 ??를 완성하고 실행하여 복조신호를 재생하시오. 재생결과를 쓰시오.

```
>>clear;load ??;soundsc(ans(2,100:40961)) % ans(2,:)이 아님을 유의할 것 !!
```

3.E. 문제 1에서 했던 것처럼 클리핑 채널에서 FM 변복조를 수행해보자. 'saturation' 블록을 추가하여 [그림 12.6]과 같이 mdl/slx 파일을 수정하시오.

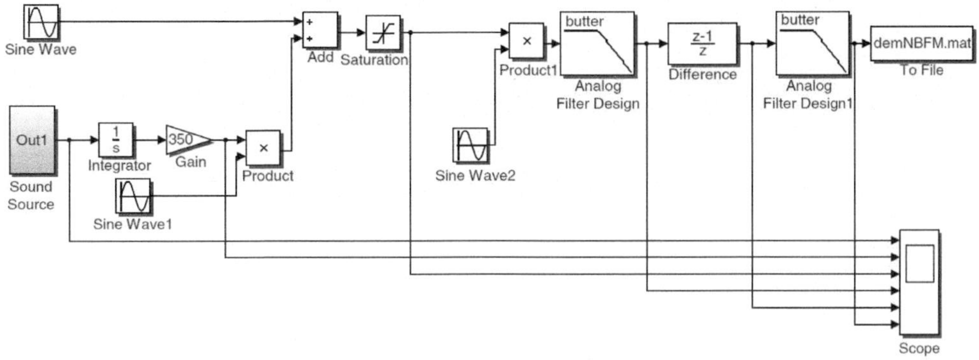

| 그림 12.6 | 클리핑 채널에서의 NBFM 시스템 설계

`Saturation' 블록의 변수는 아래와 같이 설정하시오.

- `Upper limit'=0.1
- `Lower limit'=−0.1

3.E1. Simulation을 5초간 수행하시오. `Scope' 창을 먼저 `Autoscale' 한 후 x축을 4.995초~5초로 확대하시오. `Saturation' 블록 출력신호(`Scope' 창 세 번째 신호)의 y축 영역을 −0.2~0.2로 조절하시오(신호에서 우클릭 `Axes properties' 사용). (a) `Scope' 창을 캡쳐하여 보이시오. (b) `Saturation' 블록 출력신호(송신신호)가 클리핑 되었는가?

3.E2. (a) `Saturation' 블록의 출력으로부터 $f(t)$ 복조가 가능하겠는가? (b) 가능하다고 생각한다면, 그 이유를 쓰시오.

3.E3. 복조된 소리를 재생해 보시오. 제대로 복조되었는지 쓰시오.

3.E4. $f(t)$가 정보 신호일 때, DSB-LC 방식의 AM 변조 신호의 수식은 다음과 같다.

$$\phi_{DSB-LC}(t) = A\cos(w_c t) + Amf(t)\cos(w_c t) \quad \text{(식 12.8)}$$

(식 12.6)과 (식 12.8)은 깨끗한 톤과 sine(cosine) 파에 곱해진 정보신호의 합으로 이루어져 서로 유사한 수식구조를 가지고 있다. 그런데 (식 12.6)은 클리핑이 일어나도 복조됨을 문제 3.E2와 3.E3에서 확인한 바 있다. (a) 그렇다면 (식 12.8)의 DSB-LC 신호도 클리핑 되었을 때 복조가 가능한지 불가능한지 쓰시오. (b) 식 (12.6)과 식 (12.8)을 보면, 동일하게 진폭에 정보신호 $f(t)$ (or $f(\tau)$)가 있는데, 식 (12.6)의 신호는 클리핑이 일어나도 복조가 되고, 식 (12.8)의 신호는 클리핑이 일어나면 복조가 되지 않는 이유를 쓰시오.

>>> 13 CHAPTER Phase Locked Loop (PLL) and Synchronization

- PLL (Phase Locked Loop)의 기능과 동작 원리를 이해한다.
- PLL을 설계하고 다양한, 위상오차, 주파수 오차 환경에서 PLL의 올바른 동작을 확인한다.
- PLL을 이용하여 FM 복조기를 설계한다.
- 초음파 대역 무선 데이터 전송 시스템을 구현한다.

1. PLL 설계

[그림 13.1]과 같이 mdl/slx 파일을 설계하고 파일명은 PLLtest.mdl/.slx 로 저장하시오.

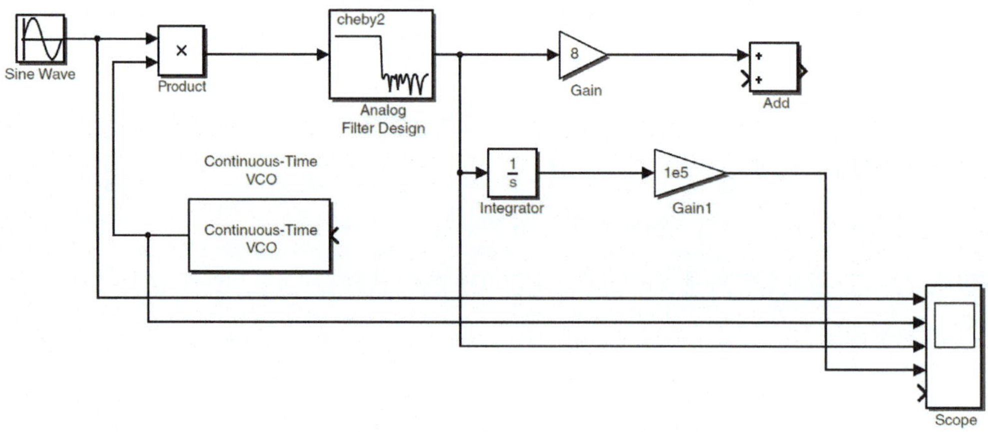

| 그림 13.1 | 설계 중인 PLL 블록도

각 블록의 변수 설정을 다음과 같이 하시오.

(1) 'Sine Wave'

- 'Frequency (rad/sec)'= 2*pi*93.XXe3 (XX=학번 뒤 2자리)

(2) 'Continuous Time VCO'

- 'Quiescent frequency (Hz)'= 93.XXe3 (XX=학번 뒤 2자리)
- 'Input sensitivity'= 1000

(3) 'Analog Filter Design'

- 'Design method'= Chebyshev II
- 'Filter type' : Lowpass
- 'Filter order'= 32
- 'Stopband edge frequency (rad/s)'= 2*pi*50e3
- 'Stopband attenuation in dB'= 40

(4) 'Gain'= 8

(5) 'Gain1'= 1e5

1.A. [그림 13.1]에서 'Sine Wave' 블록은 PLL의 동작을 실험하기 위해 입력신호로 사인파를 넣기 위한 것이다. 'Sine Wave' 블록을 제외한 나머지 블록들이 PLL을 구성하게 된다.

1.A1. 'Sine Wave' 블록의 출력을 $PLL_{IN}(t)$라 하자. 'Sine Wave' 블록의 변수 설정을 보고 $PLL_{IN}(t)$를 수식으로 쓰시오.

$$PLL_{IN}(t) = \sin(?) \quad \text{(식 13.1)}$$

1.A2. 'Continuous Time VCO'(이하 'VCO'로 통일함) 블록을 우클릭하여 'Help'를 실행시키면 'VCO' 블록 관련 수식을 확인할 수 있다. 이 수식과 현재 'VCO' 입력 값(현재 입력되는 값이 없으므로 '0'), 'VCO' 블록의 변수 설정을 참고하여 'VCO' 블록의 출력 $VCO_O(t)$를 수식으로 유도하시오.

$$VCO_O(t) = \ ? \quad \text{(식 13.2)}$$

1.B. 〈PD 동작〉 'Product' 블록과 'Analog Filter Design'블록을 합하여 PD(Phase detector)라고 한다.PD는 입력 신호와 PLL 내부의 VCO에서 발생된 정현파 신호를 곱하고, 곱한 신호에서 낮은 주파수 성분의 신호만 추출함으로써 입력 신호와 내부 정현파 신호의 위상차를 검출한다. [그림 13.1]에 있는 'Product' 블록과 'Analog Filter Design' 블록의 구조는 일반적인 PD의 구조이다. 즉, 'Product' 블록의 두 입력이 PD의 입력이고, 'Analog Filter Design' 블록의 출력이 PD의 출력에 해당한다. 본 문제를 통해 PD의 동작에 대해 알아보자.

1.B1. 문제 1.A1, 1.A2의 답과, 'Analog Filter Design'블록의 변수 세팅 특히 'Stopband edge frequency' 값을 토대로 PD 출력('Analog Filter Design' 블록의 출력)의 식을 쓰시오. 본 실습의 모든 수식 유도는 'Analog Filter Design'블록이 왜곡과 지연이 없는 이상적인 LPF(저대역통과 필터)의 기능을 수행한다고 가정한다.

1.B2. 입력 신호의 위상('Sine Wave' 블록의 변수 'Phase')을 θ_{IN}라는 변수로 두고, VCO의 초기 위상('VCO' 블록의 변수 'Initial phase')을 θ_{VCO}라 하자. 참고로, 현재 mdl/slx 파일에서 두 변수 모두 0으로 세팅되어 있음.

(a) PD 출력의 식이 다음과 같이 주어짐을 보이시오.

$$PD_O(t) = 0.5\sin(\theta_{IN} - \theta_{VCO}) \quad \text{(식 13.3)}$$

(b) 위상 오차 θ_{ERROR}(=$\theta_{IN} - \theta_{VCO}$='Sine Wave' 블록의 'Phase'-'VCO' 블록의 'Initial phase')의 크기가 작은 경우, PD의 출력과 위상 오차는 근사적으로 비례함을 보이시오.

(c) (b)의 결과는 본인이 예상한 PD의 동작과 일치하는가?

1.B3. 'Simulation (stop) time'을 0.001 초로 설정한 후 θ_{ERROR}(=$\theta_{IN} - \theta_{VCO}$='Sine Wave' 블록의 'Phase'-'VCO' 블록의 'Initial phase')를 -pi, -2*pi/3, -pi/2, -pi/3, 0, pi/6, pi/4, 2*pi/3, 3*pi/4 로 바꿔가면서 PLLtest.mdl/.slx을 실행하시오. θ_{ERROR}를 설정하기 위한 θ_{IN}과 θ_{VCO}는 어떤 값이든 상관없음. 〈표 13.1〉에 θ_{ERROR}=-pi, pi/6 인 경우에 대해 θ_{IN}과 θ_{VCO}의 설정 값의 예시가 있음. 예시에서 3.7과 -4.1은 임의의 다른 값으로 대체가능함.

(a) 각각에 대하여 PD 출력값('Scope' 창에서 'Autoscale'한 후 수렴 후의 값)의 결과를 〈표 13.1〉의 실험값에 쓰시오. 수렴 후 수렴된 값을 중심으로 미세하게 흔들릴 수 있음. 중심값을 적을 것.

(b) (식 13.3)에 θ_{IN}와 θ_{VCO} 값들을 대입하여 이론적인 PD의 출력값을 〈표 13.1〉의 이론값에 쓰고, (a)의 결과와 동일한지 확인하시오.

〈표 13.1 PD 출력 실험 결과〉

θ_{ERROR}	$\theta_{ERROR}=\theta_{IN}-\theta_{VCO}$을 만족하는 θ_{IN}과 θ_{VCO}의 설정 값		$PD_O(t)$(PD의 출력)	
	θ_{IN}(='Sine Wave' 블록의 'Phase')	θ_{VCO}(='VCO' 블록의 'Initial phase')	실험값('Analog Filter Design' 블록의 출력)	이론값 $PD_O(t) = 0.5\sin(\theta_{IN} - \theta_{VCO}$
-pi	3.7 (예시이니 3.7이 아닌 임의의 값으로 바꾸어서 할 것)	3.7+pi (예시이니 3.7+pi가 아닌 임의의 값으로 바꾸어서 할 것)		
-2*pi/3				
-pi/2				
-pi/3				
0				

pi/6	−4.1+pi/6 (예시이니 −4.1+pi/6이 아닌 임의의 값으로 바꾸어서 할 것)	−4.1 (예시이니 −4.1이 아닌 임의의 값으로 바꾸어서 할 것)		
pi/4				
2*pi/3				
3*pi/4				

1.C. 〈폐쇄 루프 연결 및 위상 오차시 PLL 동작〉 본 문제에서 PLL의 폐쇄 루프 구조와 위상 오차 시 PLL의 동작에 대해 알아보자.

1.C1.

(a) 위상오차 $\theta_{ERROR}(=\theta_{IN}-\theta_{VCO})$ 가 $\pi/4$인 경우를 가정하여, PLLtest.mdl/.slx의 θ_{IN} (=`'Sine Wave'` 블록의 `'Phase'`)과 θ_{VCO}(=`'VCO'` 블록의 `'Initial phase'`)를 〈표 13.1〉에서 본인이 설정한 값으로 수정하시오.

(b) [그림 13.2]와 같이 `'Add'` **블록의 출력을** `'VCO'` **입력과** `'Scope'`**의 다섯 번째 입력에 동시에 연결하시오.** PLL(`'Sine Wave'` 블록을 제외한 나머지 블록)이 폐쇄 루프 구조를 만족하는가?

(c) PLLtest.mdl/.slx을 실행하시오. `'Scope'`에서 PD출력 파형을 캡쳐하여 보이시오(`'Scope'` 창에서 `'Autoscale'` 할 것).

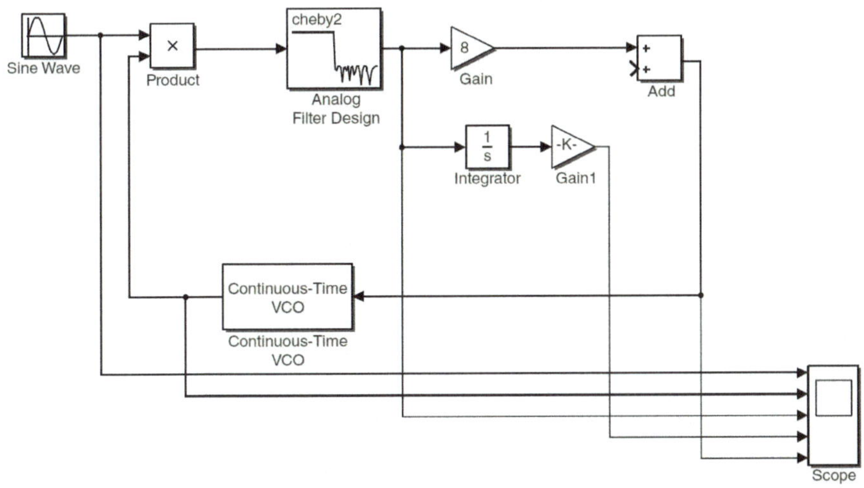

| 그림 13.2 | PLL의 폐쇄 루프 연결

1.C2. 문제 1.C1(a)의 PD 출력파형이 0으로 수렴하게 되었는지 확인하시오.

'phase'의 값을 임의로 설정하더라도 PD 출력파형이 0으로 수렴함을 알 수 있다. PD 출력파형이 0으로 수렴했다는 것은 PLL의 입력과 VCO의 출력의 위상 오차가 0에 가까워졌다는 것을 뜻한다. PLL은 피드백 루프의 일종이다. PLL의 피드백 루프를 구성하는 각 서브 블록들이 유기적으로 동작하여 PD출력을 0으로 수렴하도록 만들게 된다. 각 블록들의 출력을 관찰하면 PD 출력이 왜 0에 수렴하는지를 알 수 있다. PD 출력파형이 연결 전에는 0으로 수렴하지 않다가 연결 후에는 0으로 수렴하는 이유를 아래의 질문에 대한 답을 통해 이해해보자.

(a) 문제 1.C1(a)에서 자신이 설정한 θ_{IN}과 θ_{VCO}의 값을 (식 13.3)에 대입하여 $PD_O(t=0)$의 값을 계산하여 보이시오. PD 출력은 양수인가 음수인가?

(b) 현재 설계된 PLL 구조에서 PD 출력은 단순히 그 크기만 8배 키운 후 'VCO'에 입력되고 있음을 확인하자. PD 출력 값이 (a)에서 답한 것과 같다면 'VCO' 입력은 양수인가 음수인가?

(c) 'VCO' 입력이 (b)에서 답한 것과 같다면, 1.A2에서 확인한 'VCO' 출력식을 참고할 때 'VCO' 출력인 순간주파수는 증가하겠는가 감소하겠는가?

(d) 순간주파수가 (c)에서 답한 것과 같다면 'VCO' 출력의 위상은 증가하겠는가 감소하겠는가? 순간주파수와 위상의 관계식을 이용할 것. 'VCO'의 초기 θ_{VCO}가 아닌 피드백을 통해 PLL 내부적으로 업데이트된 θ_{VCO}에 대해 서술할 것.

(e) (d)의 답으로부터, PD 출력은 (a)에서 계산한 초기 출력 값 $PD_O(t=0)$보다 0에 더 가까워지는가? 업데이트된 θ_{VCO}의 정확한 값은 알 수 없지만 초기 θ_{VCO}와 업데이트된 θ_{VCO}의 대소를 생각해보고, (식 13.3)에 업데이트된 θ_{VCO}를 대입하여 PD출력이 어떻게 바뀔지 생각해보고 자신의 결론을 검증할 것.

(f) (b)~(e)에서 설명한 피드백 과정이 반복되면 PD 출력은 순차적으로 0에 수렴하겠는가?

(g) 특수한 경우로, 업데이트된 θ_{VCO}의 증가량 또는 감소량이 초기 위상 차이 보다 큰 경우를 생각해보자. 이러한 경우는 'VCO' 출력의 위상이 초기 위상 차이보다 큰 값으로 보상되므로, 위상차이 값의 극성(+, -)이 바뀌게 된다. 그렇지만 이런 경우에도 (b)~(f)의 피드백 과정을 통해 결국에는 위상 오차가 0으로 수렴하게 된다.

1.C3. PLL 동작 설명의 편의를 위해, VCO의 출력을 코사인 함수인 $\cos(wt+\theta_{VCO})$으로 두고 PLL의 입력은 사인 함수인 $\sin(wt+\theta_{IN})$로 두자. 여기서 θ_{VCO}는 VCO 출력의 위상이고, θ_{IN}은 PLL 입력의 위상이다. 따라서 VCO의 출력과 PLL의 입력 간에 항상 $\pi/2$의 위상 오차가 존재한다. 이 때, PD 출력은 (식 13.3)과 같이 표현할 수 있고, 또한 다음과 같은 관계식을 도출할 수 있다.

PD 출력의 위상 오차는 다음과 같다.

$$\theta_{IN}-\theta_{VCO}=\text{VCO 출력과 PLL 입력 간의 실제 위상 오차}+\pi/2 \qquad \text{(식 13.4)}$$

$$=w\times\left(t_{VCO\_out\_peak}-t_{PLL\_IN\_peak}\right)+\pi/2 \qquad \text{(식 13.5)}$$

여기서 w는 PLL의 입력 주파수 이고, 그 값은 2*pi*93.XXe3(XX=학번 뒤에서 끝 두자리)이다. 이는 현재 설정된 VCO의 'Quiescent frequency' 값이다. $t_{VCO_out_peak}$은 VCO 출력의 양의 최대값이 나타난 시간을 뜻하고, $t_{PLL_IN_peak}$는 PLL 입력의 양의 최대값이 나타난 시간 중 $t_{VCO_out_peak}$와 가장 인접한 시간이다.

(a) (식 13.4)에 대해 좀 더 자세히 설명하시오.

(b) (식 13.5)에 대해 좀 더 자세히 설명하시오.

(c) PD 출력의 위상 오차가 0이라는 뜻은 VCO 출력 파형의 양의 최대값이 PLL 입력 파형의 양의 최대값보다 파장의 1/4 만큼 앞서 있음을 뜻한다. 이에 대해 좀 더 자세히 설명하시오.

1.C4. PD 출력파형이 0으로 되었다는 것을 "PLL이 Lock되었다"라고 한다. 본 문제에서 PLL이 완벽하게 Lock될 때까지 VCO 출력 파형이 어떻게 변하는지 관찰해 보자.
'Scope' 창에서 'Sine Wave' 블록 출력과 'VCO' 출력 파형을 모두 Autoscale 하시오.

(a) x축 돋보기 기능을 이용하여 [0 2e-5]초 구간을 확대시오. 'Scope'창을 캡쳐하시오.

(b) 'Scope' 창의 출력 파형으로부터, (식 13.5)를 이용하여 위상 오차를 측정하시오. 더욱 정확한 측정을 원하면 피크값 부분을 더 확대하여 측정하면 된다. 측정한 위상오차를 'ph_err'로 정의하자. 'ph_err'가 [$-\pi$ π] 범위 밖의 값일 경우, Command window에서 '>>mod(ph_err+pi, 2*pi)-pi'를 수행하시오. 측정한 위상오차를 쓰시오.

(c) (b)에서 측정한 위상오차 값이 1.C1(a)에서 설정한 초기 위상오차 $\theta_{ERROR}(=\theta_{IN}-\theta_{VCO})$의 값인 $\pi/4$와 근사한가?

(d) 다시 'Scope'창에서 [9.8e-4 1e-3]초 구간을 확대하시오. 'Scope'창을 캡쳐하시오.

(e) 'Scope' 창의 출력 파형으로부터, (식 13.5)를 이용하여 위상 오차를 측정하시오. 충분히 확대하여 정확한 피크값의 시간을 측정할 것. 측정한 위상오차를 쓰시오.

(f) (e)에서 측정한 위상오차 값이 0과 근사한가?

(g) 위상이 정확히 Lock되었는가?

(h) 입력 신호의 위상에 맞춰 PLL이 "Lock"됨에 따라 VCO 출력의 위상(θ_{VCO})과 PLL 입력의 위상(θ_{IN})중 어떤 신호의 위상이 초기 값에서 수정되었는가?

1.C5. 'Sine wave' 블록의 'phase'=−2*pi/3, −pi/2, 0, pi/6, pi에 대하여 PLLtest.mdl/.slx을

각각 실행하시오.

(a) 각각에 대해 [9.8e-4 1e-3]초 구간에서 'VCO'의 출력과 PLL 입력파형을 캡처하여 PLL이 Lock되었음을 보이시오.

(b) 각각에 대해 PLL이 Lock되었음을 1.C3(c)에서 설명한 방법을 이용하여 확인해보시오.

1.C6. 'Sine Wave' 블록의 'Phase'를 3*pi/4로 설정하고, 'VCO' 블록의 'Initial Phase'를 0으로 설정하자. 'Gain' 블록('Gain1'블록 말고)의 값을 2, 8, 16, 32, 64로 바꿔가면서 PLLtest.mdl/.slx을 각각 실행하고 PD 출력파형의 변화를 관찰하시오 ('Scope' 창에서 'Autoscale' 할 것. 파형 캡처하여 보일 필요 없음).

(a) 'Gain' 블록의 값이 2인 경우의 실험 결과로부터, 'Gain'값을 너무 작게 잡으면 발생하는 문제는 무엇인지 설명하시오. 결과의 이유를 설명할 것.

(b) 'Gain' 블록의 값이 64인 경우의 실험 결과로부터, 'Gain'값을 너무 크게 잡으면 발생하는 문제는 무엇인지 설명하시오. 결과의 이유를 설명할 것.

1.D. 〈주파수오차 시 PLL 동작〉 1 kHz의 주파수 오차가 존재할 때, PLL의 동작을 살펴보자. 'Sine Wave' 블록의 주파수를 (93+1) kHz(=? rad/s)로 바꾸고 'VCO'의 'Quiescent frequency'를 93 kHz로 바꾸시오. 위상('Phase')은 어떤 값이든 상관없음.

1.D1. 'Gain' 블록 ('Gain1'블록 아님)의 값을 2, 8, 16, 32, 64 로 바꿔가면서 PLLtest.mdl/.slx을 실행하고, 각각에 대하여 'Scope' 창을 관찰하여 PD 출력의 수렴값을 정확히 쓰시오. 수렴값을 정확히 관찰하기 위하여 Y축 돋보기 아이콘을 활용하시오.

1.D2. 'Gain' 값을 바꿔가면서 PLL이 Lock(PD 출력이 정확히 '0'에 수렴)되는 값이 있는지 찾아보시오. 있다면 그 값을 쓰시오.

1.D3. 현재의 PLL 구조로는 주파수 오차가 존재하는 경우 PLL이 위상까지 Lock 할 수 없는 근본적인 문제점이 존재한다. 다음과 같은 절차로 그 이유를 분석해보자.

(a) PLL이 PLL 입력의 위상에 맞춰 정확히 Lock 된다면, 주파수는 위상의 미분이기 때문에 VCO 출력의 주파수는 자동적으로 PLL 입력의 주파수에 맞춰진다. 문제 1.D2에서 설계한 PLLtest.mdl/.slx에서 PLL 입력의 주파수('Sine Wave' 블록의 주파수)와 'VCO'의 'Quiescent frequency' 간의 주파수 오차값을 상기하자. 위상을 Lock 하기위해, 'VCO'출력 주파수는 얼마나 증가 또는 감소해야하는가? 정확한 수치를 쓰시오.

(b) 'VCO' 출력의 주파수가 (a)의 답과 같이 바뀌려면 'VCO'의 입력은 얼마가 되어야 하는가?('VCO'의 'input sensitivity'는 현재 1000 Hz/V임) 'VCO'의 동작을 완벽히 이해하지 못한 경우에는 12장의 문제 2번을 참고하거나 'VCO' 설정창의 Help 메뉴를 참고할 것.

(c) 위상을 Lock 하는데 성공하였다는 것은 PLL 출력의 위상('VCO' 출력의 위상)이 입력 신호

의 위상과 거의 완벽하게 일치하고 있음을 뜻한다. 따라서, PD의 출력은 0으로 수렴하게 된다. 현재의 PLL 구조에서, PD의 출력은 'Gain' 블록에 의해 그 크기가 조정된다. 이러한 구조에서, 'VCO'의 입력은 (b)에서 얻은 값으로 유지하면서 PD의 출력은 0으로 수렴하는 것이 가능한가?

(d) (a)~(c)의 결론을 바탕으로, 현재의 PLL 구조는 주파수 오차가 존재할 경우에 위상을 제대로 Lock 하지 못하는 이유를 설명하시오.

1.D4. 'Gain' 값을 8로 다시 설정하고, [그림 13.3]과 같이 'Gain1' 블록의 출력을 'Add' 블록의 비어있는 입력에 연결하시오. PLLtest.mdl/.slx을 실행하시오. PD 출력이 0으로 수렴하는가?

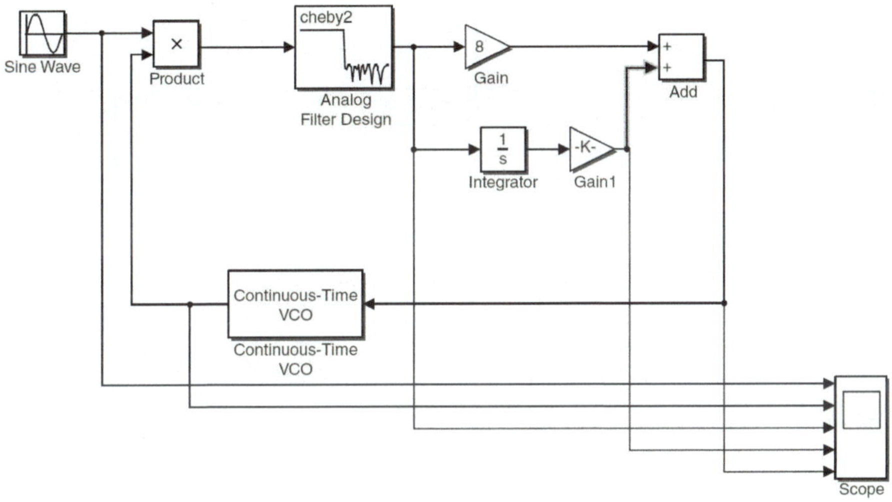

| 그림 13.3 | 주파수 오차가 있는 경우를 위한 PLL 구조

1.D5. 문제 1.D4에서 수정한 PLL의 구조에서는 PD 출력이 0이 되어도 'VCO' 입력이 0이 아닌 1.D3의 (b)번에서 답한 값으로 유지될 수 있는 이유는 무엇인가?

1.D6. 'VCO' 입력의 파형을 확인하기 위해 'Scope' 창을 캡처하여 보이시오. 'VCO' 입력의 파형이 1.D3(b)에서 답한 값으로 수렴하는가?

2. PLL을 이용한 FM 수신기 설계

2.A. 문제 1.D4에서 수정한 PLLtest.mdl/.slx에서 'VCO'의 변수 'Quiescent frequency'를 93 kHz로 설정하고, PLLtest.mdl/.slx 파일을 저장하시오. PLLtest.mdl/.slx에서 'Sine Wave' 블

록과 'Scope' 블록을 제외한 나머지 모든 블록을 선택(마우스 드래그하지 말고 각 블록을 Shift-클릭하여 선택할 것)한 후 우클릭하여 'Create Subsystem'을 클릭하시오. 'Subsystem'의 이름을 'PLL'이라 변경하자. 서브시스템 'PLL'를 더블 클릭하면 내부 구조를 확인할 수 있다. [그림 13.4]와 같이 'VCO' 입력이 서브시스템 'PLL'의 출력포트 중 'Out4'에 연결되었는지 확인하자.

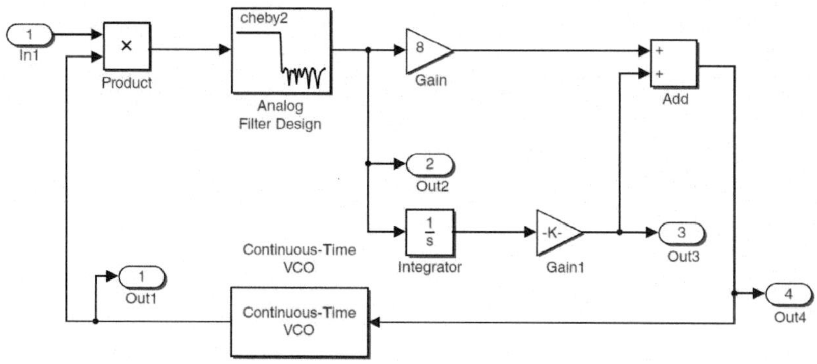

| 그림 13.4 | PLL 서브시스템의 내부구조

2.A1. 'PLL' 입력의 주파수가 (93+x) kHz 라 하자. 'PLL'이 Lock에 성공하였다면 'PLL' 내부의 'VCO' 입력은 얼마로 수렴하는지 x의 함수로 쓰시오.

2.A2. 'PLL' 입력의 주파수('Sine Wave' 블록의 주파수)= 89.8 91.7 93.5 95.3 97 kHz로 변경해 가면서 각각에 대하여 PLLtest.mdl/.slx을 실행하고, (a) 'VCO' 입력의 수렴값을 측정하여 쓰시오. (b) 측정한 값이 2.A1의 답과 일치하는지 쓰시오.

2.A3. 문제 2.A1에서 구한 수식을 주파수 오차가 시간에 따라 천천히 변하는 상황의 수식으로 확장해 보자.

(a) 'PLL' 입력을 $w_i(t) = w_c + k_f f(t)$ 라 하자. 여기서, w_c=$2\pi \times 93e3$ rad/s 이고 $f(t)$는 시간에 따라 천천히 변하는 신호이다. 이 때, PLL이 성공적으로 Lock 하였다면 'VCO'의 입력은 $\dfrac{k_f}{2\pi \times k_v} f(t)$가 됨을 보일 수 있다. 여기서, k_v는 'VCO'의 변수 'Input sensitivity[Hz/V]'이다.

(b) (a)의 내용으로부터, 'PLL' 입력이 반송파 주파수가 93 kHz인 FM 신호이면 'PLL'이 FM 수신기와 동일한 기능을 수행함을 알 수 있다. 이에 대해 자세히 설명하시오.

참고

FM 변조 신호에서 순간주파수는 $w_i(t) = w_c + k_f f(t)$이고, 문제 2.A1에서 정보신호 $f(t)$에 해당하는 변수는 x이다.

2.A4. 'PLL'을 FM 수신기로 사용한다면 'PLL' 내부의 서브 블록 중 어떤 블록의 입력이 FM 복조된 신호와 동일해지는가? 신호의 스케일링 효과는 무시할 것.

2.B. Command window에서 다음을 실행하여 sound_file.mat을 생성하시오. sound_file.mat은 다음 문제에서 변조할 정보신호로 사용된다. 아래의 마지막 명령어 '>>ls *.mat'의 실행 결과를 캡처하여 보이시오.

```
>> clear
>> load handel
>> tmp=(1:length(y))/Fs;
>> snd(1,:)=tmp;
>> snd(2,:)=y;
>> save sound_file.mat snd
>> ls *.mat
```

2.C. 'PLL' 입력의 'Sine Wave' 블록을 제거하고 [그림 13.5]와 같이 PLLtest.mdl/.slx을 수정한 후 PLL_FMdemod.mdl/.slx 로 저장하시오.

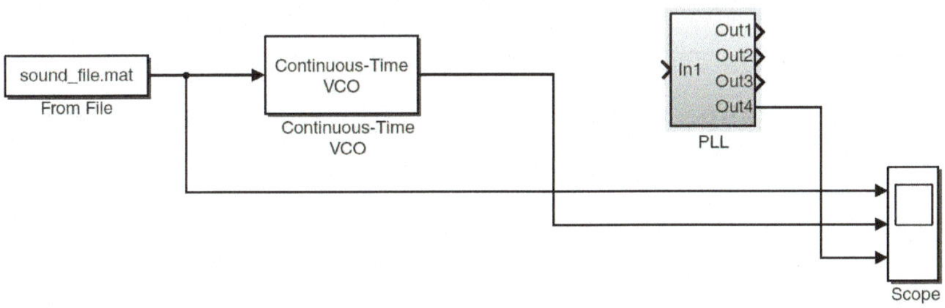

| 그림 13.5 | PLL을 이용한 FM 복조기

추가된 2 블록의 변수는 아래와 같이 설정하시오.

(1) 'From File'

- 'File name'=sound_file.mat

(2) 'Constinuous Time VCO'

- 'Quiescent frequency (Hz)' = 93e3
- 'Input sensitivity'=1000

2.C1. `'Scope'` 블록을 open하고 `'Configuration Properties'` 아이콘을 클릭하여 `'Main'`(일부 이전 버전 매트랩에서는 `'General'` 탭)의 sample time을 1/93e4로 설정한다. 그 다음 `'Logging'` 탭(일부 이전 버전 매트랩에서는 `'History'` 또는 `'Data History'`)의 `'Limit dat points to last'`를 초기 설정 값인 '5000'이 아닌 '50000'으로 설정한다. 변수 설정 창을 캡쳐하여 보이시오.

2.C2. PLL_FMdemod.mdl/.slx에 새로 추가된 `'VCO'` 블록의 출력은 `'From File'` 블록의 사운드 출력을 FM 변조한 신호가 된다. 자세한 내용은 12장의 문제 2.D를 참고하시오.
FM 변조신호는 다음과 같이 표현할 수 있다.

$$\phi_{FM}(t) = Acos\left(w_c t + k_f \int_0^1 f(\tau)d\tau + \theta_0\right) \qquad (식\ 13.6)$$

12장의 문제 2.D2에서 변조 차수 k_f와 `'VCO'` 의 `'Input sensitivity'` 의 관계를 학습한 바 있다. 새로 추가된 `'VCO'` 블록의 변수 설정을 토대로 FM 변조신호의 캐리어주파수 w_c와 변조차수 k_f는 얼마인지 쓰시오.

2.C3. `'Simulation stop time'`을 0.02초로 설정한 후 PLL_FMdemod.mdl/.slx을 실행하시오.

`'Scope'` 창을 띄우자. 3개의 신호 모두 `'Autoscale'`하시오. x축 돋보기를 사용하여 [1e-3 1.8e-3]초 범위를 확대하시오. 위에서 두 번째 신호는 FM변조 신호이다.

(a) `'Scope'` 창을 캡쳐하여 보이시오.

(b) FM변조 신호로부터 순간주파수의 변화를 육안으로 읽어낼 수 있는가? 즉, 육안으로 FM 복조가 가능한가?

2.C4. PLL을 이용하여 FM 복조를 수행 해보자. `'VCO(FM 변조기)'` 블록의 출력을 `'PLL'` 블록의 입력에 연결한 후 PLL_FMdemod.mdl/.slx을 다시 실행하시오.

(a) `'Scope'` 창을 `'Autoscale'`한 후, FM 복조신호(세 번째 신호) 그래프의 Y축을 [-0.3 0.3] 범위가 보이도록 확대하고, `'Scope'` 창 전체를 캡쳐하여 보이시오. `'Autoscale'` 하여도 출력 파형이 각 결과창에 가득 차지 않는 경우 Y-axis 돋보기를 이용하여 각 결과창에 가득 차도록 조절할 것. 이후 문제에도 이와 같이 조절할 것.

(b) FM 변조된 정보신호(첫 번째 신호)와 `'PLL'`을 이용한 FM 복조신호(세번째 신호)의 모양이 일치하는지 쓰시오. `'Gain'`과 `'Gain1'`이 최적화되지 않아 지터(jitter)성분이 존재하므로 깨끗한 선으로 보이지 않을 수 있음. 또한 신호의 스케일링 효과도 무시할 것.

2.D. 본 문제에서 FM 변조 신호와 FM 복조기 간의 주파수오차가 존재할 때, FM 복조기의 동작에 대해 알아보자.

2.D1. 'VCO'(FM 변조기) 블록의 'Quiescent frequency'를 94.5 kHz로 변경하자. 'PLL' 내부의 'VCO'의 'Quiescent frequency'는 93 kHz이다. 수신된 FM 신호의 주파수 오차는 얼마인가?

2.D2. 문제 2.D1에서 답한 주파수 오차가 있는 상황에서 PLL_FMdemod.mdl/.slx을 실행하면, 복조신호('PLL' 내부의 'VCO' 입력)는 2.C4에서 캡쳐한 세 번째 신호와 어떤 차이가 발생하겠는지 예측하여 쓰시오.

2.D3. 문제 2.D1에서 수정한 PLL_FMdemod.mdl/.slx을 실행하시오. 'Scope' 창을 'Autoscale' 한 후, FM 복조신호(세 번째 신호) 그래프의 Y축을 [1.2 1.8] 범위가 보이도록 확대하고, 'Scope' 창 전체를 캡쳐하여 보이시오.

2.D4. 문제 2.D3의 캡쳐결과가 자신이 생각한 2.D2의 답과 일치하는가?

2.D5. 'From file'의 출력을 정보 신호 $f(t)$로 두자.

(a) 'PLL' 입력(=FM 변조기 'VCO'의 출력)의 순간 주파수를 수식으로 나타내시오. 문제 2.D1에서 'VCO'(FM 변조기) 블록의 'Quiescent frequency'는 94.5 kHz로 수정되었음을 참고할 것.

(b) 문제 2.A1를 주파수 오차가 있는 상황에 맞게 수정하여 다시 풀면 복조신호('PLL' 내부의 'VCO' 입력)를 수식으로 명확히 설명할 수 있다. 복조신호 수식의 유도 과정을 보이시오. 유도한 수식과 2.D3의 캡쳐 결과가 일치하는가?

2.D6. 'VCO' (FM 변조기)블록의 주파수를 91.8 kHz로 변경하시오. PLL_FMdemod.mdl/.slx을 실행하시오.

(a) 'Scope'의 모든 신호를 'Autoscale' 한 후 캡쳐하시오.

(b) 본인이 예상한 결과와 일치하는가? 본인의 예상과 그 근거를 쓰시오.

2.E★. 클리핑 채널(혹은 사인파가 아닌 입력신호) 환경에서 PLL 동작을 확인해보자.

2.E1. PLL_FMdemod.mdl/.slx에 'saturation' 블록을 추가하여 [그림 13.6]과 같이 변경하고 아래와 같이 변수를 설정하시오.

1. 'Continuous Time VCO' (FM 변조기) 블록
   - 'Output amplitude(V)'=10
   - 'Quiescent frequency (Hz)'=93e3
2. 'Saturation' 블록
   - 'Upper limit'=0.x, 'Lower limit'=-0.x (x는 학번 끝자리)
   - 'Simulation stop time' = 1e-4

'Simulation stop time'을 1e-4초로 설정한 후 PLL_FMdemod.mdl/.slx을 실행하시오.

(a) 'Scope' 창의 신호를 'Autoscale' 한 후 캡쳐하여 보이시오.

(b) 'Scope' 창에서, 'Saturation'블록을 통과하기 전(='VCO' 출력, 2번째 신호)과 'Saturation'블록을 통과한 후(='Saturation' 출력, 3번째 신호)의 신호를 비교하여 보자. FM 변조('VCO' 출력) 신호에 클리핑이 발생하였는가?

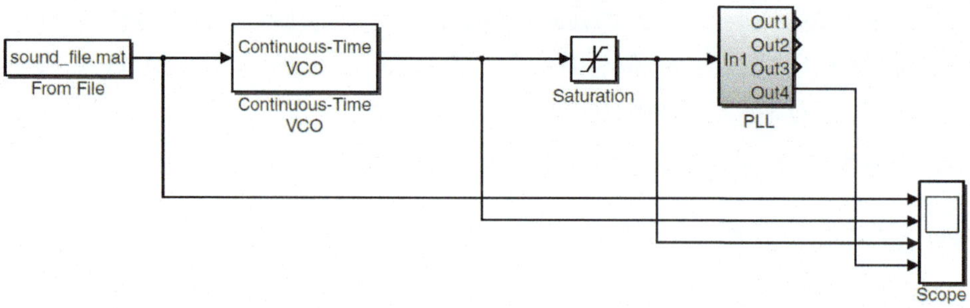

| 그림 13.6 | 클리핑 채널 환경에서 PLL을 이용한 FM 복조기

2.E2. 'simulation stop time'=0.02로 다시 설정한 후 simulation을 실행하시오.

(a) 'Autoscale'한 후 'Scope' 창을 캡쳐하여 보이시오.

(b) 정보신호(첫 번째 신호)와 FM 복조신호(네 번째 신호)의 모양이 동일한가? 문제 2.C4(b)에서와 같이 'Gain'과 'Gain1'이 최적화되지 않아 지터(jitter)성분이 존재하므로 깨끗한 선으로 보이지 않을 수 있음. 또한 신호의 스케일링 효과도 무시할 것.

2.E3. 자신이 설계한 PLL은, 사인파가 아닌 주기 신호를 이용하여 FM 변조된 신호에도 동작하는가? 동작한다면 그 이유도 쓰시오.

★ 3. 스마트폰과 노트북을 이용한 초음파 대역 무선 전송

스마트폰에서 노트북(PC)로 초음파 대역의 데이터 신호를 무선으로 전송해보자. 스마트폰에서 초음파 대역 FM 변조 신호를 무선 채널을 통해 전송하고, 노트북을 이용하여 FM 변조 신호를 수신하고 복조해 보자.

참고

1. 실습을 수행하기 위해, 스마트폰 또는 스피커가 장착된 PC(노트북)와 내장 또는 외장 마이크가 있는 PC(노트북) 준비해야 한다. 예를 들어, 스마트폰과 외장 마이크를 장착한 PC 또는, 스피커가 장착된 PC와 내장 마이크가 있는 노트북 등의 조합 등으로 실습이 가능하다.
2. 재생장치 및 녹음장치의 사운드(오디오) 설정에서 모든 사운드 효과를 '사용안함'으로 설정 할 것.
3. 내장 마이크가 있는 PC에서 실험할 경우, 제어판의 '소리' 설정에서 '녹음' 탭을 클릭하고, 내장 마이크를 마우스 우클릭하여 기본 장치로 설정할 것. 외부 마이크 입력(3.5파이)는 마우스 우클릭하여 '사용안함' 으로 설정 할 것. 그리고 내장 마이크를 마우스 우클릭하여 '속성'을 클릭하고 '개선 기능' 탭에서 '모든 사운드 효과 사용 안함'에 체크 할 것.

3.A. 스마트폰에서 FM 변조 신호를 재생하여 근거리에서 초음파 대역 FM 신호를 무선 채널을 통해 송신해 보자.

🖫 3.A1. 아래 순서대로 실습을 수행하여 FMmodWordX.wav (X=자신의 학번 끝번호)를 자신의 스마트 폰에서 재생할 수 있도록 세팅하시오. FMmodWordX.wav는 캐리어 주파수가 초음파 대역인 FM 변조 신호를 wav 파일로 저장한 것이다.

- 교재 뒷 표지를 참조하여 자신의 PC에서 '실습 자료 파일' 사이트에 접속하여 FMmodWordX.wav 파일을 다운로드 받는다.
- FMmodWordX.wav 파일을 자신의 스마트폰으로 옮기시오. ※ USB 케이블을 이용하여 옮기거나 메일로 전송하여 스마트폰에서 다운로드 받으시오. 자신의 스마트폰이 아이폰인 경우에는 자신의 Gmail메일 주소로 파일을 전송하고, 아이폰에서 Gmail에 접속하여 첨부파일을 바로 재생할 수 있도록 준비하시오.

(a) 다운로드한(또는 메일에 첨부된) 파일의 용량을 쓰시오.

(b) 문헌(책 또는 인터넷 지식 검색)에 따르면, 음파의 주파수가 몇 Hz 이상일 때 초음파라고 하는가?

∩3.A2. 스마트폰의 미디어 재생 어플리케이션을 사용하여 다운로드한 파일 FMmodWordX.wav를 재생 하시오. 어떤 소리가 들리는지 설명 하시오.

🖫 3.A3. 아래의 m-file은 스마트폰에서 송신(재생)하는 FM 변조 신호를 노트북에서 마이크로 수신(녹음)하고 그것의 매트랩 샘플 벡터 'recorded'를 'FM_record.mat'에 저장하는 m-file이다. m-file의 마지막 줄의 명령어는 샘플링된 수신 신호의 스펙트럼을 출력한다.

```
clear
randn(1,XXX); % XXX=학번 끝 세자리, 내용과 상관없는 부분, 그러나 꼭 추가 할 것.
fs=40000;
T=5;

r = audiorecorder(fs, 16, 1);
record(r); pause(T);stop(r); y=getaudiodata(r)';
recorded(1,:)=1/fs*(1:length(y));
recorded(2,:)=y';

save FM_record.mat recorded
pwelch(y,[],[],[],fs);
```

아래 순서대로 실습을 수행하시오.

- 스마트폰의 스피커가 노트북의 마이크를 향하도록 하고, 둘 사이의 거리는 5cm 이내로 놓는다.

- 스마트폰의 재생 볼륨을 최대값의 75% 정도로 설정하고, 스마트폰에서 재생 시작 버튼을 눌러 FMmodWordX.wav를 재생한다.
- 재생 버튼을 누르고, 그 즉시 m-file을 실행한다(반드시 재생 시작 버튼을 먼저 누르고, 그 다음 1초 내에 m-file을 실행할 것). m-file의 실행이 완료되기까지 5초 정도 소요됨. m-file이 실행되는 동안 스마트폰과 노트북의 거리를 유지할 것.

위의 순서대로 실습을 수행한 후에 다음을 수행하시오.

(a) 수신 신호의 스펙트럼 그래프를 캡쳐하여 보이시오.

(b) 위의 순서대로 정확히 실습을 수행 했다면, 초음파 대역 근처에 존재하는 스펙트럼의 피크를 찾으시오. 참고로, 주변이 시끄러운 환경에서 실습을 수행하면 가청 주파수 대역에서 스펙트럼 성분이 높게 나올 수 있음. 만약, 초음파 대역 근처에 존재하는 스펙트럼 피크를 찾을 수 없는 경우에는 다음 실습을 진행할 수 없으므로, 스마트폰의 볼륨을 확인하고 스마트폰의 스피커가 노트북의 마이크사이의 거리를 좁혀서 위의 순서대로 다시 실습을 수행하시오. 그래도 초음파 대역 근처에 존재하는 스펙트럼 피크를 찾지 못하면 스마트폰이나 노트북을 교체하시오. 초음파 대역 근처에 존재하는 스펙트럼으로부터 FM 변조 신호의 캐리어 주파수를 0.5 kHz 단위(예: ..., 17.0 kHz, 17.5 kHz, 18.0 kHz, 18.5 kHz... 등등)로 읽어 낸후, 캐리어 주파수의 rad/sec 값을 쓰시오.

3.B. 수신된 FM 변조 신호의 파일인 'FM_record.mat'에 담긴 정보 신호를 복조해보자. [그림 13.7]과 같이 mdl/slx 파일을 설계하고 파일명을 CH13_3B.mdl/.slx로 설정하여 저장하시오. 'PLL'은 2.A에서 만든 것을 사용하시오.

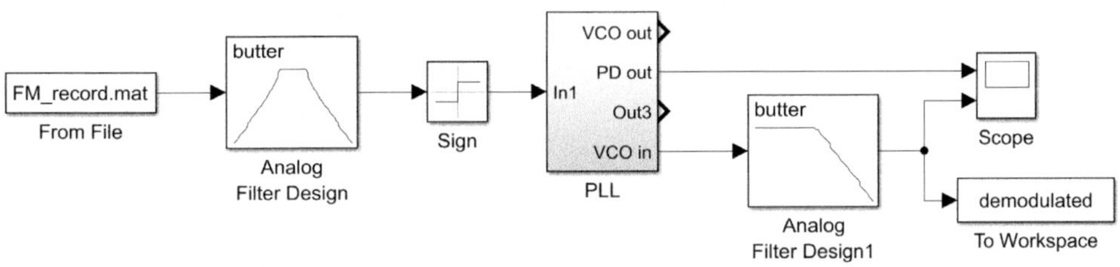

| 그림 13.7 | FM 복조기 블록도

각 블록의 변수 설정을 다음과 같이 하시오. 언급 안 된 변수는 그대로 두면 됨.

(1) 'From File' 블록

- 'File name'=FM_record.mat

(2) 'Analog Filter Design' 블록('From File' 블록과 연결된 것)

- 'Filter type'=Bandpass
- 'Lower passband edge frequency (rad/s)'=문제 3.A3(b)의 답 - 2*pi*1e3
- 'Upper passband edge frequency (rad/s)'=문제 3.A3(b)의 답 + 2*pi*1e3

(3) 'Analog Filter Design1' 블록('PLL' 블록과 연결된 것)

- 'Filter type'=Lowpass
- 'Passband edge frequency (rad/s)'= 2*pi*4e3

(4) 'Scope' 블록

- 'Scope' 창에서 'Configuration Properties' 아이콘 클릭, 'Logging' 탭(일부 이전 버전 매트랩에서는 'History' 탭)의 'Limit data points to last' 선택 해제

(5) 'PLL' : 13장의 2.A에서 만든 거 재사용 단,

- 내부블록의 'Continuous-Time VCO'의 변수 'Quiescent frequency (Hz)' =문제 3.A3(b)의 답 (단위는 Hz), 단위 유의할 것
- 내부블록의 'Continuous-Time VCO'의 변수 'Input sensitivity (Hz/V)'=1000
- 내부블록의 'Gain'의 변수 'Gain'=0.25
- 내부블록의 'Gain1'의 변수 'Gain'=50

(6) 'To Workspace' 블록

- 'Variable name'=demodulated
- 'Sample time'=1/(8192/3)
- 'Save format'=Array

3.B1. 다음 질문에 답하시오.

(a) 'Analog Filter Design' 블록('From File' 블록과 연결된 것)의 변수 설정 값에 근거하여 'Analog Filter Design' 블록의 역할을 설명하시오.

(b) 'Analog Filter Design' 블록과 'PLL' 블록 사이의 'sign' 블록을 삽입한 이유를 설명하시오.

(c) 'PLL'의 내부블록의 'Continuous-Time VCO'의 변수 'Quiescent frequency (Hz)'을 문제 3.A3(b)의 답으로 설정한 이유를 설명하시오.

3.B2. 'Simulation stop time'을 5초로 설정하고 Simulation을 실행하시오.

(a) Simulation이 완료되면 'Scope' 블록의 display창에서 'Autoscale' 아이콘을 클릭한 후, display창을 캡쳐하여 보이시오.

(b) 'Scope' 블록의 display 창에서 2번째 창에 나타난 신호는 복조된 정보신호이다. 한편,

앞서 2.D에서 FM 신호의 캐리어주파수와 'PLL' 내부 'Continuous-Time VCO'의 'Quiescent frequency [Hz]'간에 오차가 존재할 때, 복조된 정보 신호('PLL' 내부 'Continuous-Time VCO'의 입력)에 어떤 변화가 생기는지 관찰하고 이를 수식으로 검증한 것을 상기하자. 이를 토대로 복조된 정보신호의 dc bias 값과 'PLL'의 내부블록의 'VCO'의 'Input sensitivity' 값에 근거하여 실제 캐리어 주파수와 측정한 캐리어 주파수(3.A3(b)의 답)간의 오차를 계산하시오. 계산한 주파수 오차를 쓰시오.

🎧3.B3. Command window에서 아래 명령을 실행하시오. 정보 신호가 제대로 복조 되었다면, 특정한 단어를 들을 수 있다. 어떤 단어인지 쓰시오.

```
>> soundsc(demodulated)
```

💾 🎧3.B4. '실습 자료 파일' 사이트에 있는 다른 FM 변조 신호 파일(FMmodWordX.wav)들도 가능한 많이 복조해 볼 것. 각각의 FM 변조 신호는 모두 캐리어 주파수가 다르니, 이점 참조 하여 복조기의 각 블록의 변수를 적절히 조절할 것.

(a) 각각의 FM 변조 신호들을 복조한 뒤, 복조 신호를 청취하고 어떤 단어 인지 쓰시오.

(b) 각각의 FM 변조 신호들 복조 결과(청취한 단어)와 캐리어 주파수를 표로 작성하시오.

🎧3.B5. 복조 결과 중 가장 깨끗하게 들린 단어가 담긴 FM 변조 신호 파일(.wav 파일)의 이름을 쓰시오. 해당 파일을 이용하여 소음이 있는 환경에서 복조과정을 반복해보자. 문제 3.A3의 단계에서 FM 변조 신호를 노트북의 마이크로 녹음할 때, 다른 재생 장치에서 음악이나 일반적인 오디오 사운드를 큰 소리로 동시에 재생시켜서 오디오 사운드도 같이 수신되도록 하고, 그 다음 복조과정을 진행하시오.

(a) 복조를 수행하기에 앞서, 노트북에서 시끄러운 오디오 소음이 있는 환경에서도 복조가 가능할지 예상하고 그렇게 예상한 근거를 쓰시오.

(b) 복조과정을 수행한 후, 복조 결과가 (a)에서 예상한 결과와 일치하는가? 일치하지 않았다면, 그 이유를 분석하시오.

(c) Simulation을 실행하시오. Simulation이 완료되면 'Scope' 블록에 출력된 복조신호를 캡쳐하고, 복조신호를 재생하시오. 'Sign' 블록이 있었을 때의 복조 결과와 비교하고 비교 결과에 따른 이유를 설명하시오.

🎧3.B6. 'Sign' 블록을 제거하였다면, 다시 추가하시오. 가장 깨끗하게 복조된 FM 변조 신호 파일을 이용하여, 스마트폰과 노트북의 거리를 조금씩 늘려가면서 복조를 반복하시오. 복조 신호의 단어를 인식할 수 있는 최대 거리를 쓰시오.

3.B7. 3.B6의 주변소음이 있으면서 복조가능한 최대거리에서 수신한 파일을 그대로 사용하자. [그림 13.7]의 mdl/slx 설계 파일에 'Scope'블록을 추가하고, 'Analog Filter Design' 블록의 입력 신호와 출력신호를 'Scope' 블록에 연결하고 다시 mdl/slx파일을 실행하시오.

(a) 'Sign' 블록을 제거하고 Simulation을 실행하시오. Simulation이 완료되면 'Scope' 블록에 출력된 복조신호를 캡쳐하고, 복조신호를 재생하시오. 'Sign' 블록이 있었을 때의 복조 결과와 비교하고 비교결과에 따른 이유를 설명하시오.

(b) 추가된 'Scope' 블록의 결과 창을 열고, FM 신호가 존재하는 시간 구간에서 두 신호의 파형을 확대하여(X축이 5e-4초 정도의 길이가 되도록) 캡쳐하시오.

참고

녹음된 전체 구간에 FM신호가 존재하는 것이 아님을 유의. 3.B6의 자신의 복조 신호 파형을 보고 FM 신호 존재 구간을 파악할 것. 예를 들어, 3초 근처에 복조신호가 존재 하는것 처럼 보이면 [3 3.0005]초 영역을 확대하면 됨.

(c) (b)에서 캡쳐한 'Analog Filter Design' 블록의 입력 신호와 출력 신호의 파형의 두드러진 차이점을 쓰시오.

(d) (b)의 관찰 결과를 토대로 'Sign' 블록이 'Analog Filter Design'의 앞에 있는 경우(즉, 위에서 관찰한 'Analog Filter DesignAnalog Filter Design'블록의 '입력' 신호를 'Sign' 블록을 통과시키는 경우)에는 복조가 가능할지 예측하고 예측 근거를 쓰시오. (b)에서 자신이 캡쳐한 'Analog Filter Design'블록의 입력 신호에 대하여 'Sign'을 취한 결과를, 머릿속으로 상상해 보고, 순간 주파수 정보가 보존 되는지 아닌지 따져보면 도움이 될 것임.

3.B8. [그림 13.7]에서 'Analog Filter Design' 블록과 'Sign' 블록의 순서를 바꾼 후 Simulation을 실행하여 복조결과를 보이고, 3.B7의 자신의 예측이 맞았는지 확인하시오. 맞지 않았다면 자신의 예측의 잘못된 부분을 수정하시오.

PART III 디지털통신

>>> 14 CHAPTER Probability and Random Variables

- 확률변수(랜덤변수)의 PDF(Probability Density Function)를 실험을 통해 그리는 법을 익힌다.
- 가우시안(Gaussian) 랜덤 변수의 특성에 대해 이해한다.
- 레일레이 (Rayleigh) 랜덤 변수를 생성하고 생성된 샘플들을 바탕으로 PDF를 그린다.

1. 균등(uniform) 랜덤 변수 PDF 그리기

1.A. 아래는 전산 모의 실험을 통해 주사위 눈의 분포를 그리는 m-file이다.

```
clear
randn(1,XXX); % XXX=학번 끝 세자리, 내용과 상관없는 부분, 그러나 꼭 추가 할 것.
Nsim=6;
count=zeros(1,6);
for n=1:Nsim
    x=ceil(rand*6);
    if x==1
            count(1)=count(1)+1;
    elseif  x==2
            count(2)=count(2)+1;
    ...
    end
end
Px=count/?;
stem(1:6,Px)
```

참고

'ceil()'은 입력값보다 큰 정수 중 가장 작은 값으로 변환해주는 명령어이다('>>help ceil' 참조). 또한 'rand()' 함수는 0과 1사이의 실수값을 균등한 확률로 생성하는 함수이다('>>help rand' 참조).

1.A1. 'ceil(rand*6)'을 사용하면 주사위를 던졌을 때 나오는 주사위 눈의 실험값을 얻을 수 있다. 'ceil(rand*6)'이 어떻게 주사위 눈과 동일한 확률 변수가 되는지 설명하시오.

1.A2. 앞의 m-file에서는 'x=ceil(rand*6)'을 'Nsim'번 반복 실행하여 각 실행마다 값이 바뀌는 랜덤변수 'x'를 생성한다. 한편, 매번 실행하면서, 현재까지 x가 1인 횟수를 'count(1)'에, 'x'가 2인 횟수를 'count(2)'에 , …, 'x'가 6인 횟수를 'count(6)'에 저장한다. 'Px'는 각 사건(주사위의 눈)이 발생한 확률의 실험치를 원소로 갖는 벡터이다. 예를 들어, 'Px(3)'은 'x'가 3인 확률의 실험치이다. 미완성 된 부분을 마저 채워 완성하시오.

1.B. (a) 위의 m-file을 실행하고 결과 그래프를 보이시오. (b) 결과의 그래프는 이론적인 주사위 눈과 같이 균등 분포를 가지는가? 그렇지 않다면 그 이유에 대해 설명하시오.

1.C. 위의 m-file에서 실행 횟수 'Nsim=6'을 'Nsim=(1000+XXX)'로 수정하고('XXX'=학번 뒤 3자리), m-file을 실행하여 실험을 수행하시오. 그리고 'Nsim=6'을 'Nsim=(10000+XXX)'으로 수정하여 다시 한번 실험을 수행하시오.

(a) 실험을 수행하여 출력된 2개의 확률 밀도 함수(PDF)의 그래프를 캡쳐하여 보이시오.

(b) 문제 1.B의 PDF 그래프와 1.C(a)의 두 PDF 그래프의 차이점 즉, 총 세 개의 PDF 그래프의 차이점이 무엇인지 쓰시오. 이러한 차이가 발생한 이유는 무엇인가?

2. 수식을 이용하여, 가우시안 랜덤 변수 PDF 그리기

2.A☆. 평균이 m_X이고 분산(표준편차의 제곱)이 σ_X^2인 가우시안 랜덤 변수 X의 PDF $f_X(x)$를 수식으로 쓰시오.

2.B. 아래 m-file을 통해 평균이 0이고 분산이 1인 가우시안 랜덤 변수 X의 PDF $f_X(x)$의 그래프를 그려보자. 아래 m-file에서 'x'와 'Px'는 각각 PDF의 x축의 샘플 벡터와 PDF $f_X(x)$의 샘플 벡터이다. PDF의 x축은 −5 부터 5까지로 둔다. 즉 'x=-5:x_step:5'이다. 여기서, 'x_step=0.01' 정도로 잡자. 매트랩의 '.' 연산자(element-by-element operation)을 이용하면 'Px'는 하나의 라인으로 간단하게 생성할 수 있다. 문제 2.A의 수식을 참고하여 'Px' 생성 라인을 완성하고, 완성된 라인을 캡쳐하여 보이시오.

```
clear
randn(1,XXX); % XXX=학번 끝 세자리, 내용과 상관없는 부분, 그러나 꼭 추가 할 것.
x_step=0.01;
x=-5:x_step:5;
Px=1/sqrt(?)*exp( -((x-?).^2)./?);
plot(x,Px);
```

2.C. 평균과 분산이 아래와 같이 주어지는 경우, 벡터 'x'를 x축으로 하여 'Px'의 그래프를 그리시오.

- 평균 = 0, 분산 = 3
- 평균 = 0, 분산 = 0.2
- 평균 = 2, 분산 = 1
- 평균 = −3, 분산 = 1

2.D. 문제 2.C의 결과 그림 각각에 대하여 자신의 예상과 맞는지 설명하시오.

3. 'randn()' 함수를 사용하여 가우시안 PDF 그리기

매트랩에서 제공하는 확률 변수 생성 명령어(random, rand, randn 등)을 이용해 확률변수를 반복적으로 생성하는 실험을 통하여 PDF의 실험치를 구할 수 있다. 대략적인 방법은 다음과 같다. 먼저, PDF를 그리기 위한 x축을 다수개의 연결된 구간으로 나눈다. PDF를 얻고자 하는 확률 변수를 반복적으로 생성하면서 그 값이 어떤 구간에 속하는지 체크하여 어느 구간에 총 몇 개가 발생되었는지를 카운트 한다. 전체 면적이 1이 되도록 정규화 한다. 아래는 구체적 절차이다.

- Step 1. 먼저, PDF를 그리기 위한 x축을 다수개의 연결된 구간으로 나눈다. 구간의 경계를 결정하는 벡터 'x'를 생성한다. 즉, 첫 번째 구간은 [x(1) x(2)], 두 번째 구간은 [x(2) (x3)], …
- Step 2. 각 구간의 중심을 구한다.
- Step 3-1. PDF를 그리고자 하는 확률변수를 'Nsim' 번 반복적으로 생성한다.
- Step 3-2. 매번 생성할 때마다, 생성된 값이 어느 구간에 속하는 값인지 체크하여 각 구간 당 샘플 수 카운터를 증가시킨다. 반복 생성이 모두 끝나면 각 구간에 속하는 샘플들의 수가 결정된다.
- Step 4. 'Nsim' 번의 확률변수 생성이 모두 끝나면, PDF 전체 면적이 1이 되도록, 'Nsim' 값으로 각 구간 당 샘플수를 정규화 한다. 정규화 된 값은 해당 구간의 중심값에서의 PDF 실험치가 된다.

3.A. 매트랩 명령어 'randn'은 명령어가 호출될 때마다 평균이 0이고 분산이 1인 가우시안 변수 샘플을 발생한다. 아래의 m-file은 'randn'의 샘플들을 토대로 PDF를 그린다.

```
clear
rand(1XX); % XX = 자신의 학번 뒤 2자리. mfile 내용과 상관없으나 반드시 추가 할 것.
Nsim=100;
xstep=0.01;
xmin=-5;
xmax=5;
x=xmin:xstep:xmax;
Number_of_partitions=(xmax-xmin)/xstep;
PartitionCenters=(xmin+xstep/2):xstep:(xmax-xstep/2);

CountAtEachPartition=zeros(1,Number_of_partitions);
for n=1:Nsim

    random_sample=randn;

    for k=1:Number_of_partitions

        kth_partition_left_end=x(k);
        kth_partition_right_end=x(k+1);

        if(kth_partition_left_end<=random_sample)&(random_sample<kth_partition_
            right_end)
            CountAtEachPartition(k)=CountAtEachPartition(k)+1;
        end

    end
end
Px=CountAtEachPartition/xstep/Nsim;
figure
plot(PartitionCenters,Px,'r')
grid on
```

3.A1. 각 라인이 위에서 설명한 절차(Step 1~Step 4)중 어디에 속하는지 주석을 다시오. 주석을 단 m-file을 캡쳐하여 보이시오.

3.A2. 위의 m-file의 'if(kth_partition_left_end<=random_sample)&(random_sample<kth_partition _right _end)' 라인에서 확인하고자 하는 조건은 무엇인가? 즉, 어떠한 조건을 체크하고 있는 것인가?

3.B. 문제 3.A의 m-file을 실행하여 결과를 보이시오. 'hold on'과 'plot()'을 이용하여 3.A에서 실행한 결과와 문제 2.B에서 얻은 이론적인 PDF가 같은지 확인하시오.

3.C. 'Nsim'을 1e4, 1e6으로 증가시켜 3.B를 반복하시오.

3.D. 'Nsim'의 값이 작을 때, 실험에 의한 PDF와 이론적인 PDF가 일치하지 않는 이유를 쓰시오.

4. 가우시안 랜덤 변수 생성

4.A☆. X가 가우시안 랜덤 변수일 때, $Y=aX+b$는 또 다른 가우시안 랜덤 변수가 된다. X의 평균이 m_X이고 분산이 σ_X^2일 때, Y의 평균은 am_X+b이고 분산은 $a^2\sigma_X^2$가 됨을 수식으로 증명하시오.

4.B. 매트랩 명령어 'randn'은 평균이 0이고 분산이 1인 가우시안 변수의 샘플을 발생한다. 문제 4.A를 토대로, 명령어 'randn'을 이용해, 평균이 −3이고 분산이 0.01인 가우시안 랜덤 변수 Z의 샘플 'z'를 생성하는 문장을 완성하시오.

```
z= ?*randn+? ;
```

4.C. 평균과 분산이 아래와 같이 주어지는 경우에 대해, 문제 3.B를 반복하시오. 'Nsim'=1e6 으로 설정하고, 3.A의 m-file의 'random_sample=randn;' 라인과 2.B의 m-file의 평균과 분산을 적절히 수정할 것.

- 평균 = 0, 분산 = 0.2
- 평균 = −3, 분산 = 1

5. 'randn()'의 '평균', '분산' 실험

매트랩에서 'X=randn(1,N)'을 실행하면, 평균이 0이고 분산이 1인 가우시안 랜덤 변수를 'N'번 독립적으로 발생시키고 각각을 원소로 갖는 벡터 'X'를 발생할 수 있다. 아래의 문제 5.A, 5.B를 매트랩에서 구현하여 'randn()'의 평균과 분산을 구할 수 있다.

5.A. 랜덤 변수 X의 평균의 실험치는 다음과 같이 나타낼 수 있다.

$$m=\frac{\sum_{k=1}^{N} X(k)}{N}, \qquad \text{(식 14.1)}$$

여기서, 'X(k)'는 'X'의 k번째 성분으로 정의 됨.

(a) 아래 박스의 명령어를 참고하여, 랜덤변수 벡터 'X'를 구성하고 있는 원소들의 평균 'm'을 계

산하는 명령어를 완성하시오.

(b) 아래 코드를 실행하고 결과를 캡쳐하여 보이시오.

```
>>N=1XXX; % XXX = 자신의 학번 뒤 3자리
>>X=randn(1,N);
>>m = sum(?)/? ;
```

5.B. 랜덤 변수 샘플 벡터 X의 분산 v의 실험치는 다음과 같이 나타낼 수 있다.

$$v=\left(\frac{\sum_{k=1}^{N}X^2(k)}{N}\right)-m^2 \qquad \text{(식 14.2)}$$

아래 박스의 명령어를 완성하여 v의 계산 결과를 캡쳐하여 보이시오.

```
>> v = ??/N - m^2 ; %m은 5.A에서 구한 값
```

5.C. (a) 실험을 통해 계산한 m와 v가 'randn()'의 이론적인 평균과 분산과 거의 일치하는가?

(b) 동일하지 않다면, 'N'의 값을 현재 값에서 10배 증가시키고 5.A와 5.B를 다시 수행하여 m과 v를 다시 계산하시오. 계산 결과를 캡쳐하여 보이시오.

5.D. 문제 5.A~5.C에서의 시뮬레이션 방식으로, 문제 4.B에서 발생한 'z'의 평균과 분산을 구하시오. 이를 위해, 문제 4.B의 'z' 생성문은 'z=?*randn (1,N)+?'로 수정하여 'N' 개의 독립적인 랜덤 변수를 생성할 것. 그리고 (식 14.1)과 (식 14.2)를 매트랩에서 구현하여 'z'의 평균과 분산을 계산하시오.

(a) 실험을 통해 계산한 'z'의 평균과 분산의 값을 캡쳐하여 보이시오.

(b) 이론적인 'z'의 평균(=−3)과 분산(=0.01)의 값과 일치하는가? 약간의 실험 오차는 무시할 것.

6. 수치적분 이용한 '평균', '분산' 계산

문제 2.B에서, 평균이 0이고 분산이 1인 가우시안 랜덤 변수 X의 PDF $f_X(x)$의 샘플 벡터 'Px'를 생성하였다. 수치적분 (2장의 문제 1)을 이용하여, 아래와 같이 평균과 분산을 구하시오.

6.A. 다음의 평균의 정의식에 따라 수치적분으로 'x'의 평균을 구해보자.

$$m_X \triangleq \mathrm{E}[X] = \int x f_X(x) dx \qquad \text{(식 14.3)}$$

(a) 아래 박스를 참조하여 m-file을 완성하고 실행하시오. 수치적분으로 구한 평균의 값을 캡쳐하여 보이시오.

(b) 수치적분으로 구한 평균의 값이 이론적인 값과 거의 일치하는가?

```
%문제 2.B의 m-file에 이어서
m_x=sum(x.*Px)*x_step;
```

6.B. 다음의 분산의 정의식에 따라 수치적분으로 'x'의 분산을 구해보자.

$$\sigma_X^2 \triangleq \mathrm{E}[(X-m_X)^2] = \int (x-m_X)^2 f_X(x) dx \qquad \text{(식 14.4)}$$

(a) 아래 박스를 참조하여 m-file을 완성하고 실행하시오. 수치적분으로 구한 분산의 값을 캡쳐하여 보이시오.

(b) 수치적분으로 구한 분산의 값이 이론적인 값과 거의 일치하는가?

```
%문제 6.A의 m-file에 이어서
v=sum(???.*Px)*x_step;
```

6.C. (a) 아래 식의 두 번째와 세 번째 등호가 성립함을 수식으로 증명하시오.

$$\begin{aligned}\sigma_X^2 &= \int (x-m_X)^2 f_X(x) dx \qquad \text{(식 14.5)}\\ &= \int x^2 f_X(x) dx - m_X^2 \\ &= \mathrm{E}[X^2] - m_X^2.\end{aligned}$$

(b) (식 14.5)의 두 번째 줄을 참조하여 수치적분으로 분산의 값을 구해보자. 아래 박스와 (식 14.5)의 두 번째 줄을 참조하여 m-file을 완성하여 실행하고 결과를 캡쳐하여 보이시오.

```
%문제 6.B의 m-file에 이어서
sum(???)*x_step-m_x^2;
```

(c) (식 14.5)에 따라 수치적분으로 구한 분산의 값이 문제 6.B (식 14.4)에 따라 구한 값과 일치

하는가?

6.D. (a) 아래에 주어진 평균과 분산에 맞춰 문제 6.C의 m-file을 적절히 수정하고, m-file을 실행하시오.

- 평균 = 0, 분산 = 3
- 평균 = 0, 분산 = 0.001
- 평균 = 2, 분산 = 1

(b) 평균과 분산 값에 따라 계산한 값의 오차들이 서로 차이가 있음을 알 수 있다. 이러한 차이가 발생한 이유를 쓰시오.

★ 7. 레일레이(Rayleigh) 분포의 PDF 그리기

레일레이 페이딩(Rayleigh fading) 채널 모형은 무선 통신 분야에서 일반적으로 흔히 접할 수 있는 페이딩 채널 모형 중 하나이다. 레일레이 페이딩 채널에서, 수신 신호는 (식 14.6)과 같이 표현된다.

$$r = \alpha s + n \qquad \text{(식 14.6)}$$

여기서 s는 송신 신호이고 n은 가우시안 노이즈(noise)이다. 그리고 페이딩 계수(coefficient) α는 (식 14.7)의 PDF를 가지는 레일레이 랜덤 변수이다.

$$f_\alpha(x) = \begin{cases} \dfrac{x}{\sigma^2}\exp\left(-\dfrac{x^2}{2\sigma^2}\right), & x \geq 0 \\ 0, & x < 0 \end{cases} \qquad \text{(식 14.7)}$$

그리고 α의 제곱의 평균 값 $E[\alpha^2]$는 $2\sigma^2$과 같다.

7.A. 다음 질문에 답하시오.

(a) $\int_{-\infty}^{\infty} f_\alpha(x)dx = 1$ 임을 증명하시오.

(b) $f_\alpha(x)$를 이용하여 $E[\alpha^2]$을 계산하시오. $2\sigma^2$의 값과 동일한가?

(c) 매트랩의 Symbolic math를 사용하여 (a), (b)를 다시 수행하시오. Symbolic math의 사용법은 1장의 문제 2를 참조할 것. σ는 양수이므로 positive symbolic 변수로 선언할 것.

7.B. (식 14.8)과 같이 두 개의 독립적인 가우시안 랜덤 변수를 사용하여, 레일레이 랜덤 변수 α를

만들 수 있다.

$$\alpha = \sqrt{z^2 + y^2} \qquad \text{(식 14.8)}$$

여기서, z와 y는 평균이 0이고 분산이 σ^2인 독립 가우시안 랜덤 변수이다.

(a) σ^2=1일 때, (식 14.8)에 따라 α의 샘플을 생성해보자. 아래 박스에 ?를 적절히 채워 α의 샘플 'alpha_sample'을 생성하는 명령문을 완성하시오. 'randn()'을 사용하시오.

```
alpha_sample= ?;
```

(b) σ^2=0.5인 경우에 대하여 (a)을 반복하시오.

7.C. 문제 3에서 했던 방법으로, σ^2=1인 레일레이 랜덤 변수 α의 실험에 의한 PDF를 그리시오. 이때 'xstep'=0.1, 'xmin'=0, 'xmax'=5 로 설정, 'Nsim'=10000 정도로 설정 할 것. α를 생성하기 위해, 문제 3.A에서 완성한 m-file에, 7.B(a)의 명령문을 활용하여 적절히 수정하시오. (식 14.7)을 참고하여 이론치 PDF도 함께 겹쳐서 그려 비교하시오.

(a) 수정한 m-file을 캡쳐하여 보이시오.

(b) m-file을 실행하고, 결과 그림을 캡쳐하여 보이시오. 실험에 의한 PDF 곡선이 부드럽게 그려지지 않는 경우에는 'Nsim'의 값을 충분히 크게 설정할 것.

7.D. σ^2=0.5, 3 인 경우에 대하여 7.C를 반복하시오.

15 CHAPTER Random Signals

- Q-function의 활용법을 익힌다.
- 가우시안 랜덤 변수의 특성을 확인한다.
- 중심 극한 정리(Central Limit Theorem)의 특성을 확인한다.
- 랜덤 프로세스를 발생하고 발생된 신호를 이용하여 자기상관함수 등 통계적인 분석을 익힌다.
- AWGN의 통계적인 특성을 실험을 통해 확인한다.

1. 가우시안 분포(PDF)의 적분과 Q-function

$X \sim N(m, \sigma^2)$ 라는 표현은 X가 가우시안 분포를 갖는 확률 변수이고 평균이 m이고 분산이 σ^2임을 의미한다. Q-function $Q(k)$는 가우시안 확률변수 X가 $m+k\sigma$ 보다 클 확률을 의미한다. 이는 X의 PDF $f_X(x)$를 $m+k\sigma$에서 무한대까지 적분한 것에 해당하므로 다음과 같이 나타낼 수 있다.

$$Q(k) \triangleq \Pr\{X \geq (m+k\sigma)\}, \quad \text{where } X \sim N(m, \sigma^2) \qquad \text{(식 15.1)}$$
$$= \int_{m+k\sigma}^{\infty} f_X(x)\,dx.$$

1.A. (식 15.1)의 첫줄에서 $m+k\sigma$를 t로 치환하고 우변과 좌변을 바꾸면 아래 (식 15.2)로 표현할 수 있다. 즉, 가우시안 확률변수 X가 어떤 실수 t보다 클 확률 $\Pr\{X \geq t\}$을 Q-function으로 표현할 수 있다.

$$\Pr\{X \geq t\} = Q(?) \quad \text{where } X \sim N(m, \sigma^2) \qquad \text{(식 15.2)}$$

(식 15.2)의 ?를 채워 관계식을 완성하시오. (식 15.1)에서 $m+k\sigma$를 t로 놓으면 k를 t, m, σ로 나타낼 수 있다.

1.B. 최근 버전의 매트랩에서는 Q-function $Q(k)$를 계산하기 위한 함수 'qfunc()'이 정의되어 있다. 한편, Q-function은 아래 (식 15.3)과 같이 에러함수 erfc()와 관계가 성립한다. 에러함수 역시 매트랩 함수 'erfc()'로 정의 되어 있으므로 (식 15.3)의 우변을 이용하여 Q-function을 계산하는 것이 가능하다.

$$Q(x)=\frac{1}{2}\,\mathrm{erfc}\left(\frac{x}{\sqrt{2}}\right) \qquad \text{(식 15.3)}$$

본 실습에서는 (식 15.3)의 우변을 이용하여 Q-function을 계산한다.

아래 박스는 'erfc()' 함수와 (식 15.3)을 이용하여 $Q(x)$를 계산하는 m-file이다. ??을 채워 m-file을 완성하고 벡터 'x=0:0.01:6'의 각 원소에 대하여 $Q(x)$를 구하시오. 그리고 결과 그래프를 캡쳐하여 보이시오. 아래 m-file에서는 $Q(x)$의 매우 작은 범위까지 정확하게 확인하기 위해 'plot()'을 사용하지 않고 y축을 로그 스케일로 출력하는 'semilogy()'를 사용한다.

```
clear;
x=0:0.01:6;
Qx=??;
semilogy(x, Qx);
```

1.C. (식 15.2)과 (식 15.3)을 이용하여 아래 식을 완성하시오.

$$\Pr\{X\geq t\}=0.5*\mathrm{erfc}(?) \quad \text{where } X\sim N(m,\sigma^2) \qquad \text{(식 15.4)}$$

1.D. (식 15.4)의 관계식을 이용하여 다양한 가우시안 확률변수의 대소확률을 매트랩에서 계산할 수 있다. 매트랩의 'erfc()'를 사용하여 다음을 구하시오.

1.D1. $X\sim N(1,\ 0.5)$일 때, $\Pr\{X\geq 1.5\}$의 값을 구하시오.

1.D2. $X\sim N(2,\ 1)$일 때, $\Pr\{X\geq 2.5\}$의 값을 구하시오.

1.D3. $X\sim N(1.5,\ 0.25)$일 때 $\Pr\{X\geq 0\}$의 값을 구하시오.

1.D4. $X\sim N(1,\ 0.5)$일 때, $\Pr\{X\leq -1.5\}$의 값을 구하시오. (가우시안 확률분포(PDF)는 평균을 중심으로 대칭임을 이용)

1.E. 실험으로 문제 1.D1의 답을 검증해보자. 매트랩 명령어 'randn()'을 이용하여, $X\sim N(1,\ 0.5)$의 샘플을 랜덤하게 생성할 수 있다(14장의 문제 4.B 참고).

1.E1. 아래는 1.5보다 큰 X의 샘플의 개수가 'Nid'가 될 때까지 X를 반복 생성하여 $\Pr\{X\geq 1.5\}$(=m-file에서 변수 'P')를 실험으로 구하는 m-file이다. ?를 채워 완성하고 모든 라인에 대한 설명을 다음의 지침에 따라 작성하시오.

(지침1) '='이 있는 라인 : '=' 왼쪽 변수의 목적(용도), '=' 오른쪽 수식이 왼쪽 변수의 목적(용도)에 왜 부합하는지 그 이유를 쓰시오.

(지침2) '='이 없는 라인 : 명령어에 대한 설명과 이 명령을 왜 수행하는지 설명.

```
clear
randn(1,XXX); % XXX=학번 끝 세자리, 내용과 상관없는 부분, 그러나 꼭 추가 할 것.
Nid=1XXX; % XXX = 자신의 학번 뒤 3자리
cnt=0;
trials=0;
while cnt < Nid
  X=?*randn+?;
  if X >= 1.5
     cnt=cnt+1;
  end
  trials=trials+1;
end
P=?/?
```

1.E2. (a) 위 m-file 수행하시오. 그리고 실험으로 구한 $\Pr\{X \geq 1.5\}$의 값을 Command window에서 확인하고 캡쳐하여 보이시오. (b) 실험으로 구한 값이 문제 1.D1에서 'erfc()' 함수를 사용하여 얻은 값과 일치하는가? 유한한 실험 수에 의한 실험값의 오차는 무시할 것.

1.F. 문제 1.E1의 m-file을 수정하여 문제 1.D2, 1.D3, 1.D4의 답을 실험을 통해 검증하는 m-file을 작성하시오. 각각의 m-file에 대해 실행 결과를 보이고 실험을 통해 얻은 값과 'erfc()' 함수를 사용하여 얻은 값이 일치하는지 확인하시오.

2. 독립 확률 변수 그리고 가우시안 확률 변수 (Gaussian random variables)

본 문제를 통하여 독립 확률 변수의 주요 특성과 가우시안 확률 변수 고유의 특성을 알아보자.

2.A☆.. 독립적인 확률변수(랜덤변수) X_1, X_2가 있다. 각각의 PDF를 $f_{X_1}(x)$, $f_{X_2}(x)$ 라고하자. 두 확률 변수의 합을 $X_3(=X_1+X_2)$라 할 때 X_3는 또 하나의 확률변수가 된다. 독립확률변수의 이론(공식)에 따르면 X_3의 PDF $f_{X_3}(x)$를 $f_{X_1}(x)$와 $f_{X_2}(x)$로부터 구할 수 있다. 구하는 공식을 쓰시오.

2.B☆. 문제 2.A의 답을 확장하면, K개의 독립적인 확률변수들 X_i $(i=1, 2, 3, \cdots K)$ 의 합 $S\left(=\sum_{k=1}^{K} X_k\right)$ 의 PDF $f_S(x)$는 $f_{X_1}(x), f_{X_2}(x), \ldots, f_{X_K}(x)$를 이용하여 수식으로 나타 낼 수 있다. 관계식을 쓰시오.

참고

X_i $(i=1, 2, 3, \cdots K)$가 모두 동일한 PDF를 갖는 경우라 할지라도 (즉, $f_{X_1}(x)=f_{X_2}(x)=...=f_{X_K}(x)$), 모두가 각각 서로 독립이면 문제 2.B의 답은 여전히 성립한다.

2.C☆. K개의 독립적인 확률변수들 X_i $(i=1, 2, 3, \cdots K)$의 선형 결합, 즉 $Y=\sum_{i=1}^{K}(a_i X_i+b_i)$의 평균 m_Y와 분산 σ_Y^2이 아래와 같음을 보일 수 있다. 분산식(식 15.6)에 대한 증명을 하시오.

$$m_Y=E[Y]=E\left[\sum_{i=1}^{K}a_i X_i+b_i\right]=\sum_{i=1}^{K}\left[a_i E[X_i]+b_i\right] \quad \text{(식 15.5)}$$
$$=\sum_{i=1}^{K}\left[a_i m_{X_i}+b_i\right]$$

$$\sigma_Y^2=\sum_{i=1}^{K}a_i^2\sigma_{X_i}^2 \quad \text{(식 15.6)}$$

2.D. $X_1 \sim N(1,\ 2)$, $X_2 \sim N(-2,\ 9)$, $X_3 \sim N(0,\ 4)$를 따르는 독립적인 가우시안 확률변수이고, $Y=X_1+3X_2-2X_3$일 때, 아래와 같이 'randn()'을 사용하여, X_1, X_2, X_3, Y를 생성할 수 있다.

```
X1=sqrt(?)*randn+? ;
X2=sqrt(?)*randn+? ;
X3=sqrt(?)*randn+? ;
Y= ? ;
```

아래의 m-file은 변수 'Y'를 'Nid'번 반복적으로 생성하고, 그 값들을 이용하여 평균 'mY'와 분산 'vY'을 구한다.

```
clear
randn(1,XXX); % XXX=학번 끝 세자리, 내용과 상관없는 부분, 그러나 꼭 추가 할 것.
Nid=1XXX; % XXX = 자신의 학번 뒤 3자리
for n=1:Nid
  X1=sqrt(?)*randn+? ;
  X2=sqrt(?)*randn+? ;
  X3=sqrt(?)*randn+? ;
  Y(n)= ? ;
end
mY=?; %14장의 5.A 참조, 매트랩의 'mean()' 함수를 사용하지 말 것.
vY=?; %14장의 5.B 참조, 매트랩의 'var()' 함수를 사용하지 말 것.
```

2.D1. ?를 채워 완성하고 시뮬레이션을 수행하여 결과를 보이시오.

2.D2. (a) 이제, (식 15.5)와 (식 15.6)의 공식으로 평균과 분산을 구하시오. (b) 문제 2.D1의 시뮬레이션 결과와 (a)에서 구한 이론치가 일치하는가?

2.E. K 개의 확률변수들 즉, X_i $(i=1, 2, 3, \cdots K)$이 각각 독립적인 가우시안 분포를 따른다고 가정하자. X_i 들의 선형 결합으로 생성된 확률변수 Y는 $Y=\sum_{i=1}^{K} a_i X_i$로 나타낼 수 있다.

2.E1☆. 가우시안 확률 변수의 정리에 따르면, 확률 변수 Y는 어떠한 분포를 따르는가?

2.E2☆. 문제 2.E1의 답 그리고 문제 2.D2(a)에서 (식 15.5)와 (식 15.6)의 공식으로 구한 평균과 분산 결과를 이용하면 문제 2.D에서 생성한 확률변수 Y (매트랩 변수='Y')의 정확한 PDF $f_Y(x)$를 알 수 있다. $f_Y(x)$를 쓰시오.

2.E3☆. (식 15.4)를 이용하여 2.D에서 생성한 'Y'가 10 보다 클 확률 $\Pr\{Y \geq 10\}$을 구할 수 있다. 아래 박스의 명령어를 완성하여 그 값을 구하고 결과를 쓰시오.

```
>>m=?; v= ?; t=?;
>>Pr=?*erfc(?)
```

🖫 2.E4. 아래의 박스는 $\Pr\{Y \geq 10\}$을 실험으로 구하는 m-file이다.

(a) m-file을 완성하고 캡쳐하여 보이시오.

(b) m-file을 실행하여 얻은 실험 결과를 보이시오.

(c) (b)에서 얻은 실험 결과와 2.E3의 결과가 동일한가?

```
clear
randn(1,XXX); % XXX=학번 끝 세자리, 내용과 상관없는 부분, 그러나 꼭 추가 할 것.
Nid=1XXX; % XXX = 자신의 학번 뒤 3자리
cnt=0;
Trials=0;
while cnt < Nid
  X1=sqrt(?)*randn+? ;
  X2=sqrt(?)*randn+? ;
  X3=sqrt(?)*randn+? ;
  Y= ? ;
  if Y >= ?
     cnt=cnt+1;
  end
  Trials=Trials+1;
end
P=?/?
```

2.E5. $\Pr\{Y \le -15\}$에 대하여 2.E3와 2.E4를 반복하여 이론치와 실험치가 같음을 보이시오. 이론치를 구할 때, 가우시안 분포는 평균을 기준으로 대칭 모양임을 이용 하면 됨.

3. Central limit theory (CLT)

X_i가 [1,2,3,⋯,6] 값들을 균일한 확률로 갖는 독립 랜덤 변수일 때, 다음과 같이 정의되는 랜덤 변수 Y를 고려하자.

$$Y = \sum_{i=1}^{M} X_i \qquad \text{(식 15.7)}$$

3.A. M=2인 경우, 랜덤 변수 Y의 한 샘플을 다음과 같이 생성할 수 있다.

```
X(1)=ceil(rand*6);
X(2)=ceil(rand*6);
Y=sum(X)
```

3.A1. (a) M=2인 경우, 'Y'가 가질 수 있는 가능한 값을 모두 쓰시오. (b) (식 15.7)에서 랜덤 변수 Y가 가질 수 있는 최소값은 M이다. Y가 가질 수 있는 최대값을 M의 함수로 나타내시오.

3.A2. 아래 m-file은 M=2인 경우에 대해 변수 'Y'를 'Nid*100'번 반복적으로 생성하여 'Y'가 가질 수 있는 모든 값들에 대하여 분포를 그린다. ?를 채워 m-file을 완성하고 수행 결과 그림을 보이시오.

```
clear
M=2;
Nid=1XXX; % XXX = 자신의 학번 뒤 3자리
rand(Nid); % mfile 내용과 상관없으나 반드시 추가 할 것.
Nsim=Nid*100;

Possible_Y=M:1:? ; % 문제 3.A1의 답에 따라 Y의 최대값을 ?에 넣으시오.
count=zeros(1,length(Possible_Y));

for n=1:Nsim
  for ii=1:M
    X(ii)=ceil(rand*6);
  end
  Y=sum(?);
```

```
    for k=1:length(Possible_Y)
      if Y==Possible_Y(k)
        count(k)=count(k)+1;
      end
    end
end
P_Y=?/Nsim;
plot(Possible_Y,P_Y)
xlabel('Y')
ylabel('Pr[Y]')
```

3.B. 문제 3.A2의 m-file을 수정하여 'M'=4, 8, 16, 50인 경우로 확장해 보자. (a) 'M'=4, 8, 16, 50인 경우에 대하여 수정된 m-file을 수행하고 Y의 분포를 캡쳐하여 보이시오. (b) 'M' 값이 증가함에 따라 Y의 분포가 어떤 모양으로 바뀌고 있는지 쓰시오. 분포 범위의 변화 말고 전체적인 모양의 변화에 주목할 것.

3.C. 다른 형태의 분포를 가지는 랜덤 변수 X_i에 대해 문제 3.B를 반복해보자. 문제 3.B의 m-file에서 'X(ii)=ceil(rand*6)' 라인을 'x(ii)=ceil((rand^2)*6)'으로 수정하면, X_i가 가질 수 있는 값의 범위는 여전히 [1,2,3,...,6] 이다. 하지만 수정된 X_i는 균등 분포를 가지지 않는다.

3.C1. 문제 3.B의 m-file에서 X(ii)=ceil(rand*6)' 라인을 'x(ii)=ceil((rand^2)*6)'으로 수정하고 'M'=1로 설정하시오. 이 때, X_i의 분포를 실험을 통해 알아보자.

(a) 수정된 m-file을 실행하고 실험을 통해 얻은 X_i의 분포를 캡쳐하여 보이시오.

(b) X_i의 분포가 어떤 형태를 가지는지 쓰시오. 균일한 분포와는 달리 X_i의 분포가 [1,2,3,...,6] 범위에서 어떻게 분포되어 있는지 쓸 것.

(c) 수정된 X_i의 생성 라인을 참고하여 직관적으로 X_i가 [1,2,3,...,6] 범위에서 작은 값들을 가질 확률이 더 높은 이유를 설명하시오.

3.C2.

(a) 문제 3.C1과 같이 X_i의 분포가 균등 분포가 아닌 경우에는, 'M' 값이 증가함에 따라 $Y=\sum_{i=1}^{M} X_i$의 분포는 어떻게 변하겠는가? X_i이 균등 분포일 때와 같이 'M' 값이 증가함에 따라 $Y=\sum_{i=1}^{M} X_i$의 분포가 가우시안 분포로 수렴하겠는가? 자신의 예상을 쓰시오.

(b) 'M'=4, 8, 16, 50인 경우에 대하여 수정된 m-file을 수행하시오. 각 'M' 값에 대한 Y의 분포를 캡쳐하여 보이시오.

(c) 'M' 값이 증가함에 따라 Y의 분포가 어떤 모양으로 바뀌고 있는지 쓰시오.

3.D. 문제 3.B와 3.C를 토대로 Central Limit Theory(CLT)을 검증하시오.

3.E. 문제 3.B와 3.C에서는 실험을 통해 얻은 분포에 근거하여 CLT를 검증하였다. 실험을 통해 분포를 얻기 위해서는 많은 수의 랜덤 변수 생성이 필요하고, 이로 인해 실험 시간이 길어지는 문제점이 있다. 이번 문제에서는 많은 수의 랜덤 변수를 생성하는 방법이 아닌, 다른 방식으로 CLT를 검증해보자.

3.E1. Command window에서 아래 두 줄의 명령어를 실행하시오. 실행할 때, 첫 번째 줄의 벡터 'ID'의 각 원소를 자신의 학번으로 수정하시오. 학번의 길이(자릿수)는 문제가 되지 않으므로 아래와 같이 학번을 끝까지 입력할 것. 이후 문항에서 샘플 벡터 'pX'를 이산 확률 변수 'X'의 PDF로 간주한다. 예를 들어, 'pX(1)', 'pX(2)', ... 는 각각 'X'가 1, 2, ... 일 확률을 나타낸다.

```
>> ID=[2,0,8,4,3,8,1,2] % 자신의 학번이 20843812인 경우의 예
>> pX=ID/sum(ID) % sum(pX)=1 이 되도록 pX를 정규화 함
```

(a) 생성한 'pX'를 캡쳐하여 보이시오.

(b) 생성한 'pX'로부터 'X' 가 3일 확률 즉, $\Pr(X=3)$은 얼마인가?

3.E2. Command window에서 '>> plot(pX)'를 수행하여 자신이 만든 'X'의 확률분포 'pX'를 출력하시오. 'pX'의 모양을 확인하고 그림을 캡쳐하여 보이시오.

3.E3. 매트랩 명령어 'conv(a,b)'는 'a'와 'b'의 콘볼루션 결과를 출력한다. Command window에서,

(a) '>> pX=conv(pX,pX);plot(pX)'을 수행하고, 콘볼루션 결과 그림을 캡쳐하여 보이시오.

(b) (a)을 반복적으로 5회 수행하시오. m-file로 만들지 말고 아래 박스와 같이 반드시 command window에서 한번 씩 수행하면서 그때마다 그려지는 그림을 캡쳐하여 보이시오.

```
>> pX=conv(pX,pX);plot(pX) %실행 후 그림 캡쳐
>> pX=conv(pX,pX);plot(pX) %실행 후 그림 캡쳐
... 5회 정도 반복
```

3.E4. 문제 3.E1에서 자신의 학번이 아닌 다른 임의의 값과 길이를 가진 양수 벡터에 대하여 'pX'를 설정하고, 수정한 'pX'를 이용하여 3.E3을 수행하시오. 콘볼루션 결과 그림을 캡쳐하여 보이시오.

3.E5. CLT는 "여러 확률변수가 '**더해졌을 때**', 더한 값의 분포가 가우시안 분포를 따른다." 라는 이론이다. 그래서 앞 문제 3.B와 3.C에서는 실제로 변수를 발생하여 더한 값 ('Y')의 분포가

가우시안을 따름을 직접 확인하여 CLT를 검증한 것임을 상기하자.

한편, 문제 3.E3과 3.E4에서 결과가 가우시안 분포 형태로 수렴함을 확인할 수 있다. 이결과 역시 CLT를 검증하는 것이다. 그런데, 위에 밑줄 그은 문장의 CLT를 직접적으로 증명하려면, 앞 문제 3.B와 3.C처럼 확률변수를 더하는 과정이 필요한데,

(a) 3.E3과 3.E4에서는 더하는 과정이 있었는가?

(b) 만약 더하는 과정이 없다면 어떻게 3.E3과 3.E4의 결과가 CLT를 증명하는 것인지 설명하시오.

(c) 이 방법(문제 3.E3, 3.E4)과 문제 3.B, 3.C의 방법 중 어떤 것이 더 효율적인 CLT 증명(검증) 방법인가? 이유와 함께 쓰시오.

3.E6. 아래와 같이 임의의 양의 실수 값을 원소로 가진 벡터 'pX'를 6개 이상 생성하시오. 벡터의 길이는 같지 않아도 됨.

```
>> pX1=[1, 0.3, 4.3, 8, 3];
>> pX2=[2, 0, 5, 1, 8];
>> pX3=[9, 11.5, 6.7, 1.02, 8];
...
>> pX6=[0.1, 4, 3, 0, 2];
```

생성한 벡터를 아래와 같이 재귀적으로 콘볼루션 하시오.

```
>> pX=pX1;
>> pX=conv(pX, pX2); plot(pX)
>> pX=conv(pX, pX3); plot(pX)
...
>> pX=conv(pX, pX6); plot(pX)
```

(a) 각 라인의 콘볼루션 결과를 캡처하여 보이시오.

(b) (a)의 결과를 이용하여 CLT를 일반화하여 설명하시오.

3.E7. 다음을 답하시오.

(a) 'ID=[10, 1, 1, 1, 1, 1, 1, 10]'로 설정하여 문제 3.E1~3.E3을 반복하시오.

(b) 모든 원소가 0인 벡터는 제외하고, 0 또는 양의 실수 값을 원소로 가지고, 자기 자신과 반복적으로 콘볼루션을 수행하여도 가우시안 PDF의 일반적인 모양으로 수렴하지 않는 벡터가 존재한다면 예를 제시해 보시오.

(c) (b)에서 자신이 예로든 벡터에 대하여 검증하시오.

(d) 만약 자신이 예로든 벡터가 콘볼루션을 반복하여도 가우시안 PDF의 일반적인 모양으로 수렴하지 않았다면 그 이유를 이론적으로 설명하시오.

4. 가우시안 랜덤 프로세스 및 자기 상관 함수

4.A. 아래 m-file에서 'xt'는 어떤 랜덤 프로세스 $x(t)$의 하나의 시행결과(관찰결과)에 대한 매트랩 샘플(1초부터 100초까지 간격 1초) 벡터이다. 아래 m-file을 실행한 후 아무 키나 반복적으로 누르면 'xt'가 매번 새로 생성되어 figure 창에 출력된다.

```
clear
randn(1,XXX); % XXX=학번 끝 세자리, 내용과 상관없는 부분, 그러나 꼭 추가 할 것.
figure
ID=[2,5,3,8,1,5,7,1];% 자신의 학번 각 자리수로 대체할 것.
for trial=1:100
   xt=conv(randn(1,100),ID)+4.35; %xt생성. 생성원리(우변)는 몰라도 무방.
   plot(xt)
   xlabel('t [sec]')
   pause
end
```

4.A1. 벡터 'ID'의 각 원소를 자신의 학번의 각 자리수로 대체하고, m-file을 실행하시오.

(a) 아무 키나 누를 때마다, 새로 생성한 $x(t)$의 샘플벡터가 figure 창에 출력된다. 적어도 4개 이상의 $x(t)$의 샘플 벡터를 캡쳐하여 보이시오. m-file의 실행을 끝내려면 Ctrl-C 키를 누르시오.

(b) (a)에서 캡쳐한 결과 그림을 바탕으로 $x(t)$가 랜덤 프로세스인지 판단하고 판단근거를 쓰시오.

4.A2. 문제 4.A1(a)에서 캡쳐한 결과 그림만으로 $x(t)$가 '가우시안' 랜덤 프로세스라고 판단할 수 있는지 쓰시오(Yes/No). 답의 근거도 쓰시오.

4.A3. $t=t_0$에서 $x(t)$의 시행결과 값들을 모아보자. 아래 m-file은 $x(t)$의 시행결과에 대한 샘플 벡터 'xt'를 반복적으로 생성한다. 그리고 각 시행결과마다 $t=t_0$일 때 $x(t)$의 값 즉, 'xt'의 't0'번째 샘플을 택하여 벡터 'xt_at_t0'에 각 원소로 저장한다. 아래 m-file에서는 t_0를 23초로 설정하였다. 아래 m-file을 실행하면 최종적으로 $x(t)|_{t=t_0}$(≙ $t=t_0$일 때 $x(t)$의 값)의

평균값과 $x(t)|_{t=t_0}$의 분포를 히스토그램으로 얻을 수 있다.

(a) 아래 m-file에서 $x(t)|_{t=t_0}$의 시행결과에 대한 샘플에 해당하는 매트랩 변수는 무엇인가?

(b) 'plot(xt_at_t0)'를 사용하여 'xt_at_t0'의 그래프를 출력할 경우, 출력된 그래프의 x축이 나타내는 것은 무엇인가?

(c) 아래 m-file의 'mean(xt_at_t0)' 라인은 랜덤 프로세스 $x(t)$의 평균값을 출력해 준다. 이때, 출력된 평균값은 time average(시간평균) 인가 ensemble average(앙상블 평균)인가? 답의 근거도 쓰시오.

```
clear
randn(1,XXX); % XXX=학번 끝 세자리, 내용과 상관없는 부분, 그러나 꼭 추가 할 것.
figure
ID=[2,5,3,8,1,5,7,1]; % 자신의 학번 각 자리수로 대체할 것
t0= 23 ;
for trial=1:50000 %50000=>PC 속도에 따라 조절가능 단, 작을수록 오차 증가
   xt=conv(randn(1,100), ID)+4.35;
   xt_at_t0(trial)=xt(t0);
end
mean(xt_at_t0)
hist(xt_at_t0,100)
```

4.A4. 위 m-file을 수행하고 'mean(xt_at_t0)'의 결과와 'hist(xt_at_t0,100)'의 결과인 PDF 그림을 캡쳐하여 보이시오.

4.A5. 't0' 값을 1에서 100사이의 임의의 다른 정수 값으로 수정하여 m-file을 실행하시오. 적어도 4가지 다른 값에 대하여 실행하고 결과를 보이시오.

4.A6. 실행 결과를 바탕으로 랜덤 프로세스 $x(t)$가 가우시안 랜덤 프로세스라고 판단할 수 있는지 쓰고, 근거도 쓰시오. m-file의 'xt' 생성문장으로부터 판단하지 말고 m-file의 실행 결과로부터 판단할 것.

4.B. 랜덤 프로세스의 자기 상관함수를 실험으로 구하고 관찰하자.

랜덤 프로세스 $x(t)$의 자기 상관함수 $R_x(t_1, t_2)$는 다음과 같이 나타낼 수 있다.

$$\begin{aligned} R_x(t_1,t_2) &= \mathrm{E}[x(t_1)x^*(t_2)] \\ &= \mathrm{E}[x(t_1)x(t_2)] \quad \text{when } x(t) \text{ is a real-vealued random process.} \end{aligned} \qquad \text{(식 15.8)}$$

4.B1. 아래의 m-file은 문제 4.A에서 사용한 랜덤 프로세스 $x(t)$를 이용하여 $x(t_1)$과 $x(t_2)$의 상관 값 $R_x(t_1, t_2)$을 구한다. m-file의 각 라인에 대한 설명을 다음의 지침에 따라 작성하시오.

(지침1) '='이 있는 라인 : '=' 왼쪽 변수의 목적(용도), '=' 오른쪽 수식이 왼쪽 변수의 목적(용도)에 왜 부합하는지 그 이유를 쓰시오.

(지침2) '='이 없는 라인 : 명령어에 대한 설명과 이 명령을 왜 수행하는지 설명.

```
clear
randn(1,XXX); % XXX=학번 끝 세자리, 내용과 상관없는 부분, 그러나 꼭 추가 할 것.
ID=[2,5,3,8,1,5,7,1]; % 자신의 학번 각 자리수로 만든 벡터
t1= 51 ;
t2= 87 ;
for trial=1:50000 %50000=>PC 속도에 따라 조절가능 단, 작을수록 오차 증가
   xt=conv(randn(1,100), ID)+4.35;
   xt1_mult_xt2(trial)=xt(t1)*xt(t2);
end
mean(xt1_mult_xt2)
```

4.B2. 마지막 줄의 'mean()'은 Time average 인가 Ensemble average인가? 근거를 쓰시오.

4.B3. 여러 't1', 't2'의 조합에 대해서도 위의 m-file을 수행해 보자.

(a) 't1'과 't2'의 범위가 각각 8<t1<100, 8<t2<100 이고, 두 지점의 시간차이가 t2-t1=3을 만족하는 (t1, t2) 쌍에 대하여 m-file을 수정하여 수행하고 결과를 보이고, $R_x(t_1, t_2)$의 실험 결과를 표로 정리하시오. 예를 들어, 't1'=37 이고 't2'=40 으로 설정. 적어도 4개 이상의 (t1, t2) 쌍에 대하여 실험을 수행할 것.

(b) 두 지점의 시간 차이가 t2-t1=5인 경우에 대해서도 (a)을 반복하시오. (a)에서 정리한 결과표에 (b)의 결과값을 추가할 것.

(c) (a)와 (b)의 결과로부터, 랜덤 프로세스 $x(t)$의 상관함수 $R_x(t_1, t_2)$가 가지고 있는 주요한 특성이 무엇인지 쓰시오. 실험 결과가 본인의 예상한 바와 일치하지 않으면, 현재 50000으로 설정된 실험 수를 더 큰 값으로 설정하여 실험으로 인한 오차를 줄일 것.

🖫 4.B4. 아래 m-file은 'tau' 만큼 떨어진 두 지점 't1', 't2'의 자기 상관값을 구한다. 'tau'를 바꾸어 가면서 자기 상관값을 구하여 'tau'에 대한 함수로 자기상관함수의 그래프를 그린다. 아래 m-file에서 't1'=51로 고정되어 있고, 't2'='t1'+'tau'로 설정되어 각 'tau' (='t2'-'t1')값에 따라 자기 상관값을 계산한다.

굵은 글씨의 라인에 대한 설명을 다음의 지침에 따라 작성하시오.

(지침1) '='이 있는 라인 : '=' 왼쪽 변수의 목적(용도), '=' 오른쪽 수식이 왼쪽 변수의 목적(용도)에 왜 부합하는지 그 이유를 쓰시오.

(지침2) '='이 없는 라인 : 명령어에 대한 설명과 이 명령을 왜 수행하는지 설명.

```
clear
randn(1,XXX); % XXX=학번 끝 세자리, 내용과 상관없는 부분, 그러나 꼭 추가 할 것.
figure(1)
ID=[2,5,3,8,1,5,7,1]; % 자신의 학번 각 자리수로 만든 벡터
t1= 51 ;

R_vector=[];
tau_vector=[];
for tau= (-t1+1):(-t1+100)
    t2=t1+tau;
    for trial=1:10000 %PC 속도에 따라 조절가능 단, 작을수록 오차 증가
        xt=conv(randn(1,100), ID)+4.35;
        xt1_mult_xt2(trial)=xt(t1)*xt(t2);
    end
    tau_vector=[tau_vector tau];
    R_at_tau=mean(xt1_mult_xt2);
    R_vector=[R_vector R_at_tau];
end
plot(tau_vector,R_vector);
axis([-50 50 min(R_vector) max(R_vector)]);
hold on
xlabel('tau')
grid on
```

4.B5. (a) 위의 m-file을 수행하고 결과 그래프를 캡쳐하시오.

(b) 식 15.8의 상관식에 $\tau = 0$ ('t_1=t_2' 와 같은 의미) 을 대입하여 정리하면 그 값은 신호의 무엇을 의미하는 지 쓰시오.

(c) 문제 (a)의 그래프로 부터 신호 'xt'의 전력을 알아내시오.

4.B6. 't1' 값을 40에서 60사이의 임의의 다른 값들로 교체하면서 위의 m-file을 여러 번 반복 수행하고 결과 그래프를 캡쳐하시오. 적어도 4개 이상의 't1' 값에 대하여 실험을 수행하고 $R_x(t_1, t_1+\tau_0)$의 결과 그래프를 캡쳐하여 보이시오.

4.B7. 문제 4.B6의 $R_x(t_1, t_1+\tau_0)$의 그래프로부터 $R_x(t_1, t_1+\tau_0)$은 t_1에 대한 함수인지 또는 τ_0에 대한 함수인지, 아니면 t_1, τ_0 두 변수 모두에 대한 함수인지 판단하시오. 자신의 판단에 대한 근거도 쓰시오.

4.B8☆. 어떤 랜덤 프로세스가 WSS (Wide Sense Stationary)하기 위한 조건을 쓰시오.

4.B9. 문제 4.A6과 4.B7의 결과로부터 랜덤 프로세스 $x(t)$가 WSS 인지 판단하시오. 판단의 근거를 명확히 설명하시오.

4.B10. $x(t)$ 에서 t=77인 지점의 값과 t=82인 지점의 값, 두 값의 상관을 구하시오. m-file을 수정하여 수행하지 말고 이전에 수행한 실험들의 결과에 근거하여 답을 쓰시오.

4.B11★. 위 m-file에서 벡터 'ID'의 길이를 L이라 하자. 문제 4.B6의 자기상관 그래프에서 'tau'〈$-L$ 또는 L〈'tau' 인 구간에서 y축 값이 급격히 0에 가까워짐을 알 수 있다. 이는 $x(t)$에서 L초 이상 떨어진 두 시점의 값은 서로 상관관계가 없음을 뜻한다. 이러한 현상이 발생한 원인을 m-file의 'xt=conv(randn(1,100), ID)+4.35' 라인을 분석하여 설명하시오. 아래의 절차에 따라 설명하시오.

(a) ID=[a b]이고, RandomSignal=[r1 r2 r3 r4 r5 r6 ⋯.] 이고 원소 r1 r2 r3 r4 r5 r6...은 서로 상관이 없다, ID와 RandomSignal의 컨볼루션을 직접 손으로 수행하고 컨벌루션 결과의 첫 6 샘플 값을 수식으로 표현하시오. ID (a 이전 샘플들 값은 0이라 가정)를 y축 반전시키고 우측으로 밀고가면서 겹치는 부분 원소곱하고 덧셈하면 됨. 첫 샘플= a*r1, 두 번째 샘플 = b*r1+a*r2 임. 이후 샘플들의 식을 구하여 쓸 것.

(b) 위에서 구한 출력 샘플식에서 ? 샘플 이상 떨어진 출력의 샘플식에 들어있는 랜덤 변수들을 비교하고, 왜 ? 샘플 이상 떨어져 있으면 상관이 없게 되는지 설명하시오.

(c) 위의 설명을 ID의 길이가 2보다 큰 L인 경우로 확장해보시오.

(d) 위의 확장 결과를 이용하여, 각 원소가 서로 상관없는 랜덤 신호라도, 길이가 L인 임의의 신호와 컨볼루션하면 컨볼루션 후 원소간 상관관계가 어떻게 바뀌는지 정리하시오.

4.B12★. $a(t)$는 WSS인 랜덤 프로세스라고 가정하자. 아래 (식 15.9), (식 15.10)과 같이 $a(t)$에 사인파를 곱하여 두 가지의 새로운 랜덤 프로세스 $x(t)$를 생성하였을 때, 이 두 가지 신호 각각에 대하여 WSS 인지 아닌지 수식으로 증명하시오.

$$x(t) = a(t)\cos(w_c t),\ w_c\text{는 상수} \qquad \text{(식 15.9)}$$

$$x(t) = a(t)\cos(w_c t + \theta),\ w_c\text{는 상수},\ \theta = [0\ 2\pi]\ \text{구간에서 균일 분포} \qquad \text{(식 15.10)}$$

4.B13★. (식 15.9)에 해당하는 $x(t)$의 샘플 벡터 'xt'를 생성하여 문제 4.B12의 답을 검증해 보자. 먼저, 문제 4.B4의 m-file에서 'xt=conv(randn(1,100), ID)+4.35;' 라인을 'at=conv(randn(1,100), ID)+4.35;'으로 수정하고, 바로 아랫줄에 'xt=at.*cos(0.1*(1:length(at)));'를 추가하시오.

(a) 수정한 m-file을 이용하여 문제 4.B6, 4.B7, 4.B9를 반복하시오.

(b) 이제, 벡터 'xt'를 (식 15.10)에 해당하는 $x(t)$의 샘플 벡터로 수정하기 위해, 문제 4.B13(a)의 m-file에서 'xt=at.*cos(0.1*(1:length(at)));' 라인을 'xt=at.*cos(0.1*(1:length (at))+2*pi*rand);'으로 수정하시오. 수정한 m-file을 이용하여 문제 4.B6, 4.B7, 4.B9를 반복하시오.

4.B14★. 문제 4.B13의 실험 결과를 바탕으로 (식 15.9)와 (식 15.10)에 나타낸 2개의 $x(t)$가 WSS인지 판단하고, 그 근거를 쓰시오.

4.B15★. 문제 4.B14의 실험 결과가 문제 4.B12의 수식증명과 일치하는가?

4.C. AWGN 신호의 통계적인 특성을 살펴보자.

4.C1. 'randn(1,b)'는 길이가 'b'인 벡터를 생성하며 각 원소는 서로 독립이며 분포가 동일한 가우시안 랜덤 변수로 채워진다.
문제 4.B4의 m-file에서 'xt=conv(randn(1,100), ID)+4.35' 라인을 'xt=randn(1,100);'로 수정하여 실행하면, 4.B5(a)에서 그렸던 자기상관 함수 그래프와 다른 모양의 자기상관 함수 그래프를 얻게 될 것이다. 실험하기 전에 어떻게 바뀔지 예측하시오. 자신의 예측에 대한 근거도 쓰시오.

4.C2. 문제 4.B4의 m-file에서 'xt=conv(randn(1,100), ID)+4.35' 라인을 'xt=randn(1,100);'로 수정하여 실행하고 결과를 캡쳐하여 보이시오. 4.C1에서 자신이 예측한 결과와 일치하는가?

4.C3. 문제 4.C2에서 실행하여 얻은 $x(t)$의 자기 상관 함수만을 바탕으로 $x(t)$가 가우시안 랜덤 프로세스라고 단정할 수 있는가? 자신의 답에 대한 근거도 쓰시오.

4.C4. 하지만 $x(t)$는 가우시안 랜덤 프로세스인 것은 사실이다. PDF를 실험으로 구하지 않고 m-file을 분석하여 'xt'($x(t)$의 샘플 벡터)가 가우시안 랜덤 프로세스라고 판단할 수 있는 이유를 쓰시오.

4.C5. 문제 4.A3의 m-file에서 라인 'xt=conv(randn(1,100), ID)+4.35'을 'xt=randn(1,100)'로 수정한 후 적어도 4가지 이상의 't0'에 대하여 m-file을 실행하시오. 각 실행에서의 실험결과를 모두 보일 것. 결과를 바탕으로 $x(t)$가 가우시안 임을 증명해 보이시오.

4.C6. 문제 4.C5에서 그린 PDF 그림의 결과가 $x(t)$는 white함을 의미하지는 않는다. 하지만 $x(t)$는 white한 것은 사실이다. 문제 4.C2에서 얻은 자기 상관함수 그래프를 다시 검토하여 그 결과가 white함을 입증할 수 있는 이유를 쓰시오.

4.C7. m-file의 'xt'($x(t)$의 샘플 벡터) 생성문장으로 부터 $x(t)$가 white한 이유를 알 수 있다. 이유를 쓰시오.

4.D. 선형시스템에 가우시안 랜덤 프로세스가 입력되었을 때 출력의 특성을 확인하자.

4.D1. 문제 4.A3의 m-file에서 라인 'xt=conv(randn(1,100), ID)+4.35'을 'xt=conv(randn(1,100), ID)'로 수정하시오.

'ID'를 임의의 실수 값을 각 원소로 가지는 임의의 길이의 벡터로 바꾸어 m-file을 실행하시오. 't0' 값을 바꾸어 가면서 실행하고, 각 분포 그래프를 캡쳐하시오. 또, 각 't0'에서 'ID' 값을 바꾸어 가면서 실행하여 분포 그래프를 캡쳐하시오. 적어도 4가지 이상의 'ID' 값에 대해 실험을 수행할 것.

4.D2. 문제 4.D1에서 얻은 그래프로부터, t_0와 ID가 바뀌어도, 랜덤 프로세스 $x(t)$의 분포가 유지하는 공통된 특성을 설명하시오.

4.D3. 선형시스템의 입력과 선형시스템의 임펄스 응답, 이 둘로부터 선형시스템의 출력을 구하는 식을 쓰시오.

4.D4. 실험결과에 따르면 "가우시안 프로세스를 선형시스템에 입력하게 되면 출력 또한 가우시안 프로세스가 된다." 라는 결론을 내릴 수 있다. 이 명제를 세부분으로 나누면 아래와 같다.

(a) 문제 4.D3에서 답한 관계식에 따르면, m-file의 'xt=conv(randn(1,100), ID)' 라인에서,

- 랜덤 벡터 'randn(1,100)' = 선형시스템의 입력
- 'xt'= 선형시스템의 출력,

으로 해석가능하다. 그렇다면, 이 선형 시스템의 임펄스 응답에 해당하는 것은 무엇인가?

(b) (a)의 답과 문제 4.D2에서 얻은 랜덤 프로세스의 분포의 특성을 참고하여, 가우시안 랜덤 프로세스가 선형 시스템을 통과했을 때 출력의 중요한 성질을 설명하시오. 또, 이 성질은 임의의 선형시스템에 대하여도 성립한다는 것은 위의 어떤 문제에서 검증하고 있는지도 쓰시오.

참고

1. 문제 4.C4와 4.C5에서 'xt=randn(1,100);'로 생성한 'xt'는 가우시안 랜덤 프로세스임을 확인하였다.
2. 'conv(a,b)'는 벡터 'a'와 'b'의 convolution 연산이다. 따라서 'conv(a,b)'의 결과는 임펄스 응답이 'b'인 선형시스템에 'a'를 입력하였을 때의 출력으로 해석할 수 있다.

>>> 16 CHAPTER Maximum Likelihood (ML) Detection for Binary Transmission

- Likelihood 함수를 이해한다.
- 이진(Binary) 데이터 전송 시스템에서 ML(Maximum Likelihood) 검출 방식을 구현한다.

1. Likelihood 함수와 ML (Maximum Likelihood) 검출 기법

채널의 임펄스 응답 $h_c(t)$가 임펄스이고 수신단에서 가우시안 노이즈 성분만 더해지는 채널을 AWGN(Additive White Gaussian Noise) 채널이라고 한다. AWGN 채널에서, 데이터 비트 d가 '1' 일 때 신호 $s_1(t)$을 송신하고 '0' 일 때 신호 $s_2(t)$를 전송하는 이진 데이터 통신을 고려하자. 이때 수신 신호 $r(t)$는 (식 16.1)과 같이 주어진다.

$$r(t) = \begin{cases} s_1(t) + n(t) & \text{if transmitted bit is '1'} \\ s_2(t) + n(t) & \text{if transmitted bit is '0'} \end{cases} \tag{식 16.1}$$

여기서, $n(t)$는 AWGN 신호이다,

[그림 16.1]은 디지털 신호의 복조(demodulation)/검출(detection)의 기본적인 두 단계(step)를 보여준다. 단계 1에서는 수신신호를 기저대역 신호로 변환하고, 필터링한 후 심벌 당 한 번씩 샘플링하여 판별변수(Decision statistic 또는 Test statistic)을 생성한다. 수신필터(등화기필터는 본 실습에서 고려하지 않음)의 출력을 $z(t)$라 하고 현재 데이터 심벌의 샘플링 지점을 T라 하면 $z(T)$가 현재 데이터 심벌의 판별변수가 된다. 필터링된 기저대역 신호 $z(t)$는 다음과 같이 나타낼 수 있다.

$$z(t) = \begin{cases} a_1(t) + n_0(t) & \text{for bit = '1'} \\ a_2(t) + n_0(t) & \text{for bit = '0'} \end{cases} \tag{식 16.2}$$

여기서, $a_i(t), i=1,2$ 는 송신 신호 $s_i(t), i=1,2$의 필터링된 출력이고, $n_0(t)$는 필터링된 노이즈 신호이다.

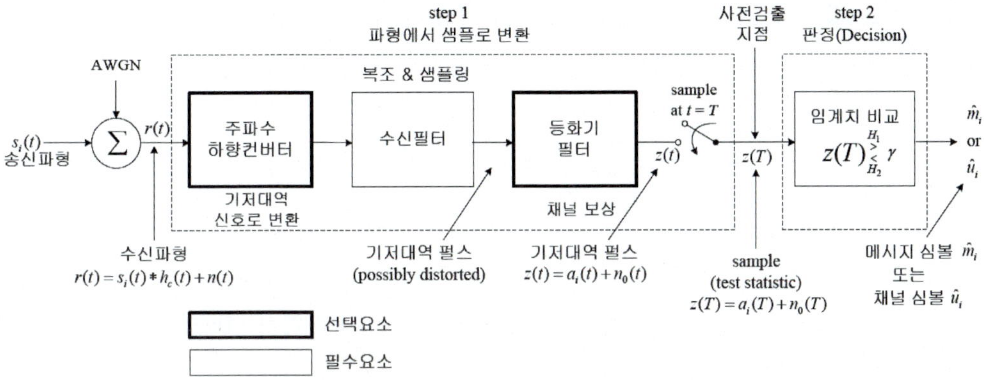

| 그림 16.1 | 디지털 신호의 복조(demodulation)/검출(detection)의 기본적인 두 단계

디지털 신호의 복조, 검출 과정의 입력이 하나의 랜덤 변수인 가장 단순한 경우를 생각해보자. 판별 변수 $z(T)$를 생성하기 위해 필터링된 기저대역 신호 $z(t)$를 $t=T$인 순간에 샘플링한다. 단 하나의 송신신호를 송신하였다고 가정하여 $z(T)$를 편의상 z라 표기하자. z는 다음과 같이 나타낼 수 있다.

$$z = \begin{cases} a_1 + n_0, & \text{if } s_1(t)(\text{bit}='1') \text{ is transmitted} \\ a_2 + n_0, & \text{if } s_2(t)(\text{bit}='0') \text{ is transmitted} \end{cases} \qquad \text{(식 16.3)}$$

여기서, a_i는 $a_i(T)$이고, n_0는 평균이 0이고 분산이 σ_0^2인 가우시안 노이즈 $n_0(T)$이다.

1.A☆.

(a) X는 $X \sim N(0, \sigma^2)$를 따르는 독립 가우시안 확률변수이고, $Y = ax + b$ 라면 , $Y \sim N(?, ?)$를 따른다. '?'를 채우시오. 실습 14장 문제 4.A를 참조할 것.

(b) (식 16.3)을 통해 판별 변수 z는 평균이 송신한 비트에 의해 정해지는 가우시안 랜덤 변수인 것을 알 수 있다. $s_1(t)$(비트='1')를 송신한 경우의 z의 조건부 확률밀도함수(PDF)를 $f_{z|s_1}(z)$, $s_2(t)$(비트='0')를 송신한 경우의 z의 조건부 확률밀도함수를 $f_{z|s_2}(z)$이라 하자. $f_{z|s_1}(z)$, $f_{z|s_2}(z)$를 a_i와 σ_0의 함수로 정확히 표현하시오(아래참고).

참고

X가 랜덤변수이고 c가 상수일 때, $Y = X + c$의 PDF는 X의 PDF를 x축에서 c만큼 이동한 것과 같다.

1.B☆. [그림 16.1]의 단계 2에서는 송신한 비트가 '1'과 '0' 중 무엇인지 알아내기 위해, 단계 1에서 생성한 판별 변수 z를 바탕으로 송신 심벌(이 문제에서는 비트)을 검출한다. 여러 검출 방식들중에서 ML(Maximum Likelihood) 검출 방식은, '1'과 '0'이 동일한 확률로 전송될 때 BER (Bit Error Rate)을 최소화하는 특성이 있다. '1'과 '0'을 전송하는 이진 시스템에서, ML 검출 방식은 (식 16.4)와 같이 Likelihood 함수 $\Lambda(z)$와 1을 비교하여 송신 비트가 무엇인지 결정한다.

$$\hat{d}=\begin{cases}'1' & \text{if } \Lambda(z)>1 \\ '0' & \text{if } \Lambda(z)<1\end{cases} \quad \text{여기서} \quad \Lambda(z)=\frac{\Pr(s_1|z)}{\Pr(s_2|z)} \qquad \text{(식 16.4)}$$

여기서 $\hat{d}$는 수신단에서 검출한 송신 비트를 의미한다. 또한 Likelihood 함수 $\Lambda(z)$는, 판별 변수가 z인 조건에서 송신된 신호가 s_1이었을 조건부 확률과 s_2이었을 조건부 확률의 비(ratio)로 정의된다. (식 16.4)는 Bayesian 정리를 이용하여, (식 16.5)와 같이 나타낼 수 있다.

$$\Lambda(z)\left(=\frac{\Pr(s_1\,|\,z)}{\Pr(s_2\,|\,z)}\right)=\frac{f_{z|s_1}(z)\Pr(s_1)}{f_{z|s_2}(z)\Pr(s_2)} \qquad \text{(식 16.5)}$$

여기서 $\Pr(s_1)$과 $\Pr(s_2)$는 이진 데이터 '1'과 '0'의 값에 각각 해당하는 s_1, s_2의 사전 확률(prior probabilities)이다. 그리고 $f_{z|s_1}(z)$은 $s_1(t)$을 송신했을 때, z의 조건부 PDF이고, $f_{z|s_2}(z)$는 $s_2(t)$를 송신했을 때, z의 조건부 PDF이다.

(a) (식 16.5)가 성립함을 수식으로 유도하여 보이시오.

(b) 일반적인 이진 시스템에서 데이터 비트가 '1'일 확률과 '0'일 확률은 동일하다. 즉, $\Pr(s_1)=\Pr(s_2)=0.5$ 이다. 이때, (식 16.5)의 Likelihood 함수는 다음과 같이 정리 할 수 있다.

$$\Lambda(z)=\frac{f_{z|s_1}(z)}{f_{z|s_2}(z)} \qquad \text{(식 16.6)}$$

문제 1.A에서 유도한 $f_{z|s_1}(z)$와 $f_{z|s_2}(z)$를 (식 16.6)에 대입하면, $\Lambda(z)$는 다음과 같이 a_1, a_2, σ_0의 함수로 나타낼 수 있다. 유도과정을 보이시오.

$$\Lambda(z)=\exp\left(-\frac{a_1^2-a_2^2}{2\sigma_0^2}+\frac{z(a_1-a_2)}{\sigma_0^2}\right) \qquad \text{(식 16.7)}$$

(c) 이진 데이터가 동일한 확률로 발생하는 경우, (식 16.4)와 (식 16.6)을 이용하여 ML 검출 규칙이 아래의 판별 규칙과 동일함을 보이시오.

$$\hat{d}=\begin{cases}'1' & \text{if } f(z|s_1)>f(z|s_2) \\ '0' & \text{if } f(z|s_2)>f(z|s_1)\end{cases} \qquad \text{(식 16.8)}$$

1.C. $a_1>a_2$인 경우를 가정해보자. (식 16.7)을 (식 16.4)에 대입하여 정리하면, 송신 비트를 '1'로 판

별하는 영역과 '0'으로 판별하는 영역 즉, z의 두 판별 영역(Decision Region)을 유도할 수 있다.

$$\hat{d}=\begin{cases} '1' & \text{if } z > \dfrac{a_1+a_2}{2} \\ '0' & \text{if } z < \dfrac{a_1+a_2}{2} \end{cases} \qquad \text{(식 16.9)}$$

1.C1☆. (식 16.7)을 (식 16.4)에 대입하여 (식 16.9)를 유도하시오.

1.C2. 아래와 같이, (식 16.9)의 두 판별 영역을 정리할 수 있다. 두 판별 영역 R_1과 R_2의 범위를 정의하시오.

- z가 R_1지역에 속한다면 ($z \in R_1$), '1'을 송신한 것으로 판단
- z가 R_2지역에 속한다면 ($z \in R_2$), '0'을 송신한 것으로 판단

1.C3☆. (식 16.9)로부터, AWGN채널에서 수신된 Binary 신호의 ML(BER을 최소화하는) 검출기법이란, 결국 z값을 어떤 상수값과 비교하여 송신심벌을 추정하는 것이다. 그 값을 쓰시오.

1.D. (식 16.9)에 따른 검출 법칙에 따라 심벌 판정을 하였을 때 판단 결과가 실제 송신 비트와 일치하지 않을 확률 즉, BER (Bit Error Rate)을 구해보자.

1.D1☆. 아래 문제에 답하시오.

(a) (식 16.9)를 참고하여 아래 문장의 '{ }' 부분에 들어갈 알맞은 값(수식) 또는 단어를 넣어 문장을 완성하시오.

"데이터 비트 '1'을 송신한 경우, {1.C3의 답} 보다 {'큰' 또는 '작은'} 경우에 비트 에러($\hat{d}$ =0)가 발생한다."

(b) 문제 1.A에 구한 z의 PDF $f_{z|s_1}(z)$를 사용하여, 데이터 비트 '1'을 송신한 경우의 비트 판별이 잘못될 확률을 아래와 같이 Q-function으로 나타낼 수 있음을 보이시오.

$$\text{'1'을 전송한 경우의 BER} = \Pr(\hat{d}='0'|s_1) = Q\left(\frac{a_1-a_2}{2\sigma_0}\right) \qquad \text{(식 16.10)}$$

가우시안 PDF와 Q-function의 관계는 실습 15장의 문제 1.A에서 배웠으므로 이를 참조할 것.

1.D2☆. 문제 1.D1과 동일한 과정을 통해 송신 데이터 비트가 '0'일 때 BER 또한 $Q\left(\frac{a_1-a_2}{2\sigma_0}\right)$임을 보이시오.

1.D3☆. $\Pr(s_1)=\Pr(s_2)=0.5$ 이면, 이진 데이터 전송 시스템의 평균 BER은 (식 16.11)과 같음을 보이시오.

$$p_b = Q\left(\frac{a_1 - a_2}{2\sigma_0}\right) \tag{식 16.11}$$

1.E. (식 16.11)의 BER 공식과 매트랩의 'erfc()' 함수를 이용하여 아래의 변수에 따른 BER을 구하시오.

(a) $a_1 = 8$, $a_2 = -8$, $\sigma_0^2 = 4$

(b) $a_1 = 2$, $a_2 = -2$, $\sigma_0^2 = 0.25$

(c) $a_1 = 1$, $a_2 = -1$, $\sigma_0^2 = 0.5$

(d) $a_1 = 4$, $a_2 = 0$, $\sigma_0^2 = 0.25$

(e) $a_1 = 10$, $a_2 = -6$, $\sigma_0^2 = 4$

1.F.

(a) 문제 1.E의 5 가지 경우의 BER을 비교하여 동일한 BER을 갖는 경우는 어떤 것인지 쓰시오.

(b) (식 16.11)의 BER 공식으로부터, 동일한 BER을 갖기 위한 a_1, a_2, σ_0^2의 관계식을 쓰시오. 1.E의 결과로부터 유추해도 되고 수식으로 유도해도 무방함.

(c) (a)와 (b)의 결과가 서로 일치하는가?

1.G★. ${a_1}^2 + {a_2}^2$은 신호성분의 에너지를 의미한다. ${a_1}^2 + {a_2}^2$이 K로 고정되어 있을 때, BER을 최소화하기 위한 a_1과 a_2의 관계식을 구하시오.

2. AWGN 채널환경에서 Binary 통신의 BER 시뮬레이션

2.A. 아래는 AWGN 채널환경에서 Binary 통신의 ML decision을 시뮬레이션하는 m-file이다. m-file의 'PART 1'에서는 (식 16.3)에 나타낸 판별변수 z를 생성한다. 그리고 'PART 2'에서는 (식 16.9)에 나타낸 ML 검출 규칙을 이용하여 심벌을 판별한다. 아래 m-file에서는 (식 16.3)의 판별변수 z를 생성하기 위해 $a_1 = 1$, $a_2 = -1$, $\sigma_0^2 = 1.5$인 경우를 가정하고 있다.

```
clear
randn(1,XXX); % XXX=학번 끝 세자리, 내용과 상관없는 부분, 그러나 꼭 추가 할 것.
%%%%% PART 1 %%%%%%%%%%%%%%
a1=1; % = (식 16.3)에서 a1
a2=-1; % = (식 16.3)에서 a2
```

```
vn=1.5; % = (식 16.3) 에서 n0의 분산 σ0^2
n0=randn*sqrt(vn); % = (식 16.3) 에서 n0

d = (rand > 1/2); % = d, 송신한 이진 데이터 ('1' or '0'), 즉, 비트

if d==1 z_nonoise = a1; end % z_nonoise는 노이즈가 없는 환경의 z값을 의미한다.
if d==0 z_nonoise = ? ; end

z=z_nonoise+n0 % = (식 16.3) 에서 z
%%%%%%%%%%%%%%%%%%%%%%%%%%%%%

%%%%% PART 2 %%%%%%%%%%%%%%
if z> ? d_estimate=1; end % (식 16.9) 의 ML 검출 규칙에 따른 데이터 판별
if z< ? d_estimate=?; end % (식 16.9) 의 ML 검출 규칙에 따른 데이터 판별
decision_check=(d_estimate==?) % 판별이 올바른 경우에는 decision_check가 1이 되고, 잘못
된 경우에는 decision_check가 0이 됨.
%%%%%%%%%%%%%%%%%%%%%%%%%%%%%
```

2.A1. 변수 설정과 관련하여 아래 질문에 답하시오.

(a) 'n0'를 'randn*sqrt(vn)'으로 설정한 이유를 식 16.3에서 정의한 n0의 확률적 모형을 토대로 쓰시오.

(b) 'd'를 '(rand > 1/2)'로 설정한 이유를 쓰시오(아래 참고).

참고

균등(uniform) 랜덤 변수를 이용하여, 동일한 확률(즉 0.5)의 확률로 '0' 또는 '1'을 값을 갖는 이진(binary) 랜덤 변수로 바꿀 수 있는 방법을 생각해 보자. 매트랩에서 'd=(rand <0.25)'를 생성한다면 'd'가 0과 1이 될 확률이 각각 얼마인가?

2.A2. 위의 m-file의 ?를 채워 완성하고 완성된 m-file을 캡처하여 보이시오. a_1, a_2, σ_0^2의 값을 여러 가지 다른 조합으로 설정하여 실험을 수행하고자 한다. 따라서, 각 ?가 a_1, a_2, σ_0^2의 값에 따라 적절히 바뀔 수 있도록 ?를 채울 것.

2.A3. m-file을 실행하고 적어도 3번 실행하시오. 각 실행결과('decision_check' 값)를 캡처하여 보이고, 각 실행마다 비트 판별이 제대로 되었는지 확인하시오.

2.A4. 학교의 포털시스템(또는 학생지원시스템, 종합정보시스템 등)에 등록되어 있는 자신의 사진을 우클릭 한 후 "다른이름으로 저장"을 선택하여, 자신의 현재의 MATLAB 작업 폴더에 myphoto.jpg (파일 형식은 JPEG) 라는 이름으로 저장하시오. MATLAB 명령창에서 아래를 실

행하고 결과를 캡쳐하여 보이시오(myphoto.jpg가 폴더에 생성되어 있는지 확인 할 것).

```
>>ls *.jpg
```

참고

자신의 MATLAB 작업폴더 경로는 명령창에서 >>pwd를 실행하면 알 수 있음.

🖫 2.A5. 실습자료 파일에서 CH16_2A5.m을 자신의 MATLAB작업 폴더(위 myphoto.jpg가 저장된 폴더)에 복사한 후, m-file 편집기에서 여시오. 이 m-file은 문제 2.A2에서 완성한 m-file에서 랜덤한 비트 대신 자신의 이미지를 비트열로 만들어 노이즈 환경에서 전송하고 수신한 후 이미지를 보여준다. 또, 전체 전송한 이미지 비트 수와 잘못 판별한 비트 수를 구하고, 이 둘의 비율로 BER을 구한다. m-file의 ?를 채워 완성하고, 완성된 m-file을 캡쳐하여 보이시오.

2.A6. 위의 m-file을 수행하고, 실험을 통해 얻은 BER 결과를 보이시오.

2.A7. 실험을 통해 얻는 그림(노이즈 환경에서 수신된 자신의 이미지)를 캡쳐하여 보이시오.

🖫 **2.B.** 실습자료 파일에서 CH16_2B.m을 자신의 MATLAB작업 폴더(위 myphoto.jpg가 저장된 폴더)에 복사한 후, m-file 편집기에서 여시오. 이 m-file은 신호의 크기인 a_1을 0.25, 0.5, 0.75, 1, 1.25, 1.5, 1.75, 2, 2.5, 3, 3.5로 각각 달리하면서 이미지 파일을 노이즈 환경에서 전송하였을 때,

(a) 각 a_1 값에 따른 BER 실험치를 구하고 a_1(=x축)의 함수로 BER(=y축)을 그래프로 그린다. 작은 값의 BER도 정확히 보기위하여 'plot()' 대신 'semilogy()'로 그래프를 그린다.

(b) 또, 각 a_1 값에 따른 수신 이미지를 3차원 행렬 'Bhat'에 저장한다.

2.B1. CH16_2B._2020.m의 ?를 모두 채워 완성하고, 완성된 m-file을 캡쳐하여 보이시오.

2.B2. 완성된 m-file을 실행하고, BER 결과 그래프를 캡쳐하여 보이시오. 문제 2.C에서 결과 그래프를 사용하므로 .fig 형식으로 저장해 둘 것.

2.B3. 문제 2.B2의 BER 결과 그래프를 보면 x축(=a_1값)이 증가할수록 BER은 감소함을 알 수 있다. 그 이유를 쓰시오.

2.B4. BER에 따라 수신 이미지의 질을 파악해보자. 송신신호의 크기 a_1이, 벡터 'a1_vector'(=[0.25, 0.5, 0.75, 1, 1.25, 1.5, 1.75, 2, 2.5, 3, 3.5])의 n 번째 값과 같을 때, 그때 BER은 벡터 'BER'의 n 번째 원소와 같으므로 아래와 같이 확인할 수 있고,

```
>>BER(n)
```

또, 그 때, 수신된 이미지는 아래와 같이 그릴 수 있다.

```
>>figure; imshow(Bhat(:,:,n))
```

(a) 송신신호의 크기 a_1가 0.5일 때 실험으로 구한 BER (='BER(?)')를 확인하고 그때 수신된 이미지를 캡쳐하시오.

(b) 송신신호의 크기 a_1가 1.25, 2, 3.5 일 때 위의 (a)를 반복하시오. BER과 수신이미지의 질의 관계에 대하여 쓰고 자신의 예상과 맞는지 설명하시오.

2.C. 아래와 같이 command window에서, (식 16.11)의 BER 공식을 이용하여, a_1=0.25, 0.5, 0.75, 1, 1.25, 1.5, 1.75, 2, 2.5, 3, 3.5일 때의 BER 이론치를 계산하고, 'hold on'을 이용하여 BER 실험치(2.B2의 결과 그래프)에 겹쳐 그리시오.

(a) 아래 명령어를 실행하고, 결과 그림을 캡쳐하여 보이시오.

```
>> a2_vector=-a1_vector;
>> BER_exact=0.5*erfc(((a1_vector-(a2_vector))./(2*sqrt(vn)))/sqrt(2));
   % 벡터 연산을 이용하여 각 a1값에 대한 BER을 한 번에 계산한다.
>> hold on
>> semilogy(a1_vector,BER_exact, 'r');
```

(b) BER 이론치와 실험치를 비교하시오. 두 값이 동일한가?

2.D★. 문제 2.B에서 작성한 m-file에서 라인 'd=bin2dec(C(bitcnt));'를 'd=(rand > 9/10);'으로 수정하면 (식 16.12)와 같이 '1'과 '0'을 각각 $\frac{1}{10}$과 $\frac{9}{10}$의 다른 확률로 가지는 이진 데이터 비트 d를 생성할 수 있다.

$$\Pr(d=1)=\Pr(s_1)=\frac{1}{10},\qquad \Pr(d=0)=\Pr(s_2)=\frac{9}{10} \tag{식 16.12}$$

2.D1☆. 'd=(rand > 9/10);'으로 'd'를 생성하면 s_1과 s_2의 발생 확률이 (식 16.12)를 만족하는 이유를 설명하시오.

2.D2. 'd=(rand > 9/10);'으로 수정한 m-file을 수행하여 BER 실험치의 그래프를 그리고, 캡쳐

하여 보이시오.

2.D3[☆]. (식 16.9)의 ML 판별 규칙에 따르면, z를 판별 경계 값인 $(a_1+a_2)/2$와 비교하여 비트를 판별한다. 그러나 (식 16.7)의 Likelihood 함수와 (식 16.9)의 ML 판별 규칙은 '1'과 '0'이 동일한 확률로 발생하는 즉, $\Pr(s_1)=\Pr(s_2)=1/2$을 가정하여 구한 것이다.

(a) (식 16.12)에 나타낸 것과 같이 두 비트의 발생 확률이 동일하지 않는 환경에서, Likelihood 함수와 ML 판별 규칙을 구하시오. (식 16.12)를 (식 16.5)에 대입하여 이후 유도과정을 다시 수행할 것.

(b) (a)에서 구한 판별 경계 값이 두 비트의 발생 확률이 동일한 환경에서 구한 $(a_1+a_2)/2$에 비해 큰 값인가 작은 값인가?

(c) (식 16.12)의 환경에서 구한 판별 경계 값이 $(a_1+a_2)/2$이 아닌 이유를 직관적으로 설명하시오. 더하여, 그 값이 $(a_1+a_2)/2$ 보다 왜 큰지(또는 작은지)도 직관적으로 설명하시오.

2.D4. 문제 2.D3(a)에서 구한 판별 경계 값을 이용하여 2.D2의 m-file에서 라인 `'if z > ? ...'`과 라인 `'if z < ? ...'`를 수정하시오. (자연 로그함수 ln은 매트랩 함수 `'log()'`로 사용하면 됨.) Command window에서 `'hold on'`을 실행한 후, m-file을 실행하시오. BER 결과 그래프를 캡쳐하여 보이시오.

2.D5. 판별 경계 값이 $(a_1+a_2)/2$인 문제 2.D2의 BER의 실험 결과와 2.D4의 실험 결과의 대소 비교를 하고 이유를 분석하시오.

★ 3. 가우시안이 아닌 노이즈(non-Gaussian noise)환경에서 ML 검출

(식 16.3)에서, n_0은 판별 변수 z의 노이즈 성분이며 가우시안 분포를 따른다고 가정하였다. 본 문제에서는 n_0의 PDF가 가우시안이 아닌 경우를 생각해보자. 예로, n_0의 PDF가 (식 16.13)과 같은 경우를 고려해보자.

$$p_{n_0}(x)=\begin{cases}|x| & -1\le x\le 1\\ 0 & elsewhere\end{cases} \quad \text{(식 16.13)}$$

송신신호가 각각 $s_1(t)$, $s_2(t)$이고 노이즈 없이 수신되었을 때 판별변수 z의 값을 각각 a_1, a_2이라 할 때, $a_1=0.75$, $a_2=-0.75$라 가정하자.

3.A. 아래 문제를 푸시오.

3.A1. (식 16.13)에 나타낸 n_0의 PDF를 그리시오. 손으로 그려서 캡쳐하여도 무방함. 그래프의 x축 범위를 [-3 3]으로 설정하여 [-3 3] 범위에서 연속적인 그래프가 되도록 그리시오. 그래프가 x축과 겹치는 범위, 즉 PDF가 0인 범위에서는 x축과 구분되도록 그래프를 굵은선으로 그리시오.

3.A2. n_0의 PDF 곡선 아래의 면적이 1임을 보이시오.

3.B. (식 16.13)에 나타낸 PDF를 가진 노이즈 성분 n_0가 송신신호에 더해져 수신되었을 때, 아래 z의 두 조건부 PDF를 겹쳐 그려보자.

3.B1. $s_1(t)$을 전송했을 때 z $(=a_1+n_0)$의 조건부 PDF $f_{z|s_1}(z)$

3.B2. $s_2(t)$을 전송했을 때 z $(=a_2+n_0)$의 조건부 PDF $f_{z|s_2}(z)$

문제 3.B1, 3.B2의 그래프를 하나의 좌표축에 겹쳐 그리시오(상수가 더해진 확률변수의 PDF는 문제 1.A의 '참고' 박스 참조). 두 그래프(PDF) 모두 x축 범위를 [-3 3]으로 설정하여 [-3 3] 범위에서 연속적인 그래프가 되도록 그리시오. 손으로 그려서 캡쳐하여도 무방함.

3.C. (식 16.8)로부터 이진 데이터의 발생 확률이 같을 때, ML 판별 규칙은 결국 $f_{z|s_1}(z)$와 $f_{z|s_2}(z)$ 중 더 큰 것으로 판별 하는 것과 같음을 기억하자. 문제 3.B에서 그린 조건부 확률 그림을 토대로 아래 문제에 답하시오.

3.C1. $f_{z|s_1}(z) > f_{z|s_2}(z)$를 만족하는 z의 영역(조건식)을 쓰시오.

3.C2. $f_{z|s_1}(z) < f_{z|s_2}(z)$를 만족하는 z의 영역을 쓰시오.

3.C3. (식 16.8)에 따르면, 판별 변수 z가 3.C1에서 구한 영역에 있을 때, 송신한 비트를 '0' 또는 '1' 중 어느 것으로 판별 하는가?

3.D. 문제 1.D의 가우시안 노이즈 환경에서 ML 검출의 BER을 구한 것과 같은 원리를 이용하여, 문제 3.C에서 구한 z의 영역에 따라 ML 검출하였을 때 BER은 얼마인지 수식으로 구하시오.

3.E. 다음 문제에 답하시오.

3.E1 (식 16.13)의 PDF를 가지는 노이즈 샘플 n_0를 생성하기 위하여, Command window에서 아래 명령어를 실행하시오. 히스토그램 결과창을 캡쳐하여 보이시오.

```
>> n0_samples=sign(rand(1,1e5)-0.5).*sqrt(rand(1,1e5));
>> hist(n0_samples,100); axis([-2 2 0 5e3])
```

3.E2 (a)에서 캡처한 히스토그램이 문제 3.A1에서 그린 n_0의 PDF와 동일한가?

3.E3 (식 16.13)에 나타낸 PDF를 따르는 노이즈 샘플 n_0를 생성하기 위해, 문제 2.A5의 m-file에서 라인 'n0=randn*?;'를 'n0=sign(rand-0.5)*sqrt(rand)'으로 수정하시오. 그리고 신호성분의 크기를 변경하기 위해, 라인 'a1=1;', 'a2=-1;'을 'a1=0.75;', 'a2=-0.75;'로 수정하시오. 문제 2.A5의 m-file을 이렇게 수정한 후(다른 라인은 수정하지 말 것) m-file을 수행하여 BER 결과를 보이시오.

3.F. 문제 3.E3에서 수정한 m-file에서 라인 'if z>?…'와 'if z <?…'를 3.C1과 3.C2에서 구한 z의 영역에 따라 ML 검출하도록 m-file을 추가 수정하시오.

3.F1. 수정된 두 라인을 보이시오.

3.F2. 수정된 m-file을 실행하여 BER 결과를 보이시오.

3.F3. 문제 3.D에서 수식유도와 3.F2의 실험이 올바르면, 3.D와 3.F2의 결과는 일치하여야 한다. 3.D와 3.F2의 결과가 일치하는지 확인하시오. 결과가 일치하지 않으면, 수식유도나 실험을 올바르게 수행하지 못한 것이므로 잘못된 부분을 수정하여 다시 수행하시오.

3.G. 문제 3.E3의 BER 결과와 3.F2의 BER 결과를 비교하시오. 차이에 대한 이유를 설명하시오.

3.H. 노이즈의 분포가 (16.13)이 아니라 가우시안 분포를 따른다면, 검출영역의 경계는 a_1과 a_2의 중간지점인 0이 된다. 그러나, 노이즈가 굳이 가우시안 분포가 아니라도 검출영역의 경계가 a_1과 a_2의 중간지점이 되는 경우가 있다.

(a) 이러한 경우의 노이즈의 분포를 예를 하나 들어 스케치해 보시오.

(b) (a)를 더욱 일반화 시켜 노이즈의 분포가 어떤 성질을 만족할 때, 검출영역의 경계가 a_1과 a_2의 중간지점이 되는지 쓰시오.

>>> 17 CHAPTER Signal Vector Space and ML Detection I

- 주어진 M-ary 심벌의 신호를 직교 좌표계(벡터 공간)의 한 점으로 매핑하는 과정을 학습한다.
- AWGN 채널에서, 벡터 공간에서의 유클리드(Euclidean) 거리를 사용한 ML 방식과 차이 에너지(Difference Energy)를 사용한 ML 방식을 구현하고 서로 비교한다.
- 수치적분이 사용되므로 실습 전에 2장의 문제 1을 복습하여 수치적분방법을 숙지한다.

1. 직교 신호 집합

$t=[0\ \ T]$ 영역에서 (식 17.1)과 같은 직교(orthogonal) 신호 집합이 있다.

$$x_n(t)=A\cos(2\pi n\Delta_f t),\quad n=1,2,3,\ldots,\ \text{where}\ \Delta_f=\frac{1}{T} \qquad (\text{식 17.1})$$

1.A☆. 두 신호 $x_n(t)$와 $x_{n+1}(t)$의 주파수 간격을 쓰시오.

1.B☆. $t=[0\ \ T]$에서 두 신호 $x_n(t)$와 $x_m(t)$의 상관값(correlation)을 계산하시오. 그리고 $n\neq m$일 때, 두 신호가 직교함을 보이시오.

1.C☆. 신호 $x_n(t)$의 에너지 E_n를 계산하시오.

1.D☆. $t=[0\ \ T]$ 영역에서 정의된 또 하나의 신호 집합 $\psi_n(t)=\dfrac{x_n(t)}{\sqrt{E_n}}$, $n=1,2,3,\ldots$이 정규직교(ortho-normal) 신호 집합임을 보이시오.

2. 벡터 공간에서 ML (Maximum Likelihood) 검출

2.A☆. (식 17.1)에서 $A=1$, $T=1$인 경우를 생각해보자. 문제 1.D의 답에서 주어진 $\psi_1(t)$, $\psi_2(t)$, $\psi_3(t)$에 $A=1$, $T=1$을 대입하고 그 결과를 쓰시오.

$$\psi_1(t)=\ ?,\ \psi_2(t)=\ ?,\ \psi_3(t)=\ ? \qquad \text{(식 17.2)}$$

2.B☆. 8개의 파형 $s_i(t)$, $i=1,2,3,\cdots,\ 8$을 이용하여 3개의 비트를 전송하는 8-ary 신호 전송 시스템이 있다. 각 파형($s_i(t)$)은 $\psi_1(t)$, $\psi_2(t)$, $\psi_3(t)$을 선형 결합하여 발생 시킨다. 표 17.1은 3개의 데이터 비트 값에 따라 $s_i(t)$ 중 어떤 것이 전송되는지, 그리고 각 $s_i(t)$는 $\psi_1(t)$, $\psi_2(t)$, $\psi_3(t)$로부터 어떻게 선형 결합하여 생성하는지를 나타낸 것이다.

〈표 17.1 데이터 비트 ↔ 8-ary 신호 매핑 표〉

신호 색인(index) i	송신 데이터 비트	매핑된 신호 $s_i(t)$
1	000	$s_1(t)=-2\psi_1(t)-\psi_2(t)-5\psi_3(t)$
2	001	$s_2(t)=\psi_1(t)-2\psi_2(t)-3\psi_3(t)$
3	010	$s_3(t)=0.5\psi_1(t)+4\psi_2(t)+2\psi_3(t)$
4	011	$s_4(t)=3\psi_1(t)-\psi_2(t)-\psi_3(t)$
5	100	$s_5(t)=-\psi_1(t)-4\psi_2(t)+3\psi_3(t)$
6	101	$s_6(t)=\psi_1(t)+3\psi_2(t)-0.5\psi_3(t)$
7	110	$s_7(t)=-\psi_1(t)-6\psi_2(t)+3\psi_3(t)$
8	111	$s_8(t)=-2\psi_1(t)-3\psi_2(t)+\psi_3(t)$

예를 들어 송신 데이터 비트열(transmit data bit stream)이 다음과 같이 주어진다면

송신 데이터 비트 =0100011100110101001010101110101⋯,

이때, 신호 $s_3(t)$ $s_2(t)$ $s_7(t)$? ? ? ? ?⋯ 를 순서대로 전송한다. 신호 ? ? ? ? ?... 에 해당하는 신호 배열(sequence)을 쓰시오.

2.C☆. 8-ary 신호 $\{s_1(t), s_2(t), ..., s_8(t)\}$ 중 하나의 신호가 송신되었다고 가정하자. 수신단에서는, 송신한 신호와 노이즈 신호 성분 $n(t)$가 함께 수신된다. 송신 신호와 노이즈 신호의 합 즉,

수신신호 $r(t)$를 (식 17.3)과 같이 간단한 신호 $\cos(1.532\pi t)$로 주어진다고 가정하고 분석을 진행하여 보자.

$$r(t) = s_i(t) + n(t) = \cos(1.532\pi t), \quad 0 \le t \le 1 \qquad \text{(식 17.3)}$$

다음 세부 문제에서 ML 검출 방식을 사용하여 (식 17.3)에 주어진 수신신호 $r(t)$로부터 3개의 데이터 비트를 복조(demodulate)해보자.

참고

랜덤신호인 노이즈 신호가 더해진 수신신호 $r(t)$가 (식 17.3)와 같이 정형화된 신호 $\cos(1.532\pi t)$로 가정하는 것은 비현실적이다. 본 실습에서는 이해와 풀이 과정의 효율적인 확인을 위하여 이와 같이 가정한다.

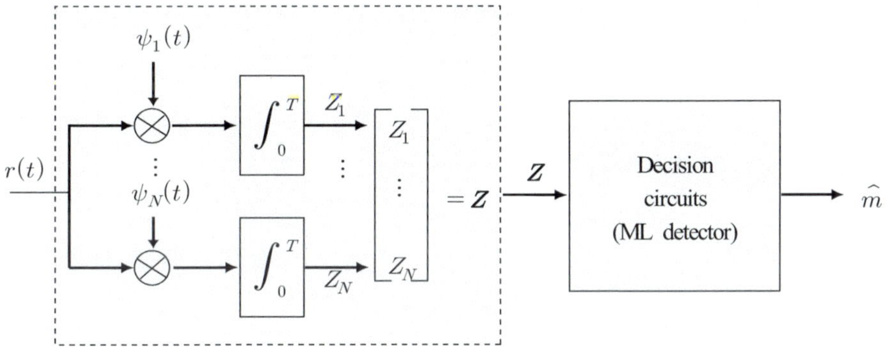

| 그림 17.1 | 수신 신호의 복조 과정

2.C1☆. $\psi_1(t)$, $\psi_2(t)$, $\psi_3(t)$가 각각, x, y, z 축의 직교 단위 벡터인 3차원 벡터 공간의 한 지점(point)으로 8-ary 신호 집합 $\{s_1(t), s_2(t), ..., s_8(t)\}$의 각 원소들을 표현하시오. 예를 들어 표 17.1에 따르면 $s_1(t)$은 3차원 벡터 공간의 한 점 (−2,−1,−5)로 매핑된다. 이를 $s_1(t) \Rightarrow \mathbf{s}_1 = (-2, -1, -5)$ 라 표현하자. 아래 다른 신호에 대하여도 그 좌표 값을 구하고, (식 17.4)의 ?를 채워서 완성하시오.

$$s_2(t) \Rightarrow \mathbf{s}_2(?,?,?), \quad s_3(t) \Rightarrow \mathbf{s}_3(?,?,?), \quad \cdots, \quad s_8(t) \Rightarrow \mathbf{s}_8(?,?,?). \qquad \text{(식 17.4)}$$

2.C2☆. [그림 17.1]은 M-ary 신호를 벡터공간에서 ML 검출하는 과정을 보인 것이다. 점선 블록은 (식 17.5)와 같이 수신 신호 $r(t)$를 벡터 공간의 좌표 $\mathbf{Z}$로 전환하는 과정에 해당한다.

$$r(t) \Rightarrow \quad \mathbf{Z} = (Z_1, Z_2, ..., Z_N) \qquad \text{(식 17.5)}$$

참고

수신신호의 벡터 공간 좌표는 ML detector의 판별변수로 사용되므로 r 이 아닌 Z 로 표기하자. 관련 문헌에서 Z는 일반적으로 판별변수의 기호로 사용된다([그림 17. 1 참조]).

(a) [그림 17.1]를 참고하여, 아래 (식 17.6)의 ?를 채워 넣어 **Z**의 각 원소 Z_1, Z_2, …, Z_N를 계산하는 식을 $r(t)$, $\psi_1(t)$, $\psi_2(t)$, … , $\psi_N(t)$의 함수로 완성하시오.

$$Z_1 = \int ?\,\mathrm{dt},\ Z_2 = ?,\ Z_3 = ?,\ \dots,\ Z_N = ? \qquad (\text{식 } 17.6)$$

(b) [그림 17.1]의 적분구간 T는 M-ary 신호의 길이와 동일하게 설정해야한다. 따라서, (식 17.3)에 주어진 수신신호를 복조하기 위해 $T=1$로 설정할 것. 본 문제에서, 3개의 기저 신호의 결합으로 이루어진 8-ary 신호를 고려하고 있으므로 벡터 공간의 차원 $N=3$이다. (식 17.3)에 주어진 $r(t)$와 (식 17.2)에서 나타낸 $\psi_1(t)$, $\psi_2(t)$, $\psi_3(t)$의 정확한 수식을 위 세부문제(a)의 답에 대입하여 Z_1, Z_2, Z_3를 계산하시오. 계산 결과 값을 쓰시오.

(c) 노이즈가 없는 환경에서는 $r(t)$와 $s_i(t)$가 동일하다. 이러한 환경에서 (b)의 계산을 반복하고, **Z**$=\{Z_1, Z_2, Z_3\}$가 문제 2.C1에서 얻은 $\mathbf{s}_i$와 동일함을 보이시오.

2.C3☆. 벡터 공간에서 $r(t)$와 $s_i(t)$ (i=1, 2, 3, ⋯, 8) 사이의 유클리드 거리를 계산하시오. 모든 i=1, 2, 3,…, 8에 대해 각각 구하시오.

2.C4☆. 아래 질문에 답하시오.

(a) 신호 $s_i(t)$ (i=1, 2, 3, ⋯, 8) 중에서 $r(t)$와 가장 가까운 것은 무엇인가?

(b) (a)의 답으로부터, 송신된 3개의 비트를 추정하시오.

2.C5☆. 수신 신호 $r(t)$가 (식 17.7)과 같이 주어진 경우에 대해, 문제 2.C2~2.C4의 ML 검출 과정을 반복하시오.

$$r(t) = \cos(4.53\pi t),\quad 0 \le t \le 1 \qquad (\text{식 } 17.7)$$

3. 벡터 공간에서 ML 검출

3.A. 아래 m-file은 (식 17.2)에서 유도한 $\psi_2(t)$의 매트랩 샘플 벡터(아래 참고) 'p2t'를 생성하기 위해 작성된 것이다. 아래 m-file에서는 $x_2(t)$의 에너지를 수치적분을 이용해 계산한다. 굵은 글

씨 라인에 대한 설명을 다음의 지침에 따라 작성하시오.

(지침1) '='이 있는 라인 : '=' 왼쪽 변수의 목적(용도 또는 수식에서의 해당 변수), '=' 오른쪽 수식이 왼쪽 변수의 목적(용도)에 왜 부합하는지 그 이유를 쓰시오.

(지침2) '='이 없는 라인 : 명령어에 대한 설명과 이 명령을 왜 수행하는지 설명.

```
randn(1,XXX); % XXX=학번 끝 세자리, 내용과 상관없는 부분, 그러나 꼭 추가 할 것.
Ts=1;
tstep=Ts/10000;
tvector=0:tstep:Ts;

Delta_f=1/Ts;
f2=2*Delta_f;

x2t=cos(2*pi*f2*tvector);
E2=sum(x2t.^2)*tstep; % 수치적분(2장의 문제 1 참조)
p2t=x2t/sqrt(E2); % ψ2(t)의 샘플 벡터
```

참고

'신호를 매트랩 샘플 벡터로 생성한다'라고 할 때 '벡터'는 단순히 '신호 파형을 일정한 간격으로 샘플링하여 매트랩의 벡터 변수로 만든다'는 의미임. '신호를 벡터스페이스의 한 점으로 옮긴다 (매핑한다)'라고 할 때의 '벡터'와 다른 의미임을 주의할 것.

3.B. 문제 2.C1~2.C4를 수행하는 매트랩 m-file을 아래 박스를 참고하여 작성해보자. 신호의 에너지를 계산하거나 수신신호를 벡터공간의 한 좌표로 매핑(식 17.6 참고)하기 위한 적분은 수치 적분(2장의 문제 1 참조)으로 구현하시오. 'rt'는 수신 신호 $r(t)$의 매트랩 샘플 벡터로 생성하시오. 'p1t', 'p2t', 'p3t'는 $\psi_1(t)$, $\psi_2(t)$, $\psi_3(t)$에 해당하는 매트랩 샘플 벡터로 생성하시오.

```
clear
rand(1XXX); % XXX = 자신의 학번 뒤 3자리. m-file 내용과 상관없으나 반드시 추가할 것.
Ts=1;
tstep=Ts/10000;
tvector=0:tstep:Ts;

Delta_f=1/Ts;
f2=2*Delta_f;

x2t=cos(2*pi*f2*tvector);
E2=sum(x2t.^2)*tstep; % 수치적분(2장의 1 참조)
p2t=x2t/sqrt(E2); % ψ2(t)의 샘플 벡터
```

```
% 신호 샘플 벡터 p1t 생성(= ψ1(t)의 샘플 벡터).
x1t=?;
E1=?;
p1t=?;
% 신호 샘플 벡터 p3t 생성(= ψ3(t)의 샘플 벡터).
x3t=?;
E3=?;
P3t=?;

% 신호 샘플 벡터 rt 생성.
rt=cos(? ); % (식 17.3) 또는 (식 17.7)

% (식 17.4)에서 구한 각 8-ary 신호의 벡터 공간 좌표 생성.
s1t_in_vector_space=[?,?,?]; % =s1
s2t_in_vector_space=[?,?,?];
...
s8t_in_vector_space=[?,?,?];

% 식(17.6)에 나타낸 적분 계산을 수치적분(2장의 1 참조)으로 구현.
Z1=sum(????)*tstep;
Z2=???;
Z3=???;
rt_in_vector_space=[?,?,?]; % = (식 17.5)의 Z

% 문제 2.C3에서 수행한 계산을 매트랩으로 구현. m-file 작성이 익숙하지 않으면 command window
에서 거리를 하나씩 계산하여도 무방함.
ED_rt_s1t=sum(abs(?-?).^2); % 벡터공간에서 rt와 s1t의 유클리드 거리의 제곱

% 위와 동일한 방법으로 ED_rt_s2t ~ ED_rt_s8t 계산
ED_rt_s2t=sum(abs(?-?).^2);
...
ED_rt_s8t=sum(abs(?-?).^2);

% 문제 2.C4에서 수행한 계산을 매트랩으로 구현. m-file 코딩이 익숙하지 않으면 계산된 8개의 거리
를 바탕으로 직접 구하여 판별하여도 무방함.
[T1 T2]=min([ED_rt_s1t, ?,?,..., ED_rt_s8t]);
T2
```

3.B1. 위의 박스 안 설명을 참고하여 m-file을 완성하시오. 완성된 m-file을 보이시오.

3.B2. (식 17.3)에 주어진 수신신호 $r(t)$에 대해, 문제 3.B1에서 완성한 m-file을 수행하시오.

(a) 수행 결과 'T2' 값을 쓰시오.

(b) (a)의 결과에 따른 ML 검출 결과(추정한 3개의 데이터 비트)를 쓰시오.

(c) 수행결과가 2.C4의 결과와 같은지 확인하시오.

(d) 수신신호 $r(t)$를 (식 17.7)로 교체하자. 적절히 m-file을 수정하고 (a)~(c)을 반복하시오.

3.B3. 위 m-file은 벡터공간에서 수신신호와 송신 후보 신호들 간의 유클리드 거리의 제곱을 구한 것이다.

(a) 유클리드 거리를 사용하지 않고 유클리드 거리의 제곱을 사용해도 ML 검출 과정에 무방한 이유를 쓰시오.

(b) 구현의 측면에서, 유클리드 거리가 아닌 유클리드 거리의 제곱을 사용함으로써 얻는 이점들은 무엇인가?

4. Waveform space에서 difference energy를 이용한 ML detection

$r(t)$와 $s_i(t)$ 사이의 차이 에너지는 다음과 같이 계산할 수 있다.

$$E_{r(t)-s_i(t)} = \int_0^T |r(t)-s_i(t)|^2 dt \qquad \text{(식 17.8)}$$

본 문제에서는 두 신호의 차이 에너지를 계산하는 매트랩 코드를 작성해보자. (식 17.3)과 (식 17.7)에 주어진 두 수신신호 $r(t)$의 예시에 대해 ML 검출을 수행해 보자.

4.A. 먼저, 아래 박스를 참고하여 표 17.1의 $s_i(t)$ $(i=1, 2, 3, \cdots, 8)$에 해당하는 매트랩 샘플 벡터 's1t', 's2t', 's3t', ... 's8t'를 생성하는 m-file을 작성하시오. 아래의 박스 안 설명을 참고하여 ?를 채워 m-file을 완성하시오.

```
clear
randn(1,XXX); % XXX=학번 끝 세자리, 내용과 상관없는 부분, 그러나 꼭 추가 할 것.
Ts=1;
tstep=Ts/10000;
tvector=0:tstep:Ts;

Delta_f=1/Ts;
f2=2*Delta_f;

x2t=cos(2*pi*f2*tvector);
E2=sum((x2t.^2)*tstep);
p2t=x2t/sqrt(E2);
```

```
% 신호 샘플 벡터 p1t 생성(= ψ1(t)의 샘플 벡터).
x1t=?;
E1=?;
p1t=?;
% 신호 샘플 벡터 p3t 생성(= ψ3(t)의 샘플 벡터).
x3t=?;
E3=?;
P3t=?;
% s1t(=s1(t)의 샘플 벡터), s2t, ..., s8t 생성
% 예를 들어, 벡터 s1t는 아래와 같이 생성
s1t=?*p1t+?*p2t+?*p3t; % 표 17.1 참조
s2t=?
......
s8t=?
```

4.B. 모든 i=1, 2, 3, ⋯, 8에 대해 (식 17.8)을 수치적분으로 계산하기 위해 문제 4.A의 m-file 마지막에 아래 박스의 코드를 추가하시오. 추가된 부분을 캡쳐하여 보이시오.

```
% 4.A의 m-file의 마지막에 아래 코드를 추가할 것.
rt=cos(?);% (식 17.3) 또는 (식 17.7)
E_rt_s1t= sum(abs(???).^2)*tstep; % E_{r(t)-s_i(t)} ∫_0^T |r(t)-s_1(t)|^2 dt 를 수치적분으로 구현
...
...
...
E_rt_s8t= sum(????)*tstep ;
```

4.C. 문제 4.B의 m-file에 3.B에서 한 것과 같이 '`[T1 T2]=min()`'를 사용하여 $E_{r(t)-s_i(t)}$를 최소화 하는 $s_i(t)$를 찾는 코드를 추가하시오. 추가된 부분을 캡쳐하여 보이시오.

4.D. 수신 신호가 (식 17.3)과 (식 17.7)에서 주어지는 $r(t)$인 두 경우에 대해, 완성된 m-file을 각각 실행하시오.

(a) 두 경우에 대해 $E_{r(t)-s_i(t)}$를 최소화 하는 $s_i(t)$는 각각 무엇인지 쓰시오.

(b) (a)의 답이 문제 3.B2(a)와 3.B2(d)에서 구한 벡터공간에서 유클리드 거리를 이용한 방법과 일치하는가?

4.E. 문제 3.B와 문제 4.D에서 사용한 2개의 m-file 중에서, 더 높은 컴퓨터 연산 복잡도를 요구하는 것은 무엇인가? 그 이유는 무엇인가?

>>> 18 CHAPTER Signal Vector Space and ML Detection II

- ML 검출 방식을 사용하여 AWGN 채널을 통과한 *M*-ary 신호열의 정보 비트를 검출한다.
- 랜덤하게 생성된 수신신호 파형의 샘플 벡터에 대하여 ML 검출을 수행하는 m-file을 작성한다.

1. 제공된 수신신호의 생성 파일 분석

다음의 매핑(mapping) 표에 따라, $s_i(t)$ 중의 하나를 전송하는 4-ary 신호 전송 시스템이 있다.

〈표 18.1 데이터 비트 ⇔ 4-ary 신호 매핑 표〉

데이터 비트	송신 신호 $s_i(t)$
00	$s_1(t)$
01	$s_2(t)$
10	$s_3(t)$
11	$s_4(t)$

1.A☆. 예를 들어, 'data_bits' = 0110110100011101001110 이라면 연속적으로 $s_2(t)\, s_3(t)\, s_4(t)\, s_2(t)$ $s_1(t)\, s_2(t)\, s_4(t)$? ? ? ? 를 전송한다. ? ? ? ?에 들어갈 송신신호를 쓰시오.

1.B. 18장 '실습 자료 파일'의 모든 파일들을 매트랩의 현재 작업 폴더에 다운로드 하시오. 그 다음, Command window에서 '>> load st_and_rt.mat'를 실행하여 작업 공간(workspace)에 load하자 (또는 'st_and_rt.mat'를 더블클릭해도 됨). 그리고 '>> whos'를 실행하자. 'st_and_rt.mat' 파일에 저장되어 있었던 매트랩 변수(벡터)들의 목록을 캡쳐하여 보이시오.

1.C. 'st_and_rt.mat'에 저장되어 있는 모든 변수 또는 벡터들은 아래 박스의 m-file인 'rt_gen.m'을 실행하여 생성한 것이다. 매트랩 벡터 's1t', 's2t', 's3t', 's4t'는 각각 파형 $s_1(t)$, $s_2(t)$, $s_3(t)$, $s_4(t)$의 샘플링 된 버전(version)이다. 그리고 매트랩 벡터 'rt'는, 어떤 이미지 파일의 비트열을 AWGN(Additional White Gaussian Noise) 채널에서, 4-ary 신호로 연속적으로 전송했을 때, 수신된 신호 $r(t)$의 샘플링 된 버전이다.

주의: 아래 박스는 m-file 'rt_gen.m'으로서 's1t', 's2t', 's3t', 's4t', 'rt'이 각각 어떻게 생성되었는지에 대한 이해를 돕기 위해 보인 것이다. **아래 m-file을 완성하라는 것이 아님.** 아래 m-file을 완성하여 실행하면 'st_and_rt.mat' 파일이 변경되므로 **절대 실행시키지 말 것.**

```
% rt_gen.m
clear
S_ID=rand(1,XXX); % XXX= 자신의 학번뒤 3자리 수, 0 으로 시작하여도 상관없음. 학번에 따라 일부 실험 결과가 다르게 나오게 함이니 반드시 추가할것.
T=1; % M(4)-ary signal duration
L=32; % 4-ary 신호 당 샘플 수 ( 4-ary 신호 샘플 벡터의 길이)
tstep=T/L;
tvector=tstep:tstep:T;

%%%%%%%%%%%%%%%4-ary signal set generation%%%%%%%%%%%%%%%%%%%%%%%%%
p1t=sqrt(2)*cos(3*pi*tvector); % 2차원 벡터 공간의 x축 기저 신호
p2t=sqrt(2)*sin(3*pi*tvector); % 2차원 벡터 공간의 y축 기저 신호
a= ? ; b= ?; c= ?; d= ?; e= ?; f= ?; g= ?; h= ? ;
s1t=a*p1t +  b*p2t;
s2t=c*p1t +  d*p2t;
s3t=e*p1t +  f*p2t;
s4t=g*p1t +  h*p2t;
%%%%%%%%%%%%%%%%%%%%%%%%%%%%%%%%%%%%%%%%%%%%%%%%%%%%%%%%%%%%%%%%%

%%%%%%이미지를 비트열로 만드는 과정: 실습과 상관없는 부분%%%%%%%%%%%%%%%%%%%%%%%%
sp=2;
A=imread('painting','jpg');A=64*(A(1:sp:end,1:sp:end,:)/64);C=dec2bin(A);
D=C(:,1:2);[h w dd]=size(A);Nbits=prod(size(D));
data_bits=bin2dec(D(1:end)')';
%%%%%%%%%%%%%%%%%%%%%%%%%%%%%%%%%%%%%%%%%%%%%%%%%%%%%%%%%%%%%%%%%%%%%%%%

Nb=length(data_bits); %Number of bits in the image file
Ns=Nb/2;

%%%%%%%%% Transmitter signal x(t) generation %%%%%%%%%%%%%%%%%%%%%%%%
xt=[] %송신 신호 벡터 초기화
for k=1:Ns
    %%% 2 bits => 4-ary signal Mapping%%%%%%%%%%%%%%%%%%
```

```
    if data_bits(2*k-1:2*k) == [0 0]
       st=s1t;
    elseif data_bits(2*k-1:2*k) == [0 1]
       st=s2t;
    elseif data_bits(2*k-1:2*k) == [1 0]
       st=s3t;
    else
       st=s4t;
    end
    %%%%%%%%%%%%%%%%%%%%%%%%%%%%%%%%%%%%%%%%%%%%%%%%%%%%%%
    xt=[xt st]; %'st'이어 붙이기.
end
%%%%%%%%%%%%%%%%%%%%%%%%%%%%%%%%%%%%%%%%%%%%%%%%%%%%%%%%%%%%%%%%%%%%%%

xt_len=length(xt)   %vector length of 'xt'

%%%%%%%%%Reeived signal atter AWGN channel%%%%%%%%%%%%%%%%%%%%%%%%%%%%
noise_sample=6*randn(1,xt_len);   %AWGN
rt=xt+noise_sample;   %noise addition
%%%%%%%%%%%%%%%%%%%%%%%%%%%%%%%%%%%%%%%%%%%%%%%%%%%%%%%%%%%%%%%%%%%%%%

save st_and_rt.mat L Ns tstep tvector p1t p2t s1t s2t s3t s4t rt
```

위의 'rt_gen.m'을 자세히 읽은 후, 다음 문제를 푸시오.

1.C1. 아래 문장 속 모든 ?를 채우시오.

(a) 4-ary 신호의 매트랩 샘플 벡터('s1t', 's2t', 's3t', 's4t')는 2차원 벡터 공간의 두 정규직교 기저신호 $\psi_1(t)$와 $\psi_2(t)$의 샘플 벡터인 ?와 ?의 선형 결합으로 발생한다.

(b) 두 정규직교 기저신호 샘플 벡터를 생성하는 문장을 보면 'tvector'를 시간축 샘플 백터로 사용하고 있음을 알 수 있다. 따라서 'tvector'를 어떻게 설정했는지 보면 4-ary 신호의 매트랩 샘플 벡터('s1t', 's2t', 's3t', 's4t')의 신호 길이(초)와 샘플 간격이 어떻게 설정되었는지 알 수 있다. 4-ary 신호의 길이는 ? 초이고, 샘플 간격은 ? 초이며 이를 나타내는 매트랩 변수는 ? 이다. 또, 4-ary 신호는 ? 개의 샘플로 이루어 졌다.

1.C2. 'rt_gen.m' 내부의 MATLAB 변수 중, 벡터 'data_bits'는 송신 데이터(이미지 파일)의 비트열이고, 'Nb'는 송신 데이터의 총 비트 수 (비트열의 길이)이다. 송신 데이터 비트열을 4-ary 신호로 전송할 경우, 총 'Ns' 번의 4-ary 신호 전송이 필요하다. 'rt_gen.m'에서 'Ns'가 어떻게 설정되어 있는지 쓰고 그렇게 설정된 이유를 쓰시오.

1.C3. 'p1t'와 'p2t'는 's1t', 's2t', 's3t', 's4t'을 생성하기 위해 사용한 정규직교 기저신호 (Basis) $\psi_1(t)$와 $\psi_2(t)$의 샘플 벡터이다.

(a) 아래의 명령어를 Command window에서 수행하고, 수행한 결과를 보이시오.

```
>>load st_and_rt.mat
>>sum(p1t.^2)*tstep
>>sum(p2t.^2)*tstep
>>sum(p1t.*p2t)*tstep
```

(b) 위 박스 안의 명령어 중 뒤 3개 라인은 수치적분(2장 문제 1 참조)을 수행한다. 예를 들어, 라인 'sum(p1t.^2)*tstep'은 수식 $\int_0^1 (\psi_1(t))^2 dt$를 수치적분으로 구현한 것이다. 나머지 2개 라인의 수치적분에 해당하는 수식을 쓰시오.

(c) (a)의 결과에 의해 'p1t'와 'p2t'는 orthonormal basis임을 설명하시오. 수치적분으로 인한 약간의 오차는 무시할 것.

1.C4. 문제 1.C의 m-file에서 'xt'는 변조된 4-ary 송신 신호임을 알 수 있다. 'xt'는, 송신 데이터 비트('data_bits')를 두 비트 단위로 끊어 그 값에 따라 〈표 18.1〉의 규칙에 의해 's1t', 's2t', 's3t', 's4t' 중 하나를 연달아 이어 붙임으로써 발생됨을 알 수 있다. 그런 다음 m-file에서 어떤 추가 과정을 거쳐 수신신호 매트랩 벡터 'rt'가 생성되는가?

1.C5. 결국, 'rt(1:L)'는 처음 전송된 4-ary 신호에 대한 수신 신호 샘플 벡터, 'rt(L+1:L+L)'는 두 번째로 전송된 4-ary 신호에 대한 수신 신호 샘플 벡터, 'rt(2*L+1:3L)'는 세 번째로 전송된 4-ary 신호에 대한 수신 신호 샘플 벡터에 해당한다. 따라서 n 번째로 전송된 4-ary 신호에 대한 수신 신호 샘플 벡터는 'rt(? : ?)' 로 나타낼 수 있다. ?를 채우시오.

2. 4-ary 심벌 신호 및 수신 신호 파형 관찰

2.A. 1.C의 rt_gen.m에서 생성한 신호 $s_1(t)$, $s_2(t)$, $s_3(t)$, $s_4(t)$의 샘플링 된 버전의 그래프를 그려보자. 아래의 예와 같이 $s_1(t)$의 그래프를 그릴 수 있다. 4 신호의 그래프를 각각 캡쳐하시오.

```
>>load st_and_rt.mat
>>plot(s1t); grid on
```

2.B. 2.A에서 load 한 st_and_rt_.mat에는, 1.C의 rt_gen.m에서 생성한 이미지 파일의 수신신호 r $r(t)$의 샘플링 버전인 벡터 'rt'도 들어 있다.

(a) 다음을 실행하여 수신신호 $r(t)$의 샘플 길이와 $r(t)$의 전체 파형을 캡쳐하시오. Figure 창은 뒤에 쓰이므로 닫지 말것

```
>>length(rt)
>>plot(rt)
```

(b) length() 명령어를 이용하여 $s_1(t)$, $s_2(t)$, $s_3(t)$, $s_4(t)$의 샘플길이도 캡쳐하시오.

(c) $r(t)$는 4-ary 신호 열을 이어 붙여 만든 것임을 상기하자. (a)와 (b)의 결과, 그리고, 4-ary 신호당 전송하는 비트 수를 이용하여 이미지 파일의 전체 비트수를 계산하시오.

2.C 아래를 실행하여, 수신 신호 $r(t)$의 샘플링 된 버전인 'rt' 을 확대하여 수신되는 4-ary 신호의 모양을 살펴보자.

(a) 2.B(a)에서 생성한 Figure창의 그래프에 마우스를 가져가면 그래프 테두리 우측상단에 돋보기 모양의 확대 메뉴와 그 옆에 축소 메뉴가 있음을 알수 있다. 그래프의 원하는 영역을 크게 확대하기 위해서는, 돋보기 메뉴를 선택(클릭)한 후 마우스로 확대하고 싶은 영역을 드래그하면 된다. 이 방법을 이용하여 $r(t)$의 맨앞의 (첫 번째 전송된) 4-ary 신호를 보기 위해, 그래프의 x축 범위가 [1 32] 가 되게 확대하시오, $r(t)$ 전체 신호의 길이에 비하여 매우 짧은 구간을 확대하는 것이므로 한번에 확대하기는 힘드니 조금씩 여러번 확대하는 과정을 반복하여 최종적으로 x축 범위가 [1 32] 가 되게하면 됨. 확대 영역을 드래그 할 때 y축으로는 잘리지 않도록 주의 할 것. 결과 그림을 캡쳐하여 보이시오.

(b) $r(t)$에서 첫 번째 전송된 4-ary 신호는, $\{s_1(t),\ s_2(t),\ s_3(t),\ s_4(t)\}$중 어떤 것이었을지 육안으로 판별하여 써 보시오. 2.A에서 캡쳐한 $\{s_1(t),\ s_2(t),\ s_3(t),\ s_4(t)\}$와 비교하여 판별하여 써 보시오.

(c) $r(t)$ 신호 중 5번째로 전송한 4-ary 신호의 파형을 캡쳐하려 한다. 확대해야 하는 x축의 범위를 쓰시오.

(d) (a)의 Figure창에서 마우스를 아래로 드래그 하면 그래프를 축소하여 x축 범위를 다시 늘릴 수 있다. 그 다음 다시 영역을 드래그하여 원하는 영역을 확대할 수 있다. 이 방법을 사용하여 (c)에서 답한 영역을 확대하여 파형을 캡쳐하시오.

(e) r(t)에서 5 번째 전송된 4-ary 신호는, $\{s_1(t),\ s_2(t),\ s_3(t),\ s_4(t)\}$중 어떤 것이었을지 육안으로 판별하여 써 보시오. 2.A에서 캡쳐한 $\{s_1(t),\ s_2(t),\ s_3(t),\ s_4(t)\}$와 비교하여 판별하여 써 보시오.

(f) $r(t)$는 4-ary 신호 $\{s_1(t),\ s_2(t),\ s_3(t),\ s_4(t)\}$를 이어붙여 전송한 것이다. 그런데 (b)(e)에서 육안으로 그것이 무엇이었는지 판단하기 어려웠다면, 어렵게 된 이유를 쓰시오.

3. 벡터 공간에서 ML 검출

문제 1.C에 주어진 'rt_gen.m'의 마지막 줄을 보면 'st_and_rt.mat'에 변수를 저장할 때, 송신데이터 비트열 'data_bits'는 저장하지 않음을 알 수 있다(명령창에서 '>>whos'하여 현재 작업공간에 'data_bits'가 없음을 확인할 것). 이번 문제의 목표는 'st_and_rt.mat'에 저장된 4-ary 신호 샘플 벡터 ('s1t', 's2t', 's3t', 's4t') 그리고 여타 MATLAB 벡터 및 변수들만을 이용하여, 수신 신호 샘플 벡터 'rt'로부터 'data_bits'를 역으로 추정하는 것이다. ML 검출기법을 사용할 것인데, 2번 문제에서 육안으로는 불가능했던 것을, ML 검출은 잘 추정해 내는지 확인해 보자.
ML검출기법을 이용하여 수신 신호 샘플 벡터 'rt'로부터 송신 데이터 비트열을 복조하는 매트랩 코드를 다음의 과정을 따라 작성할 수 있다.

3.A. (식 18.1)과 같이 N개의 직교 기저(orthogonal basis) 함수들 $\psi_k(t),\ k=1,\cdots,N$ 을 선형 결합하여 M-ary (M 가지 수의) 신호 $s_1(t),\ \cdots,\ s_M(t)$ 를 생성할 수 있다.

$$s_i(t)=\sum_{k=1}^{N}a_{ik}\psi_k(t),\quad i=1,\cdots,M\ \ (\text{일반적으로 } N\le M) \qquad (\text{식 } 18.1)$$

이렇게 생성된 M-ary 신호 $s_1(t),\ \cdots,\ s_M(t)$ 는 각각, (식 18.2)와 같이, N개의 직교 기저 $\psi_k(t),\ k=1,\cdots,N$ 가 좌표축을 형성하는 N차 벡터 공간위의 한 점으로 나타낼 수 있다.

$$s_i(t)\Rightarrow \mathbf{s}_i=(a_{i1},a_{i2},\ldots,a_{iN}) \qquad (\text{식 } 18.2)$$

a_{ik}의 값은 $s_i(t)$와 직교 기저 함수 $\psi_k(t),\ k=1,\cdots,N$을 이용하여 다음과 같이 계산할 수 있다.

$$\begin{aligned} a_{ik}&=\int_{t_1}^{t_2}s_i(t)\psi_k^*(t)dt \qquad (\text{식 } 18.3)\\ &=\int_{t_1}^{t_2}s_i(t)\psi_k(t)dt,\quad \psi_k(t)\text{가 실수신호인 경우.}\end{aligned}$$

여기서 t_1과 t_2는 심벌 구간의 경계이며, $s_1(t),\ \cdots,\ s_M(t)$ 와 $\psi_1(t),\ \psi_2(t),\cdots,\psi_N(t)$의 심벌 구간은 모두 동일하다.

3.A1☆. 먼저, (식 18.1)을 (식 18.3)의 우변에 대입하여 (식 18.3)이 성립함을 보이시오.

3.A2. 그 다음, (식 18.3)을 이용하여 'rt_gen.m'에서 생성한 4-ary (M=4) 신호를 (식 18.2)와 같이 벡터 공간위의 한 점으로 각각 나타내보자.

(a) 'rt_gen.m' 파일을 참조하여 N의 정확한 값을 쓰시오.

(b) (식 18.3)의 적분은 수치적분을 이용하여 계산할 수 있다. 아래 m-file에서는 $s_1(t)$의 샘플 벡터인 's1t'를 이용하여 $s_1(t)$에 해당하는 2차원 벡터 공간의 한 점 $\mathbf{s}_1$를 구한다. 즉, $\mathbf{s}_1$의 x, y 좌표에 해당하는 a_{11}, a_{12}를 계산한다. 아래에 ?를 적절히 채워 m-file을 완성하시오. 문제 1.C의 m-file을 참고하여 직교 기저함수 $\psi_k(t)$, $k=1,2(=N)$와 4-ary 신호 $s_1(t)$, …, $s_4(t)$에 해당하는 매트랩 샘플 벡터의 변수명이 무엇이었는지 기억할 것. 완성된 m-file과 실행결과를 보이시오.

```
clear
randn(1,XXX); % XXX=학번 끝 세자리, 내용과 상관없는 부분, 그러나 꼭 추가 할 것.
load st_and_rt.mat
a11=sum(s1t.*p1t)*tstep; % a11 = ∫_0^1 s1(t)ψ1(t)dt의 수치적분 구현, 실습 2의 문제 1 참조
a12=sum(????)*tstep;
s1=[a11,a12]
```

3.A3. 문제 3.A2의 m-file에 나머지 4-ary 신호 's2t', 's3t', 's4t'의 벡터공간 좌표를 구하는 line을 추가하시오. 수정한 m-file과 실행결과를 캡쳐하여 보이시오.

3.B. 이제, 수신신호 'rt'를 4-ary 신호 구간 단위로 끊어 각각에 대하여 벡터공간 좌표를 계산하고 ML 검출을 이용해 해당 비트를 복조하고자 한다. 문제 3.A3에서 작성한 m-file에 다음의 순서를 따르는 line을 추가하여 아래의 박스에 보인 것처럼 완성할 수 있다.

- Step 1. 'n'=1로 둔다. 이 변수는 'rt'($r(t)$의 샘플 벡터)에 포함된 4-ary 신호의 순차적인 색인(index)으로 사용된다.
- Step 2. st_and_rt.mat에 저장된 매트랩 변수 중 'L'은 4-ary 신호 샘플 백터의 길이(신호당 샘플 수)였음을 상기하자. 아래와 같이 'rt'로부터, 'n' 번째 전송된 4-ary신호에 대한 수신 신호 샘플 벡터부분만 추출한다. 즉, 'rt_nth = rt(((n-1)*L+1) : n*L);'
- Step 3. 'rt_nth'를 2차원 벡터 공간의 한 점('z=(z1, z2)')으로 변환한다. 문제 3.A2, 3.A3의 답과 유사한 과정임.
- Step 4. 벡터 공간에서 'z'와 각 4-ary 신호의 좌표들의 유클리드 거리를 계산한다. 4-ary 신호 중 'z'와 가장 가까운 좌표를 가진 신호를 선택(ML 검출)한다.
- Step 5. 검출된 4-ary 신호를 〈표 18.1〉를 사용하여 두 비트 데이터로 디매핑한다.

- Step 6. 그 다음으로 수신된 4-ary 신호를 검출하기 위해 'n=n+1'로 증가시키고, Step 2 단계로 돌아가 반복한다.

```
%문제 3.A3까지 작성된 m-file에 이어서
data_bits_hat=[];     %복조된 비트를 저장하기 위한 벡터 초기화
for n=1:Ns
   rt_nth= rt( ((n-1)*L+1) : n*L ); % Step 2 수행
   z1= sum(rt_nth.*p1t)*tstep; z2= ???; %  Step 3 수행
   z=[z1,z2]; %Step 3 수행
   ED_z_s1=sum(abs(z-s1).^2);       % Step 4 수행, z와 s1 거리,
   ED_z_s2=???; % z와 s2 거리,
   ED_z_s3=???; %  z와 s3 거리,
   ED_z_s4=???; %  z와 s4 거리 계산.

   [T1 T2]=min([ED_z_s1, ED_z_s2, ED_z_s3,ED_z_s4]); % Step 4, z와 가장 가까운 좌표 검출
   if T2==1
     twobits_hat= [0 0] ; % <표 18.1>에 따라 검출된 두 비트를 twobits_hat에 대입
   elseif T2==2
     ??? ;
   elseif T2==3
     ??? ;
   else
     ??? ;
   end

   data_bits_hat=[data_bits_hat  twobits_hat];% 검출된 비트를 비트열로 연결
end
```

3.B1. 완성된 m-file을 캡쳐하여 보이시오. 완성된 m-file은 다음 실습에서 사용하므로 반드시 저장해 둘 것.

3.B2. 원래 있는 주석을 지우고 모든 라인에 대한 설명을 다음의 지침에 따라 작성하시오.

(지침1) '='이 있는 라인 : '=' 왼쪽 변수의 목적(용도), '=' 오른쪽 수식이 왼쪽 변수의 목적(용도)에 왜 부합하는지 그 이유를 쓰시오.

(지침2) '='이 없는 라인 : 명령어에 대한 설명과 이 명령을 왜 수행하는지 설명.

3.C. 위의 m-file을 실행하시오. 실행이 완료된 다음, 'data_bits'의 복조 결과('data_bits_hat')의 첫 30 비트결과를 출력하기 위해 Command window에서 '>> data_bits_hat(1:30)'를 실행하시오. 실행 결과를 캡쳐하여 보이시오.

🖫 **3.D.** 'rt_gen,m'에서 수신신호 샘플 벡터 'rt'를 생성할 때 쓰인 실제 송신 데이터 비트는 '실습 자

료 파일'중 'data_bits.mat'에 'data_bits' 라는 벡터 이름으로 저장되어 있다. 'data_bits'를 불러오기 위해, 명령창(Command window)에서 '>> load data_bits.mat'을 실행하시오.

(a) '>> load data_bits.mat'의 실행 결과를 캡쳐하여 보이시오.

(b) 명령창에서 '>> data_bits(1:30)'를 수행 하여 ('>> data_bits_hat(1:30)'이 아님을 유의) 실제 송신 데이터 비트 중 첫 30비트를 캡쳐하여 보이고 3.C에서 얻은 복조 결과와 비교하시오. 비트 오류가 발생하였는가?
주의사항: 비트오류가 발생하였다면 3.B에서 m-file을 제대로 작성한 것이 아니므로, 반드시 비트오류가 없을 때까지 3.B의 자신의 m-file에서 오류를 찾아 수정하여야 함. 특히, 변수(또는 벡터)이름에 신호의 인덱스, {1,2,3,4}, 기저신호의 인덱스 {1,2}가 수식 공식과 일치되게 제대로 되었는지 꼼꼼히 체크하여야 함.

(c) '실습 자료 파일'중 'plot_received_image.m'은 자신이 복조한 결과의 BER을 출력하고, 복조한 비트열로 부터 이미지를 복원하여 그려준다. 명령창에서 '>> plot_received_image'를 실행하여 BER과 수신 이미지를 캡쳐하시오(주의사항: 이미지는 캡쳐하기전, 명령창에서 '>>title('자신의 학번과 이름')' 을 실행한 후 캡쳐할것).

(d) 3.B에서 m-file을 제대로 작성하였다면 , 바로 위에서 '>> plot_received_image'를 실행하였을 때, 미술 작품 그림과 함께, 이 작품을 주제로 하는 음악이 깨끗하게 끝까지 재생되어야 한다. 가사의 첫 소절에 나오는 이 미술 작품의 영문 제목은 무엇이며, 음악이 끝날 때 까지 총 몇 번 깨끗하게 나오는지 쓰시오 (영어 단어가 정확히 무엇인지 알지 못하는 경우, 소리나는 대로 한글로 표기하고 동일한 단어가 몇 번 나오는지 쓰시오).

3.E. 17장의 문제 4에서와 같이 'rt_nth'와 각 's1t', 's2t', 's3t', 's4t' 사이의 차 에너지(difference energy)를 이용해 송신 데이터 비트열을 복조하는 m-file를 작성하시오. 아래를 참조하여 작성하고, 작성된 m-file을 캡쳐하여 보이시오. 작성된 m-file은 19장에서도 쓰이니 저장해 놓을 것.

```
clear
randn(1,XXX); % XXX=학번 끝 세자리, 내용과 상관없는 부분, 그러나 꼭 추가 할 것.
load st_and_rt.mat
data_bits_hat=[];     %복조된 비트를 저장하기 위한 벡터 초기화
for n=1:Ns
  rt_nth= rt( ((n-1)*L+1) : n*L ); %n 번째 M-ary 수신신호 샘플

  E_rt_s1t=sum(abs(?-?).^2)*?;   % rt_nth와 s1t와의 차에너지 수치적분
  ....     % 이후 필요한 과정들이 무엇인지 생각하여 line들을 적절히 구현.
  ....
  E_rt_s4t=??;
```

```
    [T1 T2]=min([E_rt_s1t,?,?,?]);
    if T2==1
      twobits_hat=? ;
    elseif ??
    ...
    elseif ??
    ...
    else
    ...
    end

    data_bits_hat=[data_bits_hat  twobits_hat];% 검출된 비트를 비트열로 연결

end
```

3.F. 위의 m-file을 실행하시오. 실행이 끝나면, 복조된 비트 중 처음 30개의 비트를 확인하기 위해 Command window에서 '>> data_bits_hat(1:30)'를 실행하시오. (a) 실행 결과를 캡쳐하여 보이시오. (b) 송신한 비트가 제대로 복조 되었는가? (c) 명령창에서 '>> plot_received_image'를 실행하여 BER과 수신 이미지를 캡쳐하시오 (d) 3.D(c)의 결과와 비교하고 차 에너지(difference energy)를 이용한 복조방법과, 벡터공간에서 거리를 이용한 복조 방법 중 더 좋은 BER 성능을 갖는 것은 어떤 것인지 쓰시오. 그리고 그런 결과가 나오는 이유도 쓰시오.

>>> 19 CHAPTER Correlator-based ML Detection

- 벡터 공간에서 AWGN의 좌표 벡터를 구하고 좌표 벡터의 원소들은 서로 독립적인 가우시안임을 확인한다.
- 상관기(Correlator)기반 ML 검출 기법을 학습하고 수신기를 설계한다.

1. 벡터 공간에서 AWGN의 통계적 특성

1.A. 벡터공간에서 노이즈 성분의 통계적 특성을 실험으로 알아보자.

🖫 1.A1. 아래와 같이 m-file을 작성하자. 18장에서 사용한 'st_and_rt.mat'을 다시 load한다. 'st_and_rt.mat'에 저장된 변수 중 'rt'를 제외한 나머지 다른 신호 샘플 벡터들 즉, 4-ary 신호의 샘플 벡터인 's1t', 's2t', 's3t', 's4t'와 2개의 직교 기저함수의 샘플 벡터인 'p1t', 'p2t'를 이번 문제에서 그대로 사용한다. 명령어 'load st_and_rt.mat' 라인 바로 다음에는 100,000개의 4-ary 심벌 (200,000 비트) 시간에 해당하는 수신 신호 'rt'를 새롭게 생성하는 라인을 추가하여 수신 신호 샘플 벡터 'rt'를 수정하였다. 1개의 4-ary 심벌의 샘플 수가 'L'개 이므로 'rt'의 길이는 'L*100000'이 된다. 아래 m-file을 통해 생성된 수신 신호 'rt'는 **데이터 신호가 없이 오직 노이즈로만** 채워져 있음을 알 수 있다.

```
clear
randn(1,XXX); % XXX=학번 끝 세자리, 내용과 상관없는 부분, 그러나 꼭 추가 할 것.
load st_and_rt.mat
noise_sample= 2*randn(1,L*100000);   %AWGN
rt=noise_sample;   % 오직 노이즈 뿐 인 수신 신호
```

🖫 1.A2. 아래 박스의 코드는 오직 노이즈로만 채워진 수신신호 'rt'를, 18장 문제 3.B에서 수행한

것과 같이, 벡터 공간의 점으로 변환한다. 총 70000개의 M-ary 심벌 주기 동안 수신 신호의 벡터 공간 좌표 ('z1', 'z2')를 계산한다.

본 문제에서는 실험을 통해 'z1'과 'z2'의 상관관계를 확인한다. 본 문제에서 수행하는 'z1'과 'z2'의 상관관계를 확인하는 실험 방법은 경험적 방법 중 하나이다. 구체적으로, 'z1'이 2개의 분리된 임의의 영역 'R1'과 'R2'에 포함될 때, 'z2'를 각각 수집한다. 즉, 수신신호를 벡터 공간상의 좌표 ('z1', 'z2')로 변환한 후, 'z1' 값이 'R1' 영역에 있는 경우의 'z2' 값과 'z1' 값이 'R2' 영역에 있는 경우의 'z2' 값을 각각 분리하여 수집한다. 그리고 수집한 2개의 'z2' 집합의 확률밀도함수를 각각 구한다. 이는 'z1'의 조건에 따라 수집한 'z2'들로 구한 것이므로 조건부 확률밀도함수가 되고, 2개의 조건부 확률밀도함수가 동일한지 확인함으로써 'z1'과 'z2'의 상관관계를 알아낼 수 있다.

실험을 수행하기 위해, 아래 m-file에서는 'R1' 영역을 [0 0.1], 'R2' 영역을 [0.2 0.3]으로 설정하였다. 'z1'∈'R1' 일 때, 수집한 'z2'들은 'z2when_z1inR1'의 원소로 추가된다. 그리고 'z1'∈'R2' 일 때, 수집한 'z2'들은 'z2when_z1inR2'의 원소로 추가된다.

(a) 아래 박스안의 2개의 ?를 채워 코드를 완성하시오.

(b) 문제 1.A1에서 작성한 m-file에 (a)에서 완성한 코드를 추가하여 전체 m-file을 완성하고 캡처하여 보이시오.

```
%문제 1.A1에서 작성된 m-file에 이어서
z1s=[]; z2s=[]; z2when_z1inR1=[]; z2when_z1inR2=[];
for n=1:70000

   rt_nth= rt( ((n-1)*L+1): n*L ); %n번째 M-ary 심벌기간의 수신신호 샘플

   z1=sum(rt_nth.*?)*tstep; % (식 18.3)에 따라 수신신호를 벡터공간상의 한 점으로 변환
   z2=sum(rt_nth.*?)*tstep; % (식 18.3)에 따라 수신신호를 벡터공간상의 한 점으로 변환

   if 0<=z1 && z1<=0.1
     z2when_z1inR1=[ z2when_z1inR1 z2]; % z1이 R1 영역에 포함될 때, z2를 수집
   end

   if 0.2<=z1 && z1<=0.3
      z2when_z1inR2=[ z2when_z1inR2 z2]; % z1이 R2 영역에 포함될 때, z2를 수집
   end

   z1s=[z1s z1]; z2s=[z2s z2];
end
```

1.B. 문제 1.A2에서 완성한 m-file을 실행하고, 아래 명령어를 Command window에서 실행하여 실

험에 의해 얻어진 'z1'와 'z2'의 분포를 그리시오('help hist' 하여 사용법을 익힐 것).

```
>> figure
>> hist(z1s,100)
>> figure
>> hist(z2s,100)
```

1.B1. 결과 그래프를 캡쳐하여 보이시오.

1.B2. 결과 그래프의 히스토그램이 가우시안 분포를 따르는가?

1.B3. 샘플 벡터 'rt_nth'의 각 원소는 i.i.d.인 랜덤 변수이고, 평균은 0이고 분산이 4인 가우시안 분포를 따른다. 또한, 'z1'과 'z2'를 생성한 라인으로부터 'z1'과 'z2'는 'rt_nth'의 각 원소(=평균 0, 분산 4인 가우시안 변수)에 'p1t'와 'p2t'의 원소를 각각 가중치로 곱한 후 합한 값임을 알 수 있다. 이러한 사실들로부터, 'z1'과 'z2'가 가우시안 분포를 따르는 이유를 설명하시오.

1.C. 문제 1.A2의 m-file로부터, 'z1s'와 'z2s'는 각각 각 심벌 구간에서 계산한 'z1'과 'z2'의 값들을 저장한 벡터임을 알 수 있다. 아래 명령어를 Command window에서 실행하여 'z1s'와 'z2s'의 평균과 분산을 **계산해보자.**

```
>> mean(z1s)
>> var(z1s)
>> mean(z2s)
>> var(z2s)
```

1.C1. 수행 결과를 캡쳐하여 보이시오.

1.C2. 'z1'과 'z2'의 평균과 분산이 동일한가? **유한한 샘플 수로 인한 실험**오차가 있음을 감안할 것.

1.C3. 문제 1.B3에서 언급한 내용과 (식 15.5), (식 15.6)을 사용하여 'z1'과 'z2'의 이론적인 평균과 분산을 구할 수 있다.

(a) 'z1'과 'z2'의 이론적인 평균은 모두 0임을 증명하시오.

(b) 문제 1.A2의 m-file에서 'z1'과 'z2'의 생성 라인과 (식 15.6)으로부터, 'z1'과 'z2'의 이론적인 분산을 아래 박스의 명령어를 통해 계산할 수 있는 이유를 설명하시오. 'rt_nth'의 각 원소는 평균=0, 분산=4인 독립 가우시안 변수임을 상기할 것.

```
>> z1variance=sum((p1t*tstep).^2)*4
>> z2variance=sum((p2t*tstep).^2)*4
```

(c) 위의 명령어를 Command window에서 실행하고, 실행 결과를 캡쳐하여 보이시오. 문제 1.C1의 실험 결과와 일치하는가? **유한한 샘플 수로 인한 실험**오차는 무시할 것.

(d) 'z1'과 'z2'의 평균과 분산을 알고, 가우시안 분포를 따른다는 것을 알고 있다고 가정하여 'z1'과 'z2'의 확률밀도함수(PDF) 수식을 쓰시오.

1.D. 'z2when_z1inR1'과 'z2when_z1inR2'에 포함된 각 원소들의 히스토그램을 그리기 위해, 아래 명령어를 Command window에서 실행하시오.

```
>> figure
>> hist(z2when_z1inR1,30)
>> figure
>> hist(z2when_z1inR2,30)
>> var(z2when_z1inR1)
>> var(z2when_z1inR2)
```

1.D1. 결과 그래프와 계산한 분산 값을 캡쳐하여 보이시오.

1.D2. 문제 1.D1의 결과로부터, 'z2when_z1inR1'과 'z2when_z1inR2'의 각 원소들은 어떤 분포를 따르는지 쓰시오. 'z2when_z1inR1'과 'z2when_z1inR2'의 각 원소들은 'z2s'의 각 원소들의 평균과 분산이 동일한가? 그리고 동일하게 가우시안 분포를 따르는가?

문제 1.B1에서 얻은 히스토그램에 비해 x축 분할 개수가 100에서 30으로 줄어들었다. 이는 'z2when_z1inR1'과 'z2when_z1inR2'의 원소들의 수가 'z2s'의 원소들의 수보다 매우 작기 때문에 이에 따라 줄인 것이다. 히스토그램의 전체적인 분포 모양과 평균(중심)에 집중하여 문제를 풀 것.

1.D3. 문제 1.A2의 m-file에서 'z1'에 대한 'R1'과 'R2' 영역을 다르게 설정해 보시오. 예를 들어, 'R1'=[-2 0], 'R2'=[0 2]으로 설정. 수정 후 m-file을 실행하시오. 실행이 끝나면 'z2when_z1inR1'과 'z2when_z1inR2'의 원소들의 히스토그램을 그리고, 문제 1.D1에서 한 것과 같이 분산을 구하시오. 'R1'과 'R2' 영역을 0에서 먼 값으로 설정할수록 실험을 통해 얻는 'z2when_z1inR1'과 'z2when_z1inR2'의 원소들의 수가 줄어 듦. 따라서 히스토그램이 정확하지 않을 수 있음.

(a) 실험 결과로부터, 'z2when_z1inR1'과 'z2when_z1inR2'의 원소들의 분포가 'z1'의 'R1', 'R2' 영역에 상관없이 동일한가?

(b) (a)의 답이 '동일하다'이면, 이는 'z1'과 'z2'가 서로 독립임을 뜻한다. (a)의 결과가 'z1'과 'z2'가 서로 독립이라는 것을 검증할 수 있는 이유는 무엇인가?

1.E. 본 문제에서 'z1'과 'z2'의 통계적 특성을 수식을 통해 정확히 검증해 보자. (식 18.3)으로부터, 수신된 노이즈 신호의 벡터 공간상 좌표 ('z1', 'z2')는 다음과 같이 계산할 수 있다.

$$z_1 = \int_0^T n(t)\psi_1(t)dt \quad \text{for } \psi_1(t)\text{는 실수 신호} \qquad (\text{식 } 19.1)$$
$$z_2 = \int_0^T n(t)\psi_2(t)dt \quad \text{for } \psi_2(t)\text{는 실수 신호}$$

여기서 $n(t)$는 AWGN 신호이고, T는 4-ary 신호의 길이이다. 앞서 실험에 사용한 m-file에서는 $T=1$로 설정하였다. 그리고 $\psi_1(t)$와 $\psi_2(t)$는 직교 기저 함수이고, m-file에서 정의한 $\psi_1(t)$와 $\psi_2(t)$를 수식으로 정리하면 다음과 같다.

$$\psi_1(t) = \sqrt{2}\cos(3\pi t), \quad 0 \le t \le 1, \qquad (\text{식 } 19.2)$$
$$\psi_2(t) = \sqrt{2}\sin(3\pi t), \quad 0 \le t \le 1,$$

참고로, (식 19.1)의 $n(t)$의 매트랩 샘플 벡터는 문제 1.A1의 박스안의 'noise_sample'이다. 또한, 문제 1.A2(a)의 답으로부터, (식 19.2)의 $\psi_1(t)$와 $\psi_2(t)$의 매트랩 샘플 벡터는 'p1t'와 'p2t'인 것을 알 수 있다. 따라서, m-file의 'z1'과 'z2'는 (식 19.1)의 z_1과 z_2를 수치적으로 나타낸 것이다.

1.E1. (식 19.1)의 z_1과 z_2가 가우시안 분포를 따르는 이유를 설명하시오.

1.E2. AWGN 신호 $n(t)$의 자기상관함수는 $\frac{N_0}{2}\delta(\tau)$로 주어진다. 여기서 $\frac{N_0}{2}$는 $n(t)$의 양측(two-sided) 전력 밀도이다. z_1과 z_2의 평균은 0이고 분산은 $\frac{N_0}{2}$임을 보이시오.

1.E3. z_1과 z_2의 상호상관 $\mathrm{E}[z_1 z_2]$가 0임을 보이시오.

1.E4. z_1과 z_2는 독립 가우시안 확률 변수라 말할 수 있는가?

1.E5. $\psi_2(t)$를 $\psi_1(t)$와 직교하지 않는 신호로 설정해보자. 한 예로, $\psi_2(t) = \sqrt{2}\sin(3\pi t + \pi/3)$, $0 \le t \le 1$로 수정하시오. 이때, z_1과 z_2의 상호상관 $\mathrm{E}[z_1 z_2]$은 $\frac{\sqrt{3}}{4}N_0$임을 보이시오.

1.F. 수신신호 생성 라인 'rt=noise_sample'로 알 수 있듯이 수신신호에 노이즈 신호만 있는 경우, 수신신호의 벡터공간상 좌표 ('z1', 'z2')에서 'z1'과 'z2'는 각각 평균이 0이고 분산이 0.125인

가우시안 랜덤 변수인 것을 문제 1.C3(c)에서 확인하였다. 한편, 실습 18장의 문제 3.A2에서는 4-ary 신호를 벡터 공간상의 한 점으로 변환하였다. 예를 들어, 첫 번째 4-ary 신호의 샘플 벡터 's1t'의 벡터 공간상 좌표 ('a11', 'a12')로 변환된다.

1.F1. M-ary 신호 's1t'가 노이즈 신호와 함께 수신된 경우를 고려해보자. 이러한 경우는 문제 1.A2의 m-file에서 'rt_nth=rt(((n-1)*L+1):n*L);' 라인 아래에 'rt_nth=rt_nth+s1t'를 추가함으로써 구현 가능하다. 이 때, 수신 신호 샘플벡터 'rt_nth'의 벡터 공간 좌표 ('z1', 'z2')중 'z1'은 평균이 'a11'이고 분산이 0.125인 가우시안 랜덤 변수가 되고, 'z2'는 평균이 'a12'이고 분산이 0.125인 가우시안 랜덤 변수가 된다. 이 결론에 대한 근거를 쓰시오.

1.F2. 1.F1을 응용하여, M-ary 신호 중 's3t'이 노이즈 신호와 함께 수신된 경우에 대해서, 'rt_nth'의 벡터 공간 좌표 'z1', 'z2'의 PDF를 쓰시오.

1.G.★ 'st_and_rt.mat'에 저장되어 있던 $\psi_2(t)$의 샘플 벡터 'p2t'는 'sqrt(2)*sin(3*pi*tvector);' ($\sqrt{2}\,\sin(3\pi t)$의 샘플벡터) 이었음을 상기하자(실습 18장 문제 1.C의 'rt_gen.m' 참조). 'p2t'를 문제 1.E5에 주어진 $\psi_2(t)\,(=\sqrt{2}\,\sin\left(3\pi t+\dfrac{\pi}{3}\right))$의 샘플 벡터로 수정하자. 문제 1.A2에서 작성한 m-file에서 'for' 문 직전에 다음의 라인을 추가하면 된다.

```
p2t=sqrt(2)*sin(3*pi*tvector+pi/3);
```

1.G1. 먼저, 1.D3을 수행한 경우라면 m-file 내부의 두 'if' 문 조건을 'R1'=[0 0.1], 'R2'=[0.2 0.3]으로 원상복귀 시키시오. 수정한 m-file을 실행하고, 문제 1.D의 박스안의 명령어를 다시 수행하시오. 'z2when_z1inR1'과 'z2when_z1inR2'의 히스토그램을 캡쳐하여 보이시오. 두 히스토그램의 평균이 거의 일치하는가? 'z2'의 분포는 'z1'의 조건(영역)에 따라 약간의 변화라도 보이는가?

1.G2. 문제 1.G1의 결과에 근거하면, 'p2t'를 수정한 후에 'z1'과 'z2'는 여전히 독립인가? 1.G1의 결과를 사용하여 자신의 답에 대한 근거를 쓰시오.

1.G3. 수정된 'p2t' 에 대하여 1.B-1, 1.B-2, 1.C-1, 1.C-2을 다시 수행하고 결과를 보이시오. 'p2t'를 수정한 후에도 수정하기 전과 동일한 결과임을 확인하고, 그 이유에 대해 설명하시오.

1.H. 본 문제에서는 직교 기저 벡터가 노이즈 벡터에 끼치는 영향을 알아보자.

1.H1. 벡터 공간에서 기저 벡터들이 서로 직교하면, 벡터 공간의 가우시안 노이즈 벡터(좌표)의 원소들은 서로서로 독립적이다. 현재까지 19장에서 완료한 문항 중 어떤 문항이 이러한 사실

을 실험으로 검증한 문항인가? 또한 어떤 문항과 답이 이러한 사실을 이론적으로 검증한 문항인가? 해당 문항에서 어떤 근거로 서로 독립임을 검증하였는가?

1.H2. 벡터 공간에서 기저 벡터들이 서로 직교하지 않으면, 벡터 공간의 노이즈 벡터들의 원소들은 서로 독립적이지 않게 된다. 현재까지 19장에서 완료한 문항 중 어떤 문항이 이러한 사실을 실험으로 검증한 문항인가? 또한 어떤 문항과 답이 이러한 사실을 이론적으로 검증한 문항인가? 해당 문항에서 어떤 근거로 서로 독립이 아님을 검증하였는가?

2. 상관기 (Correlator) 기반 ML 검출 기법

AWGN 채널환경에서 M-ary 신호 전송 시스템이 있다. 여기서도, M-ary 신호의 길이(심벌 주기)는 T, 송신 M-ary 신호는 $s_i(t)\,(i=1,2,...,M)$, 수신 신호는 $r(t)$로 표현하자.

2.A☆. 만약 $s_i(t)$들이 동일한 에너지를 가지는 경우(MPSK 나 MFSK처럼)라면, 즉, $E_{s_1(t)} = E_{s_2(t)} = ... = E_{s_M(t)}$이면 (식 19.3)이 성립함을 수식으로 증명할 수 있다.

$$\underset{k}{\arg\min}\int_0^T |r(t)-s_k(t)|^2 dt = \underset{k}{\arg\max}\ Re\left[\int_0^T r(t)s_k^*(t)dt\right] \qquad \text{(식 19.3)}$$

이때 $r(t)$와 $s_i(t)$는 복소(complex) 신호로 가정한다. (식 19.3)의 좌변은 수신신호 $r(t)$와 $s_i(t)$들의 차이 에너지 제곱 중 차이 에너지가 최소가 되는 M-ary 신호 $s_k(t)$의 인덱스(index) k이고, 우변은 $r(t)$와 $s_k(t)$들의 상관값 중 상관값이 최대가 되는 $s_k(t)$의 인덱스 k이다. (식 19.3)에 의하면, $s_i(t)$들이 동일한 에너지를 가지는 경우에는 유클리드(Euclidean) 거리가 아닌 상관값 (Correlation) 계산을 사용하는 ML 수신기를 설계할 수 있다. 이것을 "상관기 기반 ML 수신기 (Correlator-based ML receiver)"라고 부른다.

2.A1. (식 19.3)을 증명하시오.

2.A2. (a) $\int_0^T r(t)s_k^*(t)dt = \langle \mathbf{z}, \mathbf{s}_k^* \rangle$를 증명하시오. 여기서, $\mathbf{z}$와 $\mathbf{s}_k^*$는 각각 $r(t)$와 $s_k(t)$의 벡터 공간상 좌표이고, $\langle \mathbf{z}, \mathbf{s}_k^* \rangle$는 $\mathbf{z}$와 $\mathbf{s}_k^*$의 내적을 뜻한다. (b) (a)의 등식을 사용하여 (식 19.3)은 $\underset{k}{\arg\min}\int_0^T |r(t)-s_k(t)|^2 dt = \underset{k}{\arg\max}\ \mathrm{Re}\left[\langle \mathbf{z}, \mathbf{s}_k^* \rangle\right]$가 됨을 보이시오.

2.A3. $\arg\max_k \mathrm{Re}\left[\langle \mathbf{z}, \mathbf{s}_k^* \rangle\right]$ 를 사용하여 수신기를 구현할 경우, 수신기의 계산량 측면에서 장점은 무엇인지 설명하시오.

2.B. 아래 m-file에서는 상관기 기반 ML 검출기법을 사용하여 수신신호를 복조한다. 아래 m-file에서는 먼저 18장에서 한 것과 같이, 'st_and_rt.mat' 파일을 load하여 $r(t)$의 샘플 벡터 'rt'와 $s_i(t)$들의 샘플 벡터 's1t', 's2t', 's3t', 's4t'를 불러온다. 18장에서는 유클리드 거리 기반 ML 검출기법을 사용하여 수신신호를 복조한 바 있다.

아래 박스의 'C_rt_nth_s1t=sum(rt_nth.*s1t)*tstep' 라인에서, 우변인 'sum(rt_nth.*s1t)*tstep'는 수신신호 $r(t)$와 M-ary 신호 중 하나인 $s_1(t)$의 상관값 $\int_0^T r(t)s_1^*(t)dt$를 수치적분으로 계산한 것이다. $r(t)$와 $s_i(t)(i=1,2,...,M)$는 모두 실수 신호이기 때문에 신호의 실수부를 취하기 위한 추가적인 작업은 수행하지 않는다. 그리고 '[T1 T2]=max([C_rt_nth_s1t,?,?,?])' 라인에서, $s_i(t)(i=1,2,...,M)$ 중 $r(t)$와 상관값이 가장 높은 신호를 찾는다.

```
clear
randn(1,XXX); % XXX=학번 끝 세자리, 내용과 상관없는 부분, 그러나 꼭 추가 할 것.
load st_and_rt.mat

data_bits_hat=[];     %복조된 비트를 저장하기 위한 벡터 초기화
for n=1:Ns
   rt_nth= rt( ((n-1)*L+1)  :  n*L  ); %n 번째 M-ary 수신신호 샘플

   C_rt_nth_s1t=sum(rt_nth.*s1t)*tstep;%수신신호와 s1t의 상관값을 수치적분으로 계산.
   ...
   ...
   C_rt_nth_s4t=???;

   [T1 T2]=max([C_rt_nth_s1t,?,?,? ]); % M-ary 신호 중 수신신호와 상관값이 가장 높은 신호를 찾음

   if T2==1
      twobits_hat= ??  % <표 18.1>을 참고하여 복조한 M-ary 신호에 따라 데이터를 매핑
   elseif T2==2
     ...
   else
   ...
   end

   data_bits_hat=[data_bits_hat  twobits_hat]; % 검출된 비트를 비트열로 연결
end
```

2.B1. 위 m-file을 완성하고 캡쳐하여 보이시오.

2.B2. 위 m-file을 수행한 후, 복조결과의 BER과 수신이미지를 보기 위해 18장에서 했던 것처럼 명령창에서 '>> plot_received_image'를 실행하시오. (a) 2.B1에서 m-file을 제대로 작성하였다면 'BER결과' 와 '복조된 미술 작품 그림'이 출력된다. 이 둘을 캡쳐하여 보이시오. (b) 18장의 3.D(c)에서 얻은 'BER결과' 와 '복조된 미술 작품 그림'과 비교하시오. 'BER결과' 와 '복조된 미술 작품 그림' 각각에 대하여 어떤 차이가 발생하였는지 쓸 것.

2.B3. 18장에서, 동일한 수신신호 샘플 벡터 'rt'에 대해 유클리드 거리 기반 ML 검출을 수행하였고, 그때 BER결과(18장의 3.D(c) 결과)가 2.B2(a)의 BER 결과보다 더 작음(m-file을 잘 작성하였다는 전제하에)을 확인할 수 있다. 그런데, 문제 2.A에서 유도한 이론에 따르면 상관기 기반 ML 검출 기법은 유클리드 거리 기반 ML 검출 기법과 동일한 성능을 얻는다는 것을 알 수 있었다. 그렇다면,

(a) 현재 수행하고 있는 실험에서, 어떤 원인에 의해, 상관기 기반검출 방법이 유클리드거리 기반 ML 검출 기법보다 좋지 못한 성능을 갖게 된 것인지 쓰시오.

(b) 위에 제시한 원인이 진짜로 있었는지. 18장 리포드에서 보인 실험결과 중 하나를 보면 알 수 있다. 해당 실험결과를 다시 보이고, 그 결과가 자신의 설명한 원인에 부합하는지 설명하시오.

2.C.☆ 4-ary 신호들이 동일한 에너지를 가진 경우에 대해 실험을 수행하여 보자. 18장에서 분석 'rt_gen.m'에서 'a', 'b', 'c', …, 'h'의 값을 적절하게 재설정하면 동일한 에너지를 갖는 's1t', 's2t', 's3t', 's4t'를 생성할 수 있다. 그런 다음 수정된 's1t', 's2t', 's3t', 's4t'를 이용하여 이미지비트열을 전송하여 수신한 신호의 샘플 벡터 'rt'를 다시 생성할 수 있다.

2.C1. 임의의 신호 $s(t)$에 대한 벡터 공간의 좌표가 **s**라 할 때, **s**로부터 $s(t)$의 에너지를 계산할 수 있다. 계산식을 쓰시오.

2.C2. '실습 자료 파일'의 'rt_gen.m' 파일을 열어 아래와 같이 수정하자.

(a) $s_1(t)$(샘플링 버전='s1t')의 벡터 공간에서 x, y 좌표를 나타내는 변수인 'a', 'b'를 설정하는 라인을 찾아 각각 'a=2', 'b=-1'로 설정하자. 문제 2.C1의 답을 이용하여 's1t'의 에너지가 5임을 보이시오.

(b) 's2t', 's3t', 's4t'가 's1t'와 동일한 에너지를 가질 수 있도록 'c', 'd', 'e', 'f', 'g', 'h'의 값을 재설정 하고 설정한 라인을 캡쳐하여 보이시오. 참고: 여러 가지 값이 가능함.

2.D. 문제 2.C2에서 자신이 설정한 'a', 'b', ..., 'h'의 값을 적용한 'rt_gen.m'을 실행하시오. 수

정된 'rt_gen.m'을 실행하게 되면, 동일한 에너지를 가지는 4-ary 신호 's1t', 's2t', 's3t', 's4t'가 새롭게 생성되고, 새롭게 생성한 4-ary 신호를 이용하여 이미지비트열을 전송하여 수신한 신호의 샘플 벡터 'rt'가 새로 생성된다.

2.D1. 수정된 'rt_gen.m'을 실행함에 따라 'st_and_rt.mat' 파일도 새롭게 생성되었는지 확인하시오. 파일이 마지막으로 수정된 날짜와 시간을 적을 것. 'st_and_rt.mat' 파일이 업데이트 되었는가?

2.D2. 18장 문제 3.B에서 생성한 m-file을 업데이트된 'st_and_rt.mat' 파일이 있는 현재 작업 폴더에 저장하시오. m-file을 열어 첫 번째 라인 'clear'를 제거 하시오. 그리고 나서 m-file을 실행하여 새롭게 생성한 'rt'에 대해, 새로 생성한 's1t', 's2t', 's3t', 's4t'를 이용하여 ML 검출을 수행하시오. 수행이 끝나면, Command window에서 '>> plot_received_image'를 실행하시오. 실행 결과를 캡쳐하여 보이시오.

2.D3. 문제 2.B1에서 작성했던 m-file을 열고 첫 번째 라인 'clear' 를 제거한 뒤, 다시 실행하여 새롭게 생성된 'rt'에 대해, 새로 생성한 's1t', 's2t', 's3t', 's4t'를 이용하여 상관기 기반 검출을 수행하시오.

(a) m-file의 실행이 끝난 후, Command window에서 '>> plot_received_image'를 실행하시오. 실행 결과를 캡쳐하여 보이시오.

(b) (a)의 결과와 2.D2의 결과로부터 내릴 수 있는 결론을 쓰시오.

(c) 상관기 기반 검출 방법이 ML 검출 방법과 동일하게 동작하기 위한 조건을 정리하시오.

>>> 20 CHAPTER Pulse Shaping and Matched Filter

- Raised cosine 필터 기반 pulse shaping을 수행한다.
- Role-off factor에 따른 PSD (Power Spectral Density)와 eye diagram의 특성을 비교한다.
- 정합 필터(matched filter)를 통과시켜 신호를 복원하고, 복원된 신호의 eye diagram을 그려본다.
- 매트랩 신호를 실제 전기 신호로 변환하여 오실로스코프에서 eye diagram을 관찰한다.

☆ 1. Raised cosine pulse 모양 관찰

MATLAB 함수 'rcosine(1,L,'normal',r)'은 Roll-off factor 가 'r'인 Raised cosine 펄스를, 0초를 중심으로 심벌주기 당 'L'개의 샘플로 샘플링 한 벡터를 출력한다. 예를 들어 아래를 실행하면 Roll-off factor 가 0.5인 Raised cosine 펄스를 그릴 수 있다.

```
>> Ts=1; % 심벌 구간(symbol duration)
>> L=16;  % 심벌 당 샘플 수
>> r=0.5;  %Roll-off factor
>> t=-3:Ts/L:3; % time vector for x-axis
>> pt =rcosine(1,L,'normal',r); % raised cosine 펄스의 샘플 벡터
>> plot(t,pt)
>> grid on
>> hold on
```

1.A. Command window에서 위 명령어를 실행하시오. Roll-off factor가 0, 0.25, 0.75, 1인 경우에 대해서도 Raised cosine 펄스의 샘플 벡터 'pt'를 각각 생성하고 이들을 하나의 'figure'에 색을 달리하여 겹쳐 그리시오. 'legend()'를 이용하여 각 line의 Roll-off factor를 표시하시오.

1.B. 'pt'의 모양을 토대로 함수 'rcosine()'은 0초를 중심으로 좌우 몇 심벌 동안 샘플링한 벡터를 출력하는지 쓰시오.

1.C. (a) 관련 문헌 또는 교재(이 책의 앞부분의 교재활용 가이드 참조)를 참고하여 ISI(Inter Symbol Interference)가 발생하지 않는 펄스의 조건을 찾아보고 정리하여 보이시오. (b) 'pt'의 모양을 토대로 'pt'를 펄스 성형에 사용하는 경우 ISI가 발생하는지 쓰시오. ISI가 발생하거나 또는 발생하지 않는다면 그 이유에 대해 쓰시오.

1.D. 함수 'rcosine(1,Ns,'normal',r)'에서 'normal' 대신 'sqrt'를 사용하면 Square root raised cosine(SRRC) 펄스의 샘플 벡터를 생성한다. Roll-off factor가 0, 0.25, 0.5, 0.75, 1인 경우에 대하여 SRRC 펄스를 겹쳐 그리기 위해, 'normal' 대신 'sqrt'를 사용하여 문제 1.A를 다시 수행하시오.

1.E. 문제 1.D에서 그린 'pt'의 모양을 토대로 SRRC 펄스를 펄스 성형에 사용하는 경우 ISI가 발생하는지 쓰시오. ISI가 발생하거나 또는 발생하지 않는다면 그 이유에 대해 쓰시오.

현재 시점에서는 수신기의 정합필터와 같은 추가적인 처리 이후의 신호 모양이 아닌 SRRC 펄스 모양 자체로 ISI의 유무를 판단할 것. 추가적인 처리 이후의 신호 모양은 문제 3에서 다룰 예정임.

2. Pulse shaping and Eye diagram

2.A. 펄스성형 신호 $p(t)$가 [그림 20.1]과 같은 삼각파형으로 주어지는 시스템을 고려해보자.

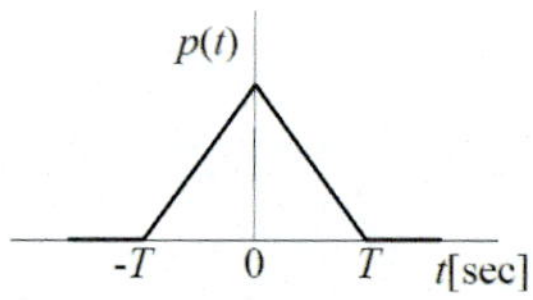

| 그림 20.1 | 삼각파형 펄스 $p(t)$

2.A1. 하나의 데이터 심벌을 가진 입력신호 $x_1(t)$ (임펄스 변조된 데이터 스트림)가 [그림 20.2]와 같이 t=0인 지점에서 임펄스 형태일 때 $x_1(t)$를 $p(t)$로 펄스성형한 결과($x_1(t)$와 $p(t)$의 콘볼루션)를 그리시오.

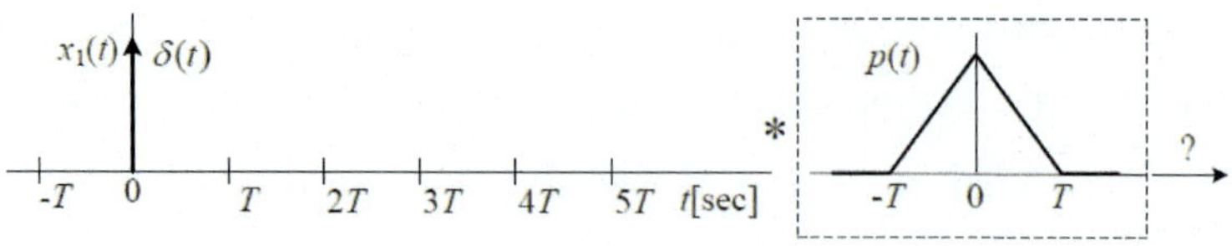

| 그림 20.2 | $x_1(t)$를 $p(t)$로 펄스성형하는 과정

2.A2. 하나의 데이터 심벌을 가진 입력신호 $x_2(t)$가 [그림 20.3]과 같이 $t=3T$인 지점에서 임펄스 형태일 때 $x_2(t)$를 $p(t)$로 펄스성형한 결과를 그리시오.

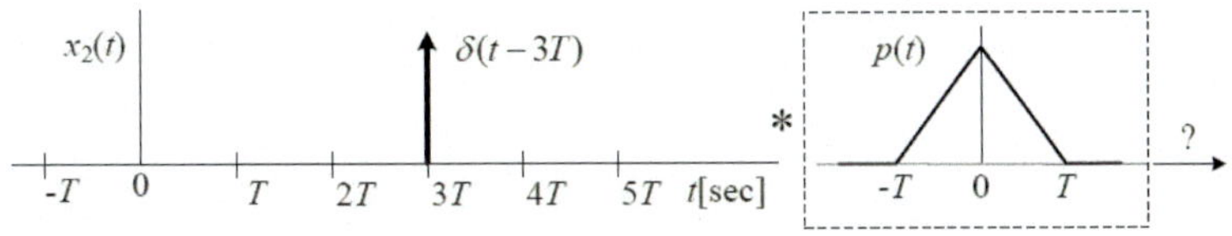

| 그림 20.3 | $x_2(t)$를 $p(t)$로 펄스성형하는 과정

2.A3. 두 개의 데이터 심벌을 가진 입력신호 $x_3(t)$가 [그림 20.4]와 같이 $t=0$, $t=3T$인 지점에서 임펄스 형태일 때 $x_3(t)$를 $p(t)$로 펄스성형한 결과를 그리시오.

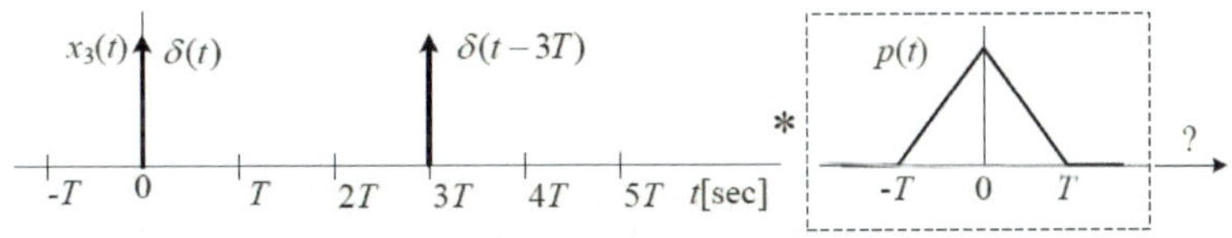

| 그림 20.4 | $x_3(t)$를 $p(t)$로 펄스성형하는 과정

2.A4. 좀 더 일반적인 형태의 입력신호 $x(t)$를 고려해보자. 입력신호 $x(t)$가 [그림 20.5]와 같이 4개의 연속적인 임펄스 형태일 때 $x(t)$를 $p(t)$로 펄스성형한 결과가 [그림 20.6]과 같지 않은 이유를 설명하시오. 그리고 올바른 펄스성형 결과를 그리시오.

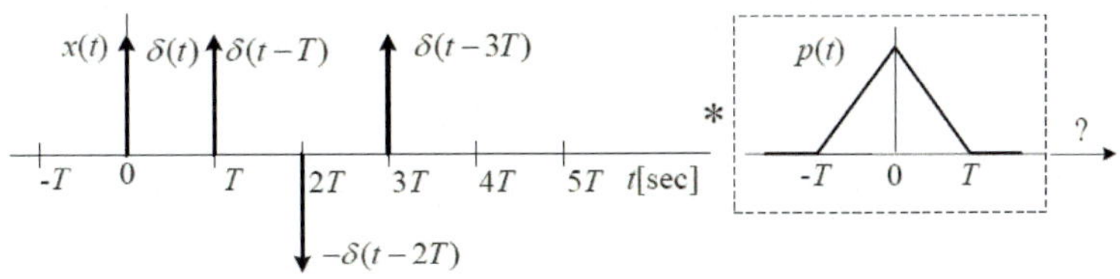

| 그림 20.5 | $x(t)$를 $p(t)$로 펄스성형하는 과정

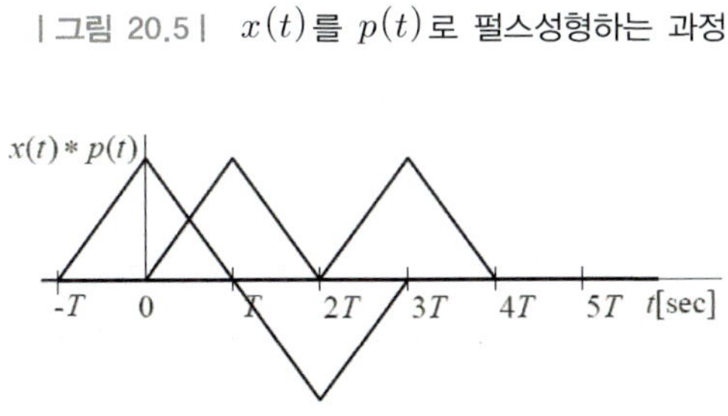

| 그림 20.6 | $x(t)$를 $p(t)$로 펄스성형한 결과의 잘못된 예

🖫 **2.B.** '실습 자료 파일'에서 'tx_sig_gen.m' 파일을 매트랩의 현재 작업 폴더에 다운로드하시오. 아래 박스의 m-file 'tx_sig_gen.m'은 100개의 랜덤한 이진 데이터 비트에 Roll-off factor 가 0.25 인 Raised cosine 펄스를 입힌 송신 신호 $s(t)$의 샘플 파형 'tx_signal'을 생성하는 코드이다.

```
%tx_sig_gen.m
clear
rand(1,1XXX);% XXX=자신의 학번 뒤 3자리. 코드와 상관없는 부분. But,반드시 포함할 것.
Ts=1;
L=16;
t_step=Ts/L;
%%%%%%%%%%<1. Pulse waveform generation > %%%%%%%%%%%%%%%%%%%%%%%%%
pt=rcosine(1,L,'normal',?);

%%%%%%%%%%<2. Ns bit binary symbol generation>%%%%%%%%%%%%%%%%%%
Ns=?;
data_bit=(rand(1,Ns)>0.5); % data_bit=randi([0 1],1,Ns) 를 대신 사용해도 무방함.

%%%%%%%%<3. Unipolar to Bipolar (amplitude modulation)>%%%%%%%%%%
amp_modulated=2*data_bit-1; % 0 => -1, 1 => 1

%%%%%%%%%<4. Impulse modulation >%%%%%%%%%%%%%%%%%%%%%%%%%%%%%%%%%%
impulse_modulated=[];
for n=1:Ns
  delta_signal= [amp_modulated(n) zeros(1, L-1)];
  impulse_modulated=[impulse_modulated delta_signal];
end
%%%%%%%%%<5.Pulse shaping (Transmitter filtering)>%%%%%%%%%%%
tx_signal=conv(impulse_modulated, pt);
```

2.B1. 2개의 ?를 채워 위 m-file을 완성하시오. '다른 이름으로 저장하기' 기능을 이용하여 완성된 m-file을 'tx_sig_gen_Nid.m'으로 저장하시오. 문제 2의 나머지 문제들에서 'tx_sig_gen.m'이 아닌 'tx_sig_gen_Nid.m'을 사용하시오. 기존의 파일인 'tx_sig_gen.m'은 문제 4에서 다시 사용하므로 'tx_sig_gen.m'을 수정하지 않도록 주의할 것.
'tx_sig_gen_Nid.m'를 캡쳐하여 보이시오.

2.B2. 'tx_sig_gen.m'의 모든 라인을 주의 깊게 분석하고, 각 라인에서 실제 수행되는 결과를 파악하시오. 각 라인이 무엇을 수행하는지 모든 라인에 대한 설명을 다음의 지침에 따라 작성하시오.

(지침1) '='이 있는 라인 : '=' 왼쪽 변수의 목적(용도), '=' 오른쪽 수식이 왼쪽 변수의 목적(용도)에 왜 부합하는지 그 이유를 쓰시오.

(지침2) '='이 없는 라인 : 명령어에 대한 설명과 이 명령을 왜 수행하는지 설명.

2.B3. 'tx_sig_gen_Nid.m'에서 수행한 임펄스 변조(impulse modulation)과 펄스성형(pulse shaping)과정의 동작을 파악하기 위하여 'tx_sig_gen_Nid.m'에 아래 박스의 내용을 추가하여 m-file을 실행하시오.

(a) 출력된 두 개의 그림을 캡쳐하여 보이시오.

(b) 출력된 그림의 파형을 토대로 impulse modulation과 pulse shaping 과정이 각각 어떤 동작을 수행하는 작업인지 쓰시오.

```
figure(100)
subplot(2,1,1)
stem(t_step:t_step:(Ns*Ts), impulse_modulated,'.');
axis([0 Ns*Ts -2*max(impulse_modulated) 2*max(impulse_modulated)]);
grid on
title('impulse modulated')
subplot(2,1,2)
plot(t_step:t_step:(t_step*length(tx_signal)), tx_signal);
axis([0 Ns*Ts -2*max(tx_signal) 2*max(tx_signal)]);
grid on
title('pulse shaped')
```

2.B4. 문제 2.B3에서 그린 pulse shaping된 파형을 바탕으로 100개의 모든 심벌에서 ISI 존재 여부(아래 참고)를 한눈에 쉽게 파악할 수 있는가? 쉽지 않다면, 쉽지 않은 이유를 쓰시오.

참고: 출력된 이진 신호에 대해, 비트 구간이 T(매트랩 변수 'Ts')일 때, 비트 구간의 정수배 시점인 0, $1T$, $2T$, $3T$, ... 에서 펄스성형된 신호가 1 또는 -1인지 확인하여 ISI 여부를 알 수 있음. 각 비트 구간의 정수배 지점에서 1 또는 -1 이외의 값을 가지면 ISI가 있음을 뜻함.

2.C. 문제 2.B에서 완성한 'tx_sig_gen_Nid.m' 파일을 수행하여 샘플된 파형 'tx_signal'를 생성하고, 다음의 절차에 따라 3 심벌(현재의 tx_sig_gen_Nid.m에서는 Binary 심벌을 고려하고 있으므로 3 비트에 해당)구간 동안의 eye-diagram을 그려보자.

절차에 앞서 반드시 변수 'Ns'를 '1XXX' ('xxx'=자신 학번 뒤 3자리)로 변경하시오.

2.C1. 'tx_signal'은 송신신호 $s(t)$를 심벌당 'L' 번 샘플링하여 얻어진 것이다. 따라서, 'tmp=tx_signal(1:(3*L))'를 실행하면 'tmp'는 처음 3심벌 구간 동안의 부분 $s(t)$ 즉, $s(0<t\le 3T_S)$의 샘플 벡터임을 알 수 있다.

아래 명령어는 $s(t)$의 k번째 3심벌 구간을 추출하고 추출한 구간을 'tmp'에 저장한다. 예를 들어, 'k'=2 일 때 'tmp'는 $s(t)$, $3T_s<t\le 6T_s$ 의 샘플 벡터가 되고, 'k'=3 일 때 'tmp'는 $s(t)$, $6T_s<t\le 9T_s$의 샘플 벡터가 된다. 아래 명령어의 'k'를 수정하고 Command window

에서 실행하여 이를 테스트해 보시오.

```
tmp=tx_signal( ((k-1)*3*L+1) : (k*3*L))
```

2.C2. 3심벌 구간의 eye를 보기 위해서는 3심벌 단위의 조각 즉, $s(t)\ (0<t\le 3T_S)$, $s(t)\ (3T_S<t\le 6T_S)$, $s(t)\ (6T_S<t\le 9T_S)$, $s(t)\ (9T_S<t\le 12T_S)$, ...를 동일한 그래프에 겹쳐 그리면 된다. 'tx_sig_gen_Nid.m'에 아래 박스의 내용을 추가하자. Raised cosine pulse 'pt'의 최고점이 $t=3T_s$ 지점에 있으므로 Pulse shaping을 수행하면 $3T_s$만큼 데이터 심벌이 지연된다. 따라서, 2번째 3심벌 구간인 $3T_s<t\le 6T_s$ 구간부터 그리려고 한다. (불필요한 부분을 스킵하기 위하여 2.B3에서 추가한 부분은 주석처리 할 것).

```
%tx_sig_gen_Nid.m에 다음 내용을 추가
figure(200)
for k=2:floor(Ns/3)  % k는 몇 번째 조각인지를 나타내는 인덱스.

   tmp=tx_signal( ? : ? );   % k번째 3심벌 구간. 문제 2.C1 답 참조.
   plot(t_step*(0:(3*L-1)), tmp);

   axis([0 3 min(tx_signal) max(tx_signal)]);
   grid on; hold on
   pause
end
hold off
```

(a) ?를 채워 m-file을 완성하고, ?를 채워 완성한 라인을 캡쳐하여 보이시오.

(b) 완성한 'tx_sig_gen_Nid.m'을 실행하기 전에, 'tx_sig_gen_Nid.m'을 실행하면 어떠한 결과가 나오겠는지 예측하여 그려보시오(m-file에서 사용한 펄스의 모양을 감안하여 그릴 것. 자세히 그리지 않아도 됨).

(c) 완성한 'tx_sig_gen_Nid.m'을 실행하여 eye diagram이 그려지는 과정을 살펴보자. 실행한 후 아무키나 반복적으로 누르면, 누를 때마다 다음 3심벌 구간의 송신신호 $s(t)$의 그래프가 겹쳐져서 figure 창에 나타난다. 3번, 10번, 30번 키를 눌렀을 때, 결과 그래프를 각각 캡쳐하여 보이시오.

2.C3. Ctrl-C 키를 눌러 m-file의 실행을 멈추시오. m-file의 'for' 문 안에 있는 'pause'를 주석처리한 후, m-file을 다시 실행하시오. (a) 출력된 eye diagram 그림을 캡쳐하여 보이시오. (b) 출력된 eye diagram 그림이 문제 2.C2(b)에서 자신이 예측한 그림과 일치하는가? (c) eye diagram의 곡선이 각 심벌구간의 정수배 지점에서 정확히 1 또는 -1을 지나는가? (d) 만약 (c)

의 답이 "그렇다" 이면, ISI가 없다고 말할 수 있는가? 이유를 쓰시오.

2.C4. eye diagram의 각 심벌 구간에서 eye의 패턴이 모두 동일한 것을 알 수 있다. 한 심벌 구간 안의 eye 패턴을 보면 크게 4가지 그룹의 경로를 볼 수 있다. 각 그룹의 경로는 연이은 두 심벌 (1 1), (1 -1), (-1 1) (-1 -1) 중 어떤 값일 때에 해당하는지 그 경로위에 표시하시오.

참고

Figure 창이 띄워진 상태에서 Command Window 에 '>> gtext('00')' 을 입력하면 figure 창의 원하는 위치에 텍스트 00 을 삽입할 수 있다.

2.C5. 문제 2.C3에서 얻은 eye diagram이 자신이 작성한 문제 1.C의 답과 일치하는지 쓰시오.

2.C6. (a) 2.C2에서 추가한 m-file의 내용에서 심벌당 샘플 수 'L'을 모두 '(L+1)'로 수정하고 (총 3군데, 'tx_sig_gen_Nid.m'의 'L'은 그대로 둘 것.), 'for' 문 안에 있는'pause'를 주석 처리한 후, m-file을 다시 실행하시오. 출력된 eye diagram 을 캡쳐하여 보이시오. 주의: 캡쳐 완료하였으면, 이후 문제를 위해서, 수정했던 '(L+1)'을 다시 'L'로 바꾼 후 'tx_sig_gen_Nid.m'을 저장하시오.

(b) 문제 2.C6(a)의 결과를 관찰하고 수정된 코드로 인해 원하는 eye diagram을 얻지 못하는 이유를 쓰시오.

2.D. 다음 문제를 통해 4-ary PAM (Pulse Amplitude Modulation) 신호에 대해 고려해보자. 'tx_sig_gen_Nid.m'에서 'amp_modulated' 생성 부분을 다음과 같이 변경하여 4-ary PAM 송신 신호를 생성할 수 있다.

```
amp_modulated=2*ceil(rand(1,Ns)*4)-5; % Ns는 이제 데이터 비트수가 아니라 4-ary 데이터 심
벌 수
```

2.D1. 이와 같이 실행하면 'amp_modulated'의 원소는 몇 가지 값이 가능한가? 그리고 가능한 값들을 쓰시오(Command line에서 '>> 2*ceil(rand*4)-5'를 여러 번 실행해 볼 것).

2.D2. 위의 박스의 'amp_modulated'의 처음 8개의 원소가 '[-1 3 3 -3 -1 1 1 -3]' 이라고 가정하자. 처음 8개 심벌 구간에 대해 Pulse shaping된 송신신호 파형을 예측하여 그리시오.

🖫 2.D3. 문제 2.D에서 4-ary PAM 신호를 생성하도록 수정한 'tx_sig_gen_Nid.m'을 실행하고, 출력된 eye diagram을 캡쳐하여 보이시오.

2.E. Roll-off factor에 따른 4-ary PAM 신호의 eye diagram을 비교해 보자.

2.E1. Roll-off factor, r=0, 0.5, 0.75, 1일 때 'tx_sig_gen_Nid.m'을 각각 실행하시오.

(a) 각 Roll-off factor 값에 따른 4개의 eye diagram을 캡쳐하여 보이시오.

(b) Roll-off factor에 따른 eye diagram의 변화를 관찰하시오. Roll-off factor가 커짐에 따라 eye가 더 넓게 열리는지 좁게 열리는지 판단하여 이를 정리하시오.

2.E2. 아래 박스는 펄스 성형된 데이터 신호 $s(t)$의 샘플 벡터인 'tx_signal'의 power spectral density (PSD) 그래프를 dB 단위로 출력하는 코드이다.

```
figure(300)
pwelch(tx_signal, L*8, [], 2048, 16);
axis([0 1 -10 15]);
hold on
```

위 박스의 코드를 'tx_sig_gen_Nid.m' 파일의 끝에 추가하고, Roll-off factor, r=0, 0.5, 0.75, 1 로 수정해 가면서 m-file을 반복하여 실행하시오. 실행이 모두 끝나면 출력된 4개의 PSD 그래프를 각각 다른 색으로 설정하시오. 이때 각 PSD의 색을 변경하는 방법은 부록 8. Graphic manipulation을 참조할 것. 마지막으로, 각 PSD 그래프의 범례를 추가하기 위해 아래 박스의 명령어를 Command window에서 실행하시오.

```
>> legend('r =0', 'r=0.5', 'r=0.75' , 'r=1')
```

출력된 PSD 그래프를 캡처하여 보이시오.

2.E3. Raised cosine 펄스성형 신호의 스펙트럼과 6 dB 대역폭 분석.

(a) 문제 2.E2에서 얻은 PSD 그래프로부터, 스펙트럼의 중심 주파수(=0 Hz)에서 PSD 값(y축 값)을 읽어서 쓰시오.

(b) 문제 2.E2에서 얻은 4개의 Raised cosine의 PSD 그래프에서 6 dB 대역폭(아래참고)이 각각 얼마인지 읽어 내시오.

참고

z dB 대역폭이라 함은 PSD 그래프에서,
기저대역신호의 경우, x=0에서 y축 값(일반적으로 최대값)을 PSD(0)이라 할 때, y축 값이 PSD(0)–z 이 되는 점의 x축 값(주파수).
통과대역신호의 경우, 중심 주파수의 PSD 값보다 z dB 작은 값을 y값으로 갖는 두 지점의 x축 값의 거리.

2.E4. 문제 2.E3(b)에서, Raised cosine 펄스성형된 신호의 6 dB 대역폭이 Roll-off factor 값에 상관없이 0.5로 동일한가? 다음 과정을 통해 6 dB 대역폭이 동일한 이유를 설명하시오.

(a) 심벌 Rate를 R_s[Hz], Raised cosine 펄스의 푸리에 변환을 $H_{RC}(f)$로 두자. 그러면 $H_{RC}(f)$는 Roll-off factor에 상관없이 $f = R_s/2$ Hz 에서 특정 값으로 감소한다. 이 특정 값은 얼마인가?

(b) 진폭이 50% 감소 할 때, 전력 감소량을 dB 단위로 계산하시오.

(c) (a)와 (b)의 답으로부터, 문제 2.E2의 모든 PSD의 6 dB 대역폭이 동일한 이유와 6 dB 대역폭이 0.5인 이유를 설명하시오.

2.E5. Raised cosine 펄스성형 신호의 대역폭.

(a) 문제 2.E2에서 얻은 PSD 그래프로부터, 4개의 Raised cosine 펄스성형 신호의 20 dB 대역폭을 측정하시오.

(b) Roll-off factor와 대역폭의 관계를 쓰시오.

2.E6. 문제 2.E1(b)과 2.E5(b)의 결과를 토대로, 작은 Roll-off factor 의 장단점, 큰 Roll-off factor의 장단점을 각각 쓰시오.

3. Matched filtering후의 Eye diagram

AWGN 노이즈 환경에서 수신된 펄스 신호에 대하여 신호 대 잡음비를 최대로 하기 위한 수신필터를 matched filter(정합필터)라 한다. 이론에 따르면 송신기에서 사용한 펄스 $p(t)$에 대한 수신단의 정합 필터의 임펄스 응답은 $p^*(-t)$로 주어진다. 즉, 수신신호와 $p^*(-t)$의 convolution이 수신 필터의 출력이 된다.

3.A. $p(t)$가 Raised cosine pulse인 경우 $p^*(-t)$와 $p(t)$가 동일한 이유를 설명하시오.

3.B. 문제 3.A의 결과에 따르면, 송신신호('tx_signal')와, 송신신호를 생성하는데 사용된 pulse shape('pt')를 콘볼루션(convolution)하여 정합필터링을 수행할 수 있다. 먼저, 노이즈가 없는 수신신호에 정합필터링를 수행하여 eye diagram이 어떻게 변하는지 확인해보자.

정합필터 출력의 샘플 벡터 'matched_out'을 생성하기 위해 m-file 'tx_sig_gen_Nid.m'의 'tx_signal=conv(impulse_modulated, pt);' 라인 바로 아래에 다음 명령어 라인을 추가하자.

```
matched_out=conv(tx_signal,pt);
```

'tx_signal' 대신 'matched_out'으로 eye diagram을 그리기 위해, eye diagram을 그리는 두 번째 'for' 문 안의 모든 'tx_signal'을 'matched_out'으로 바꾸자. Roll-off factor를 0.5로 설정하고, binary와 4-ary PAM 신호에 대해 각각 수정된 m-file을 실행하시오. 'matched_out'으로 그린 binary와 4-ary PAM 신호의 eye diagram을 캡쳐하여 보이시오.

3.C. (a) 정합필터의 출력에서 ISI가 존재하는지 확인하시오. 다시 말해, 심벌 구간의 정수배인 $t = 1, 2, \ldots$ (sec) 지점에서, binary 신호의 경우 eye diagram의 곡선이 정확히 두 개의 지점으로 모이는가? 그리고 4-ary PAM의 경우, eye diagram의 곡선이 정확히 4개의 지점으로 모이는가?

(b) 만약 ISI가 존재한다면, Raised cosine 펄스를 사용하였음에도 ISI가 발생하는 이유를 설명하시오.

3.D. 본 문제를 통해 수신기에서 정합필터링을 수행하는 경우, 송신기에서 Raised cosine 펄스가 아닌 SRRC 펄스를 사용하여 펄스성형을 해야 하는 이유를 알아보자. 이를 위해, SRRC 펄스로 펄스성형을 수행하도록 'tx_sig_gen_Nid.m'에서 'pt=rcosine(1,L,'normal',0.5);' 라인을 'pt=rcosine(1,L,'sqrt',0.5);'로 수정하자.

먼저, SRRC 펄스성형된 송신신호의 샘플 벡터 'tx_signal'('matched_out'이 아님을 주의)의 eye diagram을 확인하자. 이를 위해, 두 번째 'for' 문 안의 모든 'matched_out'을 'tx_signal'으로 바꾸시오.
binary와 4-ary PAM 신호에 대해 각각 수정된 'tx_sig_gen_Nid.m'을 실행하고, 'tx_signal'을 사용하여 그린 각각의 eye diagram을 캡쳐하여 보이시오.

3.E. 'tx_signal'에서 ISI가 존재하는지 아닌지 확인하시오.

(a) ISI가 존재하는 이유를 설명하시오.

(b) 심벌 검출을 위해 정합필터링을 수행하기 전의 송신신호에 존재하는 ISI는 문제가 되지 않는다. 수신기에서 ISI를 제거하는 방법을 설계하고, 자신의 설계한 방법에 대해 자세히 설명하시오.

3.F. 이제 SRRC 펄스성형을 하였을 때, 정합필터 출력인 'matched_out'의 eye diagram을 살펴보자. 이를 위해, 두 번째 'for' 문 안의 모든 'tx_signal'을 'matched_out'으로 바꾸시오. binary와 4-ary PAM 신호에 대해 각각 수정된 'tx_sig_gen_Nid.m'을 실행하고, 'matched_out'을 사용하여 그린 2개의 eye diagram을 캡쳐하여 보이시오.

3.G. 송신기에서 SRRC 펄스성형을 수행하고, 수신기에서 정합필터링을 수행하는 시스템.

(a) 이러한 시스템의 정합필터의 출력에서 ISI가 존재하는가? 자신의 답에 대한 이유도 쓰시오.

(b) 이때까지의 문항들을 통해 ISI가 없는 두 가지 경우를 확인하였다. 송신기에서 SRRC 펄스성형 후 수신기에서 정합필터를 수행하는 경우, 그리고 송신기에서 Raised cosine (RC) 펄스성형 후 수신기에서 이상적인 LPF를 수행하는 경우. 이 두 경우에 대해 각각 심벌 검출 단계

에서 ISI가 발생하지 않는 이유를 설명하시오.

(c) 3.G(b)에서 설명한 두 경우에 대해 실제 시스템에 적용한다고 했을 때, 어떤 방식이 적합할 지 노이즈 관점에서 비교하여 설명하시오.

3.H. Roll-off factor=[0.25 0.5 0.75 1] 경우(물론 `'pt'`는 SRRC 사용할 것)에 대해 정합필터 출력 `'matched_out'`을 사용하여 eye diagram을 각각 그리고, 캡쳐하여 보이시오. 각 Roll-off factor 값에 대해 Binary인 경우, 4-ary인 경우 두 개의 eye diagram을 보이시오.

3.I. 이론적으로는 SRRC 펄스를 사용하여 정합필터링을 수행 하면, 정합필터의 출력은 Raised cosine 펄스와 동일하므로 Roll-off factor와 상관없이 ISI가 존재하지 않아야 한다. 하지만 문제 3.H에서 캡쳐한 eye diagram을 보면, Roll-off factor가 감소함에 따라 정합필터의 출력에서 binary 신호의 경우에 1 또는 -1(4-ary PAM 신호의 경우에는 -3, -1, 1, 3)을 정확히 지나지 않는다. 즉, ISI가 존재한다.

문제 1.B와 1.D로부터, 이상적인 SRRC 펄스와 m-file에서 구현하여 사용하고 있는 SRRC 펄스의 차이점을 찾을 수 있다. 이를 비탕으로, ISI가 존재하는 이유를 설명하시오. 특히 Roll-off factor가 작은 경우에 대해 설명하시오.

3.J. AWGN 채널에서 펄스성형과 정합필터링에 대해 알아보기 위해, `'tx_sig_gen_Nid.m'`의 `'tx_signal=conv(impulse_modulated,pt);'` 라인 아래에 아래 박스의 명령어 라인을 추가하시오.

```
rx_signal =tx_signal + 0.15* randn(1, length(tx_signal));
```

노이즈가 존재하는 수신신호의 eye diagram을 그리기 위해 'for' 문 안의 모든 `'matched_out'`을 `'rx_signal'`로 바꾸시오. Roll-off factor를 1로 설정하고, binary 신호와 4-ary PAM 신호에 대해 각각 m-file을 수행하시오. 출력된 두 개의 eye diagram을 캡쳐하여 보이시오.

3.K. 노이즈가 존재하는 수신신호에 수행하는 정합필터링의 효과.

3.K1. 노이즈가 존재하는 수신신호에 대하여 정합필터 출력을 얻기 위해, m-file의 `'matched_out=conv(tx_signal, pt);'` 라인을 적절히 수정하시오. 자신이 수정한 m-file을 캡쳐하여 보이시오.

3.K2. 다시, 정합필터 출력의 eye 다이어그램을 보기위해, m-file의 두 번째 `'for'` 문 안의 모든 `'rx_signal'`을 `'matched_out'`으로 바꾸시오. binary 신호와 4-ary PAM 신호에 대해 각각 m-file을 수행하고, 출력된 두 개의 eye diagram을 캡쳐하여 보이시오.

3.K3. 문제 3.J의 eye diagram과 문제 3.K2의 eye diagram을 비교하여 eye가 열리는 정도를 평가해보자.

(a) 문제 3.D의 eye diagram과 문제 3.F의 eye diagram을 비교하면, 노이즈가 없는 경우에, 정합필터에 의해 수신신호의 eye가 열림을 확인할 수 있다. 문제 3.J와 3.K2에서는 노이즈가 존재하는 경우에, 정합필터에 의해 수신신호의 eye가 열림을 확인하였다. 둘을 비교할 때, 정합필터링에 의한 eye 열림 효과는 노이즈가 없는 환경과 있는 환경 중 어느 환경에 더 의미가 있는가?

(b) (a)의 답과, 3.F의 결과로부터 송신신호를 SRRC 펄스성형 하였을 때, AWGN 채널 환경에서 정합필터링의 중요한 기능 두 가지를 정리하여 쓰시오.

4. 전기적인 신호로 출력하여 오실로스코프로 eye-diagram 확인

매트랩에서 생성한 펄스성형된 신호를 PC의 오디오 출력포트를 통해 실제 전기 신호로 변환해보자. 그리고 오실로스코프에서 실제 전기 신호의 eye diagram을 관찰해보자. 실습을 수행하기에 앞서, 실습에 사용하는 PC의 사운드(오디오) 설정에서 모든 사운드 효과를 '사용안함'으로 설정할 것. 그리고 설정창을 캡쳐하여 보이시오.

실험을 시작하기에 앞서, 다음 과정을 수행하시오.

Step 1. 오디오 장치에서 일반적으로 사용되는 3.5파이 오디오 케이블을 구한다. 이어폰 케이블을 대신 사용할 수 있다. 단, 실험을 위해서는 케이블을 잘라야한다.

Step 2. [그림 20.7]의 왼쪽 그림과 같이 3.5 파이 오디오 케이블의 피복을 벗기면, 3개의 선이 나온다. 피복이 되지 않은 선 ①이 오실로스코프의 접지와 연결될 선이다. 선 ②(일반적으로 흰색)는 클럭 파형이 출력될 선이고, 선 ③(일반적으로 빨간색)은 raised cosine 파형이 출력될 선이다. 이 오디오 케이블은 23장에서도 쓰이므로 잘 보관할 것.

Step 3. [그림 20.7]의 오른쪽(또는 본 교재 뒷면 표지의 사진)처럼 PC(또는 노트북)의 오디오 출력포트에 오디오 케이블 잭을 연결한다.

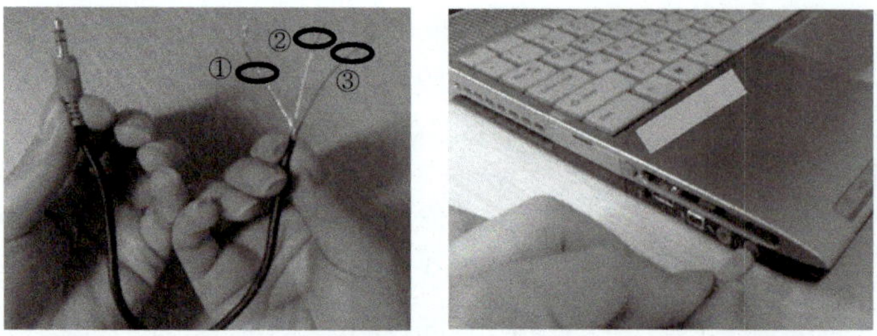

| 그림 20.7 | 오디오 케이블 피복 제거 후 모습(왼쪽), 오디오 케이블 잭을 출력포트에 연결하는 모습(오른쪽)

Step 4. [그림 20.8]의 왼쪽과 같이 오실로스코프 프로브의 접지 집게를 오디오 케이블의 접지선([그림 20.7]의 ①)과 연결한다. 그 다음 [그림 20.8]의 오른쪽과 같이, 오실로스코프의 두 개의 프로브를 위의 ②, ③의 선과 결선한다.

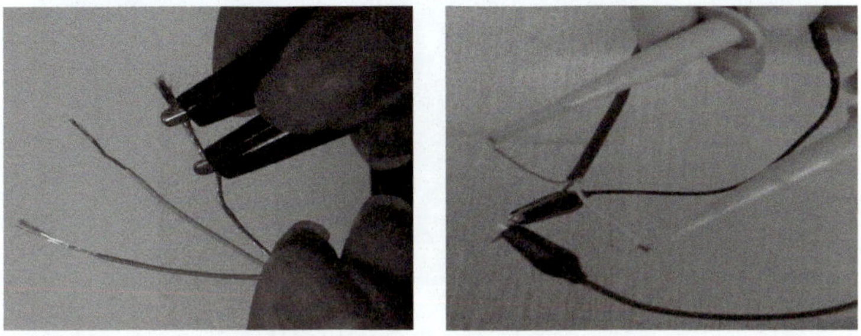

| 그림 20.8 | 접지선과 Probe의 접지 연결(왼쪽), 스테레오 오디오 신호선과 Probe 연결(오른쪽)

Step 5. PC의 오디오 출력 볼륨을 75%정도로 키우자.

참고

사용자 PC 환경에 따라 사운드 카드의 스테레오 출력이 좌우가 구분되지 않고 섞여서 나와 신호 파형이 제대로 나오지 않는 경우가 있다. 이때 제어판-사운드설정에서 사운드 출력 설정을 좌우가 구분되도록 설정해줘야 한다.

4.A. 아래의 과정을 따라 실험준비가 제대로 되었는지 확인해보자. command window에 아래 박스의 명령어를 실행하시오.

```
>> t=0:0.001:100;
>> x=sin(200*pi*t);
>> y=cos(400*pi*t);
>> z(1,:)=x;
>> z(2,:)=y;
>> soundsc(z', 1000)
```

마지막 명령어인 '>> soundsc(z', 1000)'의 실행이 끝나기까지 100초가 소요된다. '>> soundsc(z', 1000)'이 실행되는 동안, 먼저 출력 파형을 잘 관찰할 수 있도록 오실로스코프의 'autoscale(또는 autoplay)' 버튼을 누르시오. 그런 다음, [그림 20.9]와 같이 사인, 코사인 파형이 1~3주기가 나오도록 오실로스코프의 시간축 눈금(SEC/DIV 다이얼)과 CH1, CH2의 VOTS/DIV 다이얼을 적절히 조절하시오.

오실로스코프 화면을 찍어 보이시오. 본인의 오실로스코프가 화면 저장 기능을 지원하는 경우, 오실로스코프 화면을 저장하여 리포트에 활용하는 방법을 권장함.

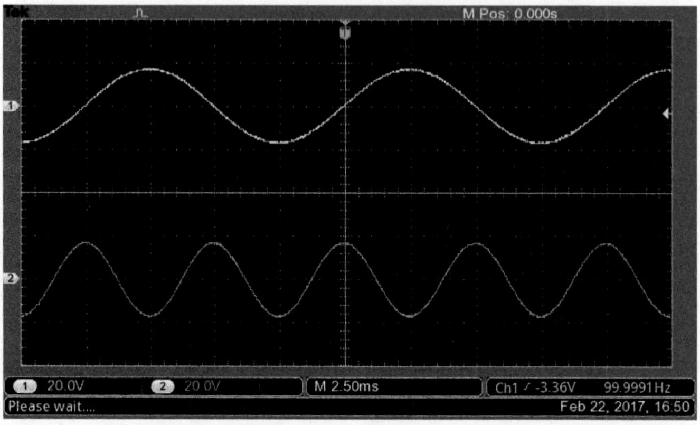

| 그림 20.9 | 캡쳐한 오실로스코프 화면

4.B. 오실로스코프에서 Raised cosine으로 펄스성형한 신호를 관찰해보자. 실험을 수행하기에 앞서, 문제 4.A의 마지막 명령어 '>> soundsc(z', 1000)'가 아직 실행 중이라면 Ctrl-C를 눌러 실행을 중지시킬 것.

4.B1. 문제 2.B2에서 주어진 당초 'tx_sig_gen.m'를 열자. 그리고 아래 박스의 내용을 뒷부분에 추가하여 'eye_diagram.m'으로 저장하자. 아래 박스의 m-file은 2행으로 이루어진 매트랩 행렬 'signal_out'을 생성한다. 행렬의 첫 번째 행렬은 심벌 클록 신호의 샘플 벡터이고, 행렬의 두 번째 행렬은 Raised cosine으로 펄스 성형된 신호의 샘플 벡터이다. 그런 다음 'signal_out'는 PC의 오디오 출력포트를 통해 오디오 신호로 변환되어 출력된다.

이 m-file에서, 'Ns'=10000 으로 설정하고, 'X'는 자신의 학번 끝자리 수로 설정하시오. 완성된 m-file을 캡쳐하여 보이시오.

```
%%%%%%%%%%%%%%%%%%%%%%%% 심벌 Clock  생성 %%%%%%%%%%%%%%%%%%%%%%
clk=[];
for di=1:ceil(length(tx_signal)/(L/2))
    clk=[clk (-1)^di*ones(1,L/2)];
end
clk=clk(1:length(tx_signal)); %clk의 길이와 tx_signal 길이 맞춤.

%%%%%%%%%%%%%%%%%%심벌 Clock과 Pulse 성형된 파형을 오디오 신호로 출력%%%%%%%
signal_out_nth=[clk' tx_signal']';
X=? ; % X = 자신의 학번 끝자리 수
signal_out=[];
for k=1:(X+1)
   signal_out=[signal_out signal_out_nth] ;
end
soundsc(signal_out', 4000*(X+2));
```

4.B2. 문제 4.A와 동일한 실험 환경에서, 'eye_diagram.m'을 실행하시오. CH1과 CH2에 심벌클록신호와 raised cosine 파형이 나옴을 확인할 수 있다.

아래의 과정을 수행하시오.

Step 1. [그림 20.10]과 같이 신호의 파형을 명확하게 관찰할 수 있도록 CH1과 CH2의 VOTS/DIV 다이얼을 사용하여 진폭 측정 단위를 적절하게 조정하시오. PC의 사운드 카드에 따라 클록 파형은 사각파로 출력되지 않을 수 있음.

Step 2. [그림 20.10]과 같이 클록 신호가 10~20 주기 정도 보이도록 SEC/DIV 다이얼을 조정하시오.

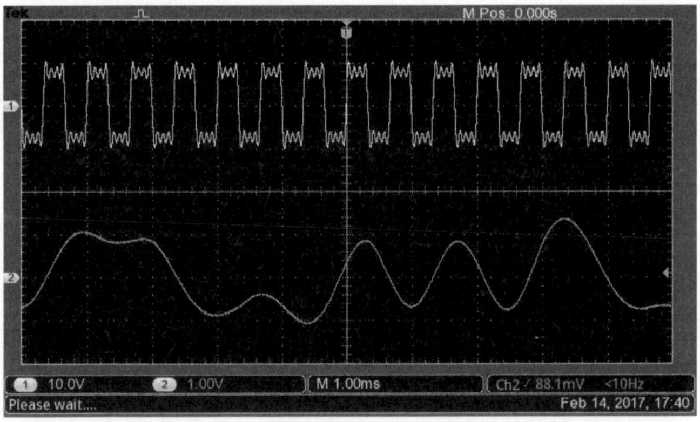

| 그림 20.10 | 정지된 오실로스코프 화면

(a) Run/Stop 버튼을 3~4회 반복하여 눌러가면서 정지된 펄스성형된 신호의 사진을 3~4컷 찍어 보이시오. 설정을 올바로 했다면, [그림 20.10]과 유사한 정지 화면을 확인할 수 있다.

(b) 정지된 화면으로부터, 펄스성형된 신호에서 ISI가 있는지 없는지 쉽게 파악할 수 있는가? 어렵다면 이유를 쓰시오.

4.B3. 펄스성형된 신호의 eye diagram을 보기위해, 먼저 트리거 기능을 통해 클록신호를 정지 상태로 출력되도록 설정해 보자. 문제 4.B2의 'eye_diagram.m' 실행이 끝났다면, 다시 실행하고 아래의 두 가지 방법 중 자신의 오실로스코프에 맞는 과정을 수행하시오. 아래 과정 수행 중에 만약 'eye_diagram.m'의 실행이 끝나면 다시 'eye_diagram.m'을 실행하고 Step 1부터 다시 수행하시오.

방법 1: 사용하는 오실로스코프의 Aoto set 기능에 TRIG 기능이 포함되어 있지 않고, TRIG 기능이 따로 분리된 경우

Step 1. 심벌클록 신호의 파형을 먼저 관찰하므로 Raised cosine 파형이 나오는 프로브를

제거한다.

Step 2. 트리거 기능을 통해 시간에 따라 흐르는 주기 신호를 정지한 것처럼 나타낼 수 있다. TRIG MENU 버튼을 누른 후에 클록신호에 해당하는 신호원을 선택한다.

Step 3. 흐르는 주기 신호를 정지한 것처럼 보이도록 TRIG Level 조절 다이얼을 조정하시오.

Step 4. 시간축 눈금(SEC/DIV 다이얼)을 조절하여 오실로스코프 창의 시간축 범위가 클록 주기의 3배가 되도록 하시오.

방법 2: 사용하는 오실로스코프의 Aoto set 기능이 TRIG 기능을 포함하는 경우

Step 1. 심벌클록 신호의 파형을 먼저 관찰하므로 Raised cosine 파형이 나오는 프로브를 제거 한다.

Step 2. 시간에 따라 흐르는 주기신호를 정지한 것처럼 나타내기 위해(Triggering), Auto set 버튼을 누르시오(※ 심벌클록 신호의 파형이 고정된 이후 Auto set 버튼은 다시 누르지 마시오).

Step 4까지 완료하여 오실로스코프 창 전체가 나타나도록 캡처하여 보이시오.

4.B4. 오실로스코프에 의해 측정되는 클록 파형의 주파수는 몇 Hz인지 쓰시오.

4.C. Raised cosine으로 펄스성형된 신호의 eye diagram을 관찰해 보자. 먼저, 아래 과정을 수행하시오.

Step 1. 문제 4.B3의 Step 1 과정에서 제거했던 raised cosine 파형의 출력 신호선과 프로브를 다시 연결하시오. 각 신호의 위치가 변경되었거나 겹쳐져서 출력되는 경우, 그림 20.10과 같이 2개의 출력 신호가 구분 되도록 각 신호의 출력 위치를 조절하시오.

Step 2. 'eye_diagram.m' 실행이 끝났다면 다시 실행하고, [그림 20.10]과 같이 신호의 파형을 명확하게 관찰할 수 있도록 CH1과 CH2의 VOTS/DIV 다이얼을 조절하여 진폭 측정 단위를 적절하게 조정하시오.

Step 3. Utility 버튼을 누르고 Display 모드 메뉴의 메모리 지속시간(persist time)을 증가시켜 보자. eye diagram을 가장 잘 관찰할 수 있는 적절한 메모리 지속시간을 선택하시오. 모든 과정이 올바르게 수행되었다면, 오실로스코프의 출력 화면은 [그림 20.11]과 같이 나타난다. 두 신호가 잘 보이도록 화면 상단에는 펄스성형된 신호, 화면 하단에는 클록신호가 나오도록 각 신호의 출력위치를 조정하시오.

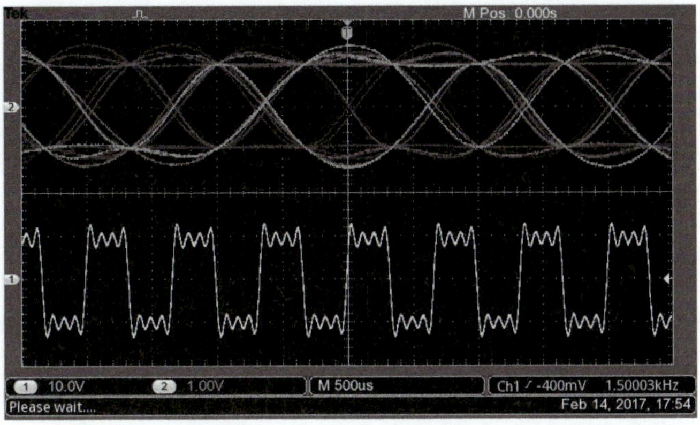

| 그림 20.11 | Eye diagram 출력 화면

4.C1. 'eye_diagram.m'을 적절히 수정하여 binary 신호의 경우에 대해 Roll-off factor가 각각 0, 0.5, 0.75, 1일 때 오실로스코프의 eye diagram을 캡쳐하여 보이시오. r값에 따라 어떻게 바뀌는지 쓰고, 이론과 일치하는지 분석하시오.

4.C2. 'eye_diagram.m'의 'amp_modulated=2*data_bit-1;' 라인을 'amp_modulated=2*ceil(rand(1,Ns)*4)-5;' 로 수정하여 4-ary PAM 신호의 경우에 대해 roll-off factor가 0, 0.5, 0.75, 1일 때 오실로스코프의 eye diagram을 캡쳐하여 보이시오.

>>> 21 CHAPTER BPSK BER Simulation (Waveform Level)

- 기저대역(baseband)에서 펄스성형(pulse shaping) 및 정합 필터(matched filter)를 수행하는 BPSK 시스템을 설계하고 BER을 실험한다.
- 샘플파형 생성을 통한 BER실험에서 SNR에 맞게 노이즈 샘플의 분산을 설정하는 방법을 학습한다.
- 심벌 타이밍 오차 (Symbol timing error) 발생시 roll-off factor가 BER에 미치는 영향을 이해한다.
- 통과대역(passband) 변조를 수행하고 통과대역된 신호의 PSD (Power Spectral Density)와 위상오차의 영향을 확인한다.

1. 기저대역 (Baseband) BPSK 시뮬레이션을 위한 E_b/N_0 설정

BER Simulation에서는, 여러 개의 다른 E_b/N_0값에 대하여 각각 BER을 실험으로 구하고 E_b/N_0를 x축으로 하고 BER을 y축으로 하여 BER커브를 그리게 된다. 통상 x축은 dB scale로 그리므로, E_b/N_0는 dB 단위에서 일정한 간격의 값들을 택하게 된다. 한편, 실험에서는 크기가 고정된 펄스를 사용하므로 비트 에너지 E_b역시 상수로 고정되게 된다. 따라서, N_0을 조절하여 원하는 E_b/N_0를 설정해야한다. 가장 보편적으로 사용되는 신호변조 방식인 M-ary PSK와 M-ary QAM 방식의 경우에, 전체적으로 다음의 과정에 따라 파형 단계에서의 BER simulation이 완성된다.

Step 1. 사용할 펄스를 설계. 예를 들어, ISI(Inter Symbol Interference)가 존재하지 않으면서 대역폭 요구조건을 만족시키는 펄스.

Step 2. 디자인한 펄스의 에너지(=비트 에너지 E_b) 계산.

Step 3. BER 실험을 할 E_b/N_0[dB] 값 설정.

Step 4. E_b/N_0[dB] 값을 linear scale의 E_b/N_0 값으로 환산.

Step 5. Step 4에서 구한 linear scale의 E_b/N_0와 Step 2에서 구한 E_b에 의해 N_0계산.

Step 6. N_0 값에 따라 노이즈 샘플 벡터의 분산 설정.

Step 7. 송신 신호 샘플 벡터 생성, N_0에 맞게 노이즈 샘플 벡터 생성, 수신신호 샘플 벡터 생성, 수신신호 샘플 벡터로부터 송신된 비트를 추정. 잘못 추정된 비트수를 세어 저장.

Step 8. 실험을 수행한 송신 비트수가 통계적으로 의미가 있는 평균적인 BER을 계산하기에 충분한 크기가 될 때까지 독립적으로 생성한 송신비트와 수신신호를 이용하여 Step 7을 반복.

Step 9. E_b/N_0[dB]값을 바꿔가며 각 값에 대하여 Step 4~Step 8를 수행하여 BER 벡터 생성.

Step 10. BER curve를 E_b/N_0[dB]의 함수로 plot.

1.A. 아래는 먼저 펄스 'pt'를 설계하고, 주어진 E_b/N_0 [dB] 값에 대해 N_0를 계산하는 과정(위에서 Step1~Step5에 해당)의 m-file이다. 변수 'EbN0dB'는 dB scale에서 E_b/N_0를, 'EbN0'는 Linear scale에서의 E_b/N_0를 나타낸다. Roll-off factor=0.5인 'square root raised cosine' 펄스를 가정하자. 그리고 송신심벌은 BPSK 심벌로 가정하고, 심벌주기 'Ts'=1 초, 심벌 당 샘플 수 'L'=16으로 놓자. 아래의 모든 ?을 채우고, 완성된 m-file을 캡쳐하여 보이시오.

```
clear
randn(1,XXX); % XXX=학번 끝 세자리, 내용과 상관없는 부분, 그러나 꼭 추가 할 것.
%%%Signal pulse design %%%%%%%%%%%%%%%%%%%%%%%%%%%%%
Ts=1; L-16;
t_step=Ts/L;
pt=rcosine(1,?,?,?); N=length(pt);
% Roll-off factor=0.5인 'square root raised cosine'을 펄스를 고려. 'rcosine()' 함수 사
용법은 20장의 문제 1.D를 참조

%%%Signal(BPSK 인 경우 비트) Energy 계산 %%%%%%%%%%%%%%%%%%%%%%%%%%%%
Eb=sum(?)*t_step ;  %아래 참고 1.

%%%% 여기서부터 N0 세팅 part %%%%%%%%%%%%%%%%%%%%%%%%%%%%%%%%%%%%
EbN0dB=100;  %일단 Eb/N0 = 100dB로 주어졌다 가정.

EbN0=10^(?); %아래 참고2. dB를 Linear 값으로 환산하는 식. 주어진 EbN0dB가 추후 바뀌면 EbN0
가 따라서 바뀔 수 있도록 EbN0dB가 들어간 함수식으로 완성할 것.
N0= ? ;  % Eb와 EbN0를 이용한 계산식. 역시, 위의 EbN0dB 가 추후 바뀌더라도 N0가 따라서 바뀔
수 있도록 Eb, EbN0가 들어간 함수식으로 완성할 것.
```

참고1

20장의 문제 2.B에서 사용한 tx_sig_gen.m을 다시 보자. 데이터 비트가 unipolar to bipolar, impulse modulation 그리고 pulse shaping 과정을 거치게 된다. 이 일련의 과정은 결국, 매 데이터 비트 주기 마다, 데이터 비트가 '1'일 때는 'pt'를 전송하고, 데이터 비트가 '0'일 때는 '-pt'를 전송하는 것과 동일함을 알 수 있다. 따라서, 비트 당 사용하는 에너지 E_b는 'pt'의 에너지가 된다. 샘플된 신호의 에너지를 수치적으로 계산하는 방법은 17장의 문제 3.A를 참조.

참고2

x(Linear scale 값)를 X(dB 값)로 변환하는 식 : $X = 10\log_{10}x$

1.B. 문제 1.A에서 완성한 m-file을 실행하고, 계산된 'N0' 값을 출력하기 위해 Command window에서 '>> N0' 를 실행하시오. 출력된 결과를 캡처하여 보이시오.

1.C. [그림 21.1]은 노이즈 리젝션(noise rejection) 아날로그 필터와 이후 샘플링 된 신호의 디지털 필터 과정을 설명하고 있다. 그림에서 $r(t)$는 수신신호를 나타내고, 이것은 송신신호 $s(t)$에 스펙트럼 밀도 $N_0/2$를 갖는 AWGN 신호 $n(t)$가 더해진 신호이다. 노이즈 리젝션 필터의 대역폭은 출력의 샘플링 주파수의 절반('1/(2*t_step)')으로 놓는다.

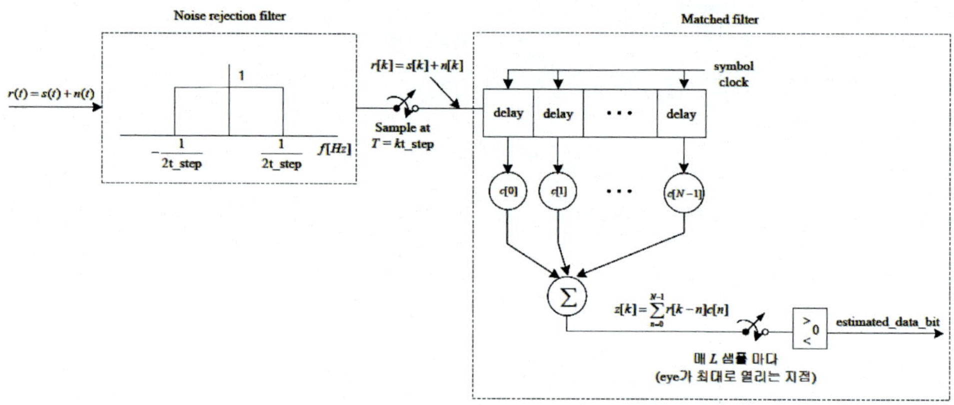

| 그림 21.1 | 노이즈 리젝션 필터와 정합 필터

1.C1☆. [그림 21.2]는 $r(t)$에 포함된 노이즈 $n(t)$ 의 PSD(Power Spectral Density; 파워 스펙트럼 밀도)을 보이고 있다. 노이즈 리젝션 필터를 통과한 노이즈의 PSD는 어떤 모양인지 정확히 그리시오.

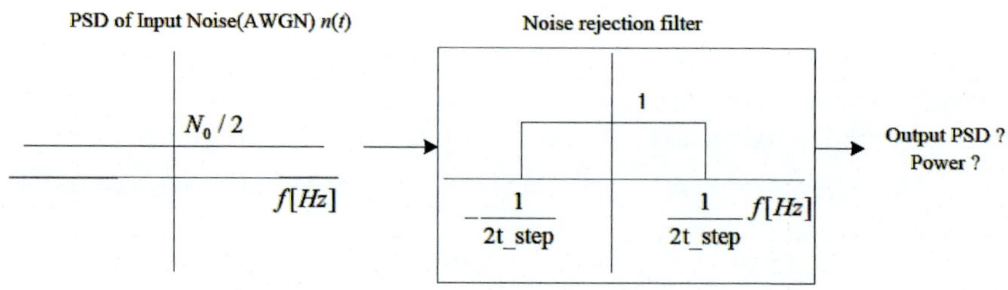

| 그림 21.2 | 노이즈 리젝션 필터 통과 전후의 PSD와 신호전력

1.C2☆. 어떤 신호의 전력은 그 신호의 PSD로부터 구할 수 있다. 신호의 전력을 PSD로부터 구하는 관계식을 쓰시오.

1.C3☆. 노이즈 리젝션 필터 출력(샘플링 전)의 노이즈 전력을 $P_{n,\mathrm{NRF}}$이라 할 때, $P_{n,\mathrm{NRF}}$은 다음과 같이 계산할 수 있다.

$$P_{n,\mathrm{NRF}} = \frac{N_0}{2 \times \mathrm{t\_step}} \qquad \text{(식 21.1)}$$

문제 1.C1에서 구한 PSD 모양, 1.C2의 관계식을 이용하여 (식 21.1)을 증명하시오.

1.C4☆. 노이즈 리젝션 필터를 통과한 노이즈 샘플들의 분포와 노이즈 샘플들 간의 상관관계를 알아보자.

노이즈 샘플들의 분포와 평균 : 노이즈 리젝션 필터가 선형시스템이므로 이를 통과한 노이즈 샘플들 $\ldots, n[k-1]$, $n[k]$, $n[k+1], \ldots$ 역시 각각 동일한 분포의 평균 0인 가우시안 랜덤 변수들이 된다.
노이즈 샘플들의 상관관계 : 노이즈 리젝션 필터를 통과한 노이즈 샘플들 $\ldots, n[k-1]$, $n[k]$, $n[k+1], \ldots$ 은 서로 독립이다. 다음 과정을 통해 이를 증명해보자.

(a) 자기상관(Autocorrelation)과 PSD의 상관 관계를 쓰고 PSD가 주어지면 자기상관은 어떻게 구할 수 있는지 쓰시오. 그리고 문제 1.C1의 답을 이용하여, 노이즈의 자기상관 $R_n(\tau)$를 구하시오.(※ 계산 과정 중에 오일러 공식을 이용하여 Sinc 또는 Sin 함수 형태로 정리 할 것.)
(b) (a)의 결과에 따라, 노이즈의 자기상관은 Sinc 함수 형태를 가짐을 상기하자. $k=0$을 제외한 노이즈 샘플 사이의 상관값은 0임을 증명하시오. 즉, $k \neq 0$인 정수일 때, $R_n(k^*\mathrm{t_step}) = 0$임을 증명하시오.

참고

노이즈 샘플들은 가우시안임을 알고 있다. 따라서, 위 (b)에서 노이즈 샘플들간 상관성이 없음을 증명하였다면, 가우시안 변수의 특성에 의해, 노이즈 샘플들간 서로 독립임을 증명한 것과 같다.

1.C5. 노이즈 리젝션 필터를 통과한 노이즈 샘플의 분산에 대해 알아보자. 평균이 0인 일반적인 신호를 가정하자. 일반적으로, 이 신호의 어떤 시간지점에서의 샘플 값의 분산(=샘플제곱의 앙상블평균인가 시간평균인가?)이 이 신호의 전력(=샘플제곱의 앙상블평균인가 시간평균인가?)과 같다고 할 수 없다. 하지만, 우리가 다루는 노이즈의 경우 샘플의 분산은 샘플링 이전의 노이즈(필터출력) 신호 전력(1.C3의 답)과 동일하다. 이는 필터출력 노이즈 신호가 어떤 성질을 만족하는 랜덤 프로세스이기 때문인가?

1.D. 문제 1.C를 정리하면 노이즈 리젝션 필터 후 노이즈 샘플들 $\ldots, n[k-1]$, $n[k]$, $n[k+1], \ldots$은 각각 평균이 0이고 분산이 동일한 독립적인 가우시안 랜덤변수들이 된다. 노이즈 샘플의 분산을 나타내는 변수를 'v_n'이라 할 때, 문제 1.A의 코드에 'v_n'을 생성하는 문장을 추가하고, ?를 채워 넣으시오.

```
%문제 1.A의 m-file에 추가하여
v_n=?;  % N0와 t_step의 함수
```

1.E. 이제 문제 1.D에서 완성한 m-file을 이용해, [그림 21.1]에서 수신 신호의 샘플링 된 벡터(신호와 노이즈를 모두 포함한) $\ldots, r[k-1], r[k], r[k+1], \ldots$(매트랩 변수='r_samples')를 생성할 수 있다. 즉, 아래 박스와 같이, 먼저 20장의 'tx_sig_gen.m'와 동일한 과정을 통하여 신호 샘플 벡터 $\ldots, s[k-1], s[k], s[k+1], \ldots$(매트랩 변수='tx_signal', 아래 참고)를 생성한 후, 동일한 길이의 노이즈 샘플 벡터$\ldots, n[k-1], n[k], n[k+1], \ldots$ (매트랩 변수='n_samples')를 생성한다. 그리고 그 둘을 더하면 된다. 아래 박스의 m-file을 문제 1.D에서 만든 m-file 아래에 추가하시오.

```
% 문제 1.D의 m-file에 아래 추가

% 먼저, 20장의 tx_sig_gen.m에서 아래 2,3,4,5 부분을 가져와서 추가.
<2. Ns bit binary symbol generation>
<3. Unipolar to Bipolar (amplitude modulation)>
<4. Impulse modulation>
<5. Pulse shaping (Transmitter filtering)>

%%%%%%<Noise sample 발생 >%%%%%%%%%%%%%%%%%%%%%%%
n_samples=sqrt(v_n)*randn(1,length(tx_signal));% n[k]  생성

%%%%%%<수신 신호 샘플 발생>%%%%%%%%%%%%%
r_samples = tx_signal + n_samples;
```

참고

일반적으로, 신호(노이즈가 아닌)의 스펙트럼을 왜곡없이 통과시키기 위해 샘플링 주파수는 신호의 대역폭보다 충분히 크게 잡는다. 따라서, 노이즈 리젝션 필터(대역폭=샘플링주파수/2) 통과 후 샘플링된 신호 성분은 노이즈 리젝션 필터를 통과하기 전의 신호 성분과 같다고 가정해도 무방하다.

1.E1. 주석의 설명을 참고하여 m-file을 완성하고, 완성된 m-file을 캡쳐하여 보이시오.

1.E2. 노이즈 샘플 발생 라인에서 'sqrt(v_n)'을 곱한 이유를 쓰시오.

2. 정합 필터링, 판별 변수 생성 및 검출

문제 1의 m-file은 [그림 21.1]의 수신신호의 샘플 백터 $\ldots, r[k-1], r[k], r[k+1], \ldots$를 생성하는 것까지 구현한 것이다. [그림 21.1]의 우측(샘플링 후)은 샘플링된 신호에 대한 정합필터(Matched filter)의 과정이다.

2.A. 문제 1.E1에서 완성한 m-file에 아래와 같이 정합 필터의 출력 샘플 벡터$\ldots, z[k-1], z[k], z[k+1], \ldots$(매트랩 변수 = 'z_samples')을 생성하는 라인을 추가하시오. 적절한 매트랩 함수 이름 ??과 변수이름 ??을 넣어 완성하고, 캡쳐하여 보이시오. 20장의 문제 3.B 참조.

```
z_samples=??(r_samples,?? );%적절한 매트랩 함수 이름??과 변수이름 ??를 채울 것.
```

2.B. 'z_samples'와 'impulse_ modulated'를 관찰하기 위해 이제 m-file을 실행하고, 아래 박스의 내용을 command window에서 실행하지. 결과 그림을 캡쳐하여 보이시오.

```
>>figure
>>subplot(2,1,1)
>>stem(impulse_modulated(1:20*L),'.');
>>grid on
>>subplot(2,1,2)
>>plot(z_samples(1:20*L));
>>grid on
```

2.C. m-file의 'N=length(pt)' 라인을 보면, 변수 'N'은 펄스성형 필터(이자 정합 필터)의 샘플벡터인 'pt'의 길이로 설정되어 있다. Command window에 '>> N'을 실행하여 'N' 값을 확인하고, 캡쳐하여 보이시오.

2.D. 문제 2.B 과정에서 얻어진 그림으로부터, 'z_samples'과 'impulse_modulated' 사이에 발생한 지연(delay)이 몇 샘플인지 카운트하시오. 지연된 샘플수가 'N'(문제 2.C의 답)과 동일한가? 이 지연이 발생한 이유는 아래를 참고할 것.

참고

1. '>> plot(pt)'를 수행하여 'pt'의 최고점(중앙)은 몇 번째 샘플인지 확인하시오.
2. [그림 21.1]의 우측(샘플링 이후)은 정합필터 과정을 나타낸 것으로, 입력과 'pt'와의 콘볼루션 과정을 보인 것이다. 따라서 필터계수 c[0]='pt(N)', c[1] = 'pt(N-1)', ..., c[N-2] = 'pt(2)', c[N-1] = 'pt(1)'이 된다. delay line의 초기값이 0이라 가정하고 필터에 1,0,0,0,0,0... 이 입력되면 출력에서 'pt'의 최대값(중앙)이 나오는 순간은 몇 샘플 클록 후가 되겠는가? 즉, 콘볼루션 연산 'conv([1 0 0 0 0 ...], pt)'를 수행하면 'pt'의 최대값(중앙)이 출력 신호의 몇 번째 샘플에 존재하는가?
3. 송신기와 수신기에서, 'impulse_modulated'는 'z_samples'가 되기까지 'pt'와 몇 번 컨볼루션되었는지?

※ 위 1~3의 답을 참고하여 문제 2.D의 답을 구할 것.

2.E. 비트당 샘플수 'L'과 'z_samples'과 'impulse_modulated' 사이에 발생한 지연 'N'으로부터, 'z_samples(N+(n-1)*L)' 값이 'n'번째 송신 비트 'data_bit(n)'의 판별변수(decision variable 또는 test statistics)가 됨을 알 수 있다. 다시 말해, 'z_samples(N+(n-1)*L)' 값을 근거로 'data_bit(n)'을 추정한다. 'z_samples'의 샘플 인덱스를 'N+(n-1)*L' 로 두는 이유를 설명하시오.

2.F. 아래 박스의 명령어를 Command window에서 실행하면, 문제 2.E의 판별변수를 이용하여 'data bit'의 처음 5비트를 검출(예측)결과를 얻을 수 있다. 예를 들어, 'n'번째 비트에 대한 검출(예측) 값을 '(z_samples(N+(n-1)*L) > 0)'로 하는 이유를 쓰시오. 'tx_sig_gen.m'의 <3. Unipolar to Bipolar (amplitude modulation)> 부분 참조.

```
>> estimated_data_bit(1)= (z_samples(N+(1-1)*L) >0 ) ;
>> estimated_data_bit(2)= (z_samples(N+(2-1)*L) >0 ) ;
>> estimated_data_bit(3)= (z_samples(N+(3-1)*L) >0 ) ;
>> estimated_data_bit(4)= (z_samples(N+(4-1)*L) >0 ) ;
>> estimated_data_bit(5)= (z_samples(N+(5-1)*L) >0 ) ;
>> estimated_data_bit
>> data_bit(1:5)
```

2.G. (a) 문제 2.F의 명령어를 실행하고, 출력된 결과를 캡쳐하여 보이시오. (b) 'estimated_data_bit'가 'data_bit(1:5)'와 동일한가?

2.H. 아래 박스의 코드를 통해 'data_bit' 벡터의 'Ns'개의 모든 비트들을 검출할 수 있다. 2.A의 m-file에 아래 내용을 추가하시오.

```
for k=1:Ns %아래 참고
 estimated_data_bit(k)= (z_samples(N+(k-1)*L) >0 ) ;
end
```

참고

for 루프를 쓰지 않고 아래와 같이 벡터단위로 한 문장으로 구현해도 됨.

```
estimated_data_bit= (z_samples(N+((1:Ns)-1)*L) >0 );
```

2.H1. m-file을 실행한 후, Command window에서 '>> sum(estimated_data_bit~=data_bit)'를 실행하시오. 실행 결과를 캡쳐하여 보이시오.

2.H2. 문제 2.H1의 결과는 비트 검출 에러가 없음을 의미하는가? 자신의 답에 대한 이유도 쓰시오.

3. BER 시뮬레이션 전체 루프 완성

이제 나머지 단계(문제 1 앞부분에서 설명한 순서 중 Step 8, Step9)를 마저 구현하여 BER curve를 그리는 시뮬레이션을 완성해보자.

3.A. Step 8을 구현하자. 아래의 개념적인 m-file을 토대로 하여 우선, E_b/N_0 =0dB 일 때, BER 시뮬레이션 m-file을 완성하자.

```
<Step 1~Step6 삽입>: 문제 1.D 까지 구현한 부분 Copy and paste. 주의 사항: EbN0dB=0으로 설정.

sum_Ne=0; % 전체 에러 수 초기화
N_frame=20; % 실험할 프레임 수

< Step 8 구현을 위한 for loop >
for frame_number=1:N_frame

   <Step 7 삽입> 아래와 같이 문제 1.E, 2.A, 2.H 에서 추가된 부분 삽입
   < Ns bit binary symbol generation >
   < Unipolar to Bipolar (amplitude modulation) >
   < Impulse modulation >
   < Pulse shaping (Transmitter filtering) >
   %%%%%%<Noise sample 발생 >%%%%%%%%%%%%%%%%%%%%%%%%
```

```
   n_samples=sqrt(v_n)*randn(1,length(tx_signal));%..., n[k-1], n[k], n[k+1], ... 생성

   %%%%%%<수신 신호 샘플 발생>%%%%%%%%%%%%
   r_samples=tx_signal + n_samples;

   z_samples=conv(r_samples, pt); %정합 필터

   estimated_data_bit= (z_samples(N+((1:Ns)-1)*L) >0 ); % 문제2.H에서 구현한 데이터
                                                          비트 추정
   < Step 8을 구현하기 위해 새로 추가한 부분 >
   Ne=sum(estimated_data_bit~=data_bit); % ?
   sum_Ne=sum_Ne +Ne; % ?
end

% 아래의 식으로 BER 계산, BER=전체 비트 에러 발생 개수/전송된 전체 비트 수
Total_bit=?*?;
BER=(sum_Ne/Total_bit);
```

3.A1. 한 프레임 동안 보내지는 비트수는 얼마인가? 위의 m-file에서 수행되는 총 프레임 수는 얼마인가? 결국 위의 m-file을 통해 전송되는 비트수는 얼마인가?

3.A2. Step 8을 위해 'for' 루프내부에 추가된 다음의 두 라인의 동작을 설명하시오.

```
...
Ne=sum(estimated_data_bit~=data_bit);  % ?
sum_Ne=sum_Ne +Ne;  % ?
...
```

3.A3. m-file을 완성하고 실행해보자.

(a) 라인 'Total_bit=?*?;'의 ?에 들어가야 할 것들이 무엇인지 이유와 함께 쓰시오. 'Total_bit'는 상수가 아니라 반드시 변수 'Ns'와 'N_frame'의 함수로 표현되어야 함.

(b) 완성된 m-file을 수행하여 얻은 BER 결과를 보이시오.

3.B. 아래의 과정을 통해 문제 3.A3에서 얻은 시뮬레이션 BER 결과와 BPSK의 이론치 BER이 같은 것을 확인해보자.

3.B1. Q( ) 함수 형태로 주어지는 이론치 BPSK BER은 'erfc()'를 사용해 구할 수 있다.

```
BER_exact=0.5*erfc(?);
```

(a) 위 박스의 이론치 BER을 계산하는 'BER_exact'의 '?'를 'EbN0'의 함수로 채우시오.

(b) 완성된 위 박스의 명령어를 Command window에서 실행하고, 실행결과를 캡쳐하여 보이시오.

3.B2. 시뮬레이션 BER과 이론치 BER이 일치하는지 확인하시오.

3.C. 'EbN0dB'=9로 설정하여 m-file을 다시 실행하시오. 실행이 끝나면, Command window에서 문제 3.B1의 명령어를 다시 수행하시오.

3.C1. 시뮬레이션 BER과 이론치 BER을 구한 결과를 캡쳐하여 보이시오. 시뮬레이션 BER과 이론치 BER이 같은지 확인하시오.

3.C2. 두 BER이 같지 않다면 무엇이 문제인지 분석하여 쓰시오.

3.D. 아래 박스와 같이, 문제 3.C에서 작성한 BER 시뮬레이션 m-file에서 'for' 루프를 'while' 루프로 바꾸어 전체 비트 에러 발생 개수가 25보다 크면 반복(loop)를 멈추도록 수정하시오.

```
< 문제 3.C에서 사용한 m-file에서 'for' 루프 앞에 있는 부분은 모두 그대로 두되, 'N_frame=20'
라인 만 아래와 같이 수정 >
N_frame=0;  % frame 개수 카운트 변수 초기화

< 'for' 루프를 아래와 같이 수정 >
while ? < 25
   < 'for' 루프 내부의 모든 코드는 그대로 두고, 아래와 같이 실험한 frame 수를 계산하는 라인을
   추가 >
   N_frame=N_frame+1;
end

Total_bit=?*?; % 문제 3.A3(a)의 답과 동일
BER=(sum_Ne/Total_bit);
BER_exact=0.5*erfc(?) % 문제 3.B1(a)의 답과 동일
```

3.D1. 수정된 m-file을 실행하면, 오류 비트 수가 25보다 커질 경우 실행이 종료되게 하고자 한다.

(a) 'while ? < 25' 라인에서 ?에 들어갈 알맞은 변수는 무엇인가?

(b) 'EbN0dB'=9인 상태를 유지한 채로 수정된 m-file을 다시 실행하고 시뮬레이션 BER과 이론치 BER이 같은지 보이시오.

3.D2. 문제 3.C의 시뮬레이션 BER이 잘못된 문제점이 3.D1에서 해결된 이유는 시뮬레이션에 사용한 frame의 수가 충분히 크기 때문이다. 문제 3.D1의 m-file에서, frame 수를 더 큰 수로 지정한 적이 없는데 그럼에도 불구하고 시뮬레이션에 사용한 frame의 수가 커진 이유는 무엇인가?

3.E. 이제, 문제 3.D의 m-file에 마지막 Step (Step 9, Step10)을 추가하자. 아래와 같이 수정하여 E_b/N_0 =2,4,6,8,10 dB 일 때 BER 시뮬레이션을 반복하도록 하자. 완성된 m-file은 문제 5에서 사용하므로 복사본을 만들어 둘 것.

완성한 m-file을 실행하고, 시뮬레이션 수행 후 얻어진 BER 곡선 결과를 캡쳐하여 보이시오.

```
clear
EbN0dB_vector=[2 4 6 8 10];
for snr_i=1:length(EbN0dB_vector)
  EbN0dB=EbN0dB_vector(snr_i);

  <문제 3.D 의 mfile 삽입, 주의사항: m-file 내부 첫줄의 'clear' 삭제 할 것. 'EbN0dB=9'도 
삭제할 것>

  BER_vector(snr_i)=BER;
  BER_exact_vector(snr_i)=BER_exact;
end

figure
semilogy(EbN0dB_vector, BER_vector);
hold on
semilogy(EbN0dB_vector, BER_exact_vector, 'r');
xlabel('Eb/N0 [dB]');ylabel('BER');legend('Simulated', 'Theory');
grid on; hold off;
```

3.F. 문제 3.E에서 캡쳐한 그래프는 시뮬레이션 BER 곡선과 이론적인 BER 곡선을 나타낸다. 두 BER 곡선을 비교하시오. 두 BER 곡선이 일치하는가?

★ 4. 심벌 타이밍 오차가 존재할 때 roll-off factor가 BER에 미치는 영향

4.A. 정합필터 출력의 eye가 최대로 열리는 지점이 아닌 다른 지점의 값을 판별변수로 사용하는 경우를 "심벌 타이밍 오차가 존재한다"라고 한다. 본 문제를 통해 심벌 타이밍 오차가 BER 성

능에 미치는 영향을 알아보자.

4.A1. 문제 3.E에서는, 수신신호 'z_samples'로부터 정확한 심벌 타이밍을 가정하여 판별변수를 생성하였다. 심벌(binary 신호의 경우 비트와 동일)당 샘플수가 'L' 개이고, 문제 2.D에서 'z_samples'와 'impulse_modulated' 간에 'N' 샘플만큼 지연이 있음을 상기하자. 따라서 'z_samples(N+(n-1)*L)' 은 eye가 최대로 열리는 순간의 샘플로 'n'번째 심벌(비트)의 판별변수에 해당 한다.

Command window에서 아래 명령어를 수행하고, 처음 10개의 심벌의 판별변수를 생성하기 위한 샘플 인덱스(index) 출력 결과를 캡쳐하여 보이시오.

```
>> sample_index=N+((1:Ns)-1)*L;
>> sample_index(1:10)
```

4.A2. 이제 타이밍 오차가 존재하는 경우의 'z_samples'의 인덱스를 관찰해 보자. Command window에서 아래 명령어를 수행하시오.

```
>> t_offset=2;
>> sample_index=N+t_offset+((1:Ns)-1)*L;
>> sample_index(1:10)
```

(a) 실행 결과를 캡쳐하여 보이시오.

(b) 문제 4.A1의 결과와 비교하여 변수 't_offset'의 역할이 무엇인지 쓰시오. 즉, 판별변수를 얻기 위해, 4.A1의 'sample_index' 대신 4.A2(a)의 'sample_index'를 사용하면 어떤 일이 발생하는지 쓰시오.

참고

본 실습에서는 심벌 타이밍 오차가 고정되어 있는 단순화된 타이밍 오차 환경에 대해 실습을 수행한다. 실제 환경에서는 클록 지터와 같은 여러 가지 요인에 의해 심벌 타이밍 오차가 발생하며, 심벌마다 주기적 또는 랜덤하게 타이밍 오차가 발생할 수 있다.

4.A3. 문제 3.E의 m-file에서 'estimated_data_bit=(z_samples (sample_index) >0);' 라인을 아래 박스의 세 라인으로 교체하자. 이제 판별변수를 얻기 위한 샘플 지점은 eye가 최대로 열리는 지점에서 2 샘플 어긋난 곳이 된다.

```
t_offset=2;
sample_index=N+t_offset+((1:Ns)-1)*L;
estimated_data_bit= (z_samples(sample_index) >0 ) ;
```

(a) 수정한 m-file을 실행하고, 출력된 BER 그래프를 캡쳐하여 보이시오.

(b) 타이밍 오차가 존재하는 경우의 실험 BER 곡선과 완벽한 심벌 타이밍을 가질 때의 BER 곡선을 비교하고, 비교결과를 쓰시오.

4.B. 문제 4.A3(a)의 m-file에서 'EbN0dB_vector=[1 3 5 7 9];' 라인을 'EbN0dB_vector =4;' 로 수정하고, 'while sum_Ne<25' 라인을 'while sum_Ne<500' 로 수정하시오. 그리고, 't_offset'=0, 2, 4, 8이고, roll-off factor=0.25, 0.5, 0.75인 각각의 경우에 대해서 BER을 시뮬레이션하여 〈표 21.1〉을 채우시오.

〈표 21.1 심벌 타이밍 오차와 Roll-off factor에 따른 BER〉

타이밍 샘플 오차 / Roll-off factor	0	2	4	8
0.25				
0.5				
0.75				

4.C. 심벌 타이밍 오차와 roll-off factor에 따른 BER 성능

4.C1. 심벌 타이밍 오차가 커짐에 따라 BER이 어떻게 변하는지 설명하시오.

4.C2. 심벌 타이밍 오차가 있는 경우에 즉, 't_offset' = 2, 4, 8 인 경우, Roll-off factor가 커짐에 따라 BER이 어떻게 변하는지 설명하시오.

4.C3. 20장의 문제 3.H에서 얻은 결과를 토대로, 심벌 타이밍 오차가 있는 경우에 Roll-off factor가 커짐에 따라 BER 성능이 향상되는 이유를 설명하시오.

4.D. 대역폭 성능, 심벌타이밍 오차에 대한 강인성 (robustness, BER 성능이 나빠지는 정도), 이 두 가지 측면에서 roll-off factor의 대소에 따른 장점과 단점을 쓰시오.

5. 통과대역(Passband) BPSK BER 시뮬레이션, 반송파 위상오차 영향 분석

본 문제를 통해 통과대역에서 BPSK의 BER 성능을 실험하고, 반송파의 위상오차 BER 성능에 미치

는 영향을 알아보자. Pulse shaping 된 기저 대역에 사인 파형(반송파(carrier wave))을 곱함으로써 통과 대역 BPSK 신호를 생성할 수 있다.
문제 3.E에서 완성하여 저장해둔 m-file을 열고, Roll-off factor=0.5 이고 심벌 타이밍 오차가 없음을 확인하시오.

5.A. m-file에서 'r_samples' 생성 문장 다음에 아래 박스의 내용을 추가하자(기존 내용 유지). 추가된 라인에 대한 설명을 다음의 지침에 따라 작성하시오.

지침: '=' 왼쪽 변수의 목적(용도), '=' 오른쪽 수식이 왼쪽 변수의 목적(용도)에 왜 부합하는지 그 이유를 쓰시오.

```
carrier_wave=cos(2*pi*3.2*(1:length(tx_signal))*t_step); % ??
passband_tx_signal=tx_signal.*carrier_wave;          % ??
r_samples_pass = passband_tx_signal + n_samples;    % ??
```

5.B. 전송하고자하는 통과대역 신호(매트랩 변수 'passband_tx_signal')의 스펙트럼을 관찰해보자. 'EbN0dB_vector=[1 3 5 7 9]' 라인을 'EbN0dB_vector=10'으로 수정하고, 'while sum_Ne<25' 라인을 'while sum_Ne<1' 로 수정하시오. m-file을 실행시킨 후 Command window에서 아래를 실행하시오.

```
>> figure
>> BW_v=fft(passband_tx_signal,1024);
>> plot([-512:511]/1024*L, abs(fftshift(BW_v)))
```

5.B1. 결과 그래프를 캡쳐하여 보이시오.

5.B2. 본인이 예상한 스펙트럼의 모양과 일치하는가? 예상한 스펙트럼 모양에 대해 그렇게 예상한 이유도 쓰시오.

5.C. 송신된 데이터 비트는 통과대역 신호 'r_samples_pass'를 기저대역 신호로 변환 후에 검출할 수 있다. m-file의 'r_samples_pass = passband_tx_signal + n_samples;' 라인 아래에, 송신단에서 사용한 반송파와 같은 주파수와 위상을 가지는 로컬 반송파를 다시 곱하여 'r_samples_pass'를 기저대역의 낮은 주파수 대역으로 변환하는 아래 두 라인을 추가하시오.

```
local_carrier=cos(2*pi*3.2*(1:length(tx_signal))*t_step);
mult_out=r_samples_pass.*local_carrier;
```

수정한 m-file을 수행하시오. 수행이 끝나면, Command window에서 아래 박스의 명령어를 수행하시오. 아래 박스의 수행결과 그래프는 'mult_out' ('passband_tx_signal'이 아님) 의 PSD를 보여준다.

```
>> figure
>> BW_v=fft(mult_out,1024);
>> plot([-512:511]/1024*L, abs(fftshift(BW_v)))
```

5.C1. 결과 그래프를 캡쳐하여 보이시오.

5.C2. 본인이 예상한 스펙트럼의 모양과 일치하는가? 예상한 스펙트럼 모양에 대해 그렇게 예상한 이유도 쓰시오.

5.D. 문제 5.C에서 얻은 'mult_out'의 PSD에서 6.4 Hz (=3.2*2 Hz) 성분의 존재를 확인할 수 있다. 이후 수신과정을 위해서는 AM 복조에서 했던 것처럼, LPF (lowpass filter)를 통과시켜 6.4 Hz의 주파수 성분을 제거하여야 한다. 하지만, LPF 과정 없이, 그 다음과정인 정합필터링을 바로 수행해 보자.

5.D1. m-file에서 'mult_out'에 정합필터링을 곧장 수행하기 위해 'z_samples=conv(r_samples, pt);' 라인의 'r_samples'를 'mult_out'으로 수정하시오. 수정된 m-file을 수행하시오. 수행 후 아래를 Command window에서 실행하고 결과그림을 보이시오.

```
>>figure
>>BW_v=fft(z_samples,1024);
>>plot([-512:511]/1024*L, abs(fftshift(BW_v)))
```

5.D2. LPF 단계를 건너뛰어도 기저대역 신호를 복원할 수 있는 이유를 쓰시오.

5.E. m-file의 'EbN0dB_vector = 10;' 라인을 'EbN0dB_vector = [1 3 5 7 9];' 로 복원하고, 'while sum_Ne<1' 라인을 'while sum_Ne<25' 로 복원하시오. m-file을 실행하고, BER 곡선 결과를 캡쳐하여 보이시오.

5.F. 지금까지의 모든 과정이 올바르게 수행되었다면, 문제 5.E에서 실험을 통해 얻은 BER 곡선은 이론적인 BER 곡선과 일치하지 않는다.

5.F1. 일반적으로, 심벌의 에너지(M=2인 경우 비트 에너지)는 노이즈가 더해지기 직전 단계의 심벌의 에너지를 의미한다. 노이즈 더하기 전에 신호에 추가적인 작업(연산)이 있었다면 그에 맞게 심벌의 에너지를 다시 계산하여야 한다. 문제 5.E에서 실험을 통해 얻은 BER 곡선은 이론

적인 BER과 동일한 BER 성능을 달성하기 위해서는 3dB(Linear scale에서는 2배)의 심벌 에너지가 더 필요하다. 이러한 문제는 'tx_signal'에 'carrier_wave'를 곱해 통과대역 신호로 변환 과정에서 발생한다. 통과대역 신호로 변환하는 과정이 심벌 에너지를 절반으로 줄이는 이유를 수학적으로 설명하시오.

5.F2. 문제 5.F1에서 언급한 문제를 해결하려면, 'carrier_wave = cos(2*pi*3.2* (1:length(tx_signal))*t_step);' 라인을 'carrier_wave = sqrt(2)*cos (2*pi*3.2*(1:length(tx_signal))*t_step);' 로 수정해야 한다. 이렇게 수정하면 문제가 해결되는 이유를 설명하시오.

5.F3. 문제 5.F2에서 설명한대로 m-file을 수정하고, 수정된 m-file을 실행하시오. 출력된 E_b/N_0에 따른 BER 곡선을 캡쳐하여 보이시오.

5.F4. 'local_carrier'에는 'carrier_wave'에서 한 것과 같이 'sqrt(2)'를 곱해주지 않아도 되는 이유를 설명하시오.

5.G. 위상 동기화 에러가 발생하는 경우를 생각해보자. 반송파('carrier _wave')와 로컬 반송파('local_carrier')사이에 위상차가 $\pi/4$만큼 발생하도록 아래와 같이 'local_carrier' 생성 문장을 수정하시오.

```
local_carrier= cos(2*pi*3.2*(1:length(tx_signal))*t_step+pi/4):
```

5.G1. 수정된 m-file을 실행하고, 출력된 BER 그래프를 캡쳐하여 보이시오.

5.G2. 문제 5.G1의 결과와 위상오차가 0일 때의 이론적인 BER 결과를 비교하시오. 10^{-3}의 BER을 얻으려면, 위상 동기와 오차가 존재할 때는 이론적인 환경에 비해 SNR(E_b/N_0)이 몇 dB 더 필요한지 쓰시오.

5.G3. 문제 5.G2에서 답한 SNR 간격이 발생하는 이유를 수식으로 설명하시오.

5.G4. 위상차가 $\pi/8$ 라 가정하자. 위상오차가 0일 때와 동일한 BER을 얻기 위해 SNR(E_b/N_0) 이 몇 dB 더 필요한지 계산하시오.

5.G5. m-file을 적절히 수정하고, 실험을 수행하여 문제 5.G4의 답이 맞음을 보이시오.

5.G6. 좋은 BER 성능을 얻으려면, 위상 동기화 과정이 필수인 이유를 설명하시오.

22 CHAPTER QPSK and OQPSK in Simulink

- Simulink를 이용하여 통과대역 QPSK 송수신기를 설계한다.
- BER 시뮬레이션을 수행하여 이론치와 비교한다.
- Offset QPSK (OQPSK) 송신신호를 생성하고 특성을 학습한다.
- QPSK와 OQPSK의 eye diagram, constellation, signal trajectory를 관찰한다.

1. QPSK 신호 특성

(식 22.1.a)과 같은 통과대역(Passband) QPSK 신호(펄스성형은 하지 않음)가 있다.

$$s_i(t) = \sqrt{\frac{2E_s}{T_s}}\cos(w_c t - \phi_i),\ \ 0 \le t \le T_s,\ i = 1,2,3,4. \qquad \text{(식 22.1)}$$

여기서, 위상 ϕ_i는 하나의 4-ary (Quaternary) 심벌을 이루는 두 데이터 비트 b_I, b_Q에 따라 〈표 22.1〉과 같이 선택된다. E_s =심벌에너지, T_s는 심벌길이를 나타낸다.

〈표 22.1. 4-ary 심벌의 위상 매핑 (mapping) 〉

i	$b_I b_Q$	ϕ_i
1	00	$\pi/4$
2	01	$-\pi/4$
3	10	$3\pi/4$
4	11	$-3\pi/4$

두 정규직교(orthonormal) 기저(basis)를 $\psi_1(t) = \sqrt{\frac{2}{T_s}}\cos(w_c t)$와 $\psi_2(t) = \sqrt{\frac{2}{T_s}}\sin(w_c t)$로 두자. 그러면, QPSK 신호 $s_i(t)$는 기저를 이용해 (식 22.2)와 같이 다시 쓸 수 있다.

$$s_i(t) = \sqrt{E_s}\cos(\phi_i)\psi_1(t) + \sqrt{E_s}\sin(\phi_i)\psi_2(t), \qquad i = 1, \ldots, 4. \qquad \text{(식 22.2)}$$

1.A. 다음의 두 가지 방법으로 (식 22.2)를 증명하시오. 주의: (식 22.1)의 우변이 (식 22.2)의 우변이 됨을 보이는 증명이므로 증명과정에서 $s_i(t)$를 (식 22.2)의 우변으로 놓고 푸는 것은 모순임.

1.A1☆. (방법 1)삼각 함수 공식 (trigonometric formula) 즉, $\cos(A-B)=??$를 사용하여 (식 22.1)의 우변을 전개하시오.

1.A2☆. (방법 2)정규직교 기저 $\psi_1(t)$와 $\psi_2(t)$를 사용하여 $s_i(t)$ (식 (22.1)의 우변)를 2차원(2-D) 벡터 스페이스의 한 점으로 변환하시오.

(a) $s_i(t)$가 가지고 있는 $\psi_1(t)$ 성분의 크기는 $\int_0^{T_s} s_i(t)\psi_1^*(t)dt$로 구할 수 있으며, $s_i(t)$가 가지고 있는 $\psi_2(t)$ 성분의 크기는 ?? 로 구할 수 있다. 각 성분의 크기를 구하시오. $w_c \gg 1$임을 이용할 것.

(b) (a)의 결과를 이용하여 $s_i(t)$를 $\psi_1(t)$와 $\psi_2(t)$의 선형결합으로 나타내시오.

1.B☆. (식 22.2)의 ϕ_i에 〈표 22.1〉에서 주어진 값을 대입하여, $s_i(t)$를 다시 나타내시오.

- $s_1(t)$ = ?
- $s_2(t)$ = ?
- $s_3(t)$ = ?
- $s_4(t)$ = ?

1.C☆. $\psi_1(t)$가 x축(In-phase, 또는 I 채널이라 부름) 단위(unit) 벡터이고 $\psi_2(t)$가 y축 (Quadri-phase, 또는 Q 채널이라 부름) 단위 벡터인 2차원 벡터 공간을 생각하자.

1.C1. 문제 1.A2(a)와 1.B의 답을 이용하여, 벡터 공간에서 4가지 신호 $s_i(t)$, $i=1,2,3,4$의 x, y 좌표를 각각 쓰시오.

1.C2. 2-D 공간의 x축과 y 축을 그리고, 4가지 신호 $s_i(t)$, $i=1,2,3,4$ 각각의 좌표에 해당하는 지점을 표시하고, 〈표 22.1〉을 바탕으로 각 신호 지점위에 전송되는 두 데이터 비트 값을 명시하시오.

1.D☆. 문제 1.C2에서 그린 벡터공간위의 네 지점이 x축과 이루는 각도가 〈표 22.1〉에서 주어진 ϕ_i 값과 같은지 확인하시오.

1.E. 일반적으로, MPSK 신호는 $s_i(t)=\sqrt{\frac{2E_s}{T_s}}\cos\left(w_c t-\frac{2\pi(i-1)}{M}\right)$, $i=1, 2, \ldots, M$와 같이 표현된다. 여기서, E_s는 M-ary 심벌의 에너지이다.

1.E1☆. $M=8$일 때, 즉 8PSK를 고려하자. $\psi_1(t)$와 $\psi_2(t)$로 확장된 2차 벡터 공간에서 $s_i(t), i=1,2,...8$의 각각의 x,y 좌표를 계산하시오. $\psi_1(t)=\sqrt{\frac{2}{T_s}}\cos(w_c t)$, $\psi_2(t)=\sqrt{\frac{2}{T_s}}\sin(w_c t)$임을 기억할 것.

참고

본 교재에서는 "$\psi_1(t)$가 x축(In-phase) 단위(unit) 벡터이고 $\psi_2(t)$가 y축(Quadri-phase) 단위 벡터인 벡터 공간"을 줄여서 $\psi_1(t)$와 $\psi_2(t)$로 확장된 벡터 공간으로 표현하기도 한다.

1.E2☆. MPSK 신호 에너지 E_s와 비트 에너지 E_b 사이의 관계를 수식으로 나타내시오.

1.F. 문제 1.B와 1.E2의 답을 사용하여, (식 22.2)에 주어진 QPSK 신호 $s_i(t)$를 (식 22.3)과 같이 표현할 수 있다.

$$s_i(t)=x(t)+y(t) \qquad \text{(식 22.3)}$$

여기서

$$x(t)=\begin{cases}\sqrt{E_b}\,\psi_1(t) & \text{if } b_I=0\\ -\sqrt{E_b}\,\psi_1(t) & \text{if } b_I=1\end{cases},\quad y(t)=? \qquad \text{(식 22.4)}$$

이다. (식 22.4)의 ?를 채워 식을 완성하시오. (식 22.4)에 따르면, $x(t)$와 $y(t)$는 다음과 같이 해석될 수 있다.

- $x(t)$는 $\psi_1(t)$ 축에서 비트 b_I를 전송하는 antipodal (BPSK) 신호.
- $y(t)$는 $\psi_2(t)$ 축에서 비트 b_Q를 전송하는 antipodal (BPSK) 신호.

따라서, 두 개의 분리된 BPSK 신호를 생성하여 더함으로써 QPSK 신호 $s_i(t)$를 생성 할 수 있다.

2. QPSK 송신기 구현

$s_i(t)$를 생성하는 QPSK 변조기(modulator, 송신기)를 Simulink에서 설계해 보자. 변조기 주요 변수는 다음과 같이 설정한다.

- QPSK 심벌 주기 $T_s=1\,\text{sec}$
- 반송 주파수(Carrier frequency) $f_c\left(=\frac{w_c}{2\pi}\right)=30\,\text{Hz}$

- 비트 에너지 $E_b = 16$
- 생성된 통과대역 (passband) QPSK 파형의 심벌당 샘플 수 = 256

2.A. 문제 1.F로부터 QPSK 신호 $s_i(t)$는 두 개의 직교하는 BPSK 신호의 합인 것을 상기하자. 직교하는 두 BPSK는 각각 b_I와 b_Q를 전송한다. (식 22.3)과 (식 22.4)를 토대로 [그림 22.1]과 같이 QPSK 변조신호 생성회로의 mdl/slx 파일을 설계하자.

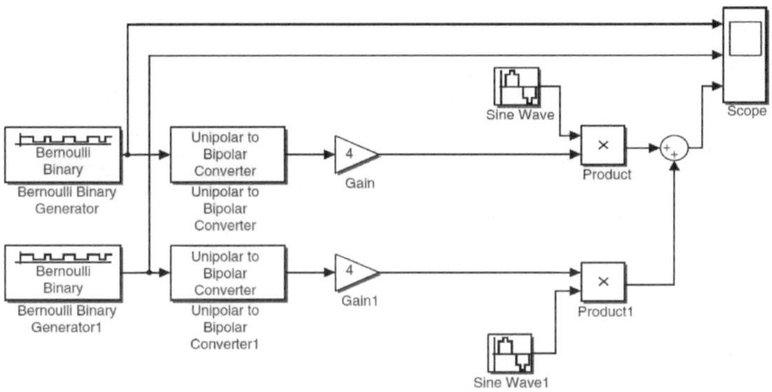

| 그림 22.1 | QPSK 송신기 설계

2.A1. (식 22.1)~(식 22.4)를 바탕으로 b_I, b_Q, $\psi_1(t)$,$\psi_2(t)$, $x(t)$, $y(t)$, $s_i(t)$는 각각 어떤 블록의 출력인지 쓰시오.

2.A2. 주요 서브 블록의 파라미터(변수)를 〈표 22.2〉와 같이 설정하시오. 그리고 설계 파일을 'QPSK_TX_SEC6.mdl/slx' 로 저장하시오. 저장된 파일은 22장 문제 6에서 다시 사용한다. 본 문제를 위해서 '다른 이름으로 저장' 기능을 사용하여 설계 파일을 'QPSK_TX.mdl/slx' 로 저장하시오. 'QPSK_TX_SEC6.mdl/slx' 파일은 문제 6을 수행하기 전까지 그대로 둘 것.

문제 2의 첫 부분에서 제시한 QPSK 시스템 설계변수를 상기하자. 〈표 22.2〉의 주요 파라미터 설정 값에 대한 근거(이유)를 각각 설명하시오.(단, 'Bernoulli Binary Generator'와 'Bernoulli Binary Generator1' 블록은 Initial seed를 다르게 설정해줘야 하는 이유만 적으시오.)

2.B. 본 문제에서는 설계한 mdl/slx 파일을 실행하여 $s_i(t)$를 20 심벌동안 연속하여 생성하고자 한다.

2.B1. Simulation time을 QPSK 심벌 20개 주기에 해당하는 시간으로 설정하고, 그렇게 설정한 근거를 쓰시오.

2.B2. Simulation을 수행하여 'scope'에 나타난 b_I, b_Q, **그리고** $s_i(t)$ **의 파형을 캡쳐하여 보이시오.**

2.C. (식 22.3)의 $x(t)$, $y(t)$, $s_i(t)$의 신호 대역폭을 비교하시오(실험으로 측정하지 않고 자신의 판단으로). 비트 전송률에 있어서는 $s_i(t)$가 $x(t)$(또는 $y(t)$)에 비해 두 배 높음에도 불구하고, 대역폭은 두 배 필요하지 않는 이유를 쓰시오.

〈표 22.2 QPSK 송신기 세부 블록 변수 설정〉

블록	파라미터	이유
Bernoulli Binary Generator, Bernoulli Binary Generator1	Sample time = 1	QPSK 심벌 구간(길이) T_s=1 이다.
	Output data type = Boolean	데이터 비트는 1과 0만 존재하는 Boolean 형식의 값이다.
Bernoulli Binary Generator	Initial seed = 학번 끝 두 자리	
Bernoulli Binary Generator1	Initial seed = 디폴트 값(변경 ×)	
Unipolar to bipolar convertor, Unipolar to bipolar convertor1	M-ary number = 2	
Gain, Gain 1	Gain = 4	
Sine wave, Sine wave 1	Amplitude = sqrt(2)	
	Frequency = 60*pi	
	Sample time = 3.90625e-3	
Sine wave	phase = pi/2	
Sine wave 1	phase = 0	

2.D. 다음의 절차에 따라 QPSK 변조기를 하나의 서브 블록으로 만드시오.

- 'Scope'를 제외한 모든 블록을 선택(마우스 Click and drag)하시오.
- 선택된 상태에서 우클릭하여 'Create subsystem from selection'을 실행하시오.
- 서브 시스템 이름을 'QPSK_TX'로 수정하시오.

설계한 mdl/slx 파일을 캡쳐하여 보이시오.

3. QPSK 수신기 설계

문제 2에서 생성한 송신 신호 $s_i(t)$로부터 b_I와 b_Q를 복조하는 QPSK 수신기를 디자인 해보자. b_I와 b_Q가 직교(orthogonal) 파형 $\psi_1(t)$와 $\psi_2(t)$에 의해 BPSK 변조됐다고 생각할 수 있다. 그러므로, 2개의 BPSK 복조기를 병렬로 사용하여 간섭 없이 b_I와 b_Q를 복조할 수 있다. 19장의 문제 2를 참조하여 상관기 기반 ML검출 기법을 사용하자. 다음의 절차를 따라 수신기를 구현하시오.

3.A. [그림 22.2]는 In-phase 상관회로, 즉 $s_i(t)$와 $\psi_1(t)$사이의 상관 값을 계산하는 회로이다. 'QPSK TX' 블록은 문제 2.E에서 서브 시스템으로 만든 QPSK송신기 블록이다. [그림 22.1]를 기초로 하여 $s_i(t)$와 $\psi_1(t)$사이의 상관 값, 그리고 $s_i(t)$와 $\psi_2(t)$사이의 상관 값을 계산하는 mdl/slx 파일을 완성해 보자.

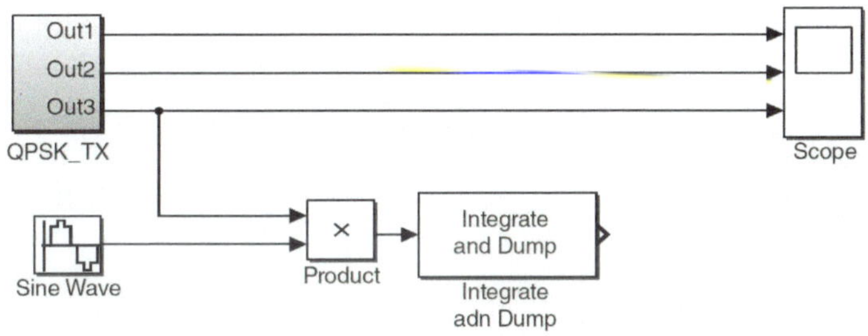

| 그림 22.2 | 수신기의 In-phase 상관 회로

아래를 참고하여 구현하시오.

- 상관 값을 계산하기 위해 수신기에서 사용할 기저 신호 $\psi_1(t)$와 $\psi_2(t)$ **생성.** 'Sine wave' 블록 사용. 송신기(서브 시스템 'QPSK_TX')에는 두 기저 신호를 생성하는 'Sine wave' 블록과 'Sine wave1' 블록이 있다. 수신기에서도 동일한 기저 신호가 필요하므로 송신기의 블록을 복사하여 쓰거나 새로운 'Sine wave' 블록을 불러온 후, 송신기의 블록과 파라미터 설정을 동일하게 하여도 됨.
- 2개의 곱셉기와 2개의 'Integrate and dump' 블록 사용하여 In-phase(I channel), Quadri-phase (Q channel) 상관 값 각각 따로 계산.

3.A1. 'Integrate and dump' 블록은 내부 파라미터인 'Integration period (Number of samples)'에 설정된 샘플 수 단위로 입력 신호의 구간을 나누어, 매 구간의 샘플들이 다 들어오면 그 구간의 입력샘플 값을 모두 더하고, 그 다음 구간이 입력되는 동안 출력하는 기능을 한다. 'Integration period(Number of samples)'를 심벌 길이인 256으로 설정해야 하는 이유를 쓰시오.

3.A2. 설계된 mdl/slx 파일을 캡쳐하여 보이시오.

3.A3. 2개의 'Sine wave' 블록과 2개의 'Integrate and dump' 블록의 파라미터 설정을 확인할 수 있도록 파라미터 설정 창을 모두 캡쳐하여 보이시오.

3.B. 'Integrate and dump' 블록의 동작을 확인하기 위해, I채널(b_I)에서의 'Integrate and dump' 블록의 입력과 출력을 'scope'에 연결하자. Simulation time을 20초로 설정하고, 시뮬레이션을 실행하시오.

3.B1. 'scope' 창을 캡쳐하여 보이시오.

3.B2. 문제 3.B1의 결과를 토대로 문제 3.A1에서 설명한 'Integrate and dump'의 기능이 맞는지 설명하시오. 신호의 크기보다는 전체적인 모양에 집중할 것.

3.C. 'Simulink library'에서 'Compare To Constant' 블록을 찾아 mdl/slx 설계 파일에 추가하시오. 'Integrate and dump' 블록의 출력을 'Compare To Constant' 블록에 입력하여 binary 비트를 판별할 수 있다. 'Compare To Constant' 블록의 파라미터를 다음과 같이 설정하시오.

- 'Operator' : 〉
- 'Constant value' : 0
- 'Output data type' : boolean

이와 같이 설정한 이유를 설명하시오.

3.D. 서브 시스템 'QPSK_TX'의 'Out1' 출력포트는 I 채널의 binary 데이터 b_I에 해당한다. 'Out1' 출력포트와 'Compare To Constant' 출력을 'scope' 블록의 두 입력에 각각 연결하여 파형을 비교하자.

3.D1. 시뮬레이션을 실행한 후, I 채널의 binary 데이터 비트 파형과 수신단에서 이를 검출한 데이터 비트 파형을 캡쳐하여 보이시오.

3.D2. 문제 3.D1의 결과에서 I 채널의 binary 데이터 비트 파형과 수신단에서 이를 검출한 데이터 비트 파형 사이의 시간차이가 한 비트의 주기(=T_s)와 같은 이유를 쓰시오.

3.E. Q 채널에 대해서도 수신단에서 상관 값을 이용해 데이터를 검출하도록 문제 3.C 와 3.D 에서 설계한 mdl/slx 파일을 수정하자. 즉, 'QPSK_TX'의 'Out3' 출력을 Q 채널의 기저 신호와 곱한 후 'Integrate and dump' 블록과 'Compare To Constant' 블록을 통과시키자. 이렇게 생성한 Q 채널의 검출한 데이터 비트 파형과 'QPSK_TX'의 'Out2'를 'scope' 블록의 두 입력에 각각 연결하자.

시뮬레이션을 실행한 후, Q 채널의 binary 데이터 비트 b_Q의 파형과 수신단에서 이를 검출한 데이터 비트 파형을 캡쳐하여 보이시오.

3.F. 노이즈가 없는 경우 수신신호가 가질 수 있는 모든 가능한 2차원 벡터공간위의 좌표점을 나타낸 도면을 Constellation이라 한다. eye diagram과 마찬가지로, 성능을 시각적으로 관찰할 수 있는 Constellation diagram은 디지털통신 시스템의 중요한 diagram이다. 수신된 QPSK 심벌의 Constellation diagram을 관찰하기 위해, [그림 22.3]과 같이 I, Q 채널의 'Integrate and dump' 출력에 'Real-Imag to complex' 블록과 'Constellation diagram' 블록을 연결하자.

3.F1. 수정한 mdl/slx 파일을 캡쳐하여 보이시오.

3.F2. 'Constellation diagram' 블록을 더블 클릭하여 출력화면을 열고, 메뉴 바의 'Configuration Properties' 아이콘을 클릭하시오. 내부 파라미터 'Symbols to display'를 1000으로 설정하시오. mdl/slx 파일의 설계창에서 'Simulation time'을 2000으로 설정하고 시뮬레이션을 실행하시오. 'Scale X & Y Axes Limits' 아이콘을 클릭한 후, 'Constellation diagram' 블록의 출력 창을 캡쳐하여 보이시오.

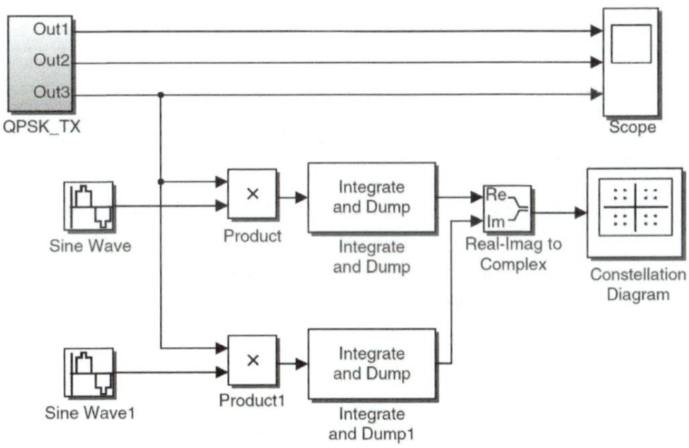

| 그림 22.3 | Scatter plot 입력 블록도

4. SNR 설정, Scatter Plot, 위상 오차

문제 3.F의 mdl/slx 파일의 'QPSK_TX' 블록을 더블 클릭하여 열고 아래와 같이 수정하시오 . 'Random Number' 블록(매트랩 버전에 해당 블록이 없으면 'Gaussian Noise Generator' 블록을 사용)의 'Sample time'은 QPSK 송신 신호의 'Sample time'과 동일하게 1/256으로 설정하시오. 이제 'QPSK_TX'의 블록의 출력포트 'Out3'은 AWGN 채널을 통과한 신호가 된다.

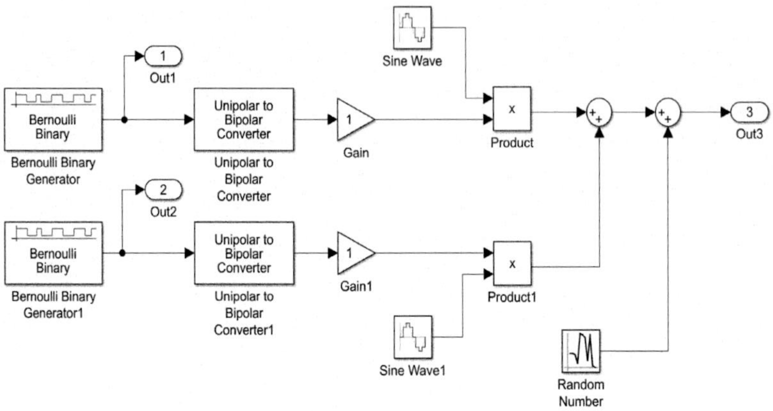

| 그림 22.4 | QPSK 송신기 출력에 노이즈 인가

4.A. E_b/N_0=13dB일 때 'Random Number' 블록의 'Variance' 값을 계산하시오. 다음의 순서에 따라 계산하시오. 계산과정을 보이시오.

- Linear scale로 E_b/N_0 환산.
- E_b/N_0와 현재 설계된 QPSK 송신기에서 설정한 E_b로부터 N_0 구하기.
- 노이즈 샘플의 분산 = N_0/(2*t_step) (21장의 문제 1.C3 참조)에 대입

위에서 샘플 간격 t_step은 본 실습의 노이즈 샘플 간격이므로 1/256.

4.B. 문제 4.A에서 구한대로 'Random Number' 블록의 'Variance' 값을 설정하고, Simultion을 수행하시오. 'Constellation diagram' 블록의 출력 창을 캡쳐하시오. 'Scale X & Y Axes Limits' 아이콘을 클릭한 후 캡쳐할 것.

4.C. E_b/N_0=1, 15, 30 dB일 때, 4.A, 4.B를 반복하시오. SNR에 따른 Constellation diagram의 변화를 쓰고, 그 변화의 이유를 쓰시오.

4.D. 위상오차가 존재할 때 Constellation diagram의 변화를 관찰하자.

4.D1. 다시, 'Random Number' 블록의 'Variance' 값을 0으로 설정하자. 수신기의 'Sine wave' 블록과 'Sine wave1' 블록의 현재 'phase'값에 각각 45도(=pi/4)를 더한 값으로 바꾸자. 그런 후 'Constellation diagram' 블록의 출력 창을 캡쳐하여 보이시오.

4.D2. 위상오차가 15, 30, 60도일 때 4.D1을 반복하고 그 결과를 캡쳐하고, Constellation diagram의 모양과 위상오차와의 관계를 설명하시오.

4.E. 주파수오차가 존재할 때 Constellation diagram의 변화를 관찰하자.

4.E1. 다시, 수신기의 'Sine wave' 블록과 'Sine wave1' 블록의 현재 'phase'값을 0으로 설정하자. 수신기의 'Sine wave' 블록과 'Sine wave1' 블록의 현재 'Frequency'값에 각각 0.00001*pi를 더한 값으로 바꾸자. 그런 후 Simulation 시간을 inf로 설정하고 Simulation을 수행하시오. Constellation Diagram이 어느 정도 수렴하면 Simulation을 정지하시오.

4.E2. 주파수오차가 0.00005*pi, 0.0001*pi 일 때 4.E1을 반복하고 그 결과를 설명하시오.

5. Simulink로 설계된 시스템에서 'sim()' 함수를 이용한 BER simulation

실험을 통해 통계적으로 의미가 있는 BER을 얻으려면, 우선 독립적으로 생성된 많은 수의 비트와 노이즈 샘플이 필요하다. 그렇다면, 얼마나 많은 비트에 대해 실험을 수행해야 충분할까? AWGN 채널을 가정한다면, 일반적으로 BER 역수의 10에서 100배 정도의 비트에 대해 실험을 수행할 경우에 충분하다고 할 수 있다.

Simulink에서 설계된 시스템은 'Error Rate Calculation' 블록과 매트랩의 'sim()' 함수를 사용하여 BER 곡선을 실험으로 구할 수 있다. 'Error Rate Calculation' 블록은 특정한 각 SNR 환경에서 BER을 실험으로 구하기 위해 사용된다. 'sim()' 함수는 다양한 SNR 환경에 대해 Simulink 시스템을 시뮬레이션하는 효율적인 방법을 제공한다.

다음과 같이 문제 4의 mdl/slx 파일을 수정하시오. 문제 3.C에서 한 것과 같이 두 개의 'Compare To Constant' 블록을 추가하시오. 두 채널의 BER을 계산하기 위해, 각 채널을 위한 'Error Rate Calculation' 블록을 추가하시오. 두 'Error Rate Calculation' 블록의 출력을 [그림 22.5]와 같이 'Add' 블록에 연결하고, 'Add' 블록의 출력은 'Gain' 블록에 'Gain' 블록의 출력은 'To Workspace' 블록에 연결하시오.

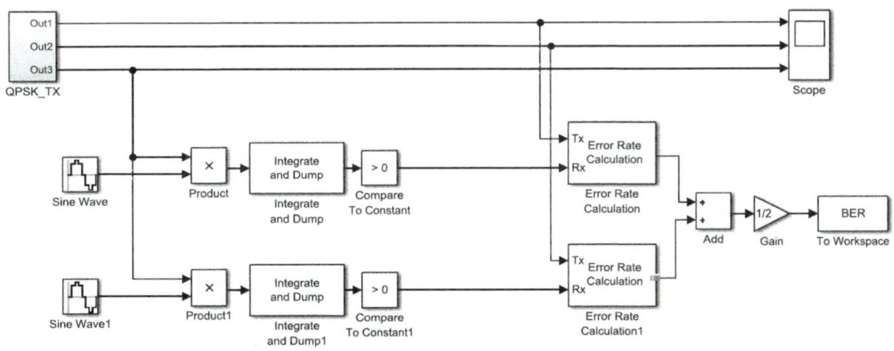

| 그림 22.5 | QPSK BER simulation을 위한 mdl/slx 파일

5.A. 다음과 같이 아래 블록들의 파리미터를 설정하시오.

(1) 서브 시스템 'QPSK_TX'의 내부블록 'Bernoulli Binary Generator'와 'Bernoulli Binary Generator1'

- 'Output data type' : Boolean

(2) 서브 시스템 'QPSK_TX'의 내부블록 'Random Number'

- 'Variance' : v_n
- 'Sample time' : 1/256

(3) 'Compare to Constant', 'Compare to Constant1' 블록 : 문제 3.C와 동일

(4) 'Error Rate Calculation', 'Error Rate Calculation1'

- 'Receive delay' : 1 (설정 근거는 문제 3.D2 참조)
- 'Output data' : Port
- 'Stop simulation' : On
- 'Target number of errors' : Nerrs
- 'Maximum number of symbols' : inf

(5) 'To Workspace'

- 'Variable name' : BER
- 'Limits data points last' : 1
- 'Save format' : Array

(6) 'Gain'

- 'Gain' : 1/2 (I 와 Q 채널의 평균을 구하기 위함)

위에 언급한 모든 블록의 파라미터 설정 창을 캡쳐하여 보이시오.

5.B. 'Simulation time'을 'inf'로 설정하고, 완성된 mdl/slx 파일을 'QPSK_BER.slx'(이전 버전 매트랩에서는 'QPSK_BER.mdl')로 저장하시오(Simulink를 실행하지 말 것).

완성된 mdl/slx 설계 파일을 캡쳐하여 보이시오. 메뉴의 'File/Copy'를 이용하지 말고 파일명과 'Simulation time'이 보이도록 캡쳐하시오. 설계 창을 클릭한 후 'Alt+Print Screen' 을 누르면 설계 창 전체를 캡쳐할 수 있음.

5.C. 앞의 과정에서 완성시킨 mdl/slx 파일을 m-file에서 'sim()'함수로 연동하여 BER simulation을 완성할 수 있다. 본 문제에서는 여러 가지 E_b/N_0 값에 대하여 Simulink로 설계한 시스템의 BER 성능을 실험하기 위해, 'QPSK_BER.slx'('QPSK_BER.mdl')을 반복적으로 불러오는 m-file을 작성해보자. 'v_n', 'Nerrs'와 같이, 문제 5.A에서 상수가 아닌 변수로 설정된 파라미터는 m-file에서 비로서 그 값이 입력된다. 특히, 특정한 E_b/N_0에서 BER을 얻기 위해

'QPSK_BER.slx'를 불러오는 반복문 안에서 특정한 E_b/N_0를 만족시키는 'v_n' 값이 입력된다.

5.C1. 아래의 m-file은 'sim()'함수를 이용하여 E_b/N_0=0, 1, 3, 5, 7 dB에 대하여 'QPSK_BER.mdl/slx'를 반복적으로 수행하여 BER곡선을 그린다. ?를 채워 아래 m-file을 완성하고, 완성된 m-file을 캡처하여 보이시오.

```
clear
randn(1,XXX); % XXX=학번 끝 세자리, 내용과 상관없는 부분, 그러나 꼭 추가 할 것.
Nerrs=50;%Simulation 종료를 위한 총 에러개수. Nerrs 값이 작을수록 실험을 빠르지만
          실험오차는 커짐.
EbN0dB_vector=[0 1 3 5 7];
Eb=16;t_step=1/256;
for n=1:length(EbN0dB_vector)
   EbN0dB=EbN0dB_vector(n);
   EbN0= ?;   % dB 값을 linear 값으로(문제 4.A 답 참고)
   N0=Eb/EbN0; % N0값 계산
   v_n= ?;    % variance 설정(문제 4.A 답 참고)
   sim('QPSK_BER') % 설계한 QPSK_BER.mdl/slx 파일을 실행
   BER_vector(n)=BER(1)
   %workspace로 출력되는 변수 'BER'은 (계산된 BER,에러비트수,총비트수)%의 벡터형태로
    출력되므로 첫 번째 원소를 취함.
   BER_theory(n)=0.5*erfc(sqrt(EbN0));
end
figure
semilogy(EbN0dB_vector, BER_vector) %Eb/N0[dB]에 대한 BER 값 그리기
hold on
semilogy(EbN0dB_vector, BER_theory, 'r')
legend('Simulated','Theory');grid on; hold off
```

5.C2. m-file을 수행하시오(5.A에서 설계한 Simulink를 실행하면 안 됨). 파라미터 'Nerrs'는 실험이 중지될 때 까지 누적되는 비트 오류의 수를 나타낸다. 'Nerrs'를 줄이면 실험의 속도는 빨라지지만 누적된 비트 오류 수가 충분하지 않을 수 있으므로, 이론적인 성능과 오차가 커질 수 있다.

(a) 실험을 통해 얻은 BER 커브 그래프를 캡처하여 보이시오.

(b) 실험을 통해 얻은 BER 커브와 BPSK의 이론적인 BER 커브가 일치하는가?

참고

BER 실험치 곡선이 매끄럽지 않으면 'Nerrs'를 키워야하고 실험이 너무 오래 걸리면 'Nerrs'를 줄여야 한다. 물론 EbN0dB에 따라 Nerrs를 다른 값으로 설정하는 방법도 가능하다.

5.C3. 문제 5.C1의 m-file에서 'BER_theory'는 이론적인 BPSK의 BER 성능이 저장된 매트랩 벡터이다. 실험을 통해 얻은 QPSK BER이 이론적인 BPSK의 BER과 왜 일치하는지 설명하시오.

5.C4. 'QPSK_BER.mdl/slx'에서, 송수신기간 위상 오차가 pi/12 만큼 나도록 'Sine Wave'와 'Sine Wave1' 블록의 파라미터 'phase'를 수정하시오. 수정된 'QPSK_BER.mdl/slx'를 저장하고, 실행하시오. 실험을 통해 출력된 BER 곡선을 캡쳐하여 보이시오. 위상 오차가 pi/2 만큼 나도록 mdl/slx 파일을 수정하고, 이를 반복하시오.

5.C5. 다음 문제를 푸시오.

(a) I, Q 채널에 보낸 비트를 각각 b_I, b_Q 로 나타낼 때, 송 수신기간 위상 오차가 0인 경우 (b_I, b_Q)에 따른 Constellation 좌표는 다음 표와 같다(X 축 좌표 = 그림 22.3에서 위쪽 Integrate and Dump 출력, Y 축 좌표=그림 22.3에서 아래 Integrate and Dump 출력). 각 ?를 채우시오.

(b_I, b_Q)	수신기 Constellation 좌표, (X,Y) X = 그림 22.3에서 위 Integrate and Dump 출력 Y = 그림 22.3에서 아래 Integrate and Dump 출력
1, 1	$X=\sqrt{E_s}\cos(\frac{\pi}{4})$, $Y=\sqrt{E_s}\sin(\frac{\pi}{4})$ 여기서 $\sqrt{E_s}$ (=좌표와 원점의 거리)= $\sqrt{2}\sqrt{E_b}=\sqrt{2E_b}$
1, 0	$X=?$, $Y=?$
0, 1	$X=?$, $Y=?$
0, 0	$X=?$, $Y=?$

(b) 한편, 4.D2에서 자신의 캡쳐결과를 이용하여 위상오차가 θ일 때, (b_I, b_Q)에 따른 Constellation 좌표는 아래와 같다. 각 ?에 들어갈 수식을 채우시오.

(b_I, b_Q)	수신기 Constellation 좌표, (X,Y)
1, 1	$X=\sqrt{E_s}\cos(\frac{\pi}{4}+\theta)$, $Y=\sqrt{E_s}\sin(\frac{\pi}{4}+\theta)$ 왜냐하면, 위상이 돌아간 1사분면에서의 좌표와 x축이 이루는 각이 $\frac{\pi}{4}+\theta$이므로
1, 0	$X=?$, $Y=?$
0, 1	$X=?$, $Y=?$
0, 0	$X=?$, $Y=?$

(c) PSD가 $\frac{N_0}{2}$인 노이즈가 더해진 경우라면, 수신기 Constellation 좌표, (X, Y)의 X와 Y는 위의 표에서 구한 값을 중심으로 각각 $\frac{N_0}{2}$의 분산을 갖는 가우시안이 된다. 따라서 위상 오차가 없을 때, b_I의 평균 BER은 아래와 같이 구할 수 있다.

- Step 1: $(b_I,\ b_Q)=(1,1)$인 경우의 예를 들면, X의 분포는 $N(\sqrt{E_s}cos(\frac{\pi}{4}),\frac{N_0}{2})$가된다.
- Step 2: 이때, b_I가 에러날 경우는, X가 노이즈에 의해 0 보다 작게 될 때 (왜냐하면 노이즈 없을 때, X가 양수이고 Antipodal signaling 이므로) 아래 그림에 의해 $BER=Q\left(\frac{\sqrt{E_s}cos(\frac{\pi}{4})}{\sqrt{\frac{N_0}{2}}}\right)=Q\left(\frac{\sqrt{2E_b}\sqrt{\frac{1}{2}}}{\sqrt{\frac{N_0}{2}}}\right)=Q\left(\sqrt{\frac{2E_b}{N_0}}\right)$가 되어 이론적인 BPSK BER과 같음을 알 수 있다.

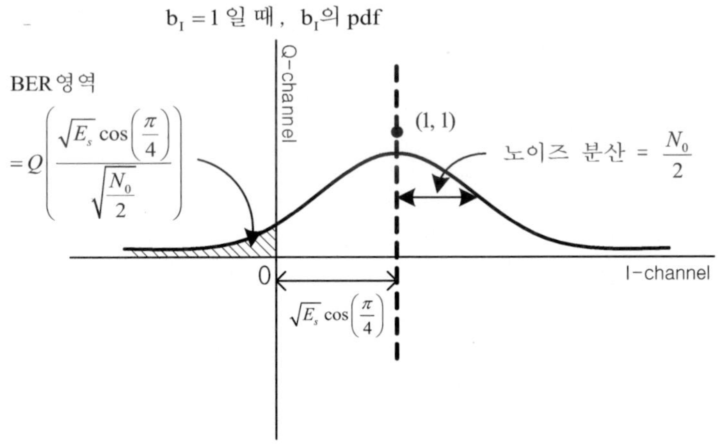

| 그림 22.6 | 위상오차가 없고, b_I=1일 때, BER

- Step 3: 나머지 세 개의 좌표에 대해서도 BER을 구하면 모두 동일하게 $Q\left(\sqrt{\frac{2E_b}{N_0}}\right)$가 나오므로, 최종적으로 b_I의 평균 BER은 $Q\left(\sqrt{\frac{2E_b}{N_0}}\right)$로 주어진다.

b_Q에 대해서도 위의 Step 1~3에 따라 평균 BER을 유도하여 BER이 $Q\left(\sqrt{\frac{2E_b}{N_0}}\right)$이 됨을 보이시오.(그림 22.6의 pdf를 각 b_Q에 따라 Q-channel 축 방향으로 그리면 쉽게 BER을 유도

할 수 있음).

(d) 문제 5.C5(c)의 유도과정을 위상오차가 있는 경우로 일반화해보자.

1) 위상오차가 없는 경우, 수신한 Constellation 좌표(수신기 출력)에 더해진 노이즈 성분의 분산이 $\frac{N_0}{2}$이라 하자. 송수신기간 위상오차가 θ만큼 존재하는 경우라면, 이 노이즈 성분의 분산은 θ에 따라 바뀌는가 아니면 위상오차가 없는 경우와 동일한가?

2) 위상오차가 존재하면, 수신한 Constellation 좌표, 즉, (X, Y)의 평균은 문제 5.C5(b)의 표와 같이 바뀌고, (X, Y)의 각 분산은 위 1)번 문제에 의해 ? 이다. ?를 채우시오.

(e) 문제 5.C5(d)의 1), 2)의 결과를 토대로, 문제 5.C5(c)의 Step 1~3을 수행하면 위상오차가 θ만큼 있는 경우, b_I 와 b_Q의 BER을 위상오차 θ의 함수로 유도할 수 있다. 유도과정과 결과를 보이시오.

(f) 5.C1의 m-file에서 'BER_theory(n)=0.5*erfc(sqrt(EbN0));' 라인을 수정하여, 위상 오차 θ=pi/12 일 때, (e)에서 얻은 이론적인 QPSK의 BER이 되도록 하시오.

(g) 수정된 m-file을 실행한 후, 실험으로 얻은 BER 곡선을 캡쳐하여 보이시오. 실험으로 구한 BER 곡선과 이론적인 BER 곡선이 일치하는가?

★ 6. 펄스성형 및 순간 진폭

6.A. 문제 2.A2에서 설계한 QPSK_TX.mdl/slx을 다시 열자. 기저대역 신호에 'Sine Wave' 출력을 곱하여 반송주파수(=30Hz)에 위치하는 통과대역(passband)신호가 출력되도록 설계되어 있음을 확인하시오. 따라서 'Gain'과 'Gain1' 블록의 출력은 각각 I 채널과 Q 채널의 기저대역 신호에 해당한다. 현재 설계된 mdl/slx 파일에서 기저대역 신호의 펄스 모양을 알아보자.

6.A1. 'Gain'과 'Gain1' 블록의 출력을 'Scope'의 두 입력에 각각 연결하고, 시뮬레이션을 10초간 실행하시오. 'scope'의 출력 창을 캡쳐하여 보이시오.

6.A2. 캡쳐된 그림을 토대로, 현재의 송신기가 기저대역 신호에서 사용하는 펄스 $p(t)$를 수식으로 정확히 쓰시오.

6.B. 사각파는 주파수 영역에서 sinc() 모양이 되므로 대역폭 효율이 좋지 않다. 대역폭 효율을 향상시키기 위해, 기저대역 신호를 'Raised cosine Transmit filter'를 통과시킨 후 통과대역 신호를 만들자. 즉, 'Gain' 블록 출력과 'Product' 블록 입력 사이, 'Gain1' 블록 출력과 'Product1' 블록 입력 사이에 'Raised cosine Transmit filter' 블록을 각각 삽입하자. 'Simulink library'에서 'Raised cosine Transmit filter' 블록을 불러와 삽입하고 변수는 아래와 같이 설정

- 'Roll-off factor': 0.75
- 'Output samples per symbol' : 256
- 'Input processing' : Element as channels (sample-based)
- 'Framing': Maintain input frame size (MATLAB 2009 버전)
- 'Input sampling mode' : sample-based (MATLAB 2007, 2008 버전)

수정한 mdl/slx 파일을 캡쳐하여 보이시오.

6.C. 펄스 성형된 I, Q 채널 신호('Rasised cosine Transmit filter'출력)를 $I(t)$, $Q(t)$라 하자. 이들은 각각 cosine과 sine파형에 곱해진 후 더해져서 최종 통과대역 송신신호가 된다. 통과대역 송신신호 $s(t)$는 (식 22.5)와 같이 나타낼 수 있다.

$$s(t) = I(t)\sqrt{\frac{2}{T_s}}\cos(w_c t) + Q(t)\sqrt{\frac{2}{T_s}}\sin(w_c t) \qquad \text{(식 22.5)}$$
$$= \sqrt{\frac{2}{T_s}(I(t)^2 + Q(t)^2)}\cos\left[w_c t - \tan^{-1}\left(\frac{Q(t)}{I(t)}\right)\right]$$

$s(t)$의 순간적인 진폭은 $\sqrt{\frac{2}{T_s}(I(t)^2 + Q(t)^2)}$ 임을 알 수 있다. 여기서 $\sqrt{(I(t)^2 + Q(t)^2)}$는 좌표 평면에서 벡터 $(I(t),\ Q(t))$의 크기와 동일하다. 그러므로 벡터 $(I(t),\ Q(t))$의 크기가 t의 함수로써 어떻게 변하는지 관찰하면 $s(t)$ 진폭의 변화를 예측할 수 있다. 시간에 따라 변하는 벡터 $(I(t),\ Q(t))$의 궤적을 보여주는 그래프를 Signal trajectory 그래프라 한다.

6.C1. 기저대역 신호 $I(t)$와 $Q(t)$의 eye diagram과 통과대역 신호 $s(t)$의 Signal trajectory를 보기위해, [그림 22.7]과 같이 문제 6.B의 mdl/slx 파일을 수정하자. 사용 중인 매트랩 버전에서 'Discrete-Time Signal Trajectory Scope' 블록을 library에서 찾지 못하는 경우, '실습 자료 파일'에서 완성된 설계 파일을 다운로드 받아서 사용하시오. 아래와 같이 각 블록의 파라미터를 세팅하시오. 'Discrete-Time Signal Trajectory Scope' 블록을 찾지 못하거나 '실습 자료 파일'에서 완성된 설계파일을 다운 받았을 때, 'Discrete-Time Signal Trajectory Scope' 블록이 아닌 'Discrete-Time Scatter Plot Scope' 블록이 있는 경우, 'Discrete-Time Scatter Plot Scope' 블록을 사용하되, 내부 파라미터 'Samples per symbol' = 1 로 설정 할 것.

(a) 'Discrete-Time Signal Trajectory Scope' 블록 ('Configuration Property' 클릭)
- 'Samples per symbol' : 256

(b) 'Discrete-Time Eye Diagram' 블록 ('Configuration Property' 클릭)
- 'Eye diagram to display' : Real and Imaginary
- 'Samples per symbol' : 256
- 'Samples per trace' : 2

수정된 mdl/slx 파일과 'Discrete-Time Signal Trajectory Scope', 'Discrete-Time Eye Diagram' 블록의 파라미터 설정 창을 캡쳐하여 보이시오.

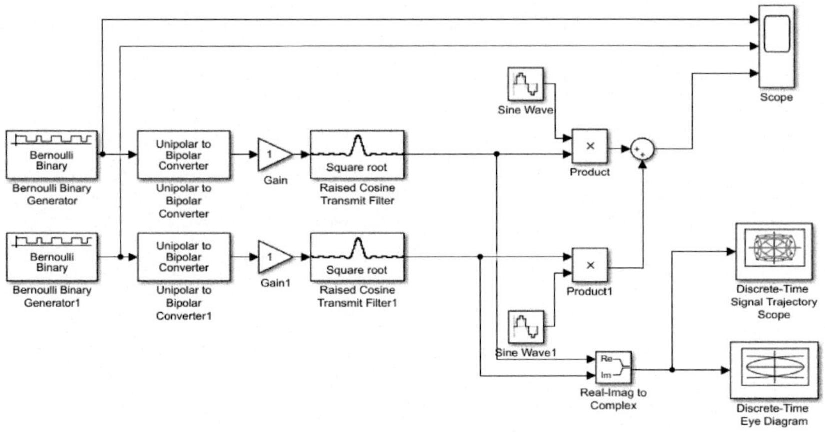

| 그림 22.7 | 펄스성형된 QPSK 송신 신호 Signal trajectory 및 eye diagram 관찰 구성도

6.C2. Signal trajectory와 eye diagram을 보기 전에 펄스성형된 통과대역 송신신호 $s(t)$의 파형을 관찰하자. Simulation stop time을 18초 정도로 설정한 후 simulation을 수행하시오.

(a) 'Scope' 창에서 통과대역 송신신호(3번째 신호)를 Autoscale한 후 캡쳐하여 보이시오.

(b) 신호의 진폭의 변화가 어떠한지 기술하시오.

6.C3. 충분히 긴 시간동안 신호를 관찰하기 위해 Simulation stop time을 inf로 설정한 후 simulation을 수행하자. 'Discrete-Time Signal Trajectory Scope', 'Discrete-Time Eye Diagram' 블록의 출력 창을 Autoscale 한 후 캡쳐하여 보이시오.

6.C4. 캡쳐한 Signal trajectory 결과를 바탕으로,

(a) 순간 진폭 $\sqrt{I(t)^2+Q(t)^2}$ 에 큰 변화가 있음을 설명하시오.

(b) Signal trajectory $(I(t), Q(t))$가 원점을 지나가는 순간에 해당하는 시점을, 캡쳐한 $I(t)$와 $Q(t)$의 eye diagram에서 찾으시오. 이러한 순간이 ①(eye가 최대로 열리는 지점)과 ②(eye가 최대로 열리는 이웃한 두 지점의 중간지점) 중 어느 곳인지 쓰시오.

6.D. 인접한 두 개의 eye가 최대로 열리는 지점의 가운데에서 $s(t)$의 진폭이 순간적으로 0이 되는 원인을 분석해보자.

6.D1. Signal trajectory이 원점에 가까운 (순간 진폭이 0에 가깝게 되는) 순간은 몇 사분면에서 몇 사분면으로 이동할 때 나타나는가?

6.D2. 문제 6.D1의 상황은 데이터 비트 쌍 (b_I, b_Q)가 어떤 값에서 어떤 값으로 바뀌는 경우에 해당하는가? 모든 경우를 쓰시오.

★ 7. OQPSK 설계

7.A. 순간 진폭이 크게 변하는 신호는 아날로그 회로의 선형동작 영역을 크게 요구하므로 하드웨어 구현관점에서는 바람직하지 않다. 위에서 구현한 송신신호 생성 과정을 간단히 수정함으로써, 순간진폭의 변화가 크지 않게 할 수 있다.

문제 6.C1의 mdl/slx 설계 파일에서, 아래 [그림 22.8]과 같이 Q 채널(또는 I 채널 중 하나)의 펄스 성형 필터 출력에 'Delay' 블록을 삽입하여 지연시킨 후 통과대역 신호를 만들면 된다. 'Delay' 블록의 'Delay length'를 128로 설정하시오. 128 샘플은 반 심벌주기에 해당한다. 이러한 변조 방식을 OQPSK(Offset QPSK)라 한다.

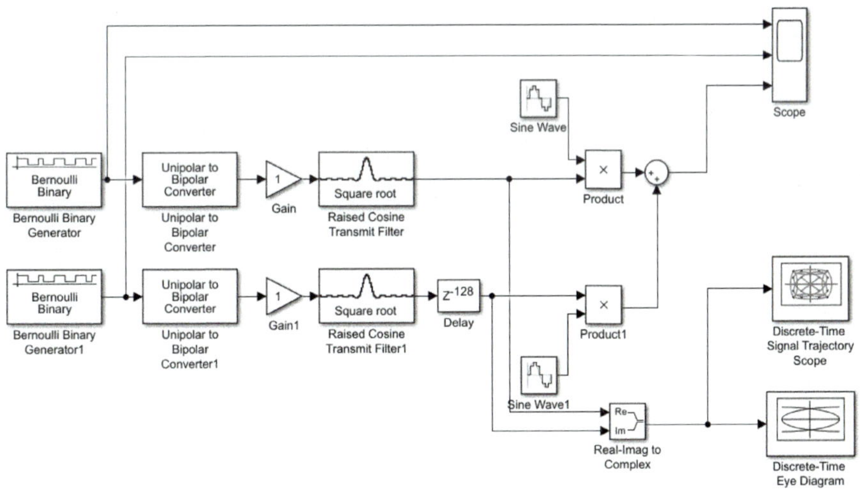

| 그림 22.8 | OQPSK 신호 생성 및 Signal trajectory 및 eye diagram 관찰 구성도

7.A1. [그림 22.8]과 같이 mdl/slx 파일을 수정하고, Simulation을 수행하시오.

(a) Signal trajectory 결과를 캡쳐하여 보이시오.

(b) OQPSK 신호와 이전의 QPSK 신호의 Signal trajectory 비교하시오. OQPSK와 QPSK의 신호를 관찰하여 두 신호의 순간 진폭이 어떻게 바뀌게 될지 예측하시오. 어떤 신호의 순간 진폭이 변화가 적을 것으로 예상되는가?

7.A2. (a) eye diagram을 캡처하여 보이시오. (b) OQPSK의 반 심벌주기 지연은 I 채널과 Q 채널의 eye가 최대로 열리는 지점을 서로 떨어뜨려 놓는다. 이러한 특성이 어떻게 진폭 변화를 감소시켜주는지 설명하시오. 즉, I 채널과 Q 채널의 두 비트가 동시에 반전되는 것을 어떻게 피할 수 있는지 설명하시오.

7.B. 다시 Simulation stop time을 18초 정도로 하여 실행하자.

7.B1. (a) 'Scope' 창에 나타난 OQPSK의 통과대역 송신신호를 캡처하여 보이시오. (b) 문제 7.A1(b)에서 자신이 예측했던 OQPSK의 순간 진폭의 성질을 검증하시오.

7.B2. 문제 7.B1에서 캡처한 파형과 6.C2에서 캡처한 파형을 비교하고, 차이점을 설명하시오.

>>> 23 CHAPTER

QAM in Simulink

- Simulink를 이용하여 QAM 송수신기를 설계하고, 실험을 통해 BER 그래프를 얻는다. 실험으로 구한 BER 그래프를 이론치와 비교한다.
- 펄스 성형된 QAM 신호를 전기적인 신호로 생성하고 오실로 스코프의 XY plot 기능을 이용하여 Signal trajectory를 관찰한다.

1. MATLAB의 QAM 변조기의 bit mapping 확인

Simulink에서 제공하는 블록 'Rectanular QAM Modulator Baseband'는 $\log_2 M$ bit로 이루어진 열 벡터를 입력으로 받아서 QAM 변조된 심벌의 2차원 벡터공간 좌표를 복소수로 출력한다.

1.A. 16QAM의 경우 4bit 데이터 비트열을 벡터공간위의 어떤 점으로 매핑하는지 확인하기 위하여 아래 [그림 23.1]과 같이 블록을 설계하시오.

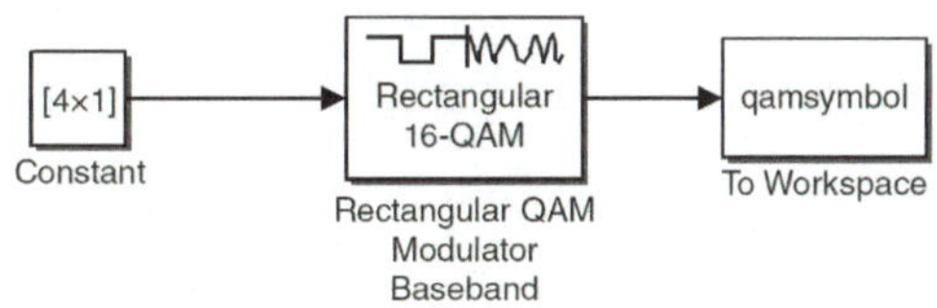

| 그림 23.1 | 'Rectangular QAM' 블록 기능 테스트를 위한 mdl 파일 및 변수 설정

그리고 아래와 같이 세 블록의 파라미터를 설정하시오.

(1) 'Constant' 블록

- 'Constant value' : [0 0 0 0]' (반드시 ' 를 달아 반드시 행벡터를 열벡터로 전치(transpose) 해야함.)
- 'Interpret vector parameters as 1-D' : Uncheck (선택하지 않음)
- 'Frame period' : 1

(2) 'Rectangular QAM Modulator Baseband' 블록

- 'Input type' : Bit

- 'M-ary number' : 16

(3) 'To Workspace' 블록

- 'Variable name' : qamsymbol
- 'Decimation' : 1
- 'Save format' : Array

각 블록의 파라미터 설정 창을 캡쳐하여 보이시오.

1.B. Simulation time을 0.5로 설정하고, Simulation을 수행하시오. Work space에 QAM 변조된 변수 'qamsymbol'이 생성된다.

1.B1. Command window에서 아래를 실행하여 'qamsymbol' 값을 쓰시오.

```
>> qamsymbol
```

1.B2. 'Constant' 블록의 변수 'Constant value'에 임의의 4비트 값을 입력하여 Simulation을 수행하면 해당 'qamsymbol'이 Work space에 생성된다. 변수 'Constant value'에 '[0 0 0 0] 부터 [1 1 1 1]' 까지 16가지 4비트열(열 벡터이므로 벡터에 '을 붙이는 것을 유의할 것)을 하나씩 순서대로 입력하여 각각 Simulation을 수행하고 해당 'qamsymbol' 값을 Command window에서 확인하시오.

1.B3. (a) 문제 1.B2의 결과를 바탕으로 16 가지 data bits(0000~1111)가 'Rectangular QAM' 블록에 의해 어떤 값으로 변조되는지 [그림 23.2]의 좌표공간에 표시하시오. 예를 들어, data bits 0000 은 좌표공간에서 (−3, 3)에 해당한다. (b) 'Rectangular QAM Modulator Baseband' 블록의 설정 창에서 'View Constellation' 버튼을 클릭 하시오. 출력된 Constellation이 (a)에서 답한 것과 일치하는가?

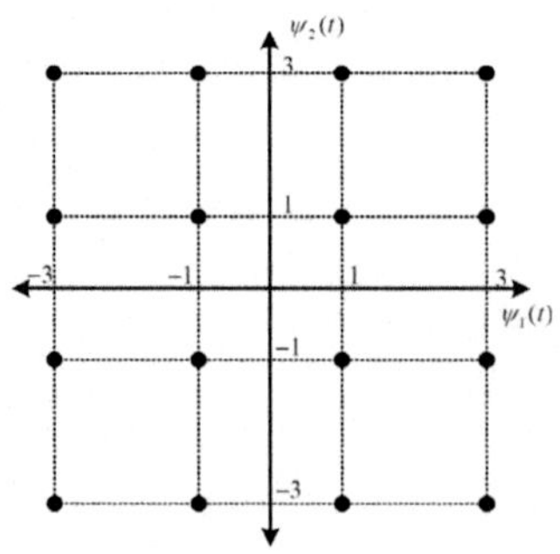

| 그림 23.2 | 'Rectangular QAM' 블록의 Gray mapping

1.B4. 문제 1.B3에 주어진 좌표값에 해당하는 각 QAM 심벌의 에너지는 원점에서 거리의 제곱과 같다. 예를 들어 '0000'비트열에 해당하는 심벌의 에너지는 $3^2+3^2=18$이 된다. 좌표의 위치(심벌값)에 따라 에너지가 동일하지 않음을 알 수 있다.

(a) 16개 심벌에 대해 심벌 에너지를 각각 구하고, 이들의 평균 심벌 에너지 E_s를 구하시오.

(b) 격자의 거리가 2인 QAM의 이론적인 평균 심벌 에너지 공식 $E_s = \dfrac{2(M-1)}{3}$와 (a)의 답이 동일한지 확인하시오.

1.B5. (a) 비트에너지 E_b와 M-ary 심벌에너지 E_s의 관계식을 쓰시오. (b) 이 식을 이용하여 [그림 23.2]에 해당하는 QAM 신호의 비트에너지 E_b=2.5 임을 보이시오.

1.B6. 문제 1.B3의 답과 같이 QAM 변조 심벌을 매핑하는 것을 Gray mapping이라한다. Gray mapping의 정의와 장점을 2줄 이내로 간략히 쓰시오.

1.C. AWGN채널을 통과한 후 수신된 QAM 신호를 [그림23.2]와 같이 벡터공간의 한 점으로 나타낼 수 있다. 수신신호의 좌표를 (z_1, z_2)라 하자. (z_1, z_2)값을 수신기에서 계산하였다 가정하자. 가우시안 노이즈가 더해졌으므로 (z_1, z_2)는 정확하게 [그림23.2]의 16개의 좌표중에 하나의 값과 일치하지 않으며 보낸 좌표로부터 벗어나 찍히게 된다. 가우시안 노이즈의 특성에 의해 z_1과 z_2는 $-\infty \sim \infty$까지의 모든 실수값이 가능하게 된다. (z_1, z_2)값을 바탕으로 송신된 4비트를 최적의 방법(ML)로 추정하고자 한다.

1.C1. ML 방식은 원칙적으로 $(z_1,\ z_2)$과 16가지 심벌의 좌표의 거리를 각각 계산하여 가장 가까운 점에 해당하는 심벌로 판별하는 것이다. 그러나, [그림23.2]에서 완성한 비트 매핑 표의 규칙성을 잘 이용하면, (z_1, z_2) 값에 따라 쉽게 4개의 비트를 판별할 수 있다.

예를 들어, z_1이 양수이면 $(z_1,\ z_2)$은 1,4사분면에 위치하므로 $(z_1,\ z_2)$에 가장 가까운 좌표 역시 1, 4 사분면에 존재하는 8개의 좌표중 하나가 될 것이다. 그런데, 8개 좌표는 공통적으로 첫 번째 비트(MSB) 가 모두 1 이므로 이 사실을 이용하면, 8개의 좌표 중 가장 가까운 좌표를 찾을 필요없이 첫 번째 비트는 '1'이라 추정할 수 있는 것이다. 이를 역으로 해석하면 첫 번째 비트가 '1'인 좌표들은 모두 1,4사분면에 존재하므로 1, 4분면에 찍히는 $(z_1,\ z_2)$에 대해서는 첫 번째 비트를 '1'로 추정하는 것이다.

이와 같은 방법으로 〈표 23.1〉에 4비트를 판별하기 위한 $(z_1,\ z_2)$의 조건을 완성하시오. 4개의 데이터 비트를 MSB부터 순서대로 b4, b3, b2, b1이라 표시하고 그들의 추정치를 각각 'b4_estimate', 'b3_estimate', 'b2_estimate', 'b1_estimate'라 하자.

1.C2. 문제 1.C1에서 완성한 표에 따르면 ML을 위하여 Distance계산 과정이 필요한지 아닌지 쓰시오.

〈표 23.1 Gray mapping된 QAM의 4비트 판별조건〉

데이터비트	판별 조건
b_4	IF $z_1 > 0$ 'b4_estimate'=1, ELSE 'b4_estimate'=0.
b_3	
b_2	
b_1	

1.D★. E_b/N_0 가 γ 로 주어졌을 때 16QAM의 BER을 γ의 함수로 구해보자.

1.D1. 식 $E_b/N_0 = \gamma$에 문제 1.B5에서 구한 E_b(=2.5)을 대입하여 N_0를 γ의 함수로 쓰시오.

1.D2. 노이즈가 더해지면 z_1은 [그림 23.2]의 각 좌표의 x값을 중심(평균)으로 $N_0/2$ 의 분산을 갖는 가우시안 분포를 따른다. 또, z_2은 [그림 23.2]의 각 좌표의 y값을 중심으로 $N_0/2$ 의 분산을 갖는 가우시안 분포를 따른다.

예를 들어, '0000'을 전송하였을 때 z_1은 평균이 −3이고 분산이 $N_0/2$ 인 가우시안 확률변수가 된다. 〈표 23.1〉에 따라 판별하였을 때 'b4'가 오류가 날 확률('b4_estimate' 가 실제 'b4'와 다를 확률)을 Q-function으로 나타내시오. 예를 들어 '0000'을 전송하였을 때, 'b4'는 0이므로 'b4_estimate'가 1일 확률이 'b4'가 오류가 날 확률이다.

'0000'뿐 아니라 다른 15개의 심벌들에 대해서도 'b4' 오류 확률을 고려할 것.

1.D3. 문제 1.D2와 유사한 방법으로 'b3' 'b2' 'b1'의 오류확률을 Q-function으로 각각 나타내시오.

1.D4. 'b4' 'b3' 'b2' 'b1'의 오류확률이 동일한가? 동일하지 않다면 대소를 비교하고, 동일하지 않은 이유를 설명하시오.

1.D5. 평균 비트오류확률(BER)의 식을 쓰시오. 'b4' 'b3' 'b2' 'b1' 오류확률의 평균식을 표현하면 됨. 결과식의 N_0에 1.D1의 결과를 대입할 것. 이미 대입하여 유도하였으면 필요 없음.

1.D6. MATLAB 함수 'berawgn()'을 이용하면 다양한 변복조 방식의 이론 BER을 구할 수 있다. 아래를 수행하면 γ=10일 때 16QAM의 정확한 BER을 구할 수 있다. 아래를 수행한 결과와 1.D5의 답에 의한 값이 일치함을 보이시오.

```
>> EbN0=10;
>> EbN0dB=10*log10(EbN0);
>> berawgn(EbN0dB,'qam',16,'gray')
```

2. AWGN 환경에서 QAM 수신 신호 발생기 설계

2.A. [그림 23.3]과 같이 Simulink 블록을 설계하자. Simulink Library Browser에서 각 블록의 이름으로 검색하여 블록을 추가할 수 있다. 완성한 설계 파일을 캡처하여 보이시오.

※ 'Random Number' 블록이 없는 경우에는 'Gaussian Noise Generator' 블록을 사용할 것.

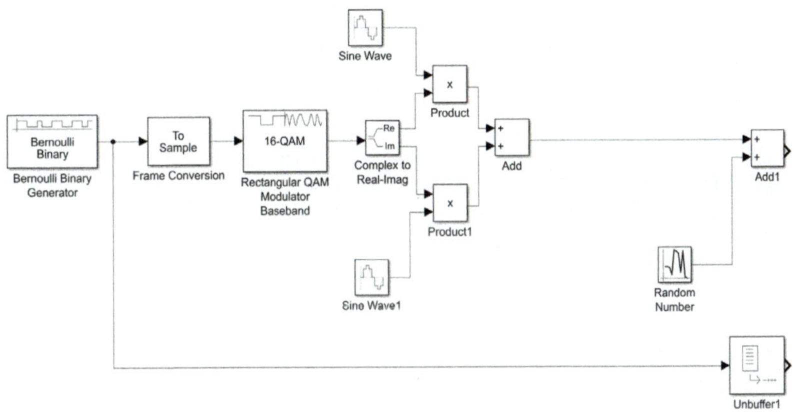

| 그림 23.3 | AWGN 환경에서 QAM 수신신호 발생 블록도 '16QAM_AWGN'

2.B. 각 블록들의 파라미터는 아래와 같이 설정하시오. 모든 파라미터에 대해 하나도 빠짐없이 동일하게 할 것. 특히 'Sample time'에 주의.

(1) 'Bernoulli Binary Generator' 블록

- 'Initial seed' : 자신의 학번 끝 2자리
- 'Frame-based outputs' : check (선택)
- 'Samples per frame' : 4
- 'Output data type' : Boolean

(2) 'Frame Conversion' 블록

- 'Sampling mode of output signal' : Sample-based

(3) 'Rectangular QAM Modulator Baseband' 블록

- 'Input type' : Bit
- 'M-ary number' : 16

(4) 'Sine Wave' 블록

- 'Amplitude' : sqrt(2)
- 'Frequency (rad/s)' : 2*pi*20

- 'Phase (rad)' : pi/2
- 'Sample time' : 1/100

(5) 'Sine Wave1' 블록

- 'Amplitude' : sqrt(2)
- 'Frequency (rad/s)' : 2*pi*20
- 'Phase (rad)' : 0
- 'Sample time' : 1/100

(6) 'Random Number' 블록

- 'Variance (vector or matrix)' : 0
- 'Sample time' : 1/100

2.B1. 각 블록의 파라미터 설정 창을 캡쳐하여 보이시오.

2.B2. 설계 창의 메뉴에서 'Edit/Select all'을 클릭한 후 선택된 블록 중 하나를 마우스 우클릭하여 'Create subsystem from selection'을 실행하여 서브 시스템으로 생성하자('Ctrl + G'를 사용하여도 됨). 생성된 서브 시스템의 이름을 '16QAM_AWGN'으로 수정하자. 생성한 서브 시스템 '16QAM_AWGN'을 캡쳐하여 보이시오.

2.C. '16QAM_AWGN'(생성한 서브블록) 출력 'Out1'은 AWGN이 더해진 Passband(캐리어가 곱해진) QAM 신호가 출력되고, 'Out2'에서는 QAM 신호의 4개의 데이터 비트가 출력되도록 연결되었음을 확인하자. '16QAM_AWGN'에 사용된 블록들의 변수를 바탕으로 아래를 답하시오.

2.C1. 서브 시스템 '16QAM_AWGN'를 더블 클릭하여 내부 블록이 보이도록 여시오. 'scope' 블록을 추가하고, 'Complex to Real-Imag' 블록의 두 출력을 'scope' 블록의 두 입력에 각각 연결하여 50초 동안 Simulation을 수행하시오. 'scope' 블록의 출력 창을 캡쳐하여 보이시오.

2.C2. 문제 2.B에서 설정한 파리미터에 근거하여, 'Out1'에서 출력되는 Passband QAM 신호의 Carrier 주파수는 얼마인지 쓰시오.

2.C3. 문제 2.B에서 설정한 파리미터에 근거하면, 'Out1'에서 출력되는 Passband QAM 신호를 생성하는데 사용한 In-phase basis $\psi_1(t)$와 Quadri-phase basis $\psi_2(t)$를 각각 $\psi_1(t)=\sqrt{2}\cos(2\pi\times 20t)$, $\psi_2(t)=\sqrt{2}\sin(2\pi\times 20t)$로 나타낼 수 있는 이유를 쓰시오.

2.C4. 처음 4개의 데이터 비트('16QAM_AWGN' 내부의 'Bernoulli Binary generator' 블록의 출력)가 '0110' 이라 가정하자. 또 노이즈는 없다고 가정하자. 이때 'Out1'에서 출력되는 passband QAM 신호 $r(t)=-\psi_1(t)-3\psi_2(t)$가 됨을 설명하시오.

3. QAM 복조기 설계

3.A. '16QAM_AWGN'의 출력 'Out1'의 신호를 $r(t)$라 하자. n번째 QAM 심벌의 벡터공간 좌표 z_1, z_2를 생성하는 아래 수식을 완성하시오.

$$z_1 = \int_{(n-1)T}^{nT} r(t) \times \psi_1(t)\, dt,\ z_2 = \int_{(n-1)T}^{nT} ? \times ?\, dt \qquad \text{(식 23.1)}$$

3.B. '16QAM_AWGN'의 출력 'Out1' 으로부터 z_1, z_2를 생성하도록 Simulink 파일을 설계하시오. 즉, (식 23.1)을 계산하는 과정을 Simulink 파일에 추가하시오. 아래 절차를 참조할 것.

- In-phase basis $\psi_1(t)$와 Quadri-phase basis $\psi_2(t)$은 '16QAM_AWGN' 내부에서 생성한 것과 동일하게 생성하시오.
- 한 심벌 주기 동안 적분은 'Integrate and dump' 블록으로 구현할 수 있다. 주의할 점:
  - 'Integrate and dump' 블록의 내부 파라미터 'Integration period'를 16-ary 심벌당 샘플 수(=100)로 설정 하시오.
  - 'Integrate and dump'의 출력에 샘플 간격(=1/100)을 곱해 주어야 함.(2장 1번 문제의 수치 적분에서, 'sum'한 값에 't_step'을 곱하는 것과 같은 이유)
- [그림 23.4]는 z_1을 생성하는 과정을 보인 것이다.

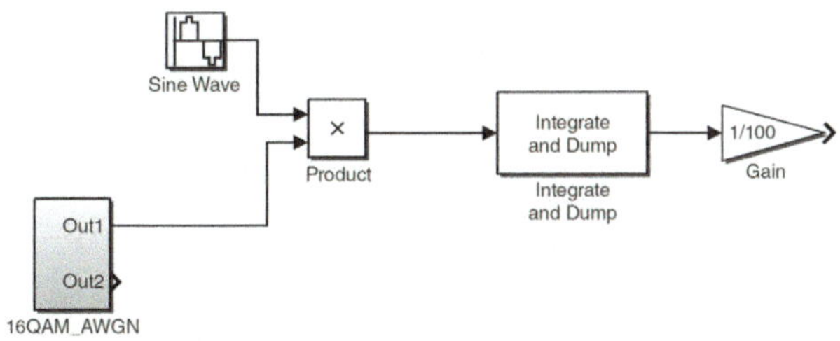

| 그림 23.4 | z_1 생성 회로

3.B1. $r(t)$로부터 z_1과 z_2를 생성하는 Simulink 파일을 완성하고, 설계 화면을 캡쳐하여 보이시오.

3.B2. 문제 3.B1의 설계 파일의 오른쪽 부분에 [그림 23.5]의 두 블록을 추가하고, z_1 신호를 'Re'에 z_2 신호를 'Im'에 연결하시오. 'Constellation Diagram' 블록의 내부 파라미터 'Symbols to display'를 1000 으로 설정하시오. Simulation 시간을 inf로 설정하고 Simulation을 수행하시오. Constellation Diagram이 어느 정도 수렴하면 Simulation을 정지하시오. 'Scale X & Y Axes Limits' 아이콘을 클릭한 후 Constellation Diagram 화면을 캡쳐

하여 보이시오.

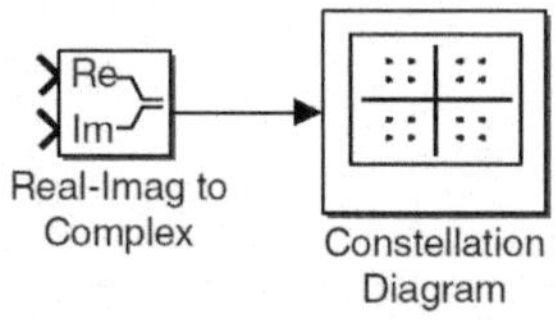

| 그림 23.5 | Scatter plot Scope 연결 구성

3.B3. 문제 3.B2의 결과를 토대로 자신의 z_1, z_2 생성 회로가 올바르게 설계된 것인지 아닌지 설명하시오.

3.B4. 서브 시스템 '16QAM_AWGN'의 내부 블록 'Random Number'의 파라미터 설정 창에서 'Variance'=10으로 설정한 후 Simulation을 수행하고 Constellation Diagram 화면을 캡쳐하여 보이시오.

3.B5. z_1, z_2를 생성하는데 사용한 2개의 'Sine wave'(I, Q basis)블록의 주파수를 20.00001*2*pi rad/sec로 변경한 후 Simulation을 수행하고 Constellation Diagram 화면을 캡쳐하여 보이시오.

3.B6. 현재의 주파수 오차와 노이즈 'variance' 세팅에서, 주파수 오차와 노이즈 중 어떤 것이 BER 성능에 더 치명적이겠는가? 그 이유를 쓰시오.

3.B7. 문제 3.B5, 3.B6의 답을 토대로 QAM 신호는 동기검파(Coherent detection)를 해야 하는 이유를 쓰시오.

3.C. 문제 3.B1에서 생성한 z_1, z_2 신호에 〈표 23.1〉에서 작성한 판별 조건을 적용하여 'b4', 'b3', 'b2', 'b1'의 추정치(각각 'b4_estimate', 'b3_estimate', 'b2_estimate', 'b1_estimate'라 하자)를 생성하는 회로를 완성하시오. [그림 23.6]은 'b4_estimate' 만을 생성하는 미완성의 설계 파일이다. 나머지 'b3_estimate', 'b2_estimate', 'b1_estimate'도 생성하도록 설계 파일을 완성하시오. 'Abs', 'Compare to Constant' 블록들을 적절히 사용하면 됨. 이때 'Compare to Constant' 블록의 내부 파라미터 'Output data type' 은 반드시 boolean으로 설정할 것. 완성된 회로를 캡쳐하여 보이시오.

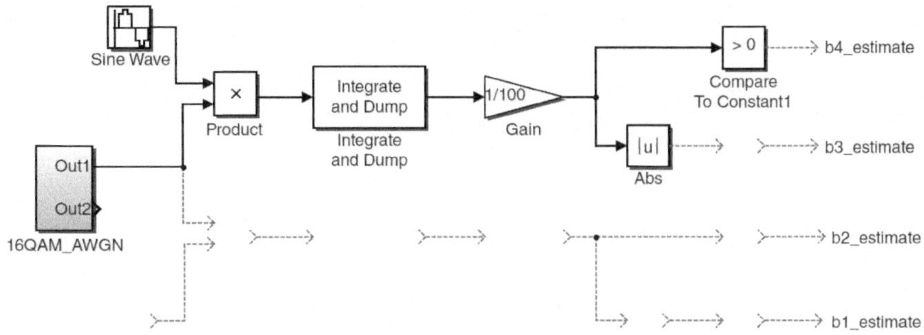

| 그림 23.6 | 'b4'만 검출하는 미완성의 비트 검출 설계 파일

3.D. 아래 [그림 23.7]과 같이 블록을 연결하여, 각 16QAM 심벌의 추정비트 'b4', 'b3', 'b2', 'b1'를 직렬 시퀀스 신호로 전환한 후 원래 비트와 비교하여 볼 수 있도록 완성하시오.

- 문제 3.B1과 3.C에서 추가한 모든 블록, 즉 복조기 부분의 블록을 모두 선택한 후, 서브 시스템으로 만드시오.
- [그림 23.7]에 나타낸 나머지 모든 블록을 설계 창에 추가하시오.
- 'Counter Limited' 블록의 'Upper limit'=3으로 설정, 'Bias' 블록의 'Bias'=1로 설정, 두 'Unit Delay' 블록의 'Sample time'=1로 설정, 'Multiport Switch' 블록의 'Number of data ports'=4로 설정할 것.

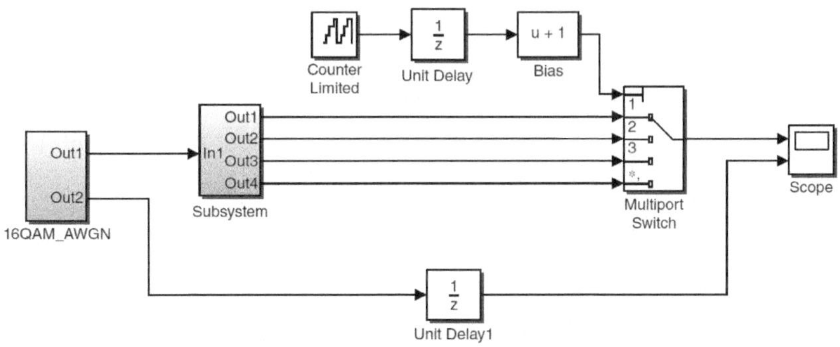

| 그림 23.7 | 송신 비트, 추정비트 비교 시스템 완성

3.E. 문제 3.D에서 완성한 설계 파일에서 서브 시스템 '16QAM_AWGN'의 내부 블록 'Random Number'의 파라미터 'Variance'가 0으로 설정되어 있는지 확인하시오. 그리고 문제 3.B5에서 변경한 수신기 서브 시스템 안의 2개의 'Sine wave' 블록의 주파수를 원래대로 20*2*pi로 설정하시오.

'Simulation time'을 50으로 설정하고, 서브 시스템 '16QAM_AWGN'의 내부 블록 'Bernoulli

Binary generator'의 변수 'Intial Seed'를 자신의 학번으로 설정하시오. Simulation을 실행한 후 'Scope'의 파형 결과를 캡처하여 보이시오.

3.F. 송수신 비트가 일치하는가?

4. BER Simulation

22장에서 Simulink 설계 파일과 m-file을 조합하여 BER 성능을 구하였다. 이와 같은 방법으로 16QAM의 BER을 실험으로 구해보자.

4.A. E_b/N_0=10 dB일 때 16QAM의 BER을 실험으로 구해보자. E_b/N_0=10 dB일 때, 아래 사항을 따라 가우시안 노이즈 샘플의 'variance'('16QAM_AWGN' 블록 내부의 'Random Number' 블록의 'variance' 변수)를 구하는 과정을 보이시오. 아래의 절차에 따라 구할 수 있다. 각 절차에 답하시오.

4.A1. E_b/N_0[dB] 값을 linear scale 값으로 변경하시오.

4.A2. 문제 1.B5와 4.A1의 답을 이용하여 N_0 값을 구하시오.

4.A3. 21장의 실험에서, 샘플 간격이 't_step'인 신호와 노이즈의 샘플 벡터를 사용하였다. 따라서 노이즈 샘플의 분산은 다음과 같이 계산하였다.

노이즈 샘플 'variance' = N_0 / (2*'t_step') (식 23.2)

(식 23.2)의 관계식에 대한 자세한 내용은 21장 문제 1.A~1.D 과정을 참고하시오.

본 실습의 Simulink 디자인에서 노이즈 샘플 간격 ('16QAM_AWGN/Random Number' 블록의 변수 'sample time')은 1/100로 세팅되었다. 따라서, 't_step'=1/100 이다. 't_step'과 문제 4.A2의 답을 (식 23.2)에 대입하여 'Random Number' 블록의 'variance' 값이 12.5임을 보이시오.

4.B. [그림 23.8]은 일부 파라미터의 설정만을 남겨둔 최종적인 BER 성능 실험 Simulink 설계 파일이다. m-file과 조합하여 BER 성능을 실험으로 얻을 수 있도록 다음의 절차를 따라 설계 파일을 완성하고, 각 파라미터의 설정을 완료하시오.

- Simulation time을 inf로 설정하고, BER 성능 실험과 관련이 없는 모든 'Scope' 블록들('Scope', 'Eye diagram', 'Constellation')을 제거하시오.
- '16QAM_AWGN/Random Number' 블록의 파라미터 'variance'를 변수 'v_n'으로 설정하시오.

'v_n' 값은 나중에 m-file에서 설정된다.

- 'Error Rate Calculation' 블록의 'Stop simulation' 클릭하여 선택. 'Output data'=Work space 로 설정하시오.
- 수정한 설계 파일을 'QAM_BER.slx' (이전 버전의 매트랩의 경우 'QAM_BER.mdl') 로 저장하시오.

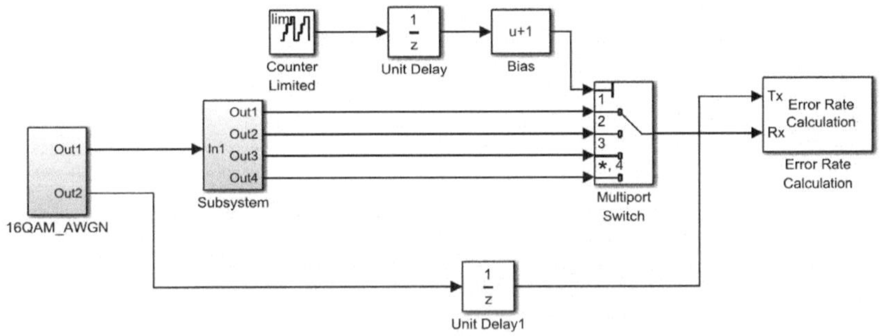

| 그림 23.8 | BER Simulation을 위한 전체 mdl/slx 파일

4.B1. 완성된 'QAM_BER.mdl/slx'의 설계 창을 캡처하여 보이시오.

4.B2. 아래 박스의 명령어를 Command window에서 실행하시오. 숫자 12.5는 E_b/N_0=10 dB일 때 '16QAM_AWGN/Random Number' 블록의 파라미터 'Variance'의 값에 해당한다. (문제 4.A3을 참조)

```
>> v_n=12.5
```

'QAM_BER.mdl/slx'을 실행하여 BER Simulation을 수행하시오. Simulation을 마친 후 Command window에 '>> ErrorVec(1)'을 실행하여 계산된 BER을 관찰할 수 있다. 계산된 BER 결과를 캡처하여 보이시오.

4.C. BER 실험 결과가 16QAM의 이론적인 BER(문제 1.D5의 답)과 같은지 비교하시오.

4.D. 아래 박스는 Simulink 설계 파일 'QAM_BER.mdl/slx'과 연동하여 16QAM의 BER 곡선을 실험으로 구하는 m-file이다.

```
clear
randn(1,XXX); % XXX=학번 끝 세자리, 내용과 상관없는 부분, 그러나 꼭 추가 할 것.
EbN0dB_vector=2:2:12;
Eb=?; 문제 1.B5 의 답
t_step=1/100;% '16QAM_AWGN' 블록의 'out1' 출력의 샘플 간격 (노이즈 샘플 간격과 동일)
for n=1:length(EbN0dB_vector)
    EbN0dB=EbN0dB_vector(n);
    EbN0=?;   % dB 값을 linear 값으로(21장 1.A 과정 참고)
    N0=Eb/EbN0; % N0값 계산
    v_n=?;    % variance 설정(식 23.2 참고)
    sim('QAM_BER') % 설계한 QAM_BER.mdl/slx 파일을 실행
    BER_vector(n)=ErrorVec(1) %workspace의 BER은 벡터로 저장됨.
end
figure
semilogy(EbN0dB_vector, BER_vector) %Eb/N0[dB]에 대한 BER 값 그리기
BER_theory=berawgn(EbN0dB_vector,'qam',16,'gray');
hold on
semilogy(EbN0dB_vector,BER_therory,'r')
grid on; xlabel('EbN0 [dB]');ylabel('BER');legend('Simulated','Theory');
```

4.D1. ?를 채워 위 m-file을 완성하고 완성된 m-file을 캡쳐하여 보이시오.

4.D2. m-file을 실행하고 실험으로 얻은 BER 커브를 캡쳐하여 보이시오. 실험으로 얻은 BER 커브와 이론적인 BER 커브가 일치하는가?

4.D3. 서브 시스템 '16QAM_AWGN'의 'Out1' 출력에 'Gain'블록을 연결하고, 'Gain'을 10으로 설정하자. 'Gain'의 출력은 복조기 서브 시스템에 연결하자. 그리고 아래 박스의 명령어를 Command window에서 실행하여 E_b/N_0를 무한대로 설정하자.

```
>> v_n=0
```

먼저, 'QAM_BER,mdl/slx'를 실행하여 BER Simulation을 수행하자. 그런 다음 Command window에서 아래 박스의 명령어를 실행하여 실험으로 얻은 BER을 확인하자.

```
>> ErrorVec(1)
```

(a) 실험으로 얻은 BER 결과를 캡쳐하여 보이시오. E_b/N_0를 무한대로 설정했음에도 불구하고 BER이 0이 아닌 이유를 설명하시오.

(b) 실험에 의해 얻어진 BER은 1/4일 것이다. 자신이 완성한 〈표 23.1〉을 바탕으로 하면 실험을 통하지 않고도 BER이 1/4임을 설명할 수 있다. 〈표 23.1〉의 판별 규칙에 의해 BER이

1/2가 아닌 1/4가 되는 이유를 설명하시오. 1/2는 최악의 경우에 얻는 BER이다.

(c) 'Gain'을 10으로 설정하더라도 BER을 제대로 얻기 위해서, 'QAM_BER,mdl/slx'의 어떤 블록의 파라미터를 어떤 값으로 수정해야하는가? 답변만 작성하고 mdl/slx 파일의 파라미터는 수정하지 말 것.

(d) QAM 변복조 시스템과 달리, QPSK 변복조 시스템에서는 수신된 신호의 크기가 변경되더라도 비트 검출 규칙을 수정할 필요가 없다. QPSK 변복조 시스템에서는 검출 규칙을 수정하지 않아도 되는 이유를 설명하시오.

4.D4. 수신기의 복잡도와 신호 처리 계산량 측면에서, QPSK에 비해 M-ary QAM($M > 4$)의 단점이 무엇인지 쓰시오.

4.E☆. 1장에서 생성한 'Spectrum viewer' 블록 여시오. 16QAM 신호의 스펙트럼을 관찰하기 위해, 'Spectrum viewer' 블록을 추가하고 서브 시스템 '16QAM_AWGN'의 'Out1'을 'Spectrum viewer' 블록에 연결하시오

4.E1. mdl/slx파일을 실행하여 스펙트럼이 나타나면 적당한 시간에 실행을 중지하시오. (a) 스펙트럼 결과 창을 캡쳐하여 보이시오. (b) 통과대역 신호의 중심주파수를 쓰고, 스펙트럼 모양이 자신의 예측과 맞는지 쓰시오.

4.E2. 한쪽 통과대역신호를 자세히 보기위해 돋보기 기능을 사용하여 x축의 범위를 18Hz에서 22Hz 범위로 설정하시오. 돋보기 기능이 없으면 스펙트럼을 최대한 확대해서 볼 것. y축의 범위도 적절히 재조정하여 보기 좋게 바꾸시오. (a) 확대한 결과화면을 캡쳐하여 보이시오. (b) main lobe(가장 큰 덩어리)의 20dB 대역폭이 얼마인지 쓰시오.(창이 옆으로 길쭉하면 20dB 대역폭 측정이 어려우므로 마우스로 드래그하여 세로로 길게 하면 편함.) 이론적인 대역폭과 일치하는가?

참고

사각파를 사용하는 경우, 대역폭은 Roll-off factor =1 인 RC펄스를 사용하는 경우의 대역폭과 동일한 것으로 간주하고 문제를 풀 것.

4.F. QAM 방식에서 M에 따른 대역폭, BER 성능 trade-off를 분석하자.

4.F1. 22장에서 얻은 QPSK(4QAM과 동일)의 BER 그래프를 다시 가져와 보이시오.('Copy & Paste') 4QAM과 16QAM의 BER 성능을 비교하고 이러한 우열이 발생한 이유를 설명하시오.

4.F2☆. Roll-off factor가 0인 펄스성형, 데이터 비트 rate= R_b, QAM 심벌 사이즈=M이라 가정하자. QAM 심벌 rate $R_s=R_b/\log_2 M$ 임을 증명하시오. 또, 통과대역 대역폭 $B=R_b/\log_2 M$임

을 증명하시오.

4.F3☆. 대역폭 효율은 아래와 같이 정의된다.

$$\text{대역폭 효율} = \frac{\text{데이터 비트 } Rate}{\text{대역폭}} = \frac{R_b[bits/\sec]}{B[Hz]} \quad \text{(식 23.3)}$$

QPSK(=4QAM), 16-QAM, 64-QAM인 경우의 대역폭 효율을 구하고 비교하시오.

4.F4. QAM에서 심벌사이즈 M 의 증감에 따른 대역폭 효율과 BER성능의 변화에 관해서 정리하시오.

5. 오실로스코프를 이용하여 QAM signal trajectory 관찰

5.A☆. 문제 2에서 설계한 '16QAM_AWGN' 블록에서 기저 대역의 I, Q 신호(sine wave 출력을 곱하기 직전신호. 즉, 'Complex to Real-Imag'의 두 출력)를 'Scope' 블록에 연결하여 파형을 관찰하시오. 이를 바탕으로 기저대역신호는 어떤 모양의 펄스로 펄스 성형된 것인지 쓰시오. 즉, 펄스 $p(t)$를 수식으로 쓰시오.

5.B☆. 문제 5.A에서 답한 펄스는 현실적인 시스템에 적합하지 않다. 이유를 쓰시오.

5.C. '실습 자료 파일'에서 'tx_sig_QAM.m'을 매트랩의 작업 폴더에 다운로드 받으시오. 아래 박스에 나타낸 'tx_sig_QAM.m'은 심벌사이즈가 M인 QAM 신호의 I, Q 신호를 생성하여 사운드 신호로 재생하는 m-file이다. I, Q 신호(m-file에서 해당 변수 이름은 각각 'tx_signal_I', 'tx_signal_Q')에 사용한 펄스는 Raised cosine 펄스로 펄스 성형되었음을 알 수 있다. 굵은 글씨로 표시된 라인에 대한 설명을 다음의 지침에 따라 작성하시오.

지침 : '=' 왼쪽 변수의 목적(용도), '=' 오른쪽 수식이 왼쪽 변수의 목적(용도)에 왜 부합하는지 그 이유를 쓰시오.

```
clear
randn(1,XXX); % XXX=학번 끝 세자리, 내용과 상관없는 부분, 그러나 꼭 추가 할 것.
a=1; b=1;
M=16;Ts=1;L=16;
t_step=Ts/L;
%%%%%%%%%<1. Pulse waveform generation > %%%%%%%%%%%%%%%%%%%%%%%%
pt=rcosine(1,L,'normal',0.75);
```

```
%%%%%%%%%<2. Ns개의 M-ary symbol generation>%%%%%%%%%%%%%%%%%%
Ns=5000;
dI=2*ceil(rand(1,Ns).^a*sqrt(M))-(sqrt(M)+1);%Ns는 M-ary 데이터 심벌 수
dQ=2*ceil(rand(1,Ns).^b*sqrt(M))-(sqrt(M)+1);
%%%%%%%%<3. Impulse modulation >%%%%%%%%%%%%%%%%%%%%%%%%%%%%%%%%%%%%
impulse_modulated_I=[];
impulse_modulated_Q=[];
for n=1:Ns
   impulse_signal_I= [dI(n) zeros(1, L-1)];
   impulse_modulated_I=[impulse_modulated_I impulse_signal_I];
   impulse_signal_Q= [dQ(n) zeros(1, L-1)];
   impulse_modulated_Q=[impulse_modulated_Q impulse_signal_Q];
end
%%%%%%%%<4.Pulse shaping (Transmitter filtering)>%%%%%%%%%%
tx_signal_I=conv(impulse_modulated_I, pt);
tx_signal_Q=conv(impulse_modulated_Q, pt);
signal_out_nth=[tx_signal_I' tx_signal_Q']';
X=? ; %Set X = 자신의 학번 끝자리 수
signal_out = [];
for k=1:(X+10)
    signal_out=[signal_out signal_out_nth];
end
soundsc(signal_out' ,8000*(X+10));
%샘플rate은 8000*(X+10) Hz, 심벌 rate은 8000*(X+1)/L Hz
```

5.D. 다음 과정을 통해 오실로스코프에서 QAM 신호의 signal trajectory를 관찰해 보자. 실습을 수행하기에 앞서, 실습에 사용하는 PC의 사운드(오디오) 설정에서 모든 사운드 효과를 '사용안함'으로 설정할 것. 그리고 설정창을 캡쳐하여 보이시오.

Step 1. 20장의 문제 5에서 오실로스코프로 eye diagram을 관찰하였던 방법과 동일하게 PC의 스테레오 오디오 출력신호를 오실로 스코프의 두 단자에 연결하시오. 20장에서 사용한 절개된 오디오 케이블을 다시 이용할 것.

Step 2. 오실로스코프의 Display 모드를 XY plot으로 설정한 다음, 화면중앙에 점이 찍히도록 A단자와 B단자의 이동 쉬프트 노즐을 조절하시오.

Step 3. PC의 오디오 볼륨을 최대로 설정하고, 'tx_sig_QAM.m'를 실행하시오. 그러면 [그림 23.9]와 같이 펄스 성형된 I, Q 신호가 오실로 스코프에 나타난다. A단자와 B단자의 Amplitude 눈금 단위를 적당히 조절하여 신호의 모양이 관찰하기 편하게 설정하시오. A단자와 B단자의 Amplitude 눈금 단위는 동일하게 설정하시오.

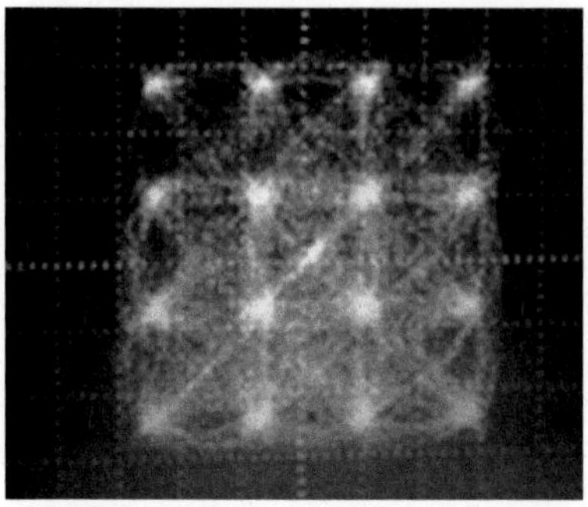

| 그림 23.9 | 오실로스코프에서 관찰된 Signal trajectory 출력화면

5.D1. M =4, 16, 64인 경우에 대해, Step 3을 반복하시오(m-file 'tx_sig_QAM.m'의 변수 'M'을 바꾸면 됨). 각 경우의 오실로 스코프 화면을 각각 캡쳐하여 보이시오.

5.D2. M =16인 경우에 대해, Roll-off factor가 0, 0.5, 1일 때 각각의 오실로 스코프 화면을 캡쳐하여 보이시오.

5.D3. 위의 m-file 'tx_sig_QAM.m'의 2번째 라인의 내부 변수 'a', 'b'를 아래와 같이 변경한 후 5.D1을 다시 실행하여 결과를 캡쳐하여 보이시오(Roll-off factor=0.7로 설정).

```
a=0.5+0.015*XX;% XX=자신의 학번 끝 2자리 수
b=1/a;
```

E. 문제 5.D1, D2, D3에서 캡쳐한 signal trajectory 결과를 분석해 보자.

5.E1. 문제 5.D1의 결과가 M에 따라 어떻게 변하였나? 그리고 그 이유는?

5.E2. 문제 5.D2의 결과가 Roll-off factor에 따라 어떻게 변하였나? 그리고 그 이유는?

5.E3. 문제 5.D3의 결과는 자신이 설정한 'a' 값에 따라 어떻게 변하였나? 그리고 그 이유는?

>>> 24 CHAPTER

Convolutional Coding

- Convolutional code의 encoding과 decoding 과정을 구현한다.
- Convolutional code의 coded BER을 실험으로 구한다.
- Convolutional code의 파라미터에 따른 coded BER 변화를 관찰한다.

1. Encoding 구현

1.A. 1장의 문제 3.A, 3.B를 다시 수행하여 사용자가 MATLAB 함수를 만드는 방법을 숙지해보자. 이 문제의 사용자 함수를 새로 작성하여 생성하고 생성된 파일을 캡쳐하여 보이시오.

1.B☆. [그림 24.1]은 본 실습에서 고려하는 Convolutional encoder 의 구조이다. 입력 비트 m(k)에 대해 u1(k) u2(k)가 출력된다. m(1), m(2), m(3)....가 순서대로 입력되면 u1(1), u2(1), u1(2), u2(2), u1(3), u2(3),...가 순서대로 출력 된다.

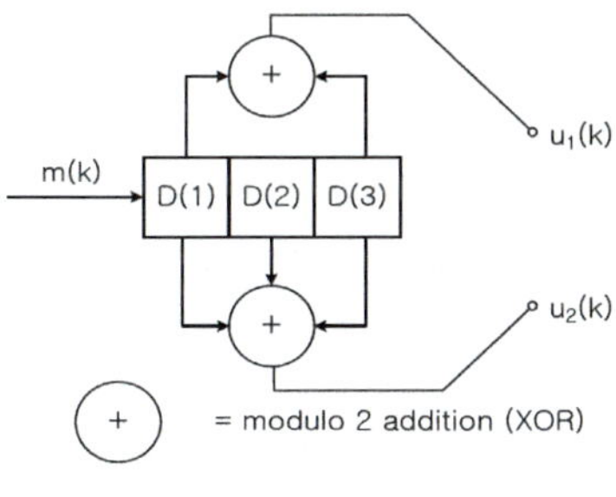

| 그림 24.1 | 콘볼루션 인코더 예시 1

1.B1. [그림 24.1]에 나타낸 encoder의 code rate가 얼마인지 쓰시오.

1.B2. [그림 24.1]에 나타낸 encoder의 Constraint length는 얼마인지 쓰시오.

1.B3. 아래와 같이 매트랩 Command window에서 랜덤하게 5 비트 벡터 'm'을 발생시키고 결과를 보이시오. 생성된 'm'은 문제 C에서 쓰이니 clear 하지 말 것.

```
>> rand(1,XXX); % XXX = 자신의 학번 뒤 3자리
>> m=(rand(1,5)>0.5) % 결과가 출력되도록 ';'를 붙이지 말 것. 'm=randi([0 1],1,5)'를
                       실행하여도 됨.
```

1.B4. 문제 1.B3에서 자신이 발생시킨 'm'이 encoder에 입력되었다 가정하자. 메모리(D(k))의 초기값은 0으로 가정한다. [그림 24.1]의 encode 과정을 직접 손으로 수행하여 encoder 출력을 쓰시오.

1.C. 아래 박스는 [그림 24.1]의 encoder를 매트랩 사용자 함수로 구현한 것이다. 임의의 데이터 비트 스트림 'm'에 대하여 'enc(m)'을 실행하면 'm'의 convolution encoding 결과 'coded'를 출력한다.

```
% m-file 파일 이름을 function 이름과 일치시킬 것 즉, 'enc.m'으로 저장.
function coded = enc(data_bit)
Nb=length(data_bit);
D=zeros(1,3); % 3 bit memory reset
coded=[];
for n=1:Nb  % n = 클럭 인덱스, 비트 당 한 클럭씩 들어오므로 Nb개의 클럭이 필요
  D(1)=data_bit(n);
  %%%%%%%출력 (u1, u2) 합성 로직 부분 %%%%%%
  u1=xor(D(1),D(3));
  u2=xor(xor(D(1),D(2)),D(3));

  %%%%%% 코딩된 bit를 순서대로 저장하는 부분 %%%%%%%%
  coded=[coded u1 u2];

  %%%%%%%%% 메모리 업데이트 부분 %%%%%%%
  D(3)=D(2);  %클럭에 동기(n->n+1로 증가하는 것을 의미)하여 D(2)=>D(3)로 이동
  D(2)=D(1);  %클럭에 동기하여  D(1) => D(2) 로 이동
end
```

1.C1. [그림 24.1]의 state 메모리(D(2), D(3))의 값(출력)은 비트 클럭에 동기되어 각각의 입력 값으로 갱신된다. 'enc.m'의 'for'문 하단의 "메모리 업데이트 부분"은 이것을 구현한 것이다. 두 라인의 순서가 바뀌면 안 되는 이유를 쓰시오.

1.C2. Command window에서 아래를 수행하여 1.B4의 답과 동일한지 확인하시오.

```
>> enc(m)
```

1.D. 이 encoder의 free distance를 계산해보자.

1.D1. Command window에서 '>> enc([0 0 0 0 0])' 를 실행하여 입력 비트 '[0 0 0 0 0]'에 대한 encoder의 출력을 얻으시오. 결과를 캡처하여 보이시오.

1.D2. 입력이 모두 '0' 일 때, 문제 1.D1에서 얻은 encoder의 출력이 모두 '0'인 이유를 Convolutional code의 선형성을 사용하여 설명하시오.

1.D3. Command window에서 '>> enc([1 0 0 0 0])' 를 실행하여 1.D1의 encoder 입력을 한 비트 변경시킨 비트열 '[1 0 0 0 0]'에 대한 encoder 출력을 얻으시오. (a) 결과를 캡처하여 보이시오. (b) encoder 출력에서 비트 '1'이 몇 개인지 쓰시오.

1.D4. Command window에서 아래 명령어를 수행하여 랜덤 비트열 'm'을 새로 생성하시오. 그리고 또 다른 비트열 'm_diff'를 생성하시오. 'm_diff'는 'm'의 처음 3비트 중 한 비트만 반전된 비트열이다. 비트열 'm'과 'm_diff'의 생성 결과를 캡처하여 보이시오.

```
>> m=(rand(1,5)>0.5) % 결과가 출력되도록 ';'를 붙이지 말 것. 'm=randi([0 1],1,5)'를
                       실행하여도 됨.
>> m_diff=m;
>> m_diff(1)=not(m(1)) % 'm_diff(2)=not(m(2))' 또는 'm_diff(3)=not(m(3))'를 대신
                         실행하여도 됨. 결과가 출력되도록 ';'를 붙이지 말 것.
```

1.D5. Command window에서 아래 명령어를 수행하여, 비트열 'm'과 'm_diff'를 입력하였을 때 encoder의 출력을 얻으시오. 결과를 캡처하여 보이시오.

```
>>enc(m) % 결과가 출력되도록 ';'를 붙이지 말 것.
>>enc(m_diff) % 결과가 출력되도록 ';'를 붙이지 말 것.
```

1.D6. 문제 1.D4에서 생성한 비트열 'm'에 대한 encoder 출력 비트열과 'm'의 비트열 중 한 비트를 변경한 'm_diff'에 대한 encoder 출력 비트열의 총 비트 차이수(Hamming distance)를 "free distance"라 한다. 문제 1.D5의 encoder 출력 결과로부터, [그림 24.1]에 나타낸 encoder의 free distance는 얼마인지 쓰시오.

1.D7. 여러 가지 다른 예에 대해 검증하기 위해, 문제 1.D4와 1.D5를 2~3회 반복 수행하시오.

(a) free distance는 encoder의 입력 비트열 'm'에 따라 차이가 있는가?

(b) free distance가 문제 1.D3(b)의 답과 동일한가?

1.D8. Command window에서 '>> xor(enc(m), enc(m_diff))'를 수행하고 결과를 캡처하여 보이시오.

(a) 문제 1.D3(a)에서 캡쳐한 결과(입력 비트열이 '[1 0 0 0 0]' 일 때, encoder의 출력)는 '1 1 0 1 1 1'의 출력 패턴을 가지고, 그 뒤에 '0' 들이 출력됨을 알 수 있다. 이 5비트의 출력 패턴이 '>> xor(enc(m), enc(m_diff))'의 결과에도 나타나는가?

(b) '>> xor(enc(m), enc(m_diff))'의 결과에서, '1 1 0 1 1 1'(=encoder에 '[1 0 0 0 0]'를 입력한 경우의 5비트 출력 패턴) 이 나타나는 이유를 Convolutional encoder의 선형성을 사용하여 설명하시오.

(c) (b)에서 답한 내용을 바탕으로 문제 1.D7(a)와 1.D7(b)의 결과를 설명하시오.

1.D9. 어떤 Convolutional code의 free distance를 'd_{free}'라고 하면, 이 코드의 수정 가능한 최소 에러 비트수 $e_{\min} = \left\lfloor \frac{d_{free}-1}{2} \right\rfloor$ 로 계산되어진다($\lfloor \cdot \rfloor$ 는 가장 가까운 정수로 내림해주는 함수이다 (예 : $\lfloor 3.7 \rfloor = 3$)). [그림 24.1]에 나타낸 Convolutional code의 $e_{\min}$는 얼마인지 계산하시오.

1.E. [그림 24.2]에 주어진 다른 구조의 encoder에 대해서도 분석과 구현을 해보자. [그림 24.2]의 encoder는 m(1), m(2), ..., m(k), ...가 순서대로 입력되면 u1(1), u2(1), u3(1), u1(2), u2(2), u3(2), ..., u1(k), u2(k), u3(k), ...가 순서대로 출력 된다.

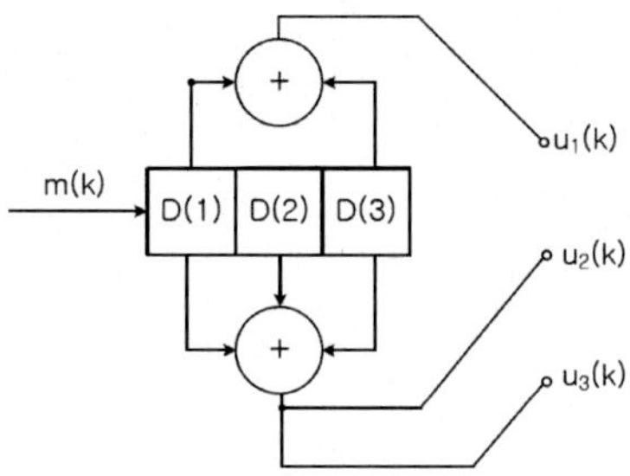

| 그림 24.2 | 콘볼루션 인코더 예시 2

1.E1. Code rate과 Constraint length는 얼마인지 쓰시오.

1.E2. 'enc.m'을 적절히 수정하여 [그림 24.2] 구조의 encoder를 구현하는 함수를 m-file로 작성하시오 함수이름은 'enc2()'로 하시오. 작성된 'enc2.m'을 캡쳐하여 보이시오.

1.E3. Command window에서 '>> enc2([1 0 0 0 0])'을 실행하시오. (a) 실행 결과를 캡쳐하여

보이시오. (b) free distance d_{free}와 수정 가능한 최소 에러 비트수 e_{min}를 계산하시오.

1.E4. Command window에서 '>> `m=(rand(1,5)>0.5)`'를 실행하여 새로운 랜덤 비트열 'm'을 생성하시오. (a) 생성된 'm'을 캡쳐하여 보이시오. (b) 'm'을 입력 비트열로 두고, [그림 24.2] 의 encode 과정을 직접 손으로 수행하여 출력을 구하시오.

1.E5. Command window에서 '>> `enc2(m)`'를 실행하고, 결과를 캡쳐하여 보이시오. 문제 1.E4에서 직접 수행한 결과와 일치하는가?

1.F. [그림 24.3]에 주어진 다른 구조의 encoder에 대해서도 분석과 구현을 해보자.

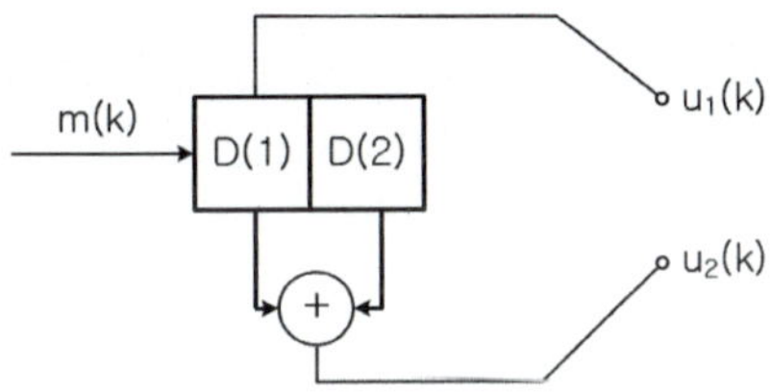

| 그림 24.3 | 콘볼루션 인코더 예시 3

1.F1. Code rate과 Constraint length는 얼마인지 쓰시오.

1.F2. '`enc.m`'을 적절히 수정하여 [그림 24.3] 구조의 encoder를 구현하는 함수를 m-file로 작성하시오 함수이름은 '`enc3()`'로 하시오. 작성된 '`enc3.m`'을 캡쳐하여 보이시오.

1.F3. Command window에서 '>> `enc3([1 0 0 0 0])`'을 실행하시오. (a) 실행 결과를 캡쳐하여 보이시오. (b) free distance d_{free}와 수정 가능한 최소 에러 비트수 e_{min}를 계산하시오.

1.F4. Command window에서 '>> `m=(rand(1,5)>0.5)`'를 실행하여 새로운 랜덤 비트열 'm'을 생성하시오. (a) 생성된 'm'을 캡쳐하여 보이시오. (b) 'm'을 입력 비트열로 두고, [그림 24.3] 의 encode 과정을 직접 손으로 수행하여 출력을 구하시오.

1.F5. Command window에서 '>> `enc3(m)`'를 실행하고, 결과를 캡쳐하여 보이시오. 문제 1.E4에서 직접 수행한 결과와 일치하는가?

2. Exhaustive ML decoding 구현

2.A. 아래와 같이 4비트 데이터 스트림 'm'에 대하여, 채널 코딩(인코딩) 한 후 AWGN 노이즈가 더

해진 수신신호 'r'를 생성하는 m-file을 작성하시오. (앞서 작성한 'enc.m'도 현재 작업 폴더에 있어야 함.) '='이 있는 라인에 대한 설명을 다음의 지침에 따라 작성하시오.

(지침) '=' 왼쪽 변수의 목적(용도), '=' 오른쪽 수식이 왼쪽 변수의 목적(용도)에 왜 부합하는지 그 이유를 쓰시오.

```
clear
rand(1,1XXX); % XXX = 자신의 학번 뒤 3 자리. 코드와 상관없는 내용이지만 반드시 포함할 것.
Nb=4;
m=rand(1,Nb)>0.5;
coded_m=enc(m);
s=2*coded_m-1;
r=s+randn(1,length(s));
```

2.B. 이렇게 생성된 'r'을 바탕으로 'm'을 역 추정해 보자. 즉, decoding 해보자. 아래 박스는 ML 방법으로 decoding 하기 위해 다음의 순서를 따라 작성된 m-file의 구조를 보인 것이다.

Step 1. 일단 모든 가능한 'm'의 가설 집합 'm_set'을 만들자. 'm'은 4비트이므로 16 가지의 비트 조합을 만들 수 있다.

Step 2. 'm_set'의 16 가지 4비트 데이터 스트림에 대하여,

Step 2-1. 각각을 채널 코딩(encoding)한 출력 'coded_m_k'를 생성하자.

Step 2-2. 각각의 'coded_m_k'를 Antipodal 방식으로 변조한 송신 신호 's_k'를 만들자.

Step 2-3. 수신신호 'r'과 's_k'의 유클리드 거리를 계산하자.

Step 3. 계산한 16개의 거리를 바탕으로 가장 likely한(그럴싸한) 'm_set'의 원소는 어떤 것인지 추정하자.

```
%2.A의 m-file에 아래 추가
m_set(1,:)=[0,0,0,0];
m_set(2,:)=[0,0,0,1];
m_set(3,:)=[0,0,1,0];
....  % 모든 가능한 4비트의 가설 집합 'm_set' 생성. 적당히 채울 것.
m_set(16,:)=[1,1,1,1];

for k=1:16
  m_k=m_set(k,:);
  coded_m_k=enc(m_k);
  s_k=2*coded_m_k-1;
  D_k(k)=sum((r-s_k).^2 ); % QPSK 같은 복소변조라면 sum(abs(r-s_k).^2 )를 사용
end
D_k % Step 3.
```

2.B1. 공백을 적당히 채워 m-file을 완성하시오. Step 1과 Step 2를 구현한 부분을 주석으로 표기하시오. 완성한 m-file을 캡처하여 보이시오.

2.B2. 위의 m-file은 decoding을 구현한 것인데도 'for' 루프 내부에서 인코딩 함수 'enc()'를 쓰고 있음을 알 수 있다. 라인 'coded_m_k=enc(m_k);'에서 인코딩 함수 'enc()'의 용도는 무엇인지(어떤 이유로 무엇을 하기 위해 이 m-file에서 사용되었는지) 쓰시오.

2.B3. 'enc.m' 파일이 매트랩의 작업 폴더에 저장되어 있는지 확인하시오. 그런 다음 위의 m-file을 실행하시오.

(a) 출력된 'D_k'를 캡처하여 보이시오.
예를 들어, 'D_k(4)'는 수신신호 'r'과 4비트 데이터 스트림 [? ? ? ?]를 채널 코딩(encoding)하여 송신한 신호 간의 유클리드 거리이다. ?로 표시된 4비트를 채우시오.

(b) 'D_k' 값으로부터, 송신한 데이터 스트림 'm'을 ML 검출하여 알아내시오.

(c) Command window에서 '>> m' 을 실행하여 실제 송신한 데이터 스트림을 확인하시오. (b)의 ML 검출 결과가 올바른지 확인하시오.

2.B4. 아래 두 라인을 m-file에 추가하여 Step 3을 완성할 수 있다. 'm_hat'은 'm'에 해당하는 추정치(디코딩 결과)의 변수이다.

```
[T1 T2]=min(D_k);%아래 참고
m_hat=m_set(?,:);
dec_err=sum(m~=m_hat) %디코딩 후 오류있는 비트의 수.
```

(a) ?를 채워서 완성하고, 추가한 3라인을 캡처하여 보이시오.
Hint: '>> [T1 T2]=max(a)'를 수행하면, 'T2'는 벡터 'a'의 원소 중 가장 큰 값의 위치(index)가 된다.

(b) 완성된 m-file을 실행하고, 결과를 캡처하여 보이시오.

2.B5. m-file의 'for' 루프는 4비트의 16가지 데이터 스트림에 대해 Step 2를 16번 반복 수행한다. 데이터 비트수를 4비트에서 100비트로 늘리면 'for' 루프의 반복횟수는 얼마로 늘어나는가?

2.B6. 위의 ML 검출 방식은 가능한 모든 경우에 대해 빠짐없이 검토하여 답을 구하는 방식이다. 이러한 방식이 실제로 구현하기 어려운 현실적인 이유를 쓰시오.

2.C. 문제 2.B의 m-file에서는 디코딩과정에서 'r' 벡터를 그대로 사용하였으므로 이는 연판정(Soft decision) 디코딩을 구현한 것이다. 아래 박스의 내용과 같이 m-file의 두 라인(굵은 글씨)을 수

정하여 경판정(Hard decision)디코딩을 구현하시오. 거리('D_k')계산에 앞서, 수신신호 'r'에 대해 비트 판정(z=(r>0))을 먼저 수행한 후, 이를 'coded_m_k'('s_k' 대신)랑 비교하면 된다.

```
clear
rand(1,1XXX); % XXX = 자신의 학번 뒤 3자리. 코드와 상관없는 내용이지만 반드시 실행할 것.
Nb=4;
m=rand(1, Nb)>0.5;
coded_m=enc(m);
s=2*coded_m-1;
r=s+randn(1,length(s));
z=(r>0);
m_set(1,:)=[0,0,0,0];.... m_set(16,:)=[1,1,1,1];

for k=1:16
  m_k=m_set(k,:);
  coded_m_k=enc(m_k);
  s_k=2*coded_m_k-1;
  % D_k(k)=sum((r-s_k).^2 ); % 연판정을 위한 부분
  D_k(k)=sum(xor(z,coded_m_k)); % 경판정을 위한 부분
end

[T1 T2]=min(D_k);
m_hat=m_set(?,:);
dec_err=sum(m~=mhat)
```

2.C1. 연판정에서는 수신신호 벡터 'r'과 송신 신호 벡터 's_k'의 유클리드 거리를 계산하므로, 'D_k(k)=sum((r-s_k).^2);'으로 계산하였다. 반면, 경판정에서는 벡터 'z'와 'coded_m_k'의 유클리드 거리를 계산하므로, 'D_k(k)=sum((z-coded_m_k).^2);'으로 계산해야 된다. 그러나, 'D_k(k)=sum(xor(z,coded_m_k))' 를 사용하여 디코딩하여도 'D_k(k)=sum((z-coded_m_k).^2);'와 동일한 결과를 얻는다. 그 이유를 쓰시오.

2.C2. 'sum((z-coded_m_k).^2)' 대신 'sum(xor(z,coded_m_k))'를 사용하면 어떤 장점이 있는지 쓰시오.

2.C3. 경판정과 연판정의 검출 성능을 비교해보자.

(a) 적어도 20번 이상 반복적으로 경판정을 수행하는 m-file을 실행하고, 검출 오류수를 세어 기록하시오. 출력된 'dec_err'의 값이 0이 아니면 검출 오류가 발생한 것이다.
연판정을 수행하는 m-file로 수정하기 위해, 'D_k(k)=sum((r-s_k).^2);' 라인의 주석 처리를 제거하고, 'D_k(k)=sum(xor(z,coded_m_k));' 라인을 주석 처리하시오. 그런 다음 m-file을 적어도 20번 이상 반복적으로 실행하고, 검출 오류수를 세어 기록하시오.

(b) 경판정과 연판정의 성능 중 어떤 것이 좋은지 쓰시오.

2.C4. 연판정의 성능이 경판정의 성능보다 좋은 이유를 추론해 보시오.

3. Viterbi decoding (Trellis 기반 ML decoding) 구현

'실습 자료 파일'의 'convolutional_code.pdf' 파일을 다운로드하자. 이 파일에는 아래 세 파트의 내용이 포함되어 있다.

1. state diagram의 구조 (pp. 2~21)
2. trellis diagram의 구조 (pp. 22~69)
3. Viterbi decoding 알고리즘의 구현 (pp. 70~173)

3.A. [그림 24.1]에 주어진 encoder의 state diagram과 Trellis diagram(아래 문제 3.A3에서 다룸)을 아래의 절차를 따라 완성해 보자.

먼저, 'convolutional_code.pdf' 파일의 2~21 페이지는 state diagram을, 22~69 페이지는 trellis diagram을 그리는 절차를 각각 그래픽으로 이해하기 쉽게 설명하고 있으니 이를 명확하게 이해하도록 하자. 단, pdf 파일의 encoder와 본 교재의 [그림 24.1]에 나타낸 encoder 구조는 다름을 유의할 것.

3.A1. [그림 24.4]는 [그림 24.1]의 state diagram이다. 4개의 원은 $t=k$일 때 [그림 24.1]의 D(2)와 D(3)의 state를 나타낸다. 만일 입력 데이터 $m(k)$가 0인 경우 D(2)와 D(3)는 실선 화살표 끝이 가리키는 state로 변경되고, $m(k)$가 1인 경우 점선 화살표가 가리키는 state로 변경된다. 즉, 화살표 끝이 가리키는 원(다음 state)의 내용은 $t=k+1$에서의 D(2), D(3) 값이다. 이러한 방식을 토대로 [그림 24.4]의 c와 d에 해당하는 ?를 모두 채우시오.

3.A2. 각 화살표 위에 표기된 두 비트의 수는 $m(k)$가 encoder에 입력된 경우 출력되는 $u_1(k+1)$와 $u_2(k+1)$ 값을 나타낸다. 예를 들어 $t=k$일 때 [D(2) D(3)]=[0 0]이고 $m(k)=0$인 경우, $t=k+1$에서 [D(2) D(3)]=[0 0]이 되므로 실선 화살표의 끝은 다시 'a'를 가리킨다. 이때 [그림 24.1]에 의하면 출력 $[u_1(k+1)\ \ u_2(k+1)]=[0\ 0]$이므로 실선 화살표 위의 수는 '00'이 표기된다. $t=k$일 때 [D(2) D(3)]=[0 0]인 state에서 만일 $m(k)=1$이 입력되면 $t=k+1$에서의 [D(2) D(3)]=[1 0]이 되므로 점선 화살표의 끝은 state 'b'를 가리키게 된다. 이때 출력 $[u_1(k+1)\ \ u_2(k+1)]=[1\ 1]$이므로 점선 화살표 위에 '11'이 표기된다. 이러한 방식으로 [그림 24.4]에서 화살표 위의 '?'를 모두 채우시오.

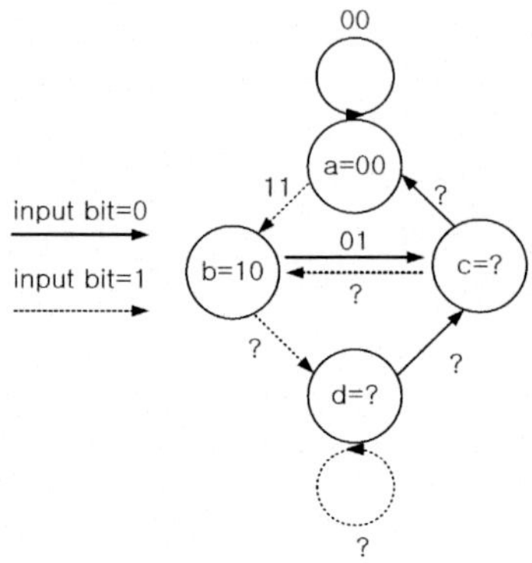

| 그림 24.4 | [그림 24.1]에 주어진 encoder의 state diagram

3.A3. 앞의 문제 3.A2과정에서 완성한 state diagram을 토대로 [그림 24.5]의 trellis diagram을 완성해보자. 디코딩 과정 마지막 부분에 trellis diagram의 일부를 지우는 과정이 있으므로 연필로 그리시오. trellis diagram을 그리는 기본적인 규칙은 다음과 같다.

- 각 branch(state 이동선)를 일으키는 인코더 입력 비트가 '0'이면 실선, '1'이면 점선으로 표시.
- branch의 인코더 출력(앞으로 "branch 출력"으로 표기함)은 branch위에 표시.
- t4 부터는 t3=>t4의 모양이 동일하게 반복됨. t8까지 그리시오.

완성된 trellis diagram을 캡쳐하여 보이시오.

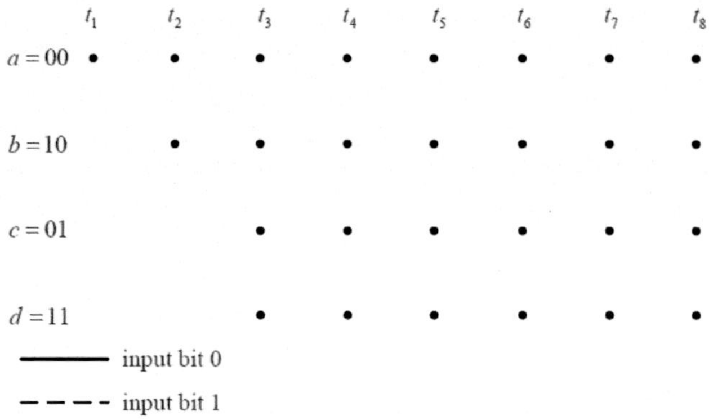

| 그림 24.5 | 그림 24.1에 주어진 인코더의 Trellis diagram

3.B. 이제 완성된 [그림 24.5]의 trellis diagram을 사용하여 특정한 비트열에 대해 직접 디코딩을 수행해보자. 이를 위해, Command window에서 아래 박스의 명령어를 수행하여 경판정된 부호어

(디코더 입력) 'z' 를 생성하시오. 'coded_m'은 5비트 메시지 데이터 'm'의 인코딩 출력이다. 인코딩 입력에서 뒤에 추가된 두 비트 '0 0'는 인코딩 완료 후 인코더의 메모리를 초기화하기 위한 Tail 비트이다. 마지막 라인의 'z'를 다음 문제에서 경판정 디코딩을 위한 테스트용 입력으로 사용한다.

```
>> rand(1,1XXX); % XXX = 자신의 학번 뒤 3자리
>> m=rand(1,5)>0.5
>> coded_m=enc([m 0 0])
>> z=coded_m;
>> z([1 2])=not(z([1 2]))
```

3.B1. 위 박스의 명령어를 수행한 결과를 모두 보이시오.

3.B2. 'coded_m'는 인코딩된 송신 codeword 이고, 마지막 'z'는 노이즈가 더해진 'coded_m'를 경판정한 신호로 가정한 것이다. 위 박스의 마지막 명령어를 수행한 결과로부터, 'coded_m'의 몇 번째 데이터가 노이즈에 의해 변경된 상황인지 쓰시오.

3.B3. 아래 설명된 Step에 따라, 문제 3.A에서 만든 Trellis diagram을 사용하여 'z'를 디코딩('m'을 추정)하시오. '실습 자료 파일'의 'convolutional_code.pdf' 파일에 70 페이지 부터는 아래의 Step을 그래픽으로 쉽게 설명하고 있으니 참조하시오. 단, pdf 파일의 encoder와 본 실습 교재의 [그림 24.1]에 나타낸 encoder 구조는 다름을 유의할 것.

Step 1: t1와 t2 사이의 각 branch에 대해 branch 출력과 'z'(디코더 입력)의 처음 두 비트사이의 distance(서로 다른 비트의 수)를 계산하여(아래 참고 1) 해당 branch의 다음 state(t2 state)위에 표기.

Step 2: t2와 t3 사이의 모든 가능한 branch에 대하여 Step 2-1과 Step 2-2를 반복.

Step 2-1: 각 branch에 대해 branch 출력과 'z'의 다음 두 비트의 distance(서로 다른 비트의 수)를 계산.

Step 2-2: Step 2-1에서 구한 값과, 해당 branch의 t2 state 위에 표시된 값을 합하여, 해당 branch의 t3 state 위에 표시.(아래참고 2)

Step 3: t3와 t4 사이의 모든 가능한 branch에 대하여 Step 3-1, Step 3-2, Step 3-3을 반복.

Step 3-1: 각 branch에 대해 branch 출력과 'z'의 다음 두 비트의 distance(서로 다른 비트의 수)를 계산.

Step 3-2: Step 3-1에서 구한 값과, 해당 branch의 t3 state 위에 표시된 값을 합하여 해당 branch의 t4 State 위에 파란색으로 표기.

Step 3-3: t4 부터는 각 state에 두 개의 branch가 모이므로 2개의 값이 표시된다. 이중 큰 값은 'X' 표하여 지우고, 작은 값은 동그라미 표시하여 남기고, 작은 값을 갖는 branch를

파란색으로 표시한다.

Step 4: t4->t5->t6,... 에서 Step 3을 동일하게 반복한다.

Step 5: 마지막 time instance(본 문제에서는 t8)까지 완료한 후 가장 작은 값을 갖는 state를 택하고, 해당 state의 survivor path(선택된 branch의 연결)를 최종 선택하여, 해당 encoder 입력을 최종 decoder 출력으로 선택. 연필로 작성한 부분을 모두 지워서 파란색 만 남길 것.

(a) 직접 수행한 디코딩 과정을 보이는 trellis diagram을 캡쳐하여 보이고, 7개의 디코딩된 비트 중 처음 5개의 비트를 쓰시오.

(b) 원래의 메시지 데이터가 출력되도록 Command window에서 '>> m'을 실행하시오. 'z'의 처음 두 비트가 잘못 검출된 것을 기억하자. (a)의 결과에서 디코딩 과정이 잘못 검출된 비트를 바로 잡았는가?

참고

1. branch 출력과 해당시간의 디코더입력과의 distance를 그 branch의 'branch metric'이라 한다.
2. 연결된 branch들의 metric의 합(위의 step1~4과정에서 각 state에 표시하는 값을 말함)을 'accumulated metric'(또는 'state metric')이라 한다.

3.C. 아래 매트랩 사용자 함수 'dec()'는 [그림 24.1]의 인코더에 대한 Trellis 기반 디코딩을 수행한다. 경판정된 부호어(디코더 입력)을 'z' 라 하면 'dec(z)'는 'z'의 디코딩 결과를 출력한다.

8개 주요 변수 'd1', 'd2', 'd3', 'd4', 'output1', 'output2', 'output3', 'output4'의 용도는 m-file에서 주석으로 설명하였다. '실습 자료 파일'의 convolutional_encoding_and_decoding.pdf의 pp.72 부터 나오는 하단의 표에서 이 8개 변수가 디코딩 과정동안 어떻게 갱신되는지 파악하자(단, pdf 파일의 encoder와 본 실습 교재의 encoder 구조는 다름을 유의할 것).

'for' loop의 인덱스 'k'는 time instance(Trellis diagram에서 t_1, t_2, t_3,...)의 이동을 의미한다. 즉, k=1이면 t_1->t_2에서 수행해야 하는 계산과정, k=2 이면 t_2->t_3에서 각각 수행해야 하는 계산과정.... k=n 이면 t_n->t_n+1 에서 수행해야 하는 계산과정을 루프에서 수행한다. 매 iteration 마다 trellis의 time instance가 증가하며 8개 주요 변수가 갱신된다.

```
% 파일 명은 dec.m로 하여 저장
function result = dec(z)
d1=0; d2=0; d3=0; d4=0; %4 state (00, 10, 01, 11)의 Accumulated metric 변수 초기화
output1= []; output2=[]; output3=[]; output4=[];
%Trellis 기반 decoding을 수행하게 되면, 매 time instance(t1,t2,t3,...)에서 4개의 state
에 각각 한 개씩의 survivor path가 선택되는데 'Step 5'에서 최종적으로 어떤 것이 선택될 줄 모르
므로, 디코딩 중에는 각 state까지의 survivor path의 해당하는 encoder 입력을 기억하고 있어야
```

함. 예를 들어, 아래 변수에서 output1은 현재 time instance의 state 1까지의 survivor path에 해당하는 encoder 입력, 즉, 현재 time instance의 state 1까지 "파란색으로 표시된 path를 이루는 branch 들의 encoder 입력을 연결한 것"을 기억한다.

```
for k=1:1:(length(z)/2)
   temp = [z(2*k-1) z(2*k)];

   dis00=sum(xor([0 0],temp));dis10=sum(xor([1 0],temp));
   dis01=sum(xor([0 1],temp));dis11=sum(xor([1 1],temp));
   %temp와 각 네 패턴사이의 거리. 자주 사용되는 계산이므로 변수로 저장함.

   if k==1
      new_output1 = [output1 0]; new_d1 = d1 + dis00;
      new_output2 = [output2 1]; new_d2 = d2 + dis11;
   elseif k==2
      new_output1 = [output1 0]; new_d1=d1+dis00;
      new_output2 = [output1 1]; new_d2=d1+dis11;
      new_output3 = [output2 0]; new_d3=d2+dis01;
      new_output4 = [output2 1]; new_d4=d2+dis10;
   else
      %%%%%%%%%%%%%%%%%%%%%%%%%%%%%%%%%%%%%%%%%%%%%%%%%%%%%%%%%%%%%%%%%%%
      if d1+dis00 < d3+dis11;
         new_output1 = [output1 0];  new_d1=d1+dis00;
      else
         new_output1 = [output3 0]; new_d1=d3+dis11;
      end
      %%%%%%%%%%%%%%%%%%%%%%%%%%%%%%%%%%%%%%%%%%%%%%%%%%%%%%%%%%%%%%%%%%%%
      if d1+dis11 < d3+dis00;
         new_output2 = [output1 1]; new_d2=d1+dis11;
      else
         new_output2 = [output3 1]; new_d2=d3+dis00;
      end
      %%%%%%%%%%%%%%%%%%%%%%%%%%%%%%%%%%%%%%%%%%%%%%%%%%%%%%%%%%%%%%%%%%%%%
      if d2+dis01 < d4+dis10
         ???
      else
         ???
      end
      %%%%%%%%%%%%%%%%%%%%%%%%%%%%%%%%%%%%%%%%%%%%%%%%%%%%%%%%%%%%%%%%%%%%%
      if ??? < ???
         ???
      else
         ???
      end
      %%%%%%%%%%%%%%%%%%%%%%%%%%%%%%%%%%%%%%%%%%%%%%%%%%%%%%%%%%%%%%%%%%%%%%
```

```
    end

    % variables update
    if k==1
        d1=new_d1; d2=new_d2;
        output1=new_output1; output2=new_output2;
    else
        d1=new_d1; d2=new_d2; d3=new_d3; d4=new_d4;
        output1=new_output1; output2=new_output2;
        output3=new_output3; output4=new_output4;
    end
end

output = [output1; output2; output3; output4];
d=[d1 d2 d3 d4];
ML_state_index=find(d==min(d));
result = output(ML_state_index(1),:);
```

3.C1. 임의의 매트랩 행 벡터 'b'에 대하여 명령어 'a=[b 1]'를 수행하면 'a'의 결과는 무엇이 되는지 쓰시오.

3.C2. 위의 m-file에는 'new_output2 = [output1 1]', 'new_output1 = [output3 0]' 이런 형태의 문장들이 다수 보인다. 이러한 문장들이 하고자 하는 바는 무엇인지 쓰시오.

3.C3. 위 m-file의 각 라인 옆에 문제 3.B3에서 설명한 절차 중 어떤 Step에 해당하는지 주석으로 표시하시오.

3.C4. 문제 3.A3의 trellis diagram과 현재 미완성된 m-file의 내용을 토대로 ???를 적절히 채워 m-file을 완성하시오. 완성한 m-file을 캡쳐하여 보이시오.

3.C5. 두 라인 'ML_state_index=find(d==min(d)); result = output(ML_state_index(1),:);'에서 하고자 하는 바는 무엇인지 설명하시오. '='의 좌변의 변수의 목적(용도), '='의 우변이 왜 그에 상응하는 명령어(또는 변수)인지 설명하면 됨.

3.C6. 문제 3.B1에서 디코더의 테스트용 입력 'z'를 생성한 것을 기억하자. 3.C4에서 완성한 'dec.m'을 이용하여 Command winodw에서 아래를 실행하시오. 디코딩 결과가 자신이 손으로 디코딩한 3.B3의 답과 같은지 보이시오.

```
>> dec(z) %z는 문제 3.B1에서 생성한 z를 사용.
```

3.D*. 다른 구조의 convolutional code에 대한 디코더도 구현해보자.

3.D1. [그림 24.2] 구조의 convolutional code의 Trellis diagram을 그리시오. [그림 24.1]과 [그림 24.2]의 encoder 구조의 차이점에만 유의하면 [그림 24.1]의 trellis diagram으로부터 쉽게 수정할 수 있다. t5 까지만 그려도 무방함.

3.D2. 아래 매트랩 사용자 함수 'dec2()'는 [그림 24.2]의 인코더에 대한 Trellis 기반 디코딩을 수행한다. 문제 3.D1의 답을 토대로 아래 'dec2()'를 완성시켜 'dec2.m'으로 저장하시오. [그림 24.1]과 [그림 24.2]에서의 encoding 구조와 Trellis diagram의 차이점에만 유의하면, 'dec.m'을 수정하여 쉽게 작성할 수 있음. 완성한 m-file을 캡처하여 보이시오.

```
% 파일 명은 dec2.m로 저장
function result = dec2(z)
d1=0; d2=0; d3=0; d4=0;
output1= []; output2=[]; output3=[]; output4=[];

for k=1:1:(length(z)/3)
    temp = [z(3*k-2) z(3*k-1) z(3*k)];

    dis000=sum(xor([0 0 0],temp)); dis011=sum(xor([0 1 1],temp));
    dis100=sum(xor([1 0 0],temp)); dis111=sum(xor([1 1 1],temp));

% 그림24.2의 encoder 구조를 관찰해보면 그림 24.1의 encoder 출력의 맨 뒤에 단지 0 또는 1이 추
가되었음을 알 수 있다. 예를 들면 dec.m에서 사용했던 dis10이 dec2.m에서는 dis100으로 변경되었
을 뿐이므로 어렵지 않게 수정할 수 있다.
    if k==1
        new_output1 = [output1 0]; new_d1 = d1 + dis000;
        new_output2 = [output2 1]; new_d2 = d2 + dis111;
    elseif k==2
        ?
       ...
        ?
    else
        ?
        ...
        ?
    end

   % memory update
    if k==1
        d1=new_d1; d2=new_d2;
        output1=new_output1;     output2=new_output2;
    else
        d1=new_d1; d2=new_d2;  d3=new_d3; d4=new_d4;
        output1=new_output1;  output2=new_output2;
```

```
        output3=new_output3; output4=new_output4;
    end
end

output = [output1; output2; output3; output4];
d=[d1 d2 d3 d4];
ML_state_index=find(d==min(d));
result = output(ML_state_index(1),:);
```

3.D3. 두 라인 'for k=1:1:(length(z)/3) ; temp = [z(3*k-2) z(3*k-1) z(3*k)];'은 'dec.m'의 해당 라인과 다르다. 이렇게 수정해야하는 이유 또는 더 좋은 수정 방법을 제시하시오.

3.D4. [그림 24.3] 구조의 Convolutional code의 Trellis diagram을 그리시오. t4 까지만 그려도 무방함.

3.D5. 문제 3.D4의 답을 토대로 [그림 24.3] 구조의 convolutional code를 디코딩하는 매트랩 함수(함수 이름은 'dec3()'로 할 것)를 작성하시오. 작성한 m-file을 캡쳐하여 보이시오.

3.E★. 지금까지 구현한 Trellis 기반 디코딩 함수 'dec(z)', 'dec2(z)', 'dec3(z)'의 입력 'z'은 '0'과 '1'로 판정된 수신 부호어를 가정한 것이다. 따라서, 경판정 (Hard decision) 디코딩을 구현한 것이다. Trellis 기반 디코딩에서도, 문제 2.B에서 했던 것처럼 AWGN 채널을 통과한 encoder 출력('r')을 그대로 디코더의 입력으로 사용하는(즉, 연판정) 디코딩을 구현해 보자. 이를 구현하기 위해서는, 'dec.m'에서 단순히 distance변수의 계산 부분을 아래 박스와 같이 수정하면 된다.

```
dis00=sum( ([-1 -1]-temp).^2 );
dis01=sum( ([-1  1]-temp).^2 );
dis10=sum( ([1 -1]-temp).^2 );
dis11=sum( ([1  1]-temp).^2 );
% QPSK와 같은 복소변조라면 sum(abs( (branch output bits) -temp).^2 )
```

3.E1. 위와 같이 수정하면 왜 연판정 디코딩이 되는지 쓰시오.

3.E2. 'dec.m'의 다른 부분은 그대로 유지하여도 되는 이유를 쓰시오.

3.E3. 함수이름을 'dec_SD()'(파일 이름은 'dec_SD.m')로 저장하시오.

3.E4. 'dec2.m'도 적절히 수정하여 연판정 디코딩 함수로 수정하고 함수 이름을 'dec2_SD()'(파일 이름은 'dec2_SD.m')으로 저장하시오.

3.E5. 'dec3.m'도 적절히 수정하여 연판정 디코딩 함수로 수정하고 함수 이름을 'dec3_SD()'(파일 이름은 'dec3_SD.m')으로 저장하시오.

4. Coded BER Simulation

4.A. 아래는 BPSK(Binary phase shift keying) 변복조 방식의 uncoded BER Simulation을 수행하는 m-file이다.

```
clear
randn(1,XXX); % XXX=학번 끝 세자리, 내용과 상관없는 부분, 그러나 꼭 추가 할 것.
EbN0dBvector=0:1:9;
DataBitSize=1000;
Eb=1;  % 비트 심벌로 +1,-1을 갖는 Bipolar signal 가정.
for snri=1:length(EbN0dBvector)
    EbN0dB=EbN0dBvector(snri);
    EbN0=10^(EbN0dB/10);
    N0=Eb/EbN0;
    BitErrNum=0;
    TotalBits=0;
    while BitErrNum<100
        DataBits=(rand(1,DataBitSize)>0.5);
        ChannelSymbols=sqrt(Eb)*(2*DataBits-1);
        r=ChannelSymbols+sqrt(N0/2)*randn(1,length(ChannelSymbols));
        DataBitsHat=r>0;
        BitErrs=sum(DataBits~=DataBitsHat);
        BitErrNum=BitErrNum+BitErrs;
        TotalBits=TotalBits+DataBitSize;
    end
    uncodedBER(snri)=?/?
end
```

4.A1. ? 를 채워서 완성하고 '='이 있는 모든 라인에 대한 설명을 다음의 지침에 따라 작성하시오.

(지침) '=' 왼쪽 변수의 목적(용도), '=' 오른쪽 수식이 왼쪽 변수의 목적(용도)에 왜 부합하는지 그 이유를 쓰시오.

4.A2. 위의 시뮬레이션을 수행하고 Command window에서 아래 명령어를 수행하여 uncoded BER curve를 그리시오. 결과 그래프를 캡처하여 보이시오.

```
>> figure
>> semilogy(EbN0dBvector,uncodedBER)
>> grid
```

🖫 **4.B.** 아래 박스와 같이 문제 4.A의 m-file을 조금만 수정하면, 'enc()'를 인코더로 사용한 경우에 대한 coded BER Simulation m-file을 작성할 수 있다.

```
clear
randn(1,XXX); % XXX=학번 끝 세자리, 내용과 상관없는 부분, 그러나 꼭 추가 할 것.
DataBitSize=1000;
coderate=1/2;
Eb=1; %코딩 전 데이터 비트 에너지를 1로 설정.
Eb_coded=Eb*coderate;  %채널 심벌(encoder 출력의 비트)의 에너지.
EbN0dBvector=0:1:8;
for snri=1:length(EbN0dBvector)
   EbN0dB=EbN0dBvector(snri);
   EbN0=10^(EbN0dB/10);
   N0=Eb/EbN0;
   BitErrNum=0;
   TotalBits=0;
   while BitErrNum<100
       DataBits=(rand(1,DataBitSize)>0.5);
       EncodedBits=enc(?);
       ChannelSymbols=sqrt(Eb_coded)*(2*EncodedBits-1);
       r=ChannelSymbols+sqrt(N0/2)*randn(1,length(ChannelSymbols));
       z=r>0; %경판정을 위한 부분
       DecodedBits=?(?);
       BitErrs=sum(DataBits~=DecodedBits);
       BitErrNum=BitErrNum+BitErrs;
       TotalBits=TotalBits+DataBitSize;
   end
   CodedBER(snri)=?/?
end
```

4.B1. 수정되거나 새로 추가된 라인에 대해 알아보자.

채널을 통해 수신된 심벌을 "채널 심벌"이라 한다. 'Eb'는 데이터 비트의 에너지, 'Eb_coded'는 채널 심벌의 에너지를 의미한다. 변수 'Eb_coded', 'ChannelSymbols', 'r'은 순차적으로 생성된다. 이러한 과정에서 다음과 같은 사실을 알 수 있다.

- 채널 심벌은 encoder 출력에 해당한다.

- 예를 들면, 채널 심벌의 에너지는 'Eb'가 아닌 'Eb_coded'로 BPSK 변조된다.

'Eb_coded = Eb*coderate;'을 보면 'Eb_coded'는 code rate 만큼 줄어든 'Eb'임을 알 수 있다. 실제 채널에 전송되는 심벌의 에너지를 code rate만큼 작게 설정해야 하는 이유를 설명하시오.

4.B2. ?에 적합한 함수이름 또는 변수를 채워 m-file을 완성하고 실행하시오. 완료되면 Command window에서 아래 박스의 명령어를 실행하시오. 만약 Simulation 시간이 너무 오래 걸린다면, 'EbN0dBvector'의 원소의 최대값을 적절히 줄이시오. 결과 그래프를 캡쳐하여 보이시오.

```
>> figure
>> semilogy(EbN0dBvector,CodedBER)
>> grid
```

4.B3. [그림 24.2]에 나타낸 인코더를 사용한 경우 즉, 'enc2()'를 인코더로 사용한 경우로 바꾸려면 4.B2에서 완성한 m-file의 어떤 라인(들)을 어떻게 수정해야 하는지 쓰시오.

4.B4. (a) [그림 24.3]에 나타낸 인코더를 사용한 경우 즉, 'enc3()'를 인코더로 사용한 경우로 바꾸기 위해 4.B2에서 완성한 m-file을 수정하시오. (b) 수정한 m-file을 실행하고, 실험으로 얻은 BER의 그래프를 그리시오. 실험으로 얻은 BER 그래프를 캡쳐하여 보이시오.

4.B5. (a) [그림 24.1]에 나타낸 인코더에 대해 연판정 디코딩을 수행하는 경우 즉, 'enc1()'를 인코더로 사용하고, 연판정 디코딩을 수행하는 경우로 바꾸려면 4.B2에서 완성한 m-file의 어떤 라인(들)을 어떻게 수정해야 하는지 쓰시오. (b) 수정한 m-file을 실행하고, 실험으로 얻은 BER 그래프를 캡쳐하여 보이시오.

4.C. 여러 가지 시스템의 BER 성능을 비교 비교해보자.

4.C1. Uncoded BER vs coded BER

(a) 코딩 하지 않고 얻은 BER(문제 4.A2를 통해 얻은 BER)과 함수 'enc()'-'dec()'(encoding은 'enc()'를 사용, decoding은 'dec()'를 사용)를 사용해 얻은 BER(문제 4.B2를 통해 얻은 BER)을 겹쳐 그리시오(아래참고).

(b) 동일한 BER을 달성하기 위한 SNR 차이를 coding gain이라 한다. (a)의 BER 곡선을 토대로, BER이 10^{-4}일 때 coding gain이 얼마인지 측정하여 쓰시오.

참고

당초 그림을 겹쳐 그리지 않고, 별개의 figure 윈도우에 그래프를 따로 그려 놓았을 경우, 다음의 절차에 따라 겹쳐 그릴 수 있다.
1) 복사하고자하는 BER figure window의 메뉴 아이콘에서 화살표 모양 클릭,
2) 복사하고자하는 BER 커브위에 마우스커서 올리고 좌 클릭하여 커브 선택, 우클릭하여 'copy'
3) 겹쳐서 그리고픈 figure window의 메뉴 아이콘에서 역시화살표 모양 클릭,
4) figure의 중앙에 마우스 위치한 후 우클릭하여 'paste'.
자세한 내용은 부록 8. Graphic manipulation을 참고할 것.

4.C2. 경판정 디코딩 방식 vs 연판정 디코딩 방식

(a) 문제 4.B5에서 연판정을 이용해 얻은 coded BER 곡선과 문제 4.B2에서 얻은 경판정을 이용해 얻은 coded BER 곡선을 겹쳐 그리시오. 겹쳐 그린 BER 곡선을 캡처하여 보이시오.
(b) (a)의 BER 곡선을 토대로, BER이 10−4일 때 연판정이 경판정에 비해 E_b/N_0를 얼마나 절약할 수 있는지 측정하여 쓰시오.

4.C3★. Code rate=1/2 vs Code rate=1/3

(a) 문제 4.B2와 4.B3의 m-file에서, 라인 'EbN0dBvector=0:1:6'을 'EbN0dBvector= 0:2:12'로 수정하자. 그런 다음 수정된 두 m-file을 실행하고, 실험을 통해 얻은 BER 그래프를 그리시오. PC 사양에 따라 10dB 이상의 결과는 실험시간이 오래 소요될 수 있음. 실험을 통해 얻은 두 coded BER 곡선을 겹쳐 그리시오. 결과 그림을 캡처하여 보이시오.
(b) 낮은 SNR 영역에서, 어떤 코드가 더 좋은 BER 성능을 가지는가? 높은 SNR 영역에서, 어떤 코드가 더 좋은 BER 성능을 가지는가? 이러한 특성의 BER 성능 결과가 나타나는 이유를 설명하시오.

4.C4★. free distance=3 vs free distance=5

(a) 문제 4.B4에서 얻은 Code rate=1/2, free distance=3인 환경의 coded BER 곡선과 문제 4.B2에서 얻은 Code rate=1/2, free distance=5인 환경의 coded BER 곡선을 겹쳐 그리시오. 결과 그림을 캡처하여 보이시오.
(b) 둘 중 어떤 코드가 더 좋은 BER 성능을 가지는가? 이유도 쓰시오.

5. AWGN 채널에서 Convolutional encoding된 문자 전송 실험

5.A. "실습 자료 파일"에서 coded_text_transmit.m을 여시오. 이 m-file의 동작은 아래와 같다. 해당라인을 보며 동작을 이해할 것.

- Step 1. (line 4) 데이터 비트열 DataBits(=어떤 텍스트메시지를 비트열로 변환한 것)을 Convolutional encoding하여 EncodedBits라는 송신 비트열로 바꿈. 주의사항: 현재 m-file은 Convolutional encoding을 수행하지 않은 경우에 해당하여, EncodedBits는 단순히 DataBits와 동일하게 설정되어 있음.
- Step 2. (line 6) 송신비트열 EncodedBits를 BPSK 변조(Bit '0'은 -1로, Bit '1'은 1로 변환)하여 AWGN 채널을 통과시킨 후 수신한 신호 벡터 r을 생성.
- Step 3. (line 7) r의 각 원소들을 BPSK 복조(부호에 따라 Bit '0'과 Bit '1'로 변환)하여 수신 비트열 (벡터) z를 생성.
- Step 4. (line 9) 수신 비트열 백터 z로부터, Convolutional decoding하여 복원한 데이터 비트열 DecodedBits을 생성. 주의사항: 마찬가지로 현재 m-file은 컨볼루션 부/복호화를 수행하지 않은 경우에 해당하므로, DecodedBits 는 단순히 z와 동일하게 설정되어 있음.
- Step 5. (line 12) 복원한 데이터 비트열을 텍스트메시지로 변환하여 명령 창에 출력.

위의 설명된 동작이 맞는지 해당 라인을 잘 숙지한 후, 첫 라인의 XX에 자신의 학번 뒷 2자리를 넣고 m-file을 실행하시오. 수신하여 복원한 텍스트메시지가 명령 창에 출력 될 것이다. 출력된 텍스트메시지를 캡쳐하시오.

5.B. 위의 캡쳐 결과를 바탕으로 현재 채널은 노이즈가 심각하게 큰 상황인지, 아니면, 문제가 되지 않는 상황인지 판단하시오.

5.C. 노이즈 환경에서도 문자를 안정적으로 전송하기 위해 Convolutional code를 사용해 보자. 이를 위해 "실습 자료 파일"에서 제공하는 m-file은 각각 다음과 같은 기능을 한다.

(1) enc_K2.m : Constraint length가 2인 Convolutional encoding 함수. enc_K2(xx)을 수행하면, 데이터 비트열 xx를 Convolutional encoding한 후 encoding된 비트열을 출력한다.

(2) enc_K3.m : Constraint length가 3인 Convolutional encoding 함수. enc_K3(xx)을 수행하면, 데이터 비트열 xx를 Convolutional encoding한 후 encoding된 비트열을 출력한다.

(3) dec_K2.m : enc_K2()로 encoding한 경우의, 경판정 Convolutional decoding 함수. 수신 비트열(BPSK복조 후) yy에 대하여 dec_K2(yy)을 수행하면, 해당 데이터 비트열을 출력한다.

(4) decSD_K2.m : enc_K2()로 encoding한 경우의, 연판정 Convolutional decoding 함수. 수

신 신호열(BPSK복조 전) ww에 대하여 decSD_K2(ww)을 수행하면 해당 데이터 비트열을 출력한다.

(5) dec_K3.m : enc_K3()로 encoding한 경우의, 경판정 Convolutional decoding 함수. 수신 비트열(BPSK복조 후) yy에 대하여 dec_K3(yy)을 수행하면, 해당 데이터 비트열을 출력한다.

(6) decSD_K3.m : enc_K3()로 encoding한 경우의, 연판정 Convolutional decoding 함수. 수신 신호열(BPSK복조 전) ww에 대하여 decSD_K3(ww)을 수행하면 해당 데이터 비트열을 출력한다.

5.C1. Convolutional encoding을 위해 line 4의 EncodedBits=DataBits;를 EncodedBits=AAA(BBB);로 수정하시오(m-file은 실행하지 말 것). 단, AAA를 적절할 함수 명으로, BBB를 적절한 변수 명으로 각각 바꾸어야 함. 수정된 라인을 보이시오.

5.C2. 명령 창에서 아래를 수행한 후 결과를 캡쳐하시오.

```
>> plot_rNz
```

5.C3. 문제 5.C2에서 캡쳐한 파형은 수신 신호열 r과 수신 비트 열 z의 각각 첫 30 샘플을 보인 것이다. 두 파형의 모양이 자신의 예상과 일치한다면, 그렇게 생각한 이유를 두 파형 각각에 대하여 쓰시오.

5.C4. Convolutional decoding을 위해 line 9의 DecodedBits=z;를 DecodedBits=CCC(DDD)로 수정하시오. 단, CCC를 적절한 함수 명으로, DDD를 적절한 변수 명으로 각각 바꾸어야 함. 수정된 라인을 보이고, 그렇게 수정한 이유를 간단히 쓰시오.

5.C5. 수정된 m-file을 실행 한 후 출력메시지를 캡쳐하시오. 일부라도 깨져 보이거나 철자가 잘못된 부분은 없는지 꼼꼼히 확인하시오, 에러가 나거나, 출력메시지가 완벽하지 않다면 AAA, BBB, CCC, DDD의 설정에 문제가 있음을 의미하므로 다시 설정해야함.

5.C6. 출력메시지가 에러없이 완벽하게 출력되었다면, 다음에 답하시오.

(a) 다음에 대하여 O,X로 답하시오.
"출력메시지가 에러없이 완벽하게 출력된 이유는 채널에서 노이즈가 줄어들었기 때문이다." O/X?

(b) "Convolution 부호를 쓰든 말든 간에 채널에서 더해지는 노이즈는 그대로 임"은 "coded_text_transmit.m의 어떤(?) 라인을 수정한 적이 없음"과 같은 말이다. (1) 해당라인을 찾아 쓰고, (2) 왜 '해당라인을 수정하지 않은 것이 노이즈를 그대로 두는 것'을 의미하는지 이유를 쓰시오.

PART IV 고급 디지털통신

>>> 25 CHAPTER Fading, Diversity and Combining

- 레일레이 페이딩 채널 (Rayleigh fading channel) 환경에서 BER 그래프를 실험으로 구하고 AWGN의 BER과 어떻게 달라지는지 알아본다.
- 다이버시티 (Diversity)의 개념을 이해한다.
- 다이버시티 (Diversity) 환경에서 여러 컴바이닝 (Combining) 기법의 성능을 실험을 통해 비교해본다.

1. 레일레이(Rayleigh) 페이딩 채널에서 판별변수 식 및 평균 BER 유도

주파수 비선택적(frequency nonselective) 페이딩(fading) 채널에서, 2차원 변조(QAM, MPSK등)된 심벌 s 에 대한 수신기 정합필터(matched filter) 출력의 샘플링 된 값 r을 복소평면의 좌표값(아래 참고)으로 나타내면 (식 25.1)과 같이 주어진다.

$$r = hs + n \tag{식 25.1}$$

여기서 h는 페이딩에 의한 신호 스케일링 계수(또는 '페이딩 계수')이다. s는 심벌의 복소 평면위의 좌표로서 심벌에너지 $E[|s|^2]$ 는 변수 E_s로 나타낸다. 마지막으로 n은 AWGN 성분으로 복소 가우시안 분포를 따르면, 실수 허수 각각 평균 0 분산 $N_0/2$인 독립 가우시안 분포를 따른다.

참고

본 장 포함 이후 교재에서는 2차원 변조심벌에 대한 수신 신호를 하나의 복소수로 나타낸다. Real 성분은 In-phase 기저대역신호의 matched filter 출력을 심벌 타이밍에서 샘플한 값을, Imag 성분은 Quadrature-phase 기저대역 신호의 matched filter의 출력을 심벌 타이밍에서 샘플한 값을 각각 나타낸다.

참고

본 교재의 21, 22, 23, 26, 27장처럼 수신 파형을 발생시키고 수신 파형으로부터 판별변수 생성과정까지를 BER simulation에서 포함하는 경우, 'waveform level simulation'이라 하고, 본 장처럼, 수신파형에서 심벌의 판별변수 생성과정은 생략하고 수식으로 유도된 판별변수에서 시작하여 BER simulation을 하는 경우 'decision variable level simulation' 이라고 한다.

1.A. 반사, 산란, 굴절 등에 의하여 송신신호 중 손실된 신호만 존재하는 NLOS (non-line of sight) 환경에서 수신된 신호의 확률밀도함수가 레일레이 분포를 가지는 무선 채널을 레일레이 페이딩 채널이라고 한다. 레일레이 페이딩 채널에서 페이딩 계수인 h는 복소 가우시안 분포를 따른다. 즉, $h=z+jy$ 로 주어지며 z, y는 각각 평균 0 분산 1/2인 독립 가우시안 분포를 따르는 실수이다. 아래에 ?를 채워 h를 생성하는 매트랩 문장을 쓰시오.

```
>>h=?*randn + ?*?*?
```

1.B. 페이딩 계수, h를 극형식(크기와 위상)으로 (식 25.2)와 같이 나타낼 수 있다.

$$h=|h|e^{j\angle h} \quad . \tag{식 25.2}$$

1.B1☆. 페이딩의 크기 $|h|$ 를 z, y로 나타내시오.

1.B2☆. z, y는 각각 평균 0 분산 1/2인 독립 가우시안 확률변수임을 이용하면, 1.B1의 식으로부터 $|h|^2$ 의 평균 즉, $E[|h|^2]$ 를 쉽게 구할 수 있다. $E[|h|^2]$ 를 구하시오.

1.C. 수신기에서는 다음과 같이 수신 신호 r을 h의 위상만큼 역회전하여 판별변수 D를 생성한다. 그 결과, 판별변수의 신호 성분 위상이 본래 심벌 s의 위상과 동일하도록 복원된다.

$$\begin{aligned} D &= re^{-j\measuredangle h} \\ &= (hs+n)e^{-j\measuredangle h} \\ &= (|h|e^{j\measuredangle h}s+n)e^{-j\measuredangle h} \\ &= |h|s+ne^{-j\measuredangle h} \end{aligned} \tag{식 25.3}$$

1.C1. 판별변수 D의 노이즈 성분 $ne^{-j\measuredangle h}$ 역시 n과 동일한 분포를 갖는 복소 가우시안 확률 변수가 된다(1.C7에서 다룸). 따라서 페이딩은 결과적으로, 판별변수 D에서 노이즈의 통계적 특성에는 영향을 미치지 않고 다만 신호의 크기를 $|h|$ 만큼 스케일링하는 효과를 가져온다. 복소 가우시안 확률변수의 원점에서 거리인 $|h|$ 는 (식 25.4)과 같은 레일레이 분포를 가지게 된다(아래 참고).

$$f_{|h|}(x)=\begin{cases} 2x\exp(-x^2) & x \geq 0 \\ 0 & x<0 \end{cases} \tag{식 25.4}$$

참고

페이딩 계수는 복소 가우시안 이지만, 페이딩에 의한 위상을 복원하면 신호성분의 크기가 레일레이 분포를 갖는 확률 변수로 스케일링 되므로 '레일레이 페이딩'이라 부른다.

Command window에서 다음 명령을 실행하여 (25.4)에 주어진 $f_{|h|}(x)$ 를 그리시오. 결과 그래프를 캡쳐하시오.

```
>> x=0:0.01:5;
>> f=2*x.*exp(-x.^2);
>> figure
>> plot(x,f)
```

1.C2. $c=|h|^2$ 이라 정의하자. 복소 가우시안 변수의 원점으로부터 거리의 제곱인 c는 (식 25.5)와 같이 exponential 분포를 따른다. $f_c(x)$의 그래프를 그리시오.

$$f_c(x)=\exp(-x) \qquad x\geq 0 \qquad \text{(식 25.5)}$$

Command window에서 다음 명령을 실행하여 (25.5)에 주어진 $f_c(x)$를 그리시오. 결과 그래프를 캡쳐하시오.

```
>>x=0:0.01:5;
>>f_c=exp(-x);
>>figure
>>plot(x,f_c)
```

1.C3☆. c의 평균 $E[c]=\int_{-\infty}^{\infty}(?)\times f_c(x)dx$와 같이 구할 수 있다. ?를 채우시오.

1.C4☆. (a) 1.C3의 공식을 이용하여 c의 평균을 계산하시오. (b) (a)의 답이 1.B2의 답과 일치함을 보이시오. 또한, MATLAB의 symbolic math(1장 2 절 참조)를 사용하여 (a)의 답을 검증하시오.

1.C5☆. 판별변수 D 의 신호성분의 순간 에너지는 $|(|h|s)|^2$ 이다. 따라서, 페이딩이 없을 때 (h가 1로 일정한 채널 상황) 신호성분의 에너지는 $|s|^2$ 이고, 이것은 통상, 변수 E_s로 표시한다. 페이딩이 있을 때 판별변수 D 에서 신호성분 평균 에너지는 $E[|h|^2|s|^2](=E[c|s|^2])$ 도 E_s와 동일함을 수식으로 보이시오.

1.C6☆. 문제 1.C5의 결과에 의하면, 레일레이 페이딩 채널에서 수신신호의 평균 심벌에너지와

AWGN 채널(아래 참고)에서 수신신호의 평균 심벌에너지가 동일함을 알 수 있다. 그렇다면 페이딩에 의해 BER은 증가할지 감소할지 아니면 동일할지 근거와 함께 추측해보시오.

참고

일반적으로 페이딩이 없을 때 즉, 항상 h=1인 채널을 'AWGN 채널' 이라 부른다

1.C7★. (식 25.3)에서 노이즈 성분 $ne^{-j\measuredangle h}$ 이 n과 동일한 분포를 갖는 복소 가우시안 확률변수임을 증명하시오.

1.D. 페이딩 환경에서는 (식 25.3)의 $|h|$ 는 상수가 아니라 (식 25.4)의 분포를 가지고 랜덤하게 바뀐다. (식 25.3)에 의하면 페이딩환경에서 순간적인 심벌에너지는 $|h|^2 E_s$ 즉, cE_s임을 알 수 있다. 따라서 BPSK 변조 심벌의 경우 순간적인 BER은 $Q(\sqrt{2cE_b(=E_s)/N_0})$ 이다. 아래 식과 같이 c는 확률변수이므로 순간 BER을 c에 대하여 평균을 취하여야 비로소 페이딩 환경에서 BER을 구할 수 있다.

$$BER_{fading} = E_c\left[Q\left(\sqrt{\frac{2cE_b}{N_0}}\right)\right] = E_c\left[0.5\left\{1-erf\left(\sqrt{\frac{cE_b}{N_0}}\right)\right\}\right] \quad \text{(식 25.6)}$$

1.D1. 아래의 과정은 매트랩의 symbolic math 기능(1장 문제 2 참조)을 이용하여 레일레이 페이딩 채널에서 BPSK의 평균 BER을 구하는 것이다. 모든 라인에 대한 설명을 다음의 지침에 따라 작성하시오.

(지침1) '='이 있는 라인 : '=' 왼쪽 변수의 목적(용도), '=' 오른쪽 수식이 왼쪽 변수의 목적(용도)에 왜 부합하는지 그 이유를 쓰시오.

(지침2) '='이 없는 라인 : 명령어에 대한 설명과 이 명령을 왜 수행하는지 설명.

```
clear
randn(1,XXX); % XXX=학번 끝 세자리, 내용과 상관없는 부분, 그러나 꼭 추가 할 것.
syms c EbN0
instantBER=0.5*(1-erf(sqrt(c*EbN0)));
BER_fading=int(instantBER*exp(-c),c,0,inf);
pretty((BER_fading))
```

1.D2. (식 25.6)의 우변을 수식 유도하면 아래와 같다. 1.D1의 symbolic math의 결과를 보이고 아래와 일치하는지 확인하시오.

$$P_e = \frac{1}{2}\left(1 - \sqrt{\frac{E_b/N_0}{1+E_b/N_0}}\right) \quad \text{(식 25.7)}$$

1.D3. 1.D1의 m-file의 2번째 라인을 'syms c EbN0 positive' 로 수정하자. 여기서 positive는 symbolic 변수가 아니고 symbolic 변수인 'c', 'EbN0' 가 양수라는 조건을 나타내기 위해 사용된 매트랩 키워드이다. 수정된 m-file을 실행하고, 이제 위의 이론식과 일치하는지 보이시오. 1.D2의 결과와 다른 이유를 쓰시오(아래참고)

참고

매트랩의 symbolic math를 사용할 때, 사용되는 symbol들의 조건(positive, real 등)이 있는 경우라면 syms 선언할 때 마지막에 이를 표시하여야 정확한 답을 신속히 얻을 수 있다. 아무표시도 없는 경우는 선언된 심벌들을 복소수로 간주하여 답을 구하지 못하는 경우가 많다.

2. 레일레이 페이딩환경에서 BER 실험

2.A. 아래는 레일레이 페이딩 환경에서 BPSK 변조방식의 BER을 실험하는 m-file이다.

```
clear
randn(1,XXX); % XXX=학번 끝 세자리, 내용과 상관없는 부분, 그러나 꼭 추가 할 것.
EbN0dB_vector=0:2:20;
Eb=1; % 아래 s 생성 라인으로부터 Eb=1인 이유를 설명할 것

for snr_i=1:length(EbN0dB_vector)
    EbN0dB=EbN0dB_vector(snr_i);
    EbN0=10.^(EbN0dB/10);
    N0=Eb/EbN0;
    sym_cnt=0;
    err_cnt=0;
    while err_cnt<500
        s=sign(rand-0.5);
        h=sqrt(1/2)*(randn+j*randn);
        n=sqrt(N0/2)*(randn+j*randn);

        r=?*s+?;

        D=r*exp(-j*angle(h));
        s_hat=sign(D);
        if ?
            err_cnt=err_cnt+1;
```

```
        end
        sym_cnt=sym_cnt+1;
    end
    BER(snr_i)=err_cnt/sym_cnt
end
figure
semilogy(EbN0dB_vector, BER)
xlabel('E_b/N_0 [dB]')
ylabel('BER')
grid
```

2.A1. (a) 세 군데 굵은 글씨로 표시된 부분에 대하여 그렇게 작성된 이유를 쓰시오. (b) 모든 ?를 적절히 채워 m-file을 완성하여 보이시오. 또, 모든 라인에 대한 설명을 다음의 지침에 따라 작성하시오.

(지침1) '='이 있는 라인 : '=' 왼쪽 변수의 목적(용도), '=' 오른쪽 수식이 왼쪽 변수의 목적(용도)에 왜 부합하는지 그 이유를 쓰시오.

(지침2) '='이 없는 라인 : 명령어에 대한 설명과 이 명령을 왜 수행하는지 설명.

2.A2. 라인 'h=sqrt(1/2)*(randn+j*randn);'을 while loop 앞에 위치하도록 수정하면 안되는 이유에 대해 설명하시오.

2.A3. 만약 라인 'h=sqrt(1/2)*(randn+j*randn);'을 while loop 앞에 위치하도록 수정하면 BER 결과는 어떤 의미를 지니게 되는가?

2.B. 2.A의 완성된 m-file을 수행하여 얻은 BER 결과 그래프를 캡쳐하여 보이시오.

2.C. 2.B의 BER 결과가 모두 1임을 확인하자. 이것은 라인 's_hat=sign(D);'이 잘못된 문장이기 때문이다. 바로잡기 위해서는 's_hat=sign(real(D));'로 해야 한다. 판별변수 'D'에 포함된 신호성분은 'abs(h)*sqrt(Eb)' 또는 'abs(h)*(-sqrt(Eb))' 이므로 이미 실수이다. 그럼에도 불구하고 'D'의 실수부를 취한 후 부호를 취해야하는 이유를 설명하시오.

2.D. 라인 's_hat=sign(D);' 을 's_hat=sign(real(D));' 으로 수정한 후 m-file을 수행하시오. BER 결과 그래프를 캡쳐하여 보이시오.

2.E. 레일레이 페이딩 채널에서 BPSK 신호의 이론 BER은 (식 25.7)과 같이 주어진다. 아래의 명령을 command window에서 실행하여 이론치 BER을 문제 2.D의 실험 BER 그래프에 겹쳐 그리시오. 그림을 캡쳐하시오.

```
>>EbN0_vector=10.^(EbN0dB_vector/10);
>>BER_theory=0.5*(1-sqrt((EbN0_vector)./(1+EbN0_vector)));
>>hold on;
>>semilogy(EbN0dB_vector, BER_theory,'r')
>>legend('Rayleigh fading, Simulation', 'Rayleigh fading, Theory')
```

2.F. 자신의 실험 결과가 이론치와 일치하는지 확인하시오.

2.G. AWGN 채널과 레일레이 페이딩 채널에서 BPSK의 BER 성능을 비교해보자.

2.G1. AWGN 채널의 BPSK의 BER 이론식을 E_b/N_0에 대한 함수로 쓰시오.

2.G2. 아래 박스의 명령을 수행하여 AWGN 채널의 BPSK 이론치를 2.D와 2.E에서 얻은 BER 커브에 겹쳐 그리고 결과를 캡쳐하여 보이시오.

```
>>BER_AWGN=0.5*erfc(sqrt(EbN0_vector));
>>hold on;
>>semilogy(EbN0dB_vector, BER_AWGN,'g')
>>legend('Rayleigh fading, Sim', 'Rayleih fading, Theory', 'AWGN')
>>axis([0 20 1e-6 1])
```

2.H. Fading 채널과 AWGN채널의 각 BER 곡선 모양의 차이점은 무엇인가? BER 커브의 순간 기울기, E_b/N_0 증가에 따른 BER 성능차이, 이 두 가지 관점에서 비교 서술하시오.

2.I. 문제 2.H의 비교 결과가 문제 1.C6의 자신의 추측과 일치하는가?

2.J★. 2.D에서 완성한 m-file을 아래와 같이 수정하여 페이딩 환경에서 QPSK 변조방식의 BER 실험을 하고자 한다.

```
clear
randn(1,XXX); % XXX=학번 끝 세자리, 내용과 상관없는 부분, 그러나 꼭 추가 할 것.
EbN0dB_vector=0:2:20;
Eb=1;
for snr_i=1:length(EbN0dB_vector)
   EbN0dB=EbN0dB_vector(snr_i);
   EbN0=10.^(EbN0dB/10);
   N0=Eb/EbN0;
   sym_cnt=0;

   err_cnt=0;
   while err_cnt<500
```

```
        s=sqrt(Eb)*sign(rand-0.5)+j*sqrt(Eb)*sign(rand-0.5);
        h=sqrt(1/2)*(randn+j*randn);
        n=sqrt(N0/2)*(randn+j*randn);
        r=h*s+n;
        D=r*exp(-j*angle(h));
        s_hat=sign(real(D));
        s_hat2=sign(imag(D));
        if sign(real(s)) ~= s_hat
          err_cnt=err_cnt+1;
        end
        if sign(imag(s)) ~= s_hat2
          err_cnt=err_cnt+1;
        end
        sym_cnt=sym_cnt+2;
    end
    BER(snr_i)=err_cnt/sym_cnt
end
figure
semilogy(EbN0dB_vector, BER)
xlabel('E_b/N_0 [dB]')
ylabel('BER')
grid
```

2.J1. 굵은 글씨로 표시된 부분이 이전 BPSK BER 실험을 위한 m-file에서 새롭게 수정된 부분이다. 수정된 라인에 대한 설명을 다음의 지침에 따라 작성하시오.

(지침1) '='이 있는 라인 : '=' 왼쪽 변수의 목적(용도), '=' 오른쪽 수식이 왼쪽 변수의 목적(용도)에 왜 부합하는지 그 이유를 쓰시오.

(지침2) '='이 없는 라인 : 명령어에 대한 설명과 이 명령을 왜 수행하는지 설명.

2.J2. m-file을 실행하고 BER 결과를 보이시오.

2.J3. 얻어진 QPSK BER을 2.E의 BPSK BER 결과와 비교하시오. 전산실험의 오차를 감안하면 두 BER 곡선은 거의 일치하게 된다. 이유를 쓰시오.

3. Diversity

페이딩 채널에서 BER이 크게 증가한 요인을 직관적으로 설명하자면, 순간 심벌에너지를 결정하는 c의 분포로부터 유추할 수 있다. 페이딩에 의해 순간 심벌에너지는 0에서 무한대까지 큰 폭으로 변하게 되는데, $Q(\sqrt{x})$ 그래프는 x에 대하여 지수적으로 감소하므로, c가 1보다 작은 값을 갖는 경우 BER은 역으로 큰 값으로 증가하게 된다. c가 1보다 클 때 BER 감소폭에 비해 c가 1보다 작을 때 BER의 증가폭이 현저하게 크므로 결국 평균 BER은 증가하게 된다.

페이딩 채널에서 BER 성능을 향상시키기 위해서는 순간 심벌에너지가 작은 값을 가질 확률을 줄여야 한다. 이를 위한 방법으로 Diversity 기술이 사용된다. Diversity란 동일한 채널 심벌이 수신기에 여러 경로를 통해 수신되는 것을 의미한다. 이러한 Diversity는 다음과 같은 상황에서 얻을 수 있다.

1) 다중 송수신 안테나를 이용하여 동일한 심벌을 복수개의 안테나에서 전송 및 수신
2) 다중 경로 채널에서 동일한 송신신호를 여러 경로를 통해서 수신
3) 기타, 수신기가 분리 가능 할 신호 조합을 이용하여, 동일 심벌을 분리 가능한 복수개의 신호에 전송

이와 같은 Diversity 환경에서는 동일한 심벌이 서로 동일하지 않은 페이딩 계수가 곱해져서 수신된다. 페이딩 계수가 곱해져 수신되는 각각의 신호들을 다이버시티 branch라고 부른다. branch의 개수를 Diversity order(다이버시티 차수)라고 부른다.

본 실습에서는 다음과 같은 Diversity order 가 L인 페이딩 환경을 고려해 보자. L개의 다이버시티 branch가 있고, 하나의 송신 신호 s에 대하여 L개의 수신 신호 $r(1),\ r(2),\cdots,\ r(L)$ (식 25.8)와 같이 주어진다.

$$r(1)=h(1)s+n(1),\ r(2)=h(2)s+n(2),\ \dots\ ,\ r(L)=h(L)s+n(L) \qquad \text{(식 25.8)}$$

위에서 $h(1),\ h(2),\cdots,\ h(L)$은 문제 1.A에서 발생한 h와 동일한 분포를 가지며 서로 독립이라 가정하자. $n(1),\ n(2),\cdots,\ n(L)$은 (식 25.1)에서의 n과 동일한 분포를 가지며 서로 독립이다. 송신 신호 s는 $\sqrt{E_s/L}$ 또는 $-\sqrt{E_s/L}$ 값을 0.5의 확률로 갖는 BPSK 신호이다.

3.A☆. 송신 신호 s를 $\sqrt{E_s/L}$ 또는 $-\sqrt{E_s/L}$로 놓는 이유는, 페이딩 없는 상황에서 L개의 수신 신호에서 데이터 심벌의 '총'에너지가 E_s가 되도록 설정하기 위함이다. 페이딩이 없고($h(1)=h(2)=\dots=h(L)=1$) 노이즈가 없을 때 ($n(1)=n(2)=\dots=n(L)=0$) 수신신호의 총 에너지($|r(1)|^2+|r(2)|^2+\dots+|r(L)|^2$)를 데이터 심벌의 총에너지라 볼 수 있다. 한편, 페이딩도 없고 노이즈도 없기 때문에 $r(k)=s(k)$가 된다. 종합하여, 데이터 심벌의 총에너지 $|r(1)|^2+|r(2)|^2+\dots+|r(L)|^2$ 가 E_s임을 보이시오.

4. Combining 기법

본 문제에서는 L개의 branch를 갖는 Diversity 환경에서, L개의 수신 신호를 어떤식으로 결합(Combining)하여 판별변수를 생성하는지에 관해 학습한다. 3가지 대표적인 Combining 방법을 구현하고 성능을 분석한다.

1) Selection diversity combining
2) Equal gain combining
3) Maximum ratio combining

일반적으로 페이딩 채널에서는 수신기에서 각 branch의 페이딩 계수 $h(1), h(2), ..., h(L)$를 정확히 안다고 가정한다. 실제 환경에서 페이딩 계수는 오랜 심벌기간동안 변하지 않는 경우가 많으므로, 파일럿과 같은 신호를 이용하여 그 값을 정확하게 측정할 수 있기 때문이다. 본 문제에서도 수신기에서는 페이딩 계수 $h(1), h(2), ..., h(L)$ 값을 알고 있다고 가정한다.

4.A. Selection Diversity Combining(SDC)

SDC 에서는 아래와 같이 페이딩 계수의 크기가 가장 큰 Branch의 r값을 선택하여 판별변수 D를 생성한다. 나머지 Branch의 r값은 사용하지 않는다.

$$\begin{aligned} &\text{Step1}: k_{best} = \arg max_k |h(k)| \\ &\text{Step2}: D = r(k_{best}) e^{-j\measuredangle h(k_{best})} \end{aligned} \quad (\text{식 } 25.9)$$

🖫 4.A1. 아래의 m-file은 Diversity order L(=branch의 수)이 3개일 때, Selection Diversity Combining을 적용한 경우, BER을 simulation 한 것이다. ?을 적절히 채워 완성하고 굵은 글씨로 표시된 모든 라인에 대한 설명을 다음의 지침에 따라 작성하시오.

(지침1) '='이 있는 라인 : '=' 왼쪽 변수의 목적(용도), '=' 오른쪽 수식이 왼쪽 변수의 목적(용도)에 왜 부합하는지 그 이유를 쓰시오.

(지침2) '='이 없는 라인 : 명령어에 대한 설명과 이 명령을 왜 수행하는지 설명.

```
clear
randn(1,XXX); % XXX=학번 끝 세자리, 내용과 상관없는 부분, 그러나 꼭 추가 할 것.
EbN0dB_vector=0:3:15;
Eb=1;
L=3;
for snr_i=1:length(EbN0dB_vector)
    EbN0dB=EbN0dB_vector(snr_i);
    EbN0=10.^(EbN0dB/10);
```

```
    N0=Eb/EbN0;
    sym_cnt=0;
    err_cnt=0;
    while err_cnt<100 %총에러개수(현재100)를 증가하면 정확도 증가, 시간 증가.
        b=sign(rand-0.5);  %BPSK symbol {1,-1}
        s=sqrt(Eb/L)*b;
        for k=1:L
            h(k)=sqrt(1/2)*(randn+j*randn);
            n(k)=sqrt(N0/2)*(randn+j*randn);
            r(k)=?*s+?;
        end

        [T1 T2]=max(?);% 아래참고
        D=r(?)*exp(-j*angle(h(?)));

        b_hat=sign(real(D));
        if b_hat~=b;
            err_cnt=err_cnt+1;
        end
        sym_cnt=sym_cnt+1;
    end
    BER(snr_i)=err_cnt/sym_cnt
end
figure
semilogy(EbN0dB_vector, BER)
xlabel('E_b/N_0 [dB]')
ylabel('BER')
grid
```

참고

[T1 T2]=max(a);를 수행하면, T2는 벡터 a의 원소 중 가장 큰 값의 **위치(index)**가 된다.

4.A2. 위의 m-file을 수행하여 얻은 BER그래프를 그리시오. 그림을 캡쳐하여 보이시오.

4.A3. Diversity order L이 1, 5인 경우에 대하여 위의 m-file을 반복하여 수행하시오 얻어진 BER 커브를 4.A2의 그래프 위에 옮기시오(아래 참고). 마지막으로, 명령창에서 >>legend('L=1','L=3','L=5') 를 실행하고 그래프를 캡쳐하시오.

주의: 추후 BER 그래프가 다시 사용되므로 결과 figure를 확장자 .fig로 하여 'Ch25_4A3.fig'로 저장하시오.

참고

당초 hold on을 하여 그림을 겹쳐 그리지 않고, 별개의 figure 윈도우에 그래프를 따로 그려 놨을 경우, 다음의 절차에 따라 겹쳐 그릴 수 있다.
1) 복사하고자 하는 BER figure window의 메뉴 아이콘에서 화살표 모양 클릭.
2) 복사하고자 하는 BER 커브 마우스 좌 클릭하여 커브 선택, 우클릭하여 'copy'
3) 겹쳐서 그리고픈 figure window의 메뉴 아이콘에서 화살표 모양 클릭.
4) figure의 중앙에 마우스 위치한 후 우클릭하여 'paste'.

4.A4. (a) Diversity order L이 증가함에 따라 BER이 어떻게 바뀌는지 쓰시오. 증감뿐만 아니라 BER 커브의 기울기의 변화도 언급할 것. 결과에 대한 직관적인 해석도 추가하시오. (b) 낮은 SNR 영역에서는 L이 증가함에 따라 BER이 왜 오히려 약간 증가하는지 설명하시오.

4.B. Equal gain combining

Equal gain combining (EGC) 에서는 아래와 같이 페이딩 계수의 크기와 상관없이 $r(1), r(2), \ldots, r(L)$ 값을 모두 다 더하여 판별변수로 사용한다. 다만 더하기 전에 각 branch의 페이딩에 의한 위상을 보상한다. 아래 식은 EGC의 판별변수 D를 수식으로 나타낸 것이다.

$$D = \sum_{k=1}^{L} r(k) e^{-j\measuredangle h(k)} \qquad \text{(식 25.10)}$$

4.B1.

(a) 4.A1에서 작성한 m-file에서 라인 `'D=r(?)*exp(-j*angle(h(?)));'`을 (식 25.10)에 맞게 `'D=sum(r.*exp(-j*angle(h)));'`로 수정하여 EGC BER simulation 파일을 완성하시오. 완성된 m-file을 보이시오.

(b) Fading 계수 값이 $h_1 = 2, h_2 = j, h_3 = -3j$ 일 때, 수신신호 $r_1 = 2+j, r_2 = -4+3j$, $r_3 = 3-j$이다. 이때의 판별변수 D=6+8j가 됨을 보이시오. MATLAB 함수를 이용하지 말고 직접 계산하여 증명하시오.

4.B2. `'EbN0dB_vector=0:3:15'` 를 `'EbN0dB_vector=0:3:12'`로 수정하고, 'L'=1, 3, 5인 경우 각각에 대하여 m-file을 수행하여 BER그래프를 겹쳐 그리시오. 마지막으로, Command window에서에서 `'>> legend('L=1','L=3','L=5')'` 를 실행하고 그래프를 캡처하여 보이시오. 주의: 추후 BER 그래프가 다시 사용되므로 결과 figure를 확장자 .fig로 하여 `'Ch25_4B2.fig'`로 저장하시오.

4.B3. L이 증가함에 따라 BER이 어떻게 바뀌는지 쓰시오. 증감뿐만 아니라 BER 커브의 기울기의 변화도 언급할 것.

4.B4. 4.B2의 EGC의 BER그래프와 4.A3의 SDC의 BER 그래프와 비교해보자. 쉬운 비교를 위해

6개의 BER 곡선을 한 개의 figure 창에 모두 겹쳐 그리시오. 동일한 L에 대하여 두 컴바이닝 방법의 상대적인 BER성능과 BER 커브 기울기를 비교하고 결과를 쓰시오 .

4.C. Maximum ratio combining

Maximum ratio combining (MRC)에서는 EGC와 동일하게 위상이 보상된 $r(1), r(2), ..., r(L)$ 값을 모두 다 더하여 판별변수로 사용한다. 차이점은 더하기 전에 각 $r(k)$에 해당 branch의 페이딩 계수의 크기(=$|h(k)|$)에 비례하는 가중치를 곱한다. 아래 식은 MRC의 판별변수 D를 수식으로 나타낸 것이다.

$$D = \sum_{k=1}^{L} |h(k)| r(k) e^{-j\angle h(k)} \qquad \text{(식 25.11)}$$

4.C1☆. (식 25.11)이 다음과 같음을 보이시오.

$$D = \sum_{k=1}^{L} h^*(k) r(k) \qquad \text{(식 25.12)}$$

4.C2. 4.A1에서 작성한 m-file에서 라인 `'D=r(?)*exp(-j*angle(h(?)));'`을 (식 25.12)에 맞게 `'D=sum(conj(?).*?);'`로 수정하고 적절히 완성하시오. 완성된 라인을 보이시오.

4.C3. EGC 방식에서와 같이 `'EbN0dB_vector=0:3:15'`를 `'EbN0dB_vector=0:3:12'`로 수정하고 L=1, 3, 5인 경우 각각에 대하여 4.C2의 m-file을 수행하여 BER그래프를 겹쳐 그리시오. 마지막으로, Command window에서 `'>> legend('L=1','L=3','L=5')'` 를 실행하고 그래프를 캡쳐하시오. 주의: 추후 BER 그래프가 다시 사용되므로 결과 figure를 확장자 .fig로 하여 `'Ch25_4C3.fig'`로 저장하시오.

4.C4. L이 증가함에 따라 BER이 어떻게 바뀌는지 쓰시오. 증감뿐만 아니라 BER 커브의 기울기의 변화도 언급할 것.

4.C5. 4.C3의 MRC의 BER 그래프와 4.B2의 EGC의 BER 그래프를 비교해보자. 쉬운 비교를 위해 4.B4에서 한 것과 같이 6개의 BER 곡선을 한 개의 figure 창에 모두 겹쳐 그리시오. 동일한 L에 대하여 두 컴바이닝 방법의 상대적인 BER성능과 BER 커브 기울기를 비교하고 결과를 쓰시오.

4.C6★. MRC(식 25.12)가 판별변수 D의 SNR을 최대화함을 수식으로 증명할 수 있다. 다음의 순으로 증명하시오.

- 식 25.12의 $h^*(k)$ 대신 $g(k)$라 놓고 식 25.1를 $r(k)$에 대입하여 정리하면 D를 신호성분과 노이즈 성분으로 나눌 수 있다. 신호 성분을 S_D라 하고 노이즈 성분을 N_D라 할 때, S_D와 N_D의 수식을 쓰시오.

- 위에서 구한 S_D와 N_D를 이용하여 D의 신호 대 잡음비 $\frac{|S_D|^2}{{\sigma_{N_D}}^2}$을 쓰시오.
- L=2 인 경우 $h(1)=2$, $h(2)=1$, $g^2(1)+g^2(2)=5$ 라고 하자. 위에서 구한 신호 대 잡음비를 최대화하는 $g(1)$, $g(2)$를 구하시오. (Hint. 코시 슈바르츠 부등식을 이용)
- L=2 인 경우, 일반적인 $h(1)$, $h(2)$에 대하여 신호 대 잡음비를 최대화하는 $g(1)$, $g(2)$를 구하시오.
- 일반적인 L의 경우 신호 대 잡음비를 최대화하는 $g(1)$, $g(2)$, $\cdots$, $g(L)$의 조건을 위의 과정의 답으로부터 유추하여 확장할 수 있다. $g(1)$, $g(2)$, $\cdots$, $g(L)$의 조건을 쓰시오.

4.D. 이제 세 개의 Combining 방식 간의 BER 성능 비교를 해보자.

4.D1. 실험에서 4.A3, 4.B2, 그리고 4.C3에서 생성한 figure창들을 닫았다면, 저장된 figure파일을 여시오. 9개의 BER 커브를 하나의 그래프에 겹쳐 그리시오. 구분을 쉽게 하기 위하여 SDC는 파란색, EGC는 초록색, MRC는 빨간색으로 BER 커브의 라인색을 변경하시오. 결과그림을 캡쳐하시오.

(a) 동일한 다이버시티 차수 L에서 가장 BER 성능이 좋은 방식은 무엇인가?

(b) L=5 일 때, SNR이 증가함에 따라 세 방식의 BER 성능 차이의 폭은 어떻게 바뀌는지 쓰시오.

4.D2. 식(25.9), 식(25.10), 식(25.12)에 주어진 세 가지 Combining방식의 판별변수 식을 토대로 구현 복잡도(구현용이성 측면)가 제일 낮은 방식과 높은 방식은 각각 무엇인가? 그 이유는?

4.E. Diversity 이득의 원인

4.E1. 세 가지 Combining 방식의 BER 그래프에서 L의 증가에 따른 BER 커브 변화의 공통적인 특징은 무엇이었나? 이러한 특징의 이유를 설명하시오.

4.E2. 4.C의 MRC 방식의 BER simulation m-file을 다시 열어 'L=5'로 설정하자. 그리고 'while' 내부의 'for' 문을 아래와 같이 변경하시오. 'h(k)'의 분포 자체는 변경전과 동일하다. 동일한 이유를 쓰시오.

```
hk=sqrt(1/2)*(randn+j*randn);
for k=1:L
   h(k)=hk;
   n(k)=sqrt(N0/2)*(randn+j*randn);
   r(k)=?*s+?;
end
```

4.E3. 변경된 m-file을 실행하여 얻은 BER 그래프를 캡쳐하시오.

4.E4. (a) 변경 전 m-file에 의한 BER 그래프와 4.E3의 BER그래프를 비교하시오. (b) 두 그래프 간의 현저한 차이에 대한 이유를 쓰시오. 즉, 같은 분포의 'h(k)'를 사용했음에도 변경 후의 m-file에서는 다이버시티 효과를 왜 얻지 못하는지 이유를 쓰시오.

4.E5. 4.E3, 4.E4의 결과를 토대로 할 때, 결국 다이버시티 이득을 최대화하기 위한 채널 이득 'h(1)', 'h(2)', ..., 'h(L)'의 통계적 조건은 무엇인지 쓰시오.

>>> 26 CHAPTER OFDM under AWGN Channel

- OFDM(Orthogonal Frequency Division Multiplexing) 신호 생성과 복조과정을 구현한다.
- BER 시뮬레이션 코드를 작성하여 AWGN 채널 환경에서 BER 성능을 확인한다.

1. Orthogonal complex sinusoid

1.A☆. "두 복소 신호 $x(t), y(t)$가 $\alpha \le t \le \beta$ 에서 서로 직교한다" 라는 명제를 수식으로 표현하시오. 즉, 직교하기 위한 조건식을 쓰시오. 실수신호가 아니라 복소 신호임을 유의하여 conjugate 표시를 포함하시오.

1.B☆. 아래 두 개의 complex sinusoid 신호 $a(t)$, $b(t)$가 $t_0 \le t \le t_0 + T$ 구간에서 서로 직교하기 위한 조건은 $\Delta f = n/T$ ($n=$ 자연수)임을 유도하시오.(아래 참고 내용 이용).

$$a(t) = A e^{j(2\pi f t + \theta_a)} \qquad \text{(식 26.1)}$$

$$b(t) = B e^{j\{2\pi(f+\Delta f)t + \theta_b\}}$$

참고

$e^{jx} = e^{jy} \;\Leftrightarrow\; e^{j(x-y)} = 1 \;\Leftrightarrow\; x - y = 2n\pi$, n은 정수

1.C. 1.B에서 구한 직교 조건식을 토대로,

1.C1☆. 길이가 T초인 신호구간에서 임의의 두 complex sinusoid가 직교하기 위해서는 두 complex sinusoid의 최소 주파수(Hz) 간격이 $1/T$임을 보이시오.

1.C2☆. 문제 1.C1에 따르면, 두 신호의 길이(적분 구간 T)가 증가하면 직교를 위한 최소 주파수 간격은 어떻게 변하는가?

1.D☆. 식 (26.1)에서 $a(t)$, $b(t)$의 주파수 간격이 직교를 위한 최소값이라 하자. 즉, $\Delta f = 1/T$이라 하자. 그렇다면, 시간축에서 각각 τ_a, τ_b초 지연된 신호 $a(t-\tau_a)$, $b(t-\tau_b)$는 $t_0 \le t \le t_0 + T$ 구간에서 여전히 직교가 됨을 증명하시오.

2. OFDM 신호 생성

2.A. OFDM이란 아래와 같이 복수개의 일정한 주파수 간격의 complex sinusoid를 이용하여 2차원 변조심벌(MPSK, QAM등)을 병렬로 동시에 보내는 전송방식을 말한다.

$$x(t) = \sum_{k=0}^{N_C-1} s(k) \frac{e^{j2\pi k f_\Delta t}}{\sqrt{T}}, \ 0 \le t \le T \qquad \text{(식 26.2)}$$

위에서 complex sinusoid $\frac{e^{j2\pi k f_\Delta t}}{\sqrt{T}}$에 하나의 심벌 $s(k)$가 곱해져 전송되므로 complex sinusoid $\frac{e^{j2\pi k f_\Delta t}}{\sqrt{T}}$를 서브캐리어(subcarrier)라고 부른다.

- N_c는 사용된 서브캐리어의 수를 의미한다.
- T는 한 OFDM 신호의 길이(N_c개의 심벌이 동시에 전송되는 시간)이다.
- f_Δ는 서브캐리어의 주파수 간격이다.
- $s(k)$는 k번째 서브캐리어에 실려 전송되는 심벌이다.

2.A1☆. 병렬로 전송되는 심벌들이 수신기에서 서로 간섭없이 복조되기 위해서는 각각의 서브캐리어(complex sinusoid)가 서로 직교신호가 되어야 한다. OFDM신호는 같은 길이의 서브 케리어들이 더해진 형태이므로 서브케리어의 신호 길이 역시 T임을 알 수 있다. OFDM 신호 $x(t)$가 최소의 대역폭을 가지면서 서브캐리어들이 서로 직교가 되기 위해서는 서브캐리어 주파수 간격 f_Δ는 $1/T$임을 보이시오.

2.B. 시스템 변수 설정

다음과 같은 OFDM 시스템을 고려하자

- 변조방식: QPSK
- OFDM 심벌 길이(주기) $T = 10^{-4}$ sec
- 채널: AWGN (Additive White Gaussian Noise) 채널. 다중경로채널은 다음 장에서 다룸.
- 서브캐리어 (subcarrier) 개수 N_c=16

2.B1☆. 서브캐리어 간 직교를 위한 서브캐리어 최소 주파수 간격 f_Δ을 계산하시오.

2.B2☆. 2.B1에서 답한 최소 주파수 간격 f_Δ을 (식 26.2)에 대입하면, 가장 높은 주파수를 갖는 서브캐리어의 주파수는 $(N_c-1)/T$ 임을 보이시오.

2.B3☆. (식 26.2)의 파형을 매트랩에서 샘플 벡터로 생성하고자 한다. 샘플간격을 't_step'이라 하자. 따라서, 샘플링 주파수는 '1/t_step'와 같다. OFDM 신호의 대역폭(문제 3에서 다룰 예정)을 N_c/T로 근사화하고 Nyquist sampling 이론을 적용하면 't_step'의 최대 가능한 값은 T/N_c임을 보이시오. 최소 가능한 샘플링주파수로부터 구하면 됨(아래참고).

참고

Nyquist 샘플링 주파수이론에 따르면, 샘플링 주파수(=1/t_step)는 샘플링하여 만들고자 하는 복소신호의 대역폭보다 커야한다

2.C. (식 26.2)의 OFDM 신호의 샘플링 파형을 매트랩 벡터로 만들어 보자.

2.C1. 샘플간격을 최대로 설정하자. 즉 't_step'$=T/N_c$ 로 잡자. 이렇게 설정하면 OFDM 심벌당 샘플 수는 서브캐리어 개수와 동일하게 됨을 보이시오.

2.C2. 아래는 3번째('k'=2, 'k'는 0부터 시작하는 정수이므로) 서브캐리어 $1/\sqrt{T}e^{j2\pi k(=2)f_\Delta t}$의 샘플링 된 벡터를 생성하는 과정이다. ?를 채우시오.

```
>>k=2;
>>Nc=16;T=10e-5;
>>f_delta=1/?;
>>t_step=T/Nc;
>>t_vector=0:t_step:(T-t_step) %or t_vector=t_step*(0:Nc-1)
>>sub_carrier=1/sqrt(T)*exp(j*2*pi*?*?*t_vector);
```

2.C3. 아래를 마저 실행하여 결과 그래프를 캡쳐하여 보이시오. 결과 그래프로부터, 3번째 서브캐리어가 제대로 발생되었는지 아닌지 설명하시오. 그래프로부터 주파수, 실수부와 허수부의 위상을 관찰하고 식(= $1/\sqrt{T}e^{j2\pi k(=2)f_\Delta t}$)에 맞는지 확인할 것.

```
>>figure
>>plot(t_vector, real(sub_carrier))
>>hold on
>>plot(t_vector, imag(sub_carrier),'r')
>>hold off
```

🖫 2.C4. 아래는 2.B에 주어진 시스템 변수에 맞게 (식 26.2)의 OFDM 신호 $x(t)$의 샘플된 파형을 매트랩 벡터 'xt'로 생성하는 m-file이다. ?를 채워 완성한 m-file을 보이시오.

```
clear
randn(1,XXX); % XXX=학번 끝 세자리, 내용과 상관없는 부분, 그러나 꼭 추가 할 것.
Nc=16;T=10e-5;
f_delta=1/T;
t_step=T/Nc;
t_vector=0:t_step:(T-t_step) % or t_vector=t_step*(0:Nc-1)

for k=0:(Nc-1)
    k_th_subcarrier=1/sqrt(T)*exp(j*2*pi*k*f_delta*t_vector);
    subcarrier_matrix(k+1,:)=k_th_subcarrier;
    %OFDM변복조에 사용하기위해 서브캐리어들을 subcarrier_matrix의 행들로  순서대로 저장.
end

s_vector=sign(rand(1,Nc)-0.5)+j*sign(rand(1,Nc)-0.5);
%Nc 개의 QPSK 심벌

xt=zeros(1,length(t_vector));
for k=0:(Nc-1)
   s_k=s_vector(k+1);
   k_th_subcarrier=subcarrier_matrix(k+1,:);
   xt=xt+ ?*k_th_subcarrier ; % (식 26.2) 참고
end
xt
```

2.C5 위 m-file을 수행하여 만든 'xt'를 보이시오

2.C6. 아래를 수행하여 결과를 캡쳐하시오. $[s(1)\, s(2),...s(N_c)]$에 IFFT 수행한 결과와 $\frac{\sqrt{T}}{N}x(t)$와 같음을 확인하시오. 그렇다면, $x(t) = ? \times IFFT[s(1), s(2), ..., s(N_C)]$로 결론지을 수 있다. ?를 채우시오.

```
>>ifft(s_vector)
>>sqrt(T)/Nc*xt
```

🖫 2.C7. 2.C6의 결론을 이용하면, 2.C4의 m-file을 아래와 같이 간단히 고칠 수 있다. ?를 채우시오

```
clear
randn(1,XXX); % XXX=학번 끝 세자리, 내용과 상관없는 부분, 그러나 꼭 추가 할 것.
Nc=16;T=10e-5;
f_delta=1/T;

s_vector=sign(rand(1,Nc)-0.5)+j*sign(rand(1,Nc)-0.5);
xt=?*ifft(?)
```

2.C8. 2.C7에 따르면 OFDM의 신호를 생성하기 위해서는, (식 26.2)에 충실하게 서브캐리어를 모두 생성하고 각각에 해당 심벌들을 곱하여 더하는 방법보다는, 단순히 심벌 스트림에 사이즈가 ?인 IFFT를 취하고 적절히 스케일링하면 된다. ?를 채우시오.

2.C9★. 다음의 문항을 통해, 실제로 $[s(1)\,s(2),...s(N_c)]$에 IFFT 수행한 결과는 $[s(1)\,s(2),...s(N_c)]$를 OFDM변조한 후 $\frac{\sqrt{T}}{N}$를 곱한 것 즉, $\frac{\sqrt{T}}{N}x(t)$와 같음을 확인하시오.

(a) OFDM 샘플벡터 'xt'의 n번째 샘플 즉, 'xt(n)'을 수식으로 표현하시오.
참고: 'xt'는 식 (26.2)의 x(t)를 샘플링한 것이고 샘플 간격 tstep= T/Nc 이므로 n번째 샘플 'xt(n)'는 식 (26.2)의 x(t)에 t=(n−1)T/Nc 를 대입한 것과 같다.

(b) MATLAB 명령창에서 '>> help ifft'를 실행하여 IFFT 출력의 수학적인 표현을 정확히 파악하시오. $[s(1)\,s(2),...s(N_c)]$에 IFFT 수행하였을 n번째 출력은 (a)에서 표현한 'xt(n)'에 $\frac{\sqrt{T}}{N}$를 곱한 것과 같음을 보이시오.

3. OFDM 신호의 대역폭 효율

3.A. 먼저, 기존의 단일 반송파(single carrier) 방식을 고려하자. 데이터 심벌(변조된 심벌)율을 R_s라 하자.

3.A1☆. 심벌 주기(길이)는 얼마인가? R_s의 함수로 쓰시오

3.A2☆. Roll-off factor가 α인 Raised cosine pulse로 펄스성형 하였다고 가정하자. (a) 통과대역(캐리어 신호를 곱한 후) 신호의 스펙트럼을 스케치하시오. (b) 대역폭(양의 주파수 영역의 스펙트럼의 양끝 거리)은 얼마인가? R_s와 α의 함수로 쓰시오.

3.B. 서브캐리어가 N_c 개인 OFDM 방식을 고려하자. 공정한 비교를 위해 데이터 전송속도(데이터 심

벌율)를 단일 반송파와 동일하게 R_s라 놓고 아래에 대해 답하시오.

3.B1☆. OFDM의 한 심벌 주기 T는 단일 반송파의 심벌주기의 N_c 배로 늘어난다. 이유를 설명하시오. OFDM 한 심벌에서 동시에 보내는 데이터 심벌수를 고려할 것.

3.B2☆. 3.A1과 3.B1로부터 OFDM의 한 심벌 주기 T는 N_c/R_s 이 됨을 보이시오.

3.B3☆. 서브캐리어 간 주파수 간격 f_Δ 은 R_s/N_c 임을 보이시오. 2.A1의 답 (**OFDM의 심벌주기와 주파수 간격의 관계식**)에 바로 위의 3.B2의 결과(**OFDM의 심벌주기**)를 대입하면 됨.

3.B4☆. OFDM 신호의 대역폭은 주파수대역에서 OFDM 스펙트럼이 차지하는 대역의 최대주파수와 최소주파수의 간격으로 계산할 수 있다. 따라서, 최소 서브캐리어 주파수와 최대 서브캐리어 주파수의 차이로 대역폭을 근사화할 수 있다. 그 값은 (Nc − 1)f_Δ = $\frac{N_C-1}{N_C}R_s$ 임을 보이시오.

3.B5☆. 다음을 답하시오

(a) 반송파수가 충분히 크다고 가정하면 3.B4에서 유도한 OFDM신호의 대역폭은 R_s로 근사화할 수 있음을 보이시오.

(b) OFDM신호의 대역폭(=R_s)과 3.A에서 유도한 단일 반송파 대역폭의 비를 구하시오.

(c) (b)의 수식을 토대로 OFDM과 단일반송파의 대역폭 효율 성능을 비교하시오.

4. OFDM 신호 복조

4.A☆. OFDM 신호 $x(t)$에 다음과 같은 연산을 수행함으로써 $s(n)$를 복원해 낼 수 있다. (식 26.2)의 $x(t)$를 대입하여 증명하시오.

$$s(n) = \int_0^T x(t)\frac{e^{-j2\pi n f_\Delta t}}{\sqrt{T}}dt \qquad \text{(식 26.3)}$$

4.B. (식 26.3)의 우변을 수치적분(2장 2.1을 참조)으로 구현하여 결과를 검증하자. 2.C4의 m-file이 수행되면 서브캐리어 $\frac{e^{j2\pi n f_\Delta t}}{\sqrt{T}}$의 매트랩 샘플 벡터는 '`subcarrier_matrix(n+1,:)`'에 저장됨을 알 수 있다. 아래 3줄의 명령어는 (식 26.3)의 우변을 수치적분으로 구해 $s(n)$(=매트랩 변수 '`s_vector(n+1)`')을 복원하고 실제 '`s_vector(n+1)`'값과 비교하여 일치하는지 확인한다.

(a) 여러 가지 n 값에 대하여 아래를 수행하여 결과를 보이시오.

(b) 실제 원래의 $s(n)$에 해당하는 매트랩 변수 '`s_vector(n+1)`'랑 비교하여 결과가 제대로 된

것인지 답하시오.

주의: 2.C4의 m-file이 실행된 이후 워크스페이스가 clear되었다면, 2.C4의 m-file을 다시 실행한 후에 아래 명령을 수행하여야 함.

```
>>n=? ; %?=0부터 Nc-1까지의 값 선택
>>t_step*sum(xt.*conj(subcarrier_matrix(n+1,:)))
>>s_vector(n+1)
```

5. OFDM 신호 BER 실험

5.A. 일반적으로 OFDM 전송방식에서는 여러 개의 OFDM 심벌을 시간축에서 연이어 붙여 하나의 프레임을 만들어 보낸다. 만약 프레임 당 심벌수 'Nf' 가 10이라면 아래 m-file과 같이 하나의 OFDM 프레임을 생성할 수 있다. 아래 m-file의 굵은 글씨의 라인에 대한 설명을 다음의 지침에 따라 작성하시오. 지침: '=' 왼쪽 변수의 목적(용도), '=' 오른쪽 수식이 왼쪽 변수의 목적(용도)에 왜 부합하는지 그 이유를 쓰시오.

```
clear
randn(1,XXX); % XXX=학번 끝 세자리, 내용과 상관없는 부분, 그러나 꼭 추가 할 것.
Nf=10;
Nc=16;T=10e-5;
f_delta=1/T;
t_step=T/Nc;
t_vector=0:t_step:(T-t_step) %=t_step*(0:Nc-1)
for k=0:(Nc-1)
    subcarrier=1/sqrt(T)*exp(j*2*pi*k*f_delta*t_vector);
    subcarrier_matrix(k+1,:)=subcarrier;
    %OFDM변복조에 사용하기 위해 서브캐리어들을 subcarrier_matrix의 행들로 저장.
end
xt_frame=[];
for m=1:Nf
s_vector=sign(rand(1,Nc)-0.5)+j*sign(rand(1,Nc)-0.5);
xt=zeros(1,length(t_vector));
for k=0:(Nc-1)
    s_k=s_vector(k+1);
    xt=xt+s_k*subcarrier_matrix(k+1,:);
end
xt_frame=[xt_frame xt];
end
```

5.B. AWGN채널 환경에서 OFDM 전송시스템의 BER을 시뮬레이션하고자 한다. 아래의 절차에 따라 시뮬레이션을 완성할 수 있다.

- step 1: OFDM 심벌 생성
- step 2: OFDM 심벌 연결하여 송신 OFDM 프레임 생성
- step 3: 노이즈 샘플 생성 및 송신신호에 더하여 수신신호 만들기
- step 4: 수신 OFDM 프레임을 OFDM 심벌 단위로 분리
- step 5: OFDM 심벌 복조
- step 6: 송신 OFDM 심벌과 비교하여 오류 체크

🖫 5.B1. 아래의 m-file은 위의 절차에 따라 BER을 시뮬레이션하고 BER 그래프를 그리도록 작성된 것이다. 위의 각 step에 해당하는 라인들을 찾아, 라인 옆에 주석으로 해당 step을 표시하고 m-file을 캡쳐하시오.

```
clear
randn(1,XXX); % XXX=학번 끝 세자리, 내용과 상관없는 부분, 그러니 꼭 추가 할 것.
Nf=10;
Nc=16;T=10e-5;
f_delta=1/T;
t_step=T/Nc;
t_vector=0:t_step:(T-t_step); %=t_step*(0:Nc-1)
Ns=length(t_vector); %Number of samples in one OFDM symbol duration T
Eb=1;
EbN0dBvector=0:3:9;
for k=0:(Nc-1)
   k_th_subcarrier=1/sqrt(T)*exp(j*2*pi*k*f_delta*t_vector);
   subcarrier_matrix(k+1,:)=k_th_subcarrier;
   %OFDM변복조에 사용하기위해 서브캐리어들을 subcarrier_matrix의 행들로 저장.
end

for snr_i=1:length(EbN0dBvector)
   EbN0dB=EbN0dBvector(snr_i);
   EbN0=10^(EbN0dB/10);
   N0=Eb/EbN0;
   vn=N0/(2*t_step); % % 21장의 문제 1번 참고

   bitcnt=0; errcnt=0;
   while errcnt<100

      %%%%%%%%%%%%%% Transmitter  %%%%%%%%%%%%%%%%
      OFDM_frame=[];
      for m=1:Nf
         data_symbols_in_OFDMsymbol=sign(rand(1,Nc)-0.5)+j*sign(rand(1,Nc)-0.5);
         data_symbols_in_OFDMframe(m,:)=data_symbols_in_OFDMsymbol;
         xt=zeros(1,Ns);
         for k=0:(Nc-1)
            s_k=data_symbols_in_OFDMsymbol(k+1);
```

```
            xt=xt+s_k*subcarrier_matrix(k+1,:);
        end
        OFDM_frame=[OFDM_frame xt];
    end

    %%%%%%%%%%%%%% AWGN Channel and received signal generation %%%%%%%%%%%%%%%%%%%%%%%%
    noise=sqrt(vn)*(randn(1,length(OFDM_frame))+j*randn(1,length(OFDM_frame)));
    rt_frame=OFDM_frame+noise;

    %%%%%%%%%%%%%% Receiver %%%%%%%%%%%%%%%%%%%%%%%
    for m=1:Nf
        mth_OFDMsymbol_in_rt=rt_frame((m-1)*Ns+(1:Ns));
        for k=0:(Nc-1)
            k_th_subcarrier =subcarrier_matrix(k+1,:);
            D=t_step*sum(mth_OFDMsymbol_in_rt.*conj(k_th_subcarrier));
            estimated_data_symbols_in_OFDMframe(m,k+1)=sign(real(D))+j*sign(imag(D));
        end
    end

    Ierrs=sum(sum(real(data_symbols_in_OFDMframe)~=real(estimated_data_symbols_in_OFDMframe)));
    Qerrs=sum(sum(imag(data_symbols_in_OFDMframe)~=imag(estimated_data_symbols_in_OFDMframe)));
    errcnt=errcnt+(Ierrs+Qerrs);
    bitcnt=bitcnt+Nc*Nf*2;
  end
  BER(snr_i)=errcnt/bitcnt
  BERtheory(snr_i)=0.5*erfc(sqrt(EbN0)); %AWGN에서의 단일반송파 QPSK BER 공식, 'EbN0'의 함수로 표현
end
figure
semilogy(EbN0dBvector, BER,'b')
hold on
semilogy(EbN0dBvector, BERtheory,'r')
grid
legend('Simulated, OFDM','Theoretical, single-carrier QPSK(or BPSK)')
```

5.B2. 굵은 글씨의 라인에 대한 설명을 다음의 지침에 따라 작성하시오.

지침: '=' 왼쪽 변수의 목적(용도), '=' 오른쪽 수식이 왼쪽 변수의 목적(용도)에 왜 부합하는지 그 이유를 쓰시오. 예를 들면 왜 'sum(sum(...)'의 연산을 해야하는지?, 비트 카운트는 왜 'Nc*Nf*2' 만큼씩 증가해야하는지? 이런 정도로 세세하게 우변의 연산을 설명할 것

5.B3. 완성된 m-file을 수행하여 BER 결과 그래프를 캡쳐하여 보이시오.

5.B4. OFDM의 주요 시스템 변수인 'Nf', 'Nc', 'T'의 값을 다른 값으로 적절히 변경하여 m-file을 수행하시오 (a) BER 결과 그래프를 캡쳐하여 보이시오. 자신이 새로 설정한 'Nf', 'Nc', 'T' 값도 같이 보일 것. (b) BER 결과는 변수 설정과 무관하게 단일반송파의 이론적인 BER과 일치하는지 쓰시오.

5.B5. 위의 m-file에서 변조방식을 QPSK에서 BPSK 방식으로 바꾸고자한다. 수정해야 하는 라

인을 모두 수정하고 수정 이유를 설명하시오. 수정된 라인만 보이면 됨

5.B6. 수정된 m-file을 수행하여 BER 결과 그래프를 캡쳐하여 보이시오.

5.B7. 5.B3, 5.B6의 결과를 토대로, AWGN 환경에서, OFDM 방식과 기존의 단일 반송파(single carrier) 방식의 BER 성능을 비교하시오. 만약 같다면, 또는 같지 않다면 그 이유를 설명하시오.

>>> 27 CHAPTER

OFDM under Multipath Fading Channel

- 다중경로(multipath) 채널의 임펄스 응답을 생성하고 시간축 profile과 주파수응답을 분석한다.
- 다중경로 채널 환경에서 CP(cyclic prefix)가 추가된 OFDM(Orthogonal Frequency Division Multiplexing) 신호를 생성하고 복조과정을 구현한다.
- OFDM 신호의 주요 변수, 채널 변수에 따른 BER 성능을 분석한다.

1. 다중경로 채널 구현 및 분석

1.A. 아래의 매트랩 함수 'ht_mp_ch()'는 다중 경로채널의 임펄스 응답 $h_{mp}(t)$의 샘플 파형을 매트랩 벡터로 출력한다. input 변수는 다음과 같다.

- 'L' : 다중 경로의 개수
- 'max_delay' : 다중 경로의 시간 지연의 범위의 상한값을 의미. 즉, 시간지연이 0초인 첫 번째 경로를 제외한 나머지 L-1개 다중 경로의 시간 지연 값은 $t=[0\ \ \text{max_delay}]$에서 균일한 분포를 갖는다.
- 'decay_base' : 각 경로의 시간 지연에 따른 크기는 지수적으로 감소한다. 'decay_base' 는1 보다 작은 값으로서, 시간지연이 'max_delay'이면 그 크기는 첫 경로(지연이 0인)에 비해 'decay_base'배로 감소하도록 설정된다.
- 't_step' : 출력 벡터 'impulse_response'(=다중경로채널의 임펄스 응답)의 샘플 간격을 결정한다.

```
function impulse_response=ht_mp_ch(max_delay,L,decay_base,t_step)

t_vector=0:t_step:max_delay;
mp_tmp=0*(t_vector);

path_delays=[0  sort(rand(1,L-1)*max_delay)];
impulse_positions=floor(path_delays/t_step);
mp_tmp(impulse_positions+1)=exp(j*2*pi*rand(1,L));
mp_tmp=mp_tmp.*(decay_base.^(t_vector/max_delay));
impulse_response=mp_tmp/sqrt(sum(abs(mp_tmp).^2));
```

1.A1. 위의 m-file을 작성하여 저장하자(파일명과 함수이름 일치시킬 것). 아래와 같이 command window에서 위 함수를 실행시켜 채널의 임펄스 응답의 magnitude profile을 확인할 수 있다. 다중경로의 개수=10, 지연시간 범위 상한값은 1 μsec, 임펄스 응답 출력의 샘플간격은 0.01μsec 로 설정, 'decay_base=1/8' 인 경우를 실험하고자 한다. ??를 적절히 채워 실행한 후 결과를 보이시오(단위 주의할 것).

```
>> figure
>> A=?;B=?;C=?;D=?;
>> ht=ht_mp_ch(A,B,C,D);
>> stem(0:D:A, abs(ht),'.');
```

1.A2. 1.A1을 적어도 10번 반복하여 실행하여 결과그림을 확인하자. 그 중 2개의 샘플을 캡쳐하여 보이시오. 결과가 설정한 변수에 따라 제대로 된 것인지 아닌지 판단하고, 판단근거를 쓰시오.

1.B. 아래는 다중 경로 채널의 impulse response의 magnitude profile $|h_{mp}(t)|$과 magnitude spectrum $|H(f)|$(= $|f(t)$의 푸리에 변환$|$)을 그리는 m-file이다.

```
clear
randn(1,XXX); % XXX=학번 끝 세자리, 내용과 상관없는 부분, 그러나 꼭 추가 할 것.
L=5; max_delay=1e-6; decay_base=1e-6; t_step=1e-8;
ht=ht_mp_ch(max_delay,L,decay_base,t_step);
ht4plot=[ht zeros(1,1024-length(ht))]
figure(1)
subplot(2,1,1);
stem((0:1023)*t_step,abs(ht4plot), '.');
title('Multipath magnitude profile(=|h_{mp}(t)|)');xlabel('time [sec]');
axis([-100*t_step 1023*t_step 0 1]);grid on
subplot(2,1,2);
plot((0:1023)/1023/t_step,abs(fft(ht4plot)));
title('Channel response in the frequency domain (=|H_{MP}(f)|)');xlabel('frequency
[Hz]');
axis([0 1/t_step 0 max(abs(fft(ht4plot))+0.2)]);grid on
```

1.B1. 위 m-file을 작성하여 저장하시오. 'max_delay'을 1e-6, 1e-7, 1e-8로 줄여가면서 각각 m-file을 수행하시오. 각 값에서 5번 이상 반복 수행해 볼 것. 각 값에서 한 샘플씩 캡쳐하여 보이시오.

1.B2. 1.B1의 캡쳐 결과를 바탕으로 다음을 답하시오.

(a) 'max_delay'가 0에 근접하면 delay profile $h_{mp}(t)$의 모양은 어떤 모양에 접근하는가?

(b) 'max_delay'가 0에 근접하면 채널의 주파수 응답 $|H(f)|$ 는 어떤 모양에 접근하는가?

(c) (a)의 답, 그리고 $h_{mp}(t)$ 와 $H(f)$의 이론적인 관계를 이용하여 (b)의 답이 이론에 부합하는지 설명하시오.

1.B3. 'max_delay'를 다시 1e-6로 설정하고 'decay_base'=1, 1e-2, 1e-4, 1e-6으로 줄여가면서 각각 m-file을 수행하시오. 각 값에서 여러 번 반복 수행해 볼 것. 각 값에서 한 샘플씩 캡쳐하여 보이시오. 'decay_base'가 감소할수록 delay profile $h_{mp}(t)$와 채널의 주파수 응답 $|H(f)|$의 모양은 어떤 모양에 접근하는가? 이론에 부합하는지도 쓰시오.

1.B4. 1.B2~1.B3을 종합하면, 다중경로성분의 모양이 어떠할수록 채널의 주파수 응답 $H(f)$이 더 주파수 선택적 페이딩(아래 참고)을 겪게 되는가? 주파수 선택적 페이딩이 되기 위한 'max_delay'와 'decay_base'의 조건(크다, 작다)을 쓰시오.

참고

채널의 주파수 응답이 신호의 대역폭 안에서 평평하지 않고 들쑥날쑥할 때 '주파수 선택적(frequency selective) 페이딩' 채널이라고 한다. 반대로 채널의 주파수 응답이 신호의 대역폭 안에서 평평하다고 근사화할 수 있으면 '주파수 비 선택적(frequency nonselective) 페이딩' 채널이라고 한다.

1.B5☆. 송신신호 $x(t)$가 impulse response $h_{mp}(t)$인 채널을 통과하여 수신된다. 수신신호를 $y(t)$라 하자. 채널을 선형 불변시스템으로 취급하면, 중요한 이론에 의해 $y(t)$를 $x(t)$와 $h_{mp}(t)$의 관계식으로 나타낼 수 있다. 관계식을 쓰시오.

1.B6☆. 1.B5의 답의 양변을 푸리에 변환하면 주파수영역에서 해석할 수 있다. 수신신호의 스펙트럼을 $Y(f)$ (=$y(t)$의 푸리에 변환)라 하고 , 송신신호의 스펙트럼을 $X(f)$ (=$x(t)$의 푸리에 변환)라 하고, 채널의 주파수 응답을 $H(f)$ (=$h_{mp}(t)$의 푸리에 변환)라 하면, $Y(f) = H(f)X(f)$ 관계를 만족한다. 증명해 보이시오.

1.B7. 1.B6에 따르면, $X(f)$의 대역폭 안에서 $H(f)$가 상수에 가까울수록(주파수 비선택적 페이딩채널에 가까울수록) $Y(f)$에 왜곡이 없게 된다($Y(f)$의 모양과 $X(f)$의 모양이 서로 닮게 된다.) 이 사실과 1.B4의 답을 종합하면

(a) $X(f)$의 대역폭이 고정된 상황이라면, 다중경로 채널의 임펄스 응답이 어떠할수록 $Y(f)$는 $X(f)$와 유사하겠는가, 즉, 비선택적 페이딩 채널로 근사화할 수 있는가? 채널의 'max_delay' 와 'decay_base'의 조건(크다, 작다)으로 답하시오.

(b) 다중경로 채널의 임펄스 응답이 주어진(고정된) 상황에서는 $X(f)$의 대역폭이 어떠할수록

$Y(f)$는 $X(f)$와 유사하겠는가? 즉, 비선택적 페이딩 채널로 근사화할 수 있는가?

(c) (b)를 시간영역에서 해석하면, 송신신호 $x(t)$에서 채널심벌(송신심벌, 변조심벌)의 길이가 어떨수록 $Y(f)$와 $X(f)$는 유사하겠는가? 즉, 비선택적 페이딩 채널로 근사화할 수 있는가?

1.B8. 본 교재 26장 3.B1에서, 동일한 데이터속도 전제 하에, 부 반송파 개수가 Nc 인 OFDM 방식의 심벌 길이는 단일 반송파 전송방식의 심벌 길이보다 Nc 배로 늘어남을 학습한바 있다. 이 사실과 바로 위 1.B7(c)의 답으로부터, 부 반송파 개수 Nc 가 큰 OFDM이 단일 반송파 전송 방식보다 다중경로 채널에 적합한 이유를 설명하시오.

2. 보호구간, Cyclic Prefix(CP) 삽입 그리고 채널 추정

2.A. 다중 경로 페이딩 환경에서는 원 신호 뿐 아니라 지연된 신호들도 함께 더해져 수신된다. 지연된 경로들의 지연시간이 심벌구간에 비해 작다면, 한 심벌의 지연된 신호들도 원 심벌 신호 구간과 대부분 겹쳐 수신되게 되는데, 문제는 원 심벌 구간의 앞 부분에는 앞 심벌의 지연신호가 걸쳐 있게 된다. 이것은 2가지 점에서 문제를 야기한다.

1) 앞 심벌에 의한 간섭 성분이 발생한다.
2) OFDM 전송방식의 경우, 수신기의 심벌 적분구간에 지연된 신호의 심벌의 경계도 그 만큼 지연되어 위치하게 되므로 반송파간 직교가 성립하지 않아 동일 OFDM심벌에서도 반송파간 간섭(Inter-Carrier Interference)이 생긴다

이를 극복하기 위해서 OFDM 전송방식에서는 다중경로신호의 최대지연 시간보다 더 큰 보호 구간(Guard Interval)을 매 OFDM심벌 앞에 두고 그 보호구간 길이에 해당하는 만큼 각 OFDM 심벌의 후반부(CP, Cyclic prefix 라 함)를 삽입한다. 수신단에서는 보호구간을 다시 삭제하여 OFDM 신호를 복조한다. 보호구간에 앞 심벌의 지연된 신호가 걸쳐 있게 되므로 앞서 언급한 2가지 문제를 해결할 수 있는 것이다.

🖫 2.A1. 교재 26장의 5.B1의 m-file을 복사하여 다른 이름으로 저장하자. 보호구간의 길이를 OFDM 심벌길이 'T'의 1/4로 하고자한다. 즉, OFDM 심벌 마다 심벌의 후반 1/4을 앞부분에 붙이고자 한다. 아래에서 굵은 글씨의 라인에 대한 설명을 다음의 지침에 따라 작성하시오.

지침: '=' 왼쪽 변수의 목적(용도), '=' 오른쪽 수식이 왼쪽 변수의 목적(용도)에 왜 부합하는지 그 이유를 쓰시오.

```
clear
randn(1,XXX); % XXX=학번 끝 세자리, 내용과 상관없는 부분, 그러나 꼭 추가 할 것.
...
Ns=length(t_vector); %Cyclic Prefix를 삽입하기 전의 OFDM 심벌(T초)당 샘플 수
GI=1/4;
Ns_in_GI=ceil(Ns*GI);
Ns_total=Ns+Ns_in_GI;
Eb=1;
...

for snr_i=1:length(EbN0dBvector)
   ...
   while errcnt<100
      ...
      for m=1:Nf
         ...
         for k=0:(Nc-1)
           ...
         end
         xt_tail=xt((Ns-Ns_in_GI+1):Ns);
         xt=[xt_tail  xt];
         OFDM_frame=[OFDM_frame xt];
      end
      ...
      for m=1:Nf
         first_index_of_mth_OFDMsymbol=(m-1)*Ns_total+ Ns_in_GI + 1 ;
         mth_OFDMsymbol_in_rt=rt_frame(  first_index_of_mth_OFDMsymbol+(0:Ns-1) );
         for k=0:(Nc-1)
           ...
         end
      end
      ...
   end
   ...
end
...
```

2.A2. 2.A1의 m-file에 아래 굵은 글씨 부분을 수정 및 추가하면 수신 신호 'rt_frame'는 다중 경로 채널을 통과한 후의 신호가 된다. 라인 'ht = ht_mp_ch(max_delay, L, decay_base, t_step);'이 'while' loop 밖에 있지 않고 내부에 있어야 하는 이유를 설명하시오.

```
clear
```

```
randn(1,XXX); % XXX=학번 끝 세자리, 내용과 상관없는 부분, 그러나 꼭 추가 할 것.
Nf=10;
L=5; max_delay=1.25e-5; decay_base=1;
Nc=16; T=8*max_delay;
t_step=(T/Nc)/16;
f_delta=1/T;
t_vector=0:t_step:(T-t_step); %=t_step*(0:Nc-1)
Ns=length(t_vector); %Cyclic Prefix를 삽입하기 전의 OFDM 심벌(T초)당 샘플 수
GI=1/4;
Ns_in_GI=ceil(Ns*GI);
Ns_total=Ns+Ns_in_GI;
Eb=1;
EbN0dBvector=0:3:9;

...
for snr_i=1:length(EbN0dBvector)
   ...
   while errcnt<500
      ...
      for m=1:Nf
         ...
      end

      ht=ht_mp_ch(max_delay,L,decay_base,t_step);
      OFDM_frame_after_ht=conv(OFDM_frame,ht);
      frame_length=length(OFDM_frame_after_ht);
      noise=sqrt(vn)*(randn(1,frame_length)+j*randn(1,frame_length));
      rt_frame=OFDM_frame_after_ht+noise;

      for m=1:Nf
            ...
         end
      end
      ...
   end
   ...
end
...
```

2.A3. 라인 'OFDM_frame_after_ht=conv(OFDM_frame,ht);'의 좌변의 변수의 의미, 우변의 연산이 좌변의 변수의 의미에 왜 부합하는지 쓰시오.

2.A4. 2.A2의 m-file과 같게 구현하면 한 frame 안의 'Nf'개의 OFDM 심벌들은 동일한 다중경로 채널을 겪게 되는지 아니면 서로 다른 다중경로 채널을 겪게 되는지를 쓰시오. 즉, 채널의

임펄스 응답이 한 프레임동안 변하는것인지 아닌지를 쓰시오.

2.A5. 2.A2의 m-file과 같게 수정한 후 m-file을 수행하고 BER 결과 그래프를 캡쳐하시오. 실험치 BER이 모두 0.5 근처의 값임을 확인하시오.

2.A6. 라인 'rt_frame = OFDM_frame_after_ht+noise;'를 'rt_frame = OFDM_frame_after_ht;'로 수정하면 noise가 없게 된다. 이렇게 수정하여 simulation을 수행하여도 BER이 모두 0.5 근처의 값임을 확인하고 이유를 쓰시오.

2.B. AWGN 채널 환경에서 k번째 서브캐리어의 판별변수 D_k는 다음과 같이 모델링 된다.

$$D_k = s_k + n_k,\ k = 0,1,2,...N_c - 1 \qquad \text{(식 27.1)}$$

위에서 s_k는 k번째 서브캐리어에 전송되는 데이터 심벌, n_k는 노이즈 성분이다.
다중경로 페이딩 채널 환경에서는 채널의 주파수 응답 $H(f)$은 1이 아니라 주파수 f에 따라 그 값이 다름을 문제 1에서 확인하였다. 다중 경로 페이딩 환경에서 k번째 서브캐리어의 판별변수 D_k는 다음과 같이 표현할 수 있다.

$$D_k = F_k s_k + n_k,\ k = 0,1,2,...N_c - 1 \qquad \text{(식 27.2)}$$

2.B1. 윗 식에서 F_k 는 k번째 서브캐리어 주파수에서의 페이딩 계수이다. F_k=$H(f_k)$ 임을 설명하시오. 이때 f_k는 k번째 서브캐리어의 주파수임.

🖫 2.B2. OFDM 수신기에서는 채널을 관찰하여 F_k값을 추정하여 알아낸 후

$$D_{k,compensated} = D_k / F_k = s_k + n_k / F_k \qquad \text{(식 27.3)}$$

를 수행함으로써 신호 성분을 s_k로 복원하게 된다. F_k값을 알아내는 과정을 "채널 추정"이라 하고 D_k / F_k를 수행함으로써 신호 성분을 s_k로 복원하는 과정을 "채널 복원" 이라고 한다. 채널 추정은 아래와 같이 이미 송수신단에서 서로 알고 있는 데이터 p_k(이것을 pilot(파일럿)이라고 부른다.)를 전송하고, 수신단에서는 pilot 심벌의 판별변수 D_k를 구하여 미리 알고 있는 p_k로 나눔으로써 추정하게 된다.

$$\hat{F}_k = D_k / p_k = (F_k p_k + n_k)/p_k = F_k + n_k / p_k \qquad \text{(식 27.4)}$$

노이즈에 의한 오차 텀 n_k / p_k은 파일럿을 여러 번 보내거나 파일럿의 에너지를 키움으로써 줄일 수 있다. 본 실습에서는 완벽한 채널 추정을 위하여 pilot 전송 시 n_k는 없다고 가정을 하자. 또 편의상 모든 pilot 심벌은 '1'이라고 가정하자. 아래의 m-file은 F_k(m-file에서는 'F(k+1)'에 해당. 매트랩 벡터 인덱스는 1부터 시작해야 하므로)를 추정하는 과정이다. 지금까지의 설명을 바탕으로 굵은 글씨의 라인에 대한 설명을 다음의 지침에 따라 작성하시오.

지침 : '=' 왼쪽 변수의 목적(용도), '=' 오른쪽 수식이 왼쪽 변수의 목적(용도)에 왜 부합하는지 그 이유를 쓰시오.

```
clear
randn(1,XXX); % XXX=학번 끝 세자리, 내용과 상관없는 부분, 그러나 꼭 추가 할 것.
L=5; max_delay=1.25e-5; decay_base=1;
Nc=16; T=8*max_delay;
t_step=(T/Nc)/16;
f_delta=1/T;
t_vector=0:t_step:(T-t_step); %=t_step*(0:Nc-1)
Ns=length(t_vector); %Cyclic Prefix를 삽입하기 전의 OFDM 심벌(T초)당 샘플 수
GI=1/4;
Ns_in_GI=ceil(Ns*GI);
Ns_total=Ns+Ns_in_GI;
for k=0:(Nc-1)
    subcarrier=1/sqrt(T)*exp(j*2*pi*k*f_delta*t_vector);
    subcarrier_matrix(k+1,:)=subcarrier;
    %OFDM변복조에 사용하기 위해 서브캐리어들을 subcarrier_matrix의 행들로 저장.
end

pilot_sk=ones(1,Nc);
xt=zeros(1,Ns);
for k=0:(Nc-1)
    s_k=pilot_sk(k+1);
    xt=xt+s_k*subcarrier_matrix(k+1,:);
end
xt_tail=xt((Ns-Ns_in_GI+1):Ns);
pilot_OFDMsymbol=[xt_tail  xt];

ht=ht_mp_ch(max_delay,L,decay_base,t_step);

rt_pilot=conv(pilot_OFDMsymbol,ht);
for k=0:(Nc-1)
    D=t_step*sum(rt_pilot(Ns_in_GI+(1:Ns)).*conj(subcarrier_matrix(k+1,:)));
    F(k+1)=D/pilot_sk(k+1);
end
stem(abs(F)); grid on
```

2.B3. 위 m-file을 실행하면 채널 임펄스 응답 'ht'를 랜덤하게 생성하고, x축을 서브캐리어 축으로 하여 각 서브캐리어의 복소 페이딩 계수의 크기 즉, $\left[|F_0|, |F_1|, |F_2|, \ldots, |F_{N_c-1}|\right]$를 그린다. 'T=8*1.25e-5'로 수정하고, 'max_delay=1.25e-5', 'max_delay=1.25e-6', 'max_delay=1.25e-7'에 대하여 m-file을 각각 수행하시오. (a) 각 결과그림을 캡쳐하시오. (b) 'max_delay' 감소에 따

라 복소 페이딩 계수의 그래프가 어떻게 변하는지 묘사하고 올바른 결과인지 설명하시오.

2.B4. 'T=8*max_delay', 'max_delay=1.25e-5'로 복원하고, 'L=1'로 수정한 후 m-file을 수행하시오. (a) 결과그림을 캡쳐하시오. (b) 올바른 결과인지 설명하시오.

2.B5. 수식 유도를 통해 다중경로 채널에서 판별변수를 구하고, 보호구간을 이용하여 판별변수에서 ICI와 ISI를 제거하는 방법을 알아보자. 경로 수가 2개인 다중경로 채널의 임펄스 응답이 $h(t)=\alpha\delta(t)+\beta\delta(t-\tau)$로 주어지고, OFDM 신호 $x(t)$가 이 다중경로 채널을 통과하는 경우를 가정해보자.

(a) $x(t)$가 $h(t)$를 통과하였을 때, 수신 신호 $y(t)$는 다음과 같이 나타날 수 있다.

$$y(t)=\alpha x(t)+\beta x(t-\tau) \qquad \text{(식 27.5)}$$

(b) m 번째 OFDM 심볼 구간에서, 즉, 시간 구간 $mT\le t\le mT+T$ 에서, $x(t)$는 다음과 같이 나타낼 수 있다.

$$x(t)=\sum_{n=0}^{N-1} s_n(m)\frac{e^{j2\pi n f_\Delta t}}{\sqrt{T}} \qquad \text{(식 27.6)}$$

b-1) f_Δ와 OFDM 심벌 구간 T의 관계식을 쓰시오. 즉, f_Δ를 T의 함수로 표현하시오.

b-2) (식 27.6)을 참조하여, 하나의 OFDM 심볼에 의해 전송되는 데이터 심볼의 수를 쓰시오.

b-3) 데이터 전송속도가 정해해져 있을 때, 서브캐리어 수 N을 증가시키면 OFDM 심볼 구간 T는 N에 비례하여 증가하는 이유를 설명하시오.

(c) 수신 신호 $y(t)$로부터 데이터 심벌 $s_k(m)$을 복조(추정)하기 위해, 다음 적분식을 계산할 필요가 있다. $y(t)$를 사용하여 아래 식을 완성시키시오.

$$\hat{s}_k(m)=\int_?^? ?\,dt \qquad \text{(식 27.7)}$$

(d) $\hat{s}_k(m)$를 계산하시오. 아래의 문항에 따라 (식 27.7)의 적분을 계산해보자.

d-1) (식 27.6)에서 f_Δ에 문제 (b-1)의 답을 대입한 후, $x(t)$를 다시 쓰시오.

d-2) 문제 (d-1)에 따라 다시 쓴 $x(t)$의 수식을 (식 27.5)에 대입하여 $y(t)$를 다시 쓰시오.

d-3) 문제 (d-2)에 따라 다시 쓴 $y(t)$를 (식 27.7)에 대입하고, 적분식을 계산하시오. 적분결과를 최대한 간단하게 정리하여 쓰시오. 참조: 만약 계산과정에서 각 성분의 적분이 0이 된다면, 각 성분 별로 0이 되는 이유를 수식으로 정확히 보이시오.

d-4) 사실, 문제 (d-3)의 적분식은 보호구간($x(t)$의 끝부분, $mT\le t\le mT+T$)이 $x(t)$의 앞부분($mT-T_{CP}\le t\le mT$ 구간)에 삽입한 경우에만 성립한다. 이 때, 보호구간의 길이는 T_{CP}로 나타낼 수 있고, T_{CP}는 τ보다 길어야 한다. 만약, 보호구간을 삽입하지 않은 경우, 즉, $mT-T_{CP}\le t\le mT$ 구간에서 $x(t)=0$ 인 경우에, 문제 (d-3)의 적분식은 어떻

게 바뀌는지 쓰시오.

(e) 문제 (d-3)에서 유도한 $\hat{s}_k(m)$의 수식에서, ICI 또는 ISI가 존재하는지, 또는 존재하지 않는지 쓰시오. 즉, $\hat{s}_k(m)$의 수식에 $s_k(m)$ 이외의 심볼이 포함되어 있는지 쓰시오.

(f) 문제 (d-3)에서 구한 $\hat{s}_k(m)$의 수식에서, 데이터 심별 $s_k(m)$에 곱해진 페이딩 계수를 $F_k(m)$으로 나타내자. 이 때, $F_k(m)$를 유도한 수식에 정확히 쓰시오.

(g) $F_k(m)$를 결정짓는 모든 파라미터(매개변수)를 쓰시오. 다시 말해, $F_k(m)$는 "?" 의 함수로 나타낼 수 있다. "?"에 들어간 파라미터를 모두 쓰시오.

(h) $F_k(m)$가 데이터 심볼 $s_k(m)$에 의존하는지 확인하여 쓰시오.

(i) $s_k(m)$가 QAM 변조 심벌이라고 가정하자. 문제 (d-3)에서 얻은 $\hat{s}_k(m)$을 이용하여 QAM 판별을 바로 수행하면, BER이 아주 높게 나온다. 왜 그런 것인지 이유를 설명하시오.

(j) 문제 (i)의 답에 따르면, $\hat{s}_k(m)$를 이용하여 QAM 판별을 수행하기 전에 무엇을 해야 할지 쓰시오.

(k) 문제 (j)에서 답한 과정을 수행하기 위해, 송신기에서는 데이터를 변조한 OFDM 심볼((식 27.6)의 $x(t)$)을 보내기 전에 먼저 무슨 신호를 가장 먼저 보내야 하는지 쓰시오.

3. 송수신 전체 링크 완성 및 BER 실험

아래의 m-file은 다중 경로 채널 추정까지 구현하여 다중 경로 채널에서의 OFDM BER 시뮬레이션을 완성한 것이다.

```
clear
randn(1,XXX); % XXX=학번 끝 세자리, 내용과 상관없는 부분, 그러나 꼭 추가 할 것.
Nf=10;
L=5; max_delay=1.25e-5; decay_base=1;
Nc=16; T=8*max_delay;
t_step=(T/Nc)/16;
f_delta=1/T;
t_vector=0:t_step:(T-t_step); %=t_step*(0:Nc-1)
Ns=length(t_vector); %Cyclic Prefix를 삽입하기 전의 OFDM 심벌(T초)당 샘플 수
GI=1/4;
Ns_in_GI=ceil(Ns*GI);
Ns_total=Ns+Ns_in_GI;
Eb=1;
EbN0dBvector=0:3:18;

for k=0:(Nc-1)
    subcarrier=1/sqrt(T)*exp(j*2*pi*k*f_delta*t_vector);
    subcarrier_matrix(k+1,:)=subcarrier;
```

```
    %OFDM변복조에 사용하기 위해 서브캐리어들을 subcarrier_matrix의 행들로 저장.
end

pilot_sk=ones(1,Nc);
xt=zeros(1,Ns);
for k=0:(Nc-1)
    s_k=pilot_sk(k+1);
    xt=xt+s_k*subcarrier_matrix(k+1,:);
end
xt_tail=xt((Ns-Ns_in_GI+1):Ns);
pilot_OFDMsymbol=[xt_tail  xt];

for snr_i=1:length(EbN0dBvector)
    EbN0dB=EbN0dBvector(snr_i);
    EbN0=10^(EbN0dB/10);
    N0=Eb/EbN0;
    vn=N0/(2*t_step); % 21장의 문제 1.C~D번 참고

    bitcnt=0; errcnt=0;
    while errcnt<1000 %PC 속도가 느리면 500을 작은 값으로 줄일 것. 대신 실험오차 증가함

        OFDM_frame=[];
        for m=1:Nf
            datasymbols_in_OFDMsymbol=sign(rand(1,Nc)-0.5)+j*sign(rand(1,Nc)-0.5);
            datasymbols_in_OFDMframe(m,:)=datasymbols_in_OFDMsymbol;
            xt=zeros(1,Ns);
            for k=0:(Nc-1)
                s_k=datasymbols_in_OFDMsymbol(k+1);
                xt=xt+s_k*subcarrier_matrix(k+1,:);
            end
            xt_tail=xt((Ns-Ns_in_GI+1):Ns);
            xt=[xt_tail  xt];
            OFDM_frame=[OFDM_frame xt];
        end

        ht=ht_mp_ch(max_delay,L,decay_base,t_step);
        OFDM_frame_after_ht=conv(OFDM_frame,ht);
        frame_sample_length=length(OFDM_frame_after_ht);
        noise=sqrt(vn)*(randn(1,frame_sample_length)+j*randn(1,frame_sample_length));
        rt_frame=OFDM_frame_after_ht+noise;

        rt_pilot=conv(pilot_OFDMsymbol,ht);
        for k=0:(Nc-1)
            D=t_step*sum(rt_pilot(Ns_in_GI+(1:Ns)).*conj(subcarrier_matrix(k+1,:))/sqrt(T));
            F(k+1)=D/pilot_sk(k+1);
        end

        for m=1:Nf
            first_index_of_mth_OFDMsymbol=(m-1)*Ns_total+ Ns_in_GI + 1 ;
            mth_OFDMsymbol_in_rt=rt_frame(  first_index_of_mth_OFDMsymbol+(0:Ns-1) );
            for k=0:(Nc-1)
                D=t_step*sum( mth_OFDMsymbol_in_rt.*conj(subcarrier_matrix(k+1,:))/sqrt(T));
                Dc=D/F(k+1); %Dc는  채널 보상된 판별 변수를 의미함
                estimated_datasymbols_in_OFDMframe(m,k+1)=sign(real(Dc))+j*sign(imag(Dc));
```

```
            end
        end

        Ierrs=sum(sum(real(datasymbols_in_OFDMframe)~=real(estimated_datasymbols_in_OFDMframe)));
        Qerrs=sum(sum(imag(datasymbols_in_OFDMframe)~=imag(estimated_datasymbols_in_OFDMframe)));
        errcnt=errcnt+(Ierrs+Qerrs);
        bitcnt=bitcnt+Nc*Nf*2;
    end
    BER(snr_i)=errcnt/bitcnt
    %BERtheory(snr_i)=qfunc(sqrt(2*EbN0))
    BERtheory(snr_i)=1/2 - EbN0^(1/2)/(2*(EbN0 + 1)^(1/2))
end
figure
semilogy(EbN0dBvector, BER,'b')
hold on
semilogy(EbN0dBvector, BERtheory,'r')
grid
legend('BER simulation','BER theory (Rayleigh fading)')
```

3.A. 위에서 굵은 글씨로 표시한 세 부분은 위에서부터 순서대로

- 파일럿 심벌 생성,
- 다중 경로 채널 추정,
- 판별변수를 보정

하기 위해 추가된 부분이다. m-file에서 각 부분의 위치가 현재의 위치에 놓여있어야 하는 이유를 각각 설명하시오.

3.B. 위의 m-file을 작성한 후 다음을 수행하여 'L'값이 성능에 미치는 영향을 분석하자.

3.B1. 'L'=2, 3, 5, 7에 대하여 각각 수행한 후 BER 결과를 한 그림에 겹쳐 그려 보이시오. (매트랩에서 그린 복수개의 Figure 창이 있을 때, 어느 한 Figure 창의 그래프 곡선을 다른 Figure 창의 겹쳐 그리는 방법은 24장 4.C1을 참조할 것)

3.B2. 'L'이 증가함에 따라 BER이 Rayleigh fading 채널의 이론적인 BER에 수렴함을 확인하고 이를 설명하시오. Central Limit Theorem을 이용해 각 서브캐리어의 페이딩 계수 'F(k)'의 분포를 유추하고 이를 토대로 설명할 것.

3.C. 다음을 수행하여 'GI'의 값이 성능에 미치는 영향을 분석하자.

3.C1. 다시 'L'=5로 고정하고 'GI'=1/2, 1/4, 1/8, 1/32, 1/64, 0에 대하여 각각 수행한 후 BER 결과를 한 그림에 겹쳐 그려 보이시오.

3.C2. 3.C1의 결과 그림에서

- 'GI'=1/2, 1/4, 1/8인 경우는 BER 결과가 거의 동일하고
- 'GI'=1/32, 1/64, 0에서는 'GI'가 감소할수록 BER이 증가

함을 확인하고 이 결과를 'max_delay'의 현재 설정값과 관련지어 설명하시오.

3.C3. 라인 'rt_frame=OFDM_frame_after_ht+noise;'을 'rt_frame=OFDM_frame_after_ht+0*noise;'로 수정하면 노이즈는 더해지지 않으므로 SNR은 무한대가 된다. 이와 같이 수정하고, 'GI'=1/64으로 설정한 후 m-file을 수행하여 결과를 보이시오. 노이즈가 없음에도 BER=0 이 아닌 이유를 설명하시오.

3.D. 'decay_base'의 영향을 분석하자.

3.D1. 다시 'L'=5, 'GI'=1/4, 'rt_frame = OFDM_frame_after_ht+noise;' 로 원상복귀 시킨 후 'decay_base'=1, 1e-1, 1e-6에 대하여 m-file을 실행하고 BER 결과를 겹쳐 그리고 캡쳐하여 보이시오.

3.D2. 3.D1의 결과에 따르면 'decay_base' 가 감소하면, 이론적인 Rayleigh 페이딩 환경에서의 BER보다 훨씬 작은 BER을 가짐을 알 수 있다. (a) 이유를 설명하시오. (b) 극단적으로 'decay_base' =0 이 되면 어떠한 채널의 이론적인 BER과 동일한 값을 갖게될 것인지 쓰시오.

3.E. 마지막으로 다중 반송파의 개수 'Nc'의 영향을 분석하자.

3.E1. 다시 'L'=5, 'GI'=1/4, 'decay_base'=1로 원상 복귀시키자. 'Nc'=4, 16, 64에 대하여 m-file을 실행하여 BER을 겹쳐 그리고 캡쳐하시오. BER이 'Nc'와 상관없이 동일한지 쓰시오.

3.E2. 'GI'=1/16 으로 수정하고 'Nc'=4, 16, 64에 대하여 m-file을 실행하여 BER을 겹쳐 그리고 캡쳐하시오. 'Nc'가 증가하면 BER은 증가하는가 감소하는가? 그 이유를 설명하시오.

3.E3. m-file 4째 line으로부터 'Nc'=16, 'T'=8*max_delay로 설정되어 있음을 알 수 있다. 만약, 'Nc'가 16보다 커지면 대역폭은 증가할지 감소할지 쓰시오. 그 이유도 쓰시오.

3.E4. 'Nc'가 16보다 커지더라도 현재의 대역폭('Nc'=16일 때의 대역폭)과 동일하기 위해서는 'T'를 'Nc'의 함수로 수정해야 한다. 좀더, 정확히는 현재의 'T'값에 'Nc/16'를 곱해주어야 한다. 즉, 'T=8*max*delay' 로 설정된 라인을 'T=(Nc/16)*8*max*delay' 로 수정하여야 한다. 그 이유를 수식으로 설명하시오.

3.E5. 'T=8*max*delay' 로 설정된 라인을 'T=(Nc/16)*8*max*delay' 로 수정하고 3.E2의 과정을 반복하시오. 얻어진 3경우의 BER을 한 그래프로 겹쳐 그리고 캡쳐하시오. 'Nc'의 증가에 따라 BER은 어떻게 달라지는가? BER 변화의 이유를 쓰시오.

3.E6. 3.E5의 결과에 따르면, 대역폭이 고정된 제약사항에서 다중경로의 지연시간이 클 때, ICI와 ISI를 극복하여 BER 성능을 향상시키기 위해서는 'Nc'를 어떻게 설정해야 하는가?

>>> 28 CHAPTER

MIMO System, Part I : Space Time Code

- 대표적인 Space time code(시공간 부호)인 Alamouti code의 성질을 학습한다.
- Alamouti code를 매트랩으로 구현하고 simulation을 통해 성능을 검증한다.
- 다양한 Space time block code의 데이터율과 다이버시티 차수를 분석한다.

1. 시스템 모델

1.A. 단일 송신 안테나 시스템

본 실험에서는 느리게 변하는(Slow fading), 그리고 주파수 비 선택적인(Frequency nonselective fading) 레일레이 페이딩 환경을 고려한다. 이러한 채널환경에서 판별변수레벨(Decision variable level) 수준(아래 참고) 수신 신호는 다음과 같이 복소 신호로 생성할 수 있다. 하단의 굵은 글씨의 라인에 대하여 (a) '=' 왼쪽 변수의 목적(용도), (b) '=' 오른쪽 수식이 왼쪽 변수의 목적(용도)에 왜 부합하는지 그 이유를 쓰시오.

```
clear
randn(1,XXX); % XXX=학번 끝 세자리, 내용과 상관없는 부분, 그러나 꼭 추가 할 것.
EsN0=  ;  %Es/N0, 원하는 값으로 설정
s=  ;
%심벌 값, 변조방식에 맞춰 복소평면에서 생성, 예를 들어
%QPSK인 경우, s=sign(rand-0.5)+j*sign(rand-0.5), BPSK 인 경우 s=sign(rand-0.5);

Es=abs(s)^2;
%신호 s는 2차 벡터공간(복소평면)의 좌표로 원점에서 거리제곱을 에너지로 세팅함.
N0=Es/EsN0;
h=sqrt(1/2)*(randn+j*randn);
n=sqrt(N0/2)*(randn+j*randn);
r=h*s+n;
```

참고

21, 22, 23, 26, 27장처럼 수신 파형을 발생시키고 수신 파형으로부터 판별변수 생성과정까지를 BER simulation에서 포함하는 경우, 'waveform-level simulation'이라 하고 본 실습처럼, 수신파형에서 심벌의 판별변수 생성과정은 생략하고 수식으로 유도된 판별변수에서 시작하여 BER simulation을 하는 경우 'decision variable-level simulation' 이라고 한다.

1.B. 두 개의 송신안테나 시스템

문제 1.A의 m-file에서 'h'는 송신 안테나에서부터 수신안테나까지 발생하는 페이딩으로서 수신신호에 곱으로 작용하게 된다. 25장의 문제 1에서 확인한 바에 따르면 'abs(h)'는 레일레이 분포를 가지게 된다. 따라서 '레일레이' 페이딩이라고 한다. 판별변수에 곱해지는 레일레이 확률변수는 BER성능을 크게 열화시키는 것도 확인하였다(25장의 문제 2 참조).

이제, 송신 안테나 2개를 이용하는 시스템을 고려하자. 두 송신안테나를 '안테나 A'와 '안테나 B'로 표기하고, 두 안테나로부터 수신 안테나까지의 레일레이 페이딩 계수를 각각 'h_A', 'h_B'라 하자. 송신 안테나간 거리가 존재하여, 'h_A', 'h_B'가 서로 독립인 경우로 가정하자. 두 안테나에서 동일한 데이터 심벌을 보내게 되면 각각 서로 독립인 페이딩을 겪어 수신되므로 Diversity order(25장 참고)를 1에서 2로 증가시켜 페이딩을 극복할 수 있다.

1.B1. 첫 번째 방식으로, 데이터 심벌 's1', 's2', 's3', 's4', ...를 아래와 같은 규칙으로 보내는 경우를 생각해보자.

〈표 28.1 시공간 심벌 매핑 방법 I〉

공간 \ 시간	T1	T2	T3	T4	...						
안테나 A	s1	s2	s3	s4	...						
안테나 B	s1	s2	s3	s4	...						

송신 심벌을 's1'라 하면, 수신 안테나 직전에서 두 안테나로부터의 신호는 각각 'h_A*s1', 'h_B*s1'가 된다. 두 신호는 같은 시간에 보내진 것이므로, 25장의 (식 25.8)과 달리 수신기에서 'r1', 'r2' 2개의 수신 신호로 구별되지 못하고 더해진 신호로 수신된다. 즉, 수신 신호는 다음과 같이 생성이 된다.

```
clear
randn(1,XXX); % XXX=학번 끝 세자리, 내용과 상관없는 부분, 그러나 꼭 추가 할 것.
EsN0= ;  %Es/N0, 원하는 값으로 설정
s1= ;    % 변조방식에 따라 임의의 심벌 랜덤하게 발생
Es=2*abs(s1)^2; N0=Es/EsN0;
hA=sqrt(1/2)*(randn+j*randn);
hB=sqrt(1/2)*(randn+j*randn);
n=sqrt(N0/2)*(randn+j*randn);
sA=s1; % 안테나 A의 송신 신호
sB=s1; % 안테나 B의 송신 신호
r=hA*sA+hB*sB+n;
```

다음을 답하시오.

(a) 두 안테나에 걸쳐 동일한 심벌을 송신한다. 이를 바탕으로 라인 'Es=2*abs(s1)^2;'에서 2를 곱한 이유를 설명하시오.

(b) 〈표 28.1〉의 방식으로는 BER은 개선이 되지 않는다. 왜냐하면 Diversity order는 2가 아니라 여전히 1이기 때문이다. 두 개의 독립적인 페이딩 계수 'h_A'와 'h_B'가 수신신호에 관여하고 있음에도 Diversity order가 1인 이유를 쓰시오. (Hint: m-file의 마지막 라인을 더 정리해보면 'r=(h_A+h_B)/sqrt(2)*s1 +n'이 된다. 페이딩에 의한 최종 신호 계수 '(h_A+h_B) /sqrt(2)'의 분포는 어떻게 되며, 단일 안테나(다이버시티 차수=1)의 경우 페이딩에 의한 신호 계수의 분포와 동일한가를 따져볼 것.)

1.B2. 결국, 25장의 (식 25.8)과 같이 두 안테나로 부터의 신호를 수신기에서 분리할 수 있어야 컴바이닝(combining)을 통해 diversity이득을 얻을 수 있다. 이를 위한 방법으로 한 심벌을 두 안테나에서 동시에 송신하지 않고, 아래 표 28.2와 같이 시간을 달리하여 먼저 안테나 A에서만 송신하고 그 다음 안테나 B에서만 한 번씩 송신하는 경우를 생각해보자

〈표 28.2 시공간 심벌 매핑 방법 II〉

시간 / 공간	T1	T2	T3	T4	T5	T6	…				
안테나 A	s1	0	s2	0	s3	0	…				
안테나 B	0	s1	0	s2	0	s3	…				

(a) 〈표 28.2〉와 같은 경우, 수신기에서는 아래 m-file 과 같이 두 안테나로부터의 수신 신호 'r1', 'r2'를 분리하여 가질 수 있다. 이 둘을 MRC combining(25장 참조)하여 판별변수

를 생성하면 Diversity order가 2인 BER 커브를 얻을 수 있다. MRC의 정의에 맞게 마지막 라인의 ?를 채우시오.

```
.
.
.
hA=sqrt(1/2)*(randn+j*randn);
hB=sqrt(1/2)*(randn+j*randn);
n1=sqrt(N0/2)*(randn+j*randn); %T1 구간에서 노이즈 샘플
n2=sqrt(N0/2)*(randn+j*randn); %T2 구간에서 노이즈 샘플
r1=hA*s1+n1; % T1 구간에서 수신신호
r2=hB*s1+n2; % T2 구간에서 수신신호
z=conj(?)*r1+conj(?)*r2; %MRC 된 판별변수, z 값으로 심벌 판단.
```

(b) 완성된 마지막 라인에, 바로 위 두 라인의 'r1' 'r2'의 식을 대입하여 정리하면 z의 신호성분에 곱해진 최종 계수는 abs(hA)^2+abs(hB)^2 가 됨을 보이시오.

(c) 한편 'z'의 노이즈 성분은 conj(hA)*n1+conj(hB)*n2 가 됨을 보이고, 평균이 0이고 분산이 (abs(hA)^2+abs(hB)^2)*N0 인 가우시안 변수가 됨을 보이시오.

(d) (b)와 (c)로부터, MRC 한 판별변수 'z'의 순간 신호 대 잡음비는 (abs(hA)^2 + abs(hB)^2)*EbN0가 됨을 보이시오.

(e) 유도한 순간 신호 대 잡음비로부터 〈표 28.2〉의 방법이 다이버시티 차수=2를 달성함을 설명하시오.

(f) 그러나 〈표 28.2〉의 방법은 대역폭 효율(또는 데이터 속도)관점에서 송신 안테나 수가 1 인 시스템에 비해 심각한 단점이 존재한다. 무엇인지 쓰시오.

2. Alamouti code

Alamouti code는 시공간 부호 중 가장 기본적이면서 가장 널리 쓰이는 방법이다. 아래 〈표 28.3〉에 나타난 것과 같이 두 심벌씩 짝을 이루어 두 심벌 기간 동안, 두 송신 안테나에서 보내는 기법이다.

〈표 28.3 Alamouti code 시공간 심벌 매핑 방법〉

시간 / 공간	T1	T2	T3	T4	T5	T6	…
안테나 A	s1	conj(s2)	s3	conj(s4)	s5	conj(s6)	…
안테나 B	s2	−conj(s1)	s4	−conj(s3)	s6	−conj(s5)	…

Alamouti code는 느린 페이딩을 가정하여 제안된 것이다. 따라서 인접한 두 심벌 구간 동안 두 송신 안테나의 페이딩 계수 'hA', 'hB'는 변하지 않는다고 가정을 한다.

2.A. 두 심벌 기간 T1,T2 동안 noise 신호를 각각 'n1', 'n2'이라 하자. 두 심벌 구간 동안 수신된 신호를 'r1', 'r2'라 하자. 'r1', 'r2'는 아래와 같이 생성할 수 있다. 'r2' 생성라인에서 ?를 채우시오.

```
clear
randn(1,XXX); % XXX=학번 끝 세자리, 내용과 상관없는 부분, 그러나 꼭 추가 할 것.
s1= ;
s2= ;
.
.
.
hA=sqrt(1/2)*(randn+j*randn);
hB=sqrt(1/2)*(randn+j*randn);
n1=sqrt(N0/2)*(randn+j*randn);  %T1구간의 수신 노이즈
n2=sqrt(N0/2)*(randn+j*randn);  %T2구간의 수신 노이즈
r1=hA*s1+hB*s2+n1;
r2= ? ;
```

2.B★. 수신기에서는 'hA'와 'hB'를 정확히 알고 있다고 가정한다(아래 참고). 따라서, decoding 알고리듬은 'r1', 'r2', 'hA', 'hB' 값만을 가지고, 's1'과 's2'의 추정치를 출력하도록 설계하게 된다.

참고

느린 페이딩에서는 수신기에서 긴 시간 동안 안정적으로 hA와 hB를 측정할 수 있으므로 hA와 hB를 알고 있다는 가정은 현실적이다.

다음의 순서에 따라 Alamouti code를 최적의 방법(ML)으로 decoding 해보자.

- Step 1. 송신 심벌 쌍 ('s1', 's2') 생성, 두 송신 안테나로부터 겪는 페이딩 계수 쌍 ('hA', 'hB')
- Step 2. 표 28.3에 맞게 수신 신호 쌍 ('r1', 'r2') 생성
- Step 3. 모든 가능한 ('s1', 's2')의 후보 쌍을 생성한다. 예를 들어 BPSK의 경우 가능한 쌍은 { (1,1), (1,−1), (−1,1), (−1,−1)}이 된다.
- Step 4. 각 후보 쌍에 대하여 아래 Step 4−1, 4−2를 실행한다.

  Step 4−1. 해당 쌍을 보냈다고 가정하였을 때 가상의 수신 신호 ('r1', 'r2')를 생성.

Step 4-2. 실제 수신 신호 ('r1', 'r2')과 Step 4-1의 가상 버전의 Euclidean distance(ED) 계산.

- Step 5. 모든 후보 쌍 중에서 ED가 가장 작은 쌍을 보낸 심벌 쌍으로 판단.

2.B1. 위 방법의 Step 3~ Step 4가 왜 ML 검출 기법의 정의에 부합하는지 설명하시오.

🖫 2.B2. 아래는, 위 절차에 따라 Alamouti coding 된 BPSK 신호의 BER을 구하는 m-file이다.

(a) 위에서 설명한 Step 1~Step 5에 해당하는 라인들을 각각 찾아 주석에 표시하시오.

(b) ?을 채워 완성하시오. 굵은 글씨로 표시된 부분에 대하여, '=' 왼쪽 변수의 목적(용도), '=' 오른쪽 수식이 왼쪽 변수의 목적(용도)에 왜 부합하는지 그 이유를 주석으로 쓰시오. 완성된 m-file을 캡처하여 보이시오.

```
clear
randn(1,XXX); % XXX=학번 끝 세자리, 내용과 상관없는 부분, 그러나 꼭 추가 할 것.
EbN0dB_vector=[0 3 6 9 12 15];% EbN0 값을 dB 단위로 설정.
Eb=2; %BPSK(1 또는 -1)심벌을 두 심벌 주기에 걸쳐 보내므로(표 28.3 참조)

for snri=1:length(EbN0dB_vector)
    EbN0dB=EbN0dB_vector(snri);
    EbN0=10^(EbN0dB/10);
    N0=Eb/EbN0;
    errcnt=0; symcnt=0;
    while errcnt<500
        s1=sign(rand-0.5);
        s2=sign(rand-0.5);

        %%%페이딩 계수 및 노이즈 생성 %%%%%%%%%%%%%%
        hA=sqrt(1/2)*(randn+j*randn);
        hB=sqrt(1/2)*(randn+j*randn);
        n1=sqrt(N0/2)*(randn+j*randn);  %T1구간의 수신 노이즈
        n2=sqrt(N0/2)*(randn+j*randn);  %T2구간의 수신 노이즈
        %%%%%%%%%%%%%%%%%%%%%%%%%%%%%%%%%%%%%%%%%%%%

        %%%%%%Alamouti coding된 수신 신호 생성%%%%%%%%%%%
        r1=hA*s1+hB*s2+n1;  %T1 구간 수신신호
        r2= ? ; %T2 구간 수신신호
        %%%%%%%%%%%%%%%%%%%%%%%%%%%%%%%%%%%%%%%%%%%%%%

        %%%%%%ML decoding %%%%%%%%%%%%%%%%%%%%%%%%%%%%%%%%%%%%%%%%
        s1s2pairCandidate=[[1,1];[1,-1];[-1,1];[-1,-1]];
        N_set=4;
        for k_set=1:N_set
            s1candidate=s1s2pairCandidate(k_set,1);
```

```
            s2candidate=s1s2pairCandidate(k_set,?);
            r1candidate=hA*s1candidate + hB*s2candidate;
            %s1이 s1trial이고 s2이 s2trial였다는 가정 하에
            r1을 생성해 봄. n1,n2는 물론 모름. 따라서,
            노이즈는 그 평균값인 0으로 놓음.
            r2candidate=? ;

            distance(k_set)=sum(abs([r1,r2]-[r1candidate,r2candidate]).^2);
        end
        [A B]= min( ? );
        s1_hat=s1s2pairCandidate(B,1);
        s1_hat=s1s2pairCandidate(B,2);
        %%%%%%%%%%%%%%%%%%%%%%%%%%%%%%%%%%%%%%%%%%%%%%%%%%%%%%%%%%%%

        if(s1_hat~=s1)
            errcnt=errcnt+1;
        end
        if(s2_hat~=s2)
            errcnt=errcnt+1;
        end
        symcnt=symcnt + 2;
    end

    BER(snri)=errcnt/symcnt;
    save alamouti_ML_BER.mat EbN0dB_vector BER
end
figure
semilogy( EbN0dB_vector, BER);
title('Alamouti coded, BPSK, Rayleigh fading');
xlabel('Eb/N0 [dB]');ylabel('BER');
grid on
```

2.B3. '페이딩 계수와 노이즈 샘플 생성' 부분이 'while' loop 밖에 있으면 안되는 이유를 쓰시오.

2.B4. 실제 시스템에서는 표 28.3과 같이 연속된 심벌쌍들이 연달아 전송된다. 그런데, 위의 2.B2의 m-file은 다른 심벌쌍 (예를 들어 (s3, s4), (s5, s6),...)없이 (s1, s2) 쌍에 대해서만 반복적으로 전송하는 simulation을 하고 있다. 이렇게 하여도 실제 시스템의 성능을 확인하는 데 무방한 이유를 쓰시오.

2.B5. m-file을 실행하여 BER plot 결과를 보이시오.

2.B6. 본 교재 25장 문제 4.C에서 작성한 MRC BER simulation m-file에 'L=2'도 추가하여 다시 수행하시오. 수행 후 얻어진 BER 곡선을 2.B의 BER 그래프 창 위에 옮겨 겹쳐 그리시오. (MATLAB에서 그린 복수개의 Figure 창이 있을 때, 어느 한 창의 그래프 곡선을 다른 Figure

창의 겹쳐 그리는 방법은 24장 4.C1을 참조할 것)

(a) 겹쳐 그린 BER 그래프를 캡쳐하시오.

(b) 두 개의 BER 곡선을 비교하여 Alamouti code의 BER 성능과 Diversity order(L)=2인 MRC BER 성능이 동일한지 다른지 쓰시오. 이를 토대로 Alamouti code가 달성하는 Diversity order는 얼마인지 쓰시오.

3. Simple ML detection of Alamouti code

3.A. Alamouti code의 우수한 특징 중 하나는, 간단한 linear combining 연산만으로 ML과 동일한 성능을 달성하는 판별변수를 생성할 수 있다는 점이다. 아래와 같이 'r1'과 'r2'를 linear combining 하여 's1'과 's2'의 판별변수 'z1'과 'z2'를 생성한다.

```
z1=conj(hA)*r1 - hB* conj(r2);
z2=conj(hB)*r1 + hA* conj(r2);
```

3.A1. 위 두 수식에 문제 2.A의 m-file에서 구한 'r1', 'r2' 생성식을 대입하여 "손으로" 수식 정리를 하시오. 그 결과 'z1'의 수식이, 표 28.2 방식의 'z' (문제 1.B2에서 유도한)의 수식과 동일함을 보이시오. 여기서 동일하다 함은 신호성분은 똑같고, 노이즈 성분은 통계적인 특성이 동일함을 의미함.

3.A2. 문제 3.A1의 결과에 따르면, Alamouti code의 선형결합 검출 방식은 〈표 28.2〉의 방식과 동일한 판별변수를 가짐을 알 수 있다. 판별변수 식에 따르면 '(abs(hA)^2+abs(hB)^2)' 텀이 송신 심벌에 곱해져 있음을 알 수 있다. 또한, 수신 신호 'r1'과 'r2'에는 두 심벌('s1', 's2')이 혼재되어 서로 간섭으로 존재하지만, combining 후 'z1'에는 's2' 신호가 없으며, 'z2'에는 's1' 신호가 없어 두 심벌간의 간섭 성분이 없어졌음을 알 수 있다.

(a) 〈표 28.2〉의 방식과 동일한 판별변수라 함은 곧, 〈표 28.2〉의 방식과 동일한 BER성능을 의미한다. '(abs(hA)^2+abs(hB)^2)' term 에 의해 Diversity order 2인 BER 커브를 얻을 수 있음을 알 수 있다. 한편, 2.B6에서 MLD를 수행한 경우 Alamouti code의 BER 성능, 역시 Diversity order 2인 BER 성능을 얻을 수 있음을 알 수 있었다.
두 결과를 바탕으로, 결론적으로, Alamouti code를 위의 박스에서와 같이 간단한 선형결합으로 검출하여도 MLD 검출 방식과 동일한 성능을 얻음을 설명하시오.

(b) Alamouti code와 표 28.2의 방식은 동일한 BER 성능을 갖지만, 대역폭 효율면에서는 Alamouti code가 표 28.2의 방식에 비해 2배 우수하다. 이를 증명하시오.

3.B. 선형결합 기법의 BER 실험을 완성해보자.

🖫 3.B1. 문제 2.A에서 생성한 'r1', 'r2'에 대하여, 문제 3.A에서 소개한 선형결합 기법(또는 Alamouti decoding 이라 부름)을 수행하여 BER을 측정하는 m-file을 작성하시오. BPSK 심벌을 가정하자. ?를 모두 채우시오

```
clear
randn(1,XXX); % XXX=학번 끝 세자리, 내용과 상관없는 부분, 그러나 꼭 추가 할 것.
EbN0dB_vector=[0 3 6 9 12 15];% EbN0 값을 dB 단위로 설정.
Eb=2;  %BPSK(1 또는 -1)심벌을  두 심벌 주기에 걸쳐 보내므로(표 28.3 참조)

for snri=1:length(EbN0dB_vector)
    EbN0dB=EbN0dB_vector(snri);
    EbN0=10^(EbN0dB/10);
    N0=Eb/EbN0;
    errcnt=0; symcnt=0;
    while errcnt<500
        s1=sign(rand-0.5);
        s2=sign(rand-0.5);

        %%%페이딩 계수 및 노이즈 생성 %%%%%%%%%%%%%%%%%%
        hA=sqrt(1/2)*(randn+j*randn);
        hB=sqrt(1/2)*(randn+j*randn);
        n1=sqrt(N0/2)*(randn+j*randn);  %T1구간의 수신 노이즈
        n2=sqrt(N0/2)*(randn+j*randn);  %T2구간의 수신 노이즈
        %%%%%%%%%%%%%%%%%%%%%%%%%%%%%%%%%%%%%%%%%%%%%%

        %%%%%%Alamouti coding된 수신 신호 생성%%%%%%%%%%%%
        r1=hA*s1+hB*s2+n1;  %T1 구간 수신신호
        r2= ? ; %T2 구간 수신신호
        %%%%%%%%%%%%%%%%%%%%%%%%%%%%%%%%%%%%%%%%%%%%%%%

        %%%%%%Simple linear combining for decoding!!!!%%%%%%%%
        z1= ? ; %s1의  판별변수
        z2= ? ; %s2의  판별변수
        s1_hat=sign(real(z1));
        s2_hat=sign(real(z2));
        %%%%%%%%%%%%%%%%%%%%%%%%%%%%%%%%%%%%%%%%%%%%%%%%%%%%%%

        if(s1_hat~=s1)
            errcnt=errcnt+1;
        end
        if(s2_hat~=s2)
            errcnt=errcnt+1;
        end
```

```
        symcnt=symcnt + 2;
    end

    BER(snri)=errcnt/symcnt;
    save alamouti_BER.mat EbN0dB_vector BER
end
figure
semilogy( EbN0dB_vector, BER);
title('Alamouti coded, BPSK, Rayleigh fading');
xlabel('Eb/N0 [dB]');ylabel('BER');
grid on
```

3.B2. ML 방식과 simple linear combining 방식의 계산량에 대하여 논하시오.

3.B3. m-file 실행 후 BER 커브를 캡쳐하여 보이시오. 생성된 'BER Figure' 창은 문제 3.B4에서 다시 사용되므로 닫지 마시오.

3.B4. 문제 2.B2의 m-file을 수행하지 않았다면, 수행하여 자신의 작업 폴더에 'alamouti_ML_BER.mat'이 생성되도록 하시오. 다음, 아래의 명령을 MATLAB 명령창에서 수행하시오.

```
>> load alamouti_ML_BER.mat
>> hold on
>> semilogy( EbN0dB_vector, BER,'r')
```

(a) 두 개의 BER 곡선이 겹쳐진 그림을 캡쳐하여 보이시오.

(b) 그림으로부터 MLD와 선형결합 방식이 동일한 성능을 얻음을 보이는지 확인하시오.

3.B5. 3.B1의 m-file을 수정하여 변조방식을 QPSK 변조로 확장하고자 한다. (a) 수정된 m-file을 캡쳐하여 보이시오. (b) 실행하여 BER 결과도 보이시오.

3.B6. 〈표 28.3〉과 다른 방식의 심벌 배치로 〈표 28.3〉에 주어진 방식과 동일한 성능을 얻을 수 있는 방법이 존재한다.

(a) 그 방법을 찾아, 아래 〈표 28.4〉의 4개의 빈칸에 's1'과 's2' 또는 그들의 conjugate를 배치하시오(단순히 's1'과 's2'를 서로 교체하는 것 또는, 심벌 ('s1'과 's2')의 부호 반전 하는 것은 제외).

(b) 또, 그에 상응하는 적절한 combining 방식(배치방식이 바뀌면 문제 3.A1 바로 위 박스에 주어진 combining 방식도 수정되어야 함)을 제시하고, combining 후 판별변수가 동일한 성능을 만족함을 보이시오.

〈표 28.4 Alamouti code의 다른 버전〉

시간 / 공간	T1	T2
안테나 A	?	?
안테나 B	?	?

★ 4. 다양한 STBC (Space time block code), 다이버시티 계수 그리고 데이터 율

4.A. Alamouti code는 시공간 즉, 2차원 부호이므로 2차 행렬을 이용하여 아래와 같이 수신 신호 벡터를 모델링할 수 있다.

$$\begin{bmatrix} r_1 \\ r_2 \end{bmatrix} = \begin{bmatrix} ? & ? \\ ? & ? \end{bmatrix} \begin{bmatrix} h_A \\ h_B \end{bmatrix} + \begin{bmatrix} n_1 \\ n_2 \end{bmatrix} \qquad \text{(식 28.1)}$$

4.A1. 문제 2.A의 m-file의 마지막 두 줄에 부합하도록 (식 28.1)의 2차원 시공간 부호 행렬의 원소 ?를 채우시오.

4.A2. 2차원 시공간 부호 행렬에서 가로 방향(행)과 세로 방향(열)은, 각각 시간(심볼 구간)축과 공간(송신 안테나)축 중 무엇에 해당하는가?

4.A3. 시공간 부호의 데이터율 R은 아래와 같이 계산할 수 있다.

$$R = \frac{\text{시공간 부호 행렬을 구성하는 서로 다른 심벌 개수}}{\text{하나의 시공간 부호를 전송하는 데 사용하는 시간 슬롯의 수(= 시공간 부호 행렬의 행의 수)}} \qquad \text{(식 28.2)}$$

단일 송신 안테나 시스템의 데이터율 R=1임을 알 수 있다. Alamouti code 의 R은 얼마인가?

4.B. 아래와 같이 표현되는 STBC(시공간 블록 부호) 코드가 있다.

$$\begin{bmatrix} r_1 \\ r_2 \\ r_3 \\ r_4 \end{bmatrix} = \begin{bmatrix} s_1 & s_2 & s_3 \\ -s_2^* & s_1^* & 0 \\ s_3^* & 0 & -s_1^* \\ 0 & s_3^* & -s_2^* \end{bmatrix} \begin{bmatrix} h_A \\ h_B \\ h_C \end{bmatrix} + \begin{bmatrix} n_1 \\ n_2 \\ n_3 \\ n_4 \end{bmatrix} \qquad \text{(식 28.3)}$$

4.B1. 송신 안테나 수와 필요한 시간 슬롯 수는 각각 얼마인가?

4.B2. 데이터율 R은 얼마인가?

4.B3. 이 시공간 부호의 Diversity order는 얼마가 될지 유추하시오.

4.C. 문제 2.B2의 m-file을 적절히 수정하여 (식 28.3)에 주어진 STBC의 BER 성능 그래프를 그려 보자

4.C1. 수정된 m-file과 BER 결과 그림을 보이시오.

4.C2. 위 BER 결과와, 25장의 문제 4.C에서 Diversity order ('L')=3 인 경우의 MRC BER결과를 비교하시오. 문제 4.B3의 자신의 답을 검증하시오.

29 CHAPTER MIMO System, Part II : Spatial Multiplexing

- SM MIMO 시스템 모델을 이해한다.
- MIMO 시스템의 detection 기법을 학습하고 구현한다.
- detection 기법 간 성능 비교를 한다.
- 시스템 변수에 따른 성능 변화를 관찰한다.

1. 시스템 모델

1.A. 다중 송수신 안테나 시스템

고차원 변조 방식(QAM, MPSK 등)과 함께, 최근 통신시스템의 데이터율 증대 방법으로, 다수의 송신안테나에서 병렬로 데이터심벌을 전송하는 SM(Spatial Multiplexing, 좁은 의미의 MIMO) 방식이 쓰이고 있다. 일반적인 SM 기법에서는 송신 안테나 개수와 동일한 개수의 데이터 심벌들을 병렬로 전송한다. 또, 일반적으로 시공간 부호(28장 참조)와 달리, 병렬로 전송되는 데이터 심벌은 여러 번에 걸쳐 전송하지 않고 한 번만 전송한다. 따라서 단일 안테나에 비해 송신 안테나 개수 배 만큼 데이터 속도를 높일 수 있다. 동시에 전송된 심벌들은 채널에서 서로 간섭신호로 작용하므로, 이를 해결하기 위하여 수신기에서도 복수개의 수신 안테나를 사용한다.

수신안테나의 개수를 N_R이라 하자. N_R개 수신안테나에 동시에 수신되는 신호들을 N_R by 1 열 벡터 r로 나타내면 일반적인 MIMO 시스템에서 r은 다음과 같이 표현된다.

$$r = Hs + n \qquad (식\ 29.1)$$

위에서 s는 $N_T \times 1$ 송신 심벌 벡터를, H는 $N_R \times N_T$ 채널 행렬을, n은 $N_R \times 1$ 수신 노이즈 벡터를 각각 나타낸다. n의 원소들은 i.i.d. 인 가우시안 확률변수를 따른다.

1.A1☆. (식 29.1)의 $r(k)$ 즉 k번째 수신신호 성분을 풀어쓰면 아래와 같이 쓸 수 있다. 아래 ?를

채우시오

$$r(k) = H(?,?)s(?) + H(?,?)s(?) + ... + H(?,?)s(?) + n(?) \quad \text{(식 29.2)}$$

1.A2☆. 1.A1식에 따르면 채널 행렬의 원소 $H(n,m)$은 ? 번째 송신 안테나의 데이터 심벌이 ? 번째 수신 안테나에 수신될 때, 해당 채널 이득(또는 페이딩 계수)를 의미한다. ?를 채우시오.

1.A3☆. 그림 29.1은 송신안테나와 수신안테나 간의 페이딩 계수를 적은 것이다. (식 29.2)에 맞게 ?를 모두 채우시오.

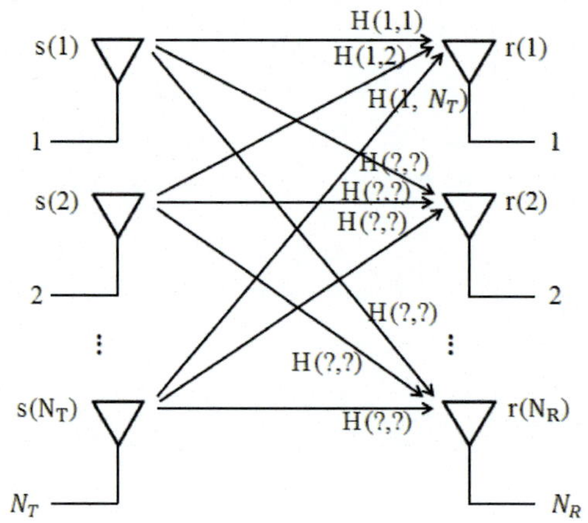

| 그림 29.1 | 송수신 안테나간 페이딩 계수.

2. Exhaustive search에 기반한 ML(Maximum Likelihood) detection

2.A. 아래 m-file ml_Nt4_bpsk.m은 BPSK 변조, 송신 안테나 수 N_T(=송신심벌벡터사이즈)=4인 MIMO시스템의 ML detection을 MATLAB 함수로 구현한 것이다. N_T×1 수신신호 벡터 'r'과 N_R× 4 복소 채널 행렬 'H'를 입력으로 받아 detection 된 N_R×1 BPSK 심벌 벡터 's_hat'를 출력한다. 송신 안테나 수 N_R에 대한 제한은 없이 모든 경우 사용가능하다.

```
function s_hat=ml_Nt4_bpsk(r,H)

s_candidate_set=[];
dist_set=[];
```

```
for b1_candidate=[-1 1]
    for b2_candidate=[-1 1]
        for b3_candidate=[-1 1]
            for b4_candidate=[-1 1]
                s_candidate=[b1_candidate b2_candidate b3_candidate b4_candidate]';
                r_candidate=H*s_candidate;
                dist= sum(abs(? - r_candidate).^2);

                s_candidate_set=[s_candidate_set s_candidate];
                %s_candidate을 s_candidate_set의 열로 추가하면서 저장
                dist_set=[dist_set dist];
                %dist를 dist_set의 원소로 추가하면서 저장
            end
        end
    end
end

[A B]=min(dist_set);
s_hat=s_candidate_set(:,B);
```

2.A1. 4곳의 ?에 들어갈 변수 이름을 모두 쓰시오.

2.A2. 모든 라인에 대한 설명을 다음의 지침에 따라 작성하시오.

(지침1) '='이 있는 라인 : '=' 왼쪽 변수의 목적(용도), '=' 오른쪽 수식이 왼쪽 변수의 목적(용도)에 왜 부합하는지 그 이유를 쓰시오.

(지침2) '='이 없는 라인 : 명령어에 대한 설명과 이 명령을 왜 수행하는지 설명.

2.B. 'ml_Nt4_bpsk()'을 수정하여, 다른 안테나수의 MIMO ML detection m-file을 만들 수 있다.

2.B1. 'Nt'=3인 MIMO 시스템의 ML detection을 MATLAB 함수로 아래와 구현할 수 있다. 완성하여 함수 이름을 'ml_Nt3_bpsk()'으로 저장하시오. 'ml_Nt4_bpsk()'과 비교하여 수정(또는 삭제된) 부분을 모두 찾고 이유를 설명하시오.

```
function s_hat=ml_Nt3_bpsk(r,H)

s_candidate_set=[];
dist_set=[];

for b1_candidate=[-1 1]
    for b2_candidate=[-1 1]
        for b3_candidate=[-1 1]
                s_candidate=[b1_candidate b2_candidate b3_candidate]';
```

```
                r_candidate=H*s_candidate;
                dist= sum(abs(? - r_candidate).^2);

                s_candidate_set=[s_candidate_set s_candidate];
                %s_candidate을 s_candidate_set의 열로 추가하면서 저장
                dist_set=[dist_set dist];
                %dist를 dist_set의 원소로 추가하면서 저장
            end
        end
    end

    [A B]=min(dist_set);
    s_hat=s_candidate_set(:,B);
```

2.B2. 'Nt'=2인 MIMO 시스템의 ML detection을 MATLAB 함수로 구현하여 보이시오. 함수 이름은 'ml_Nt2_bpsk()'으로 저장할 것.

2.C. 'ml_Nt4_bpsk()'을 아래와 같이 수정하면 QPSK 변조, 4×4 MIMO 시스템의 ML detection 함수가 된다. 함수이름은 'ml_Nt4_qpsk()'으로 하여 저장하시오. 수정된 라인에 대한 설명을 하시오.

```
function s_hat=ml_Nt4_qpsk(r,H)
...
for b1_candidate=[-1-j, -1+j, 1-j, 1+j]
    for b2_candidate=[-1-j, -1+j, 1-j, 1+j]
        for b3_candidate=[-1-j, -1+j, 1-j, 1+j]
            for b4_candidate=[-1-j, -1+j, 1-j, 1+j]
                ...
            end
        end
    end
end
...
```

2.D. ML 검출 방식의 계산량을 계산해보자.

2.D1. 함수 'ml_Nt4_bpsk()'이 한 번 수행될 때마다, 총 몇 번의 'r_candidate' 생성과 'dist' 계산을 수행하는가?

2.D2. 함수 'ml_Nt4_qpsk()'이 한 번 수행될 때마다, 총 몇 번의 'r_candidate' 생성과 'dist' 계산을 수행하는가?

2.D3. 심벌 사이즈가 M이고 $N_R \times N_T$ MIMO 시스템의 ML detection이라면, 총 몇 번의 'r_candidate' 생성과 'dist' 계산을 수행하는가?

2.D4. ML 검출기법의 문제점은 무엇인가?

3. ZF(zero forcing) detection

ZF detection은, 아래와 같이 수신신호 r에 H의 역행렬을 곱하여 s 벡터를 복원하고자 하는 방식이다.

$$\begin{aligned} z &= \text{pinv(H)*r} \\ &= \text{pinv(H)*(H*s+n)} \\ &= \text{s+pinv(H)*n.} \end{aligned} \qquad \text{(식 29.3)}$$

위에서 pinv(H)는 H의 의사 역행렬 (pseuo-inverse)로 (HTH)−1HT를 의미한다. 따라서, H가 정방행렬이면 pinv(H)는 H^{-1} 와 동일하다.

(식 29.3)에서 알 수 있듯이, z 값 중 신호 성분은 s와 동일하므로 심벌 간 간섭이 완벽히 제거된 신호가 된다. z를 판별 변수로 하여 detection을 수행한다.

3.A. 아래는 BPSK 심벌의 MIMO시스템에 대하여 ZF detection을 수행하는 MATLAB function이다. 수신 벡터 'r' 와 채널 행렬 'H' 를 입력받아 보낸 심벌벡터의 추정치 's_hat'을 출력한다. ? 에 들어갈 변수를 쓰시오. 완성된 함수를 저장하시오.

```
function s_hat=zf_bpsk(r,H)
z=pinv(?)*r;
s_hat=sign(real(z));
```

3.B. 마지막 라인에서 'real()'과 'sign()'을 사용한 이유를 설명하시오.

3.C. 이제, 데이터 심벌 's(1)',... 's(Nt)'들이 $\{-1-j, -1+j, 1-j, 1+j\}$ 값 중 하나를 갖는 QPSK 심벌이라 하자. 위의 m-file을 아래와 같이 수정하면 QPSK 변조 심벌의 MIMO시스템의 ZF detection 함수를 구현할 수 있다.

```
function s_hat=zf_qpsk(r,H)
z=pinv(?)*r;
s_hat=sign(real(z))+ j * ??;
```

위에서 ??에 들어갈 것을 쓰시오. 완성된 함수를 저장 하시오.

4. ZF detection의 noise enhancement 현상

(식 29.1)에서 노이즈 텀을 일시적으로 무시하여 수신신호 r 을 풀어 쓰면 아래와 같이 쓸 수 있다.

$$r = H(:,1)\times s(1) + H(:,2)\times s(2) + ..., + H(:,N_T)\times s(N_T) \qquad \text{(식 29.4)}$$

위에서 $H(:,k)$는 H의 k 번째 열벡터를 의미한다. 윗 식에 따르면 r벡터에 더해져 있는 $s(k)$의 성분은 $H(:,k)\times s(k)$이다. 따라서, 수신 벡터 r에 퍼져있는(수신 안테나에 퍼져있는) $s(k)$ 성분의 에너지는 $|H(1,k)|^2\times|s(k)|^2+|H(2,k)|^2\times|s(k)|^2+...+|H(1,Nr)|^2\times|s(k)|^2$가 된다.

4.A. 아래의 2가지 경우의 2 by 2 실수 채널 행렬이 있다고 가정하자.

```
>> Ha=[2,  1; 1, 2]
Ha =
     2     1
     1     2

>> Hb=[1, 1; 1, -1]
Hb =
     1     1
     1    -1
```

's(1)', 's(2)'가 BPSK심벌 (1 또는 −1, 따라서 심벌에너지는 1)이라고 가정하자. 'Ha' 채널의 경우, 수신안테나에 퍼져있는 's(1)'과 's(2)'의 수신 에너지는 각각 $5(=2^2\times1+1^2\times1)$, $5(=1^2\times1+2^2\times1)$이다.

4.A1☆. 'Hb' 채널의 경우 's(1)' 과 's(2)'의 수신에너지는 얼마인지 계산하시오.

4.A2☆. 두 채널('Ha', 'Hb')간 's(1)', 's(2)' 수신에너지를 비교하자. 두 채널의 수신 노이즈 벡터 'n' 이 동일하다는 가정 하에, 수신에너지에 따르면 두 채널 중 어떤 채널에서 BER이 더 작겠는지 예상해보시오.

(식 29.3)에서 'r'에 역행렬을 곱하여 얻어진 'z'를 보면, 신호 성분은 채널 행렬과 상관없이 's'로 복원되고, 노이즈 성분은 'pinv(H)*n'로 주어짐을 알 수 있다. 따라서 ZF detector의 성능은 노이즈 텀 'pinv(H)*n'의 원소들의 분산이 얼마나 큰지가 결정하게 됨을 알 수 있다.

4.A3. 2(= 'Nr': 수신 안테나 개수)×1 수신 노이즈 벡터 'n'의 2개의 원소 'n(1)', 'n(2)'는 i.i.d 인(서로 독립이면서 동일한 분포를 갖는) 가우시안 확률 변수이다. 이들의 분산을 'v_n'

이라 하자. 'pinv(H)*n' 역시 2(='Nt')×1 벡터가 된다. 'pinv(H)*n'의 'H'에 위에 주어진 'Ha', 'Hb'를 각각 대입하면 벡터 'pinv(H)*n'의 두 원소를 'n(1)'과 'n(2)'의 선형결합으로 나타낼 수 있다. 예를 들어, 'H'='Ha' 인 경우 'pinv(H)*n'의 첫 번째 원소는 2/3*n(1) + (-1/3)*n(2) 로 된다.

(a) 'H'='Ha' 인 경우 'pinv(H)*n'의 두 번째 원소에 대해서도 'n(1)'과 'n(2)'의 선형결합으로 나타내시오.

(b) 'H'='Hb' 인 경우 'pinv(H)*n'의 두 원소에 대해서도 'n(1)'과 'n(2)'의 선형결합으로 나타내시오.

4.A4. i.i.d 인 'n(1)', 'n(2)'의 분산을 'v_n'으로 놓고, 문제 4.B1 에서 유도한 선형 결합식을 바탕으로 'pinv(H)*n'의 두 원소의 분산을 구할 수 있다. 예를 들어, 'H'='Ha' 인 경우 'pinv(H)*n'의 첫 번째 원소는 분산은 5/9*v_n 와 같음을 보일 수 있다.

(a) 'H'='Ha' 인 경우 'pinv(H)*n'의 두 번째 원소의 분산도 구하시오.

(b) 'H'='Hb' 인 경우 'pinv(H)*n'의 두 원소에 대해서도 분산을 구하시오.

4.A5. 4.B4의 답을 바탕으로, ZF detection을 사용한 경우 두 채널('Ha', 'Hb')중 어떤 것이 낮은 BER을 갖는가?

4.A6. 'Ha'가 'Hb'에 비해 더 높은 수신 에너지를 달성하지만(4.A2 참조), ZF을 수행하는 경우 더 높은 BER을 유발함을 알 수 있다. 이것을 ZF의 noise enhancement 현상이라 한다. Noise enhancement은 결국 채널 행렬 'Ha'의 어떠한 수학적 특성 때문인가?

4.A7. 채널 행렬에 따라 ZF의 noise enhancement 현상은 클 수도 있고 작을 수도 있다. 'Ha' 보다 수신에너지는 더 크면서, ZF에 의한 BER 성능은 더 안 좋은(BER이 더 큰), 즉 'Ha' 보다 noise enhancement 현상이 더 심한 채널 행렬을 하나 예로 드시오. 수학적인 근거도 제시하시오.(아래 참고).

참고

역행렬을 구하는 과정을 직접 손으로 따라가 보면, 원래 행렬이 어떠할 때 역행렬의 원소의 크기(절대값)가 커지게 되는지 알아낼 수 있다. 'H=[a b ; c d]' 이렇게 일반항으로 놓고 역행렬을 구하자. 'a' 'b' 'c' 'd'의 크기도 크면서, 역행렬의 원소도 큰 값이 되는 'a' 'b' 'c' 'd'값의 조건을 찾아 볼 것.

4.B. 위에 주어진 두 채널('Ha', 'Hb')에 대하여 아래와 같이 ZF 과 ML detection의 BER을 시뮬레이션하는 m-file을 구현할 수 있다.

```
clear
randn(1,XXX); % XXX=학번 끝 세자리, 내용과 상관없는 부분, 그러나 꼭 추가 할 것.
Nr=2;
Ha=[2, 1;1, 2];
Hb=[1, 1;1, -1];

EsN0dB=3;
EsN0=10^(EsN0dB/10);
Es=Nr*1;
%본 m-file에서는 1 또는 -1을 갖는 BPSK 심벌을 생성함(아래 s생성 문장 참조)
N0=Es/EsN0;
ErrCntZF=0; ErrCntML=0;SymCnt=0;
while ErrCntML<500 %PC 속도가 느리면 500을 줄일 것. 대신 실험오차는 증가함.
    s=sign(rand(2,1)-0.5);
    H=Ha; % Hb 채널을 실험할 경우 H=Hb로 변경
    n=sqrt(N0/2)*(randn(2,1)+j*randn(2,1));
    r=H*s+n;

    s_hat_zf=zf_bpsk(r,H); %동일한 폴더에 zf_bpsk()이 있어야 함.
    ErrCntZF=ErrCntZF+sum(s~=s_hat_zf);

    s_hat_ml=ml_Nt2_bpsk(r,H); %동일한 폴더에 ml_2x2_bpsk()이 있어야 함.
    ErrCntML=ErrCntML+sum(s~=s_hat_ml);

    SymCnt=SymCnt+2;
end
ber_zf=ErrCntZF/SymCnt
ber_ml=ErrCntML/SymCnt
```

4.B1. 굵은 글씨의 모든 라인에 대한 설명을 작성하시오. '=' 왼쪽 변수의 목적(용도), '=' 오른쪽 수식이 왼쪽 변수의 목적(용도)에 왜 부합하는지 그 이유를 쓰시오.

4.B2. 'Ha', 'Hb' 두 채널에 대하여 m-file을 수행하여 BER을 구하고 두 채널의 BER 결과 값을 보이시오.

4.C. 채널 행렬 H의 열이 서로 직교인 경우, ML과 ZF의 성능은 같아진다. (a) 4.B2의 결과는 이 성질을 검증하는가? (b)채널 행렬 H의 열이 서로 직교인 경우, 왜 ML 과 ZF의 성능은 같아지는 지 설명하시오.

4.D. 4.B2의 결과에서 'Ha', 'Hb' 두 채널에 대한 ZF의 BER 성능을 비교하시오. 4.A3~4.A5에서 수식으로 분석한 결과와 일치하는가?

4.E. 채널 행렬 'H'를, 문제 4.A7에서 자신이 예로든 채널로 바꾸어 m-file을 수행하시오. 자신의 예가 맞았는가? 즉, 'H'='Ha' 인 경우에 비해 BER이 증가하였는가? 아니라면, 문제 4.A7를 다시 푸시오.

5. SIC (Successive interference cancellation) detection

다음은 SIC (Successive interference cancellation) detection의 절차이다. 각 절차에 설명된 의미를 파악하여 SIC detection의 원리를 파악하자.

- Step 1: 선형 detection(ZF 또는 MMSE) 행렬을 곱하여 송신 심벌 벡터에 대한 판별변수 벡터 'z' 생성: 예를 들어 ZF detection 이라면,

```
z=pinv(H)*r;
```

- Step 2: 'z'를 이용하여 송신 심벌 중 's(Nt)'를 먼저 detection. 즉,

```
s_hat(Nt) =sign(real(z(Nt))); % for BPSK
s_hat(Nt) =sign(real(z(Nt)))+j*sign(imag(z(Nt))); % for QPSK
```

- Step 3: 수신신호 벡터 'r'에 들어있는 's(Nt)'성분은 다른 심벌들에게 간섭 성분임. 's_hat(Nt)'이 's(Nt)'과 동일하다는 전제하에, Step 3-1. 's(Nt)'가 수신 안테나에 미치는 간섭 성분 생성.

```
H(:,Nt)*s_hat(Nt);
```

참고: (식 29.4)에서, 'r'에 더해져 있는(포함되어 있는) $s(k)$의 성분은 $H(:,k) \times s(k)$ 였음을 상기하자. 따라서, s_hat(Nt)'이 's(Nt)'과 동일하다는 전제하에, 수신 신호에서 마지막 송신안테나의 신호 성분은 'H(:,Nt)*s_hat(Nt)' 와 같고, 이것은 나머지 Nt−1개의 심벌에 간섭으로 작용한다.

Step 3-2. 이 간섭 성분을 수신신호에서 제거 함. 즉, 아래와 같이 수신 벡터 'r'을 대체

```
r = r-H(:,Nt)*s_hat(Nt);
```

- Step 4: 이제, 앞 단계에서 검출한 's(Nt)' 신호는 수신신호 'r'에서 제거되었음. 이것은 'Nt' 번째 송신 안테나에서 신호를 전송하지 않은 것과 수식으로 동일함. 앞으로 detection 해야 할 심벌 수는 'Nt'−1개 임. 따라서, 'Nr'×'Nt-1' MIMO 시스템과 동일해짐. 즉, 아래와 같이 'H'와 'Nt'를 대체함.

```
H=H(:, 1:(Nt-1));
Nt=Nt-1;
```

- Step 5: Step 3에서 갱신된 r, Step 4에서 갱신된 'H', 'Nt' 가지고 Step 1~4 반복(모든 심벌이 검출될 때 까지, 즉, 'Nt'=0이 될 때까지 반복).
- Step 6: Step 2를 행할 때마다 's_hat(Nt)'를 저장하여, 반복이 끝난 후 detection된 심벌 벡터로 출력.

5.A. 아래는, BPSK 변조를 사용하는 경우, 수신벡터 'r'과 MIMO 채널 행렬 'H'를 입력받아 SIC기법으로 송신 심벌 벡터를 추정하는 매트랩 함수 'sic_zf_bpsk()'이다.

```
function s_hat=sic_zf_bpsk(r,H)

[Nr Nt]=size(H);
s_hat=zeros(Nt,1); % s_hat 초기화

while Nt>0
      z=pinv(H)*r;
      s_hat(Nt,1)=sign(real(z(Nt)));
      r=r-H(:,Nt)*s_hat(Nt);
      H=H(:,1:(Nt-1));
      Nt=Nt-1;
end
```

5.A1. 각 라인에 대하여 자세한 설명을 주석 처리하시오. 앞에서 설명한 절차를 참고할 것.

5.A2. QPSK 변조 방식(가능한 송신 심벌 값의 집합 = $\{-1-j,-1+j,1-j,1+j\}$)으로 수정하기 위해 's_hat' 생성 라인을 아래와 같이 수정하면 된다. ??를 채워 완성한 후 함수이름을 'sic_zf_qpsk()'로 저장하시오.

```
function s_hat=sic_zf_qpsk(r,H)

[Nr Nt]=size(H);
s_hat=zeros(Nt,1); % s_hat 초기화

while Nt>0
      z=pinv(H)*r;
      s_hat(Nt,1)=sign(real(z(Nt)))+j * ??;
      r=r-H(:,Nt)*s_hat(Nt);
      H=H(:,1:(Nt-1));
      Nt=Nt-1;
end
```

5.B. OSIC (Ordered SIC) 구현

5.B1. 위 5.A에서 구현한 SIC 코드의 while 루프 안의 첫 문장은 ZF가 동일하다. 'z=pinv(H)*r' 에 'r=H*s+n'을 대입해 보면, 'z=s+pinv(H)*n' 이 됨을 알 수 있다. 따라서, ZF 후 노이즈 벡터 'pinv(H)*n'의 원소들은 서로 다른 분산을 갖게 된다. 표기의 편리를 위해 'pinv(H)'를 'Hinv'라 하고, 'Hinv(a,b)'는 'Hinv' 행렬의 'a'행 'b'열의 원소라 하자. 수신노이즈 벡터 'n'의 각 원소의 분산을 'v_n'이라 하자.

ZF 후 노이즈 벡터 'Hinv*n'의 각 원소는 수신 노이즈 벡터 'n'의 원소들의 선형결합임을 알 수 있다. 예를 들어, 'Hinv*n' 의 'k'번째 항은, 'Hinv'의 'k' 번째 행(='Hinv(k:,)')을 가중치로 하여 수신 노이즈 벡터 'n'의 원소들을 선형 결합한 것이다. 이로부터, 'Hinv*n' 의 'k'번째 원소의 분산은 sum(Hinv(k,:).^2)*v_n과 같음을 보일 수 있다. 이를 증명하시오.

5.B2. 위 5.B1에 따르면, ZF후, Nt 개 송신심벌 s(1), s(2), …, s(Nt)의 노이즈 분산은 각각, sum(Hinv(1,:).^2)*v_n, sum(Hinv(2,:).^2)*v_n, …, sum(Hinv(Nt,:).^2)*v_n 로 주어진다. 즉, 채널 행렬 H 에 의해 각 심벌의 노이즈 분산은 서로 달라지게 된다. 한편, SIC를 수행함에 있어, 가장 작은 노이즈 분산을 갖는 심벌(=가장 높은 신뢰도를 갖는 심벌)부터 검출하여 해당 간섭성분을 제거하면 간섭제거의 신뢰도도 높아지게 되므로 성능을 향상시킬 수 있다. 이러한 방법을 Ordered SIC (OSIC) 라고 한다. 따라서, OSIC에서는 SIC 알고리듬에 심벌 검출 순서를 바꾸는 과정이 추가적으로 필요하다.

아래의 코드는, OSIC를 위해 심벌 검출 순서를 바꾸는 과정을 구현한 것이다. ZF후 노이즈 분산이 가장 작은 심벌에 해당하는 송신 안테나 인덱스를 찾아, 마지막(맨 처음 검출 되는) 송신 안테나 인덱스, 즉 'Nt'로 바꾼다.

아래 코드를 분석하여, 노이즈 벡터 'pinv(H)*n'의 원소중 가장 작은 분산을 갖는 원소의 인덱스가 'B'가됨을 설명하시오.

```
sym_index=1:Nt;
Hinv=pinv(H);
T=sum(abs(Hinv').^2);%sum(A)는 행렬 A의 각 열의 합을 원소로 하는 행 벡터임.
[A B]=min(T);

C=H(:,Nt);  H(:,Nt)=H(:,B); H(:,B)=C;
D=sym_index(Nt); sym_index(Nt)=sym_index(B);sym_index(B)=D;
```

5.B3. 'Nt=4'라 하자. 만약, 당초(위의 코드가 수행되기 전) 두 번째 송신 안테나의 심벌이 ZF 후 가장 작은 노이즈 분산을 갖는다면, 벡터 'sym_index'는 당초 값 '[1 2 3 4]'에서 어떤 값으로 바뀌게 되는가?

5.B4. 5.B3의 답과 같이 심벌의 순서(인덱스)를 재배치한다 하더라도. (식 29.4)를 참조하여 채널 행렬을 적절히 수정하면 수신신호 벡터 'r'을 동일하게 할 수 있다. 채널을 적절히 수정하기 위해서는 'C=H(:,Nt); H(:,Nt)=H(:,B); H(:,B)=C;'를 수행하면 된다. 이렇게 하면 되는 이유를 설명하시오.

5.B5. 결국, ZF후 작은 노이즈 분산을 갖는 심벌 순으로 SIC를 수행하는 OSIC detection 함수를 아래 코드와 같이 구현할 수 있다. 문제 5.A에 주어진 SIC detection 함수 'sic_zf_bpsk()'와 비교했을 때 추가된 라인들에 대해 설명할 수 있어야 한다. 이중 아래 굵은 글씨의 두 라인에 대해서는 다음을 쓰시오 (a) '=' 왼쪽 변수의 목적(용도), (b) '=' 오른쪽 수식이 왼쪽 변수의 목적(용도)에 왜 부합하는가?

```
function s_hat=osic_zf_bpsk(r,H)

[Nr Nt]=size(H);
sym_index=1:Nt;

while Nt>0
    Hinv=pinv(H);
    T=sum(abs(Hinv').^2);
    [A B]=min(T);

    C=H(:,Nt);  H(:,Nt)=H(:,B); H(:,B)=C;
    D=sym_index(Nt); sym_index(Nt)=sym_index(B);sym_index(B)=D;

    z=pinv(H)*r;
    s_hat(sym_index(Nt),1)=sign(real(z(Nt)));
    r=r-H(:,Nt)*s_hat(sym_index(Nt));
    H=H(:,1:(Nt-1));
    Nt=Nt-1;
end
```

5.B6. 아래 함수는 위의 'osic_zf_bpsk.m'을 QPSK 변조 방식으로 수정한 것이다. QPSK는 가능한 송신 심벌 값의 집합= $\{-1-j, -1+j, 1-j, 1+j\}$ 이다. 따라서, 'osic_zf_bpsk.m'의 's_hat'생성 라인을 아래와 같이 수정하면 된다. ??를 적절히 채워 완성한 후 함수이름을 'osic_zf_qpsk()'로 저장하시오. 완성된 함수를 캡처하여 보이시오.

```
function s_hat=osic_zf_qpsk(r,H)
...
while Nt>0
    ...
```

```
    s_hat(sym_index(Nt),1)=sign(real(z(Nt)))+j*??;
    ...
end
```

5.B7. 이어지는 문제에서 OSIC가 SIC보다 우수한 성능을 확인할 수 있다. 가장 신뢰도 높은 심벌을 먼저 검출하여 간섭제거 하면 성능이 개선되는 이유는 무엇인지 다시 한번 명확히 정리하시오.

6. BER Simulation 및 시스템 변수와 detection 기법에 따른 성능 비교

6.A. 아래는 'Nr'=4, 'Nt'=4, BPSK, MIMO 시스템의 여러 detection 방식에 따른 BER curve를 얻기 위한 m-file이다. H와 n을 생성하는 두 라인의 우변에 굵은 글씨로 표시한 scaling factor가 왜 그렇게 설정되어야 하는지 설명하시오.

```
clear
randn(1,XXX); % XXX=학번 끝 세자리, 내용과 상관없는 부분, 그러나 꼭 추가 할 것.
EbN0dB_vector=0:5:30;  %PC 속도에 따라 EbN0dB(현재 30) 최대값 적절히 조절
Eb=1; %아래 while loop 내부에서 생성하는 s의 에너지,
Nr=4;Nt=4;

for snr_i=1:length(EbN0dB_vector)
    EbN0dB=EbN0dB_vector(snr_i);
    EbN0=10^(EbN0dB/10);
    N0=Eb/EbN0;

    Nerrs_zf=0;   Nerrs_sic=0;  Nerrs_osic=0;  Nerrs_ml=0;
    Nbits=0;
    Nerrs_stop=100;
    while Nerrs_osic < Nerrs_stop

        s=sign(rand(Nt,1)-0.5);

        H=sqrt(0.5/Nr)*(randn(Nr,Nt)+j*randn(Nr,Nt));
        n=sqrt(N0/2)*(randn(Nr,1)+j*randn(Nr,1));

        r=H*s+n;

        shat_zf=zf_bpsk(r,H);  shat_sic=sic_zf_bpsk(r,H);
        shat_osic=osic_zf_bpsk(r,H);  shat_ml=ml_Nt4_bpsk(r,H);
```

```
        Nerrs_zf=Nerrs_zf+sum(shat_zf~=s);
        Nerrs_sic=Nerrs_sic+sum(shat_sic~=s);
        Nerrs_osic=Nerrs_osic+sum(shat_osic~=s);
        Nerrs_ml=Nerrs_ml+sum(shat_ml~=s);

        Nbits=Nbits+Nt;
    end

    BER_vector(snr_i,:)=[Nerrs_zf Nerrs_sic Nerrs_osic  Nerrs_ml]/Nbits

end
figure
semilogy(EbN0dB_vector, BER_vector)
legend('ZF', 'SIC','OSIC', 'ML')
xlabel('E_b/N_0');ylabel('BER');grid
```

6.B. 시뮬레이션을 수행하여 얻어진 BER 그래프를 캡쳐하여 보이고, 성능이 좋은 것에서 나쁜 것 순으로 검출 방식을 나열하시오.

6.C. 문제 6.A에 주어진 m-file을 아래와 같이 수정하면 'Nr'=2, 'Nt'=2 MIMO 시스템의 각 검출 방식에 따른 BER 실험치 그래프를 얻을 수 있다.

```
...
Nr=2;Nt=2;
...
for snr_i=1:length(EbN0dB_vector)
    ...
    while Nerrs_osic < Nerrs_stop
        ...
        shat_ml=ml_Nt2_bpsk(r,H);
       ...
```

6.C1 위와 같이 수정하여 시뮬레이션을 수행하고 BER 그래프를 캡쳐하여 보이시오.

6.C2. 다음을 답하시오.

(a) 안테나 수와 상관없이 각 검출 방식의 성능의 우열은 변함이 없는지, 아니면 있는지 확인하여 쓰시오.

(b) BER 성능이 가장 좋은 방식에서 낮은 방식 순으로 방식1, 방식2, 방식3, 방식4라고 하자. BER=10e-3에서 방식1과 방식2의 SNR 이득, 방식2와 방식3의 SNR 이득, 방식 3과 방식4의 SNR 이득을 측정하여 쓰시오. ('Nr', 'Nt') = (4, 4) 인 경우에 대하여도 반복하시오.

안테나가 증가함에 따라 각 방식 간의 SNR 이득이 증가하는지 감소하는지 쓰시오.

6.C3. 각 검출 방식별로, 안테나 수가 (2,2)에서 (4,4)로 증가함에 따라 BER 변화와 BER 변화 이유를 〈표 29.1〉에 작성하시오.

〈표 29.1 MIMO 검출방식에 따른 BER 비교 분석〉

방식	BER 증가? 감소?	BER 성능이 변화한 이유
ZF		
SIC		
OSIC		
ML		

6.D. 문제 6.A에 주어진 m-file을 아래와 같이 수정하면 QPSK, 'Nr'=4, 'Nt'=4 MIMO 시스템의 각 검출 방식에 따른 BER 실험치 그래프를 얻을 수 있다. 수정된 부분은 아래에 굵은 글씨로 표시된 라인이다.

```
clear
randn(1,XXX); % XXX=학번 끝 세자리, 내용과 상관없는 부분, 그러나 꼭 추가 할 것.
...
...
for snr_i=1:length(EbN0dB_vector)
...
   while Nerrs_osic < Nerrs_stop
      s=sign(rand(Nt,1)-0.5)+j*rand(Nt,1)-0.5);
      ...
      shat_zf=zf_qpsk(r,H); shat_sic=sic_zf_qpsk(r,H);
      shat_osic=osic_zf_qpsk(r,H); shat_ml=ml_Nt4_qpsk(r,H);

      Nerrs_zf=Nerrs_zf+sum(real(shat_zf)~=real(s))+sum(imag(shat_zf)~=imag(s));
      Nerrs_sic=Nerrs_sic+sum(real(shat_sic)~=real(s))+sum(imag(shat_sic)~=imag(s));
      Nerrs_osic=Nerrs_osic+sum(real(shat_osic)~=real(s))+sum(imag(shat_osic)~=imag(s));
      Nerrs_ml=Nerrs_ml+sum(real(shat_ml)~=real(s))+sum(imag(shat_ml)~=imag(s));
      ...
      Nbits=Nbits+2*Nt;
...
```

6.D1. 라인 'Nbits=Nbits+Nt;' 이 'Nbits=Nbits+2*Nt;'로 변경되었음을 알 수 있다. 이유를 설명하시오.

6.D2. 위에서 수정한 m-file을 수행하여 각 검출 방식에 따른 BER 실험 결과를 캡쳐하여 보이시오.

6.D3. 앞서 얻은 BPSK 변조인 경우의 BER 결과와 비교하여 변조차수 증가(BPSK ⇒QPSK)에 따른 BER 커브의 변화를 설명하시오.

7. 안테나 수와 다이버시티, 데이터 속도의 관계

아래의 m-file은 송수신 안테나 수('Nr', 'Nt')가 각각 (2,2), (3,2), (2,3)인 경우의 MIMO 시스템에 ML(최적의)검출을 한 경우 BER curve를 실험으로 구한다.

```
clear
randn(1,XXX); % XXX=학번 끝 세자리, 내용과 상관없는 부분, 그러나 꼭 추가 할 것.
EbN0dB_vector=0:5:15;
Eb=1; %아래 while loop 내부에서 생성하는 s의 원소의 에너지, BPSK의 경우

for snr_i=1:length(EbN0dB_vector)
   EbN0dB=EbN0dB_vector(snr_i);  EbN0=10^(EbN0dB/10); N0=Eb/EbN0;

   Nerrs_2by2=0;   Nerrs_2by3=0;  Nerrs_3by2=0;
   NsymsNt2=0; NsymsNt3=0;
   Nerrs_stop=200;
   while Nerrs_2by3 < Nerrs_stop
      %%%%%%%%%%%%%%%%%%%%%%%%%%%%%%%%%%%%%%%%%%%%%%%%%%%%%%%%%%%%%%%%%%%%%
      Nr=2;Nt=2;
      s=sign(rand(Nt,1)-0.5);
      H=sqrt(1/Nr)*(randn(Nr,Nt)/sqrt(2)+j*randn(Nr,Nt)/sqrt(2));
      n=sqrt(N0/2)*(randn(Nr,1)+j*randn(Nr,1));
      r=H*s+n;
      shat=ml_Nt2_bpsk(r,H);
      Nerrs_2by2=Nerrs_2by2+sum(shat~=s);
      %%%%%%%%%%%%%%%%%%%%%%%%%%%%%%%%%%%%%%%%%%%%%%%%%%%%%%%%%%%%%%%%%%%%%
      Nr=3;Nt=2;
      s=sign(rand(Nt,1)-0.5);
      H=sqrt(1/Nr)*(randn(Nr,Nt)/sqrt(2)+j*randn(Nr,Nt)/sqrt(2));
      n=sqrt(N0/2)*(randn(Nr,1)+j*randn(Nr,1));
      r=H*s+n;
      shat=ml_Nt2_bpsk(r,H);
      Nerrs_3by2=Nerrs_3by2+sum(shat~=s);

      NsymsNt2=NsymsNt2+2;
      %%%%%%%%%%%%%%%%%%%%%%%%%%%%%%%%%%%%%%%%%%%%%%%%%%%%%%%%%%%%%%%%%%%%%
```

```
        Nr=2;Nt=3;
        s=sign(rand(Nt,1)-0.5);
        H=sqrt(1/Nr)*(randn(Nr,Nt)/sqrt(2)+j*randn(Nr,Nt)/sqrt(2));
        n=sqrt(N0/2)*(randn(Nr,1)+j*randn(Nr,1));
        r=H*s+n;
        shat=ml_Nt3_bpsk(r,H);
        Nerrs_2by3=Nerrs_2by3+sum(shat~=s);

        NsymsNt3=NsymsNt3+3;
    end

    BER_vector(snr_i,:)=[Nerrs_2by2/NsymsNt2 Nerrs_3by2/NsymsNt2 Nerrs_2by3/NsymsNt3]
end
figure
semilogy(EbN0dB_vector(1:snr_i), BER_vector)
legend('Nr=2, Nt=2', 'Nr=3, Nt=2','Nr=2, Nt=3')
xlabel('E_b/N_0');ylabel('BER');grid
```

7.A. 위 m-file을 작성하여 실험을 수행하고 BER plot 결과를 캡쳐하여 보이시오.

7.B. 안테나 수('Nr', 'Nt')가 각각 (2,2), (3,2)인 경우 BER curve의 기울기를 비교하여 다음을 답하시오.

(a) 어떤 경우의 BER curve의 기울기가 더 가파른가?

(b) 25장에서 BER curve의 기울기는 시스템의 다이버시티 차수가 결정함을 학습한 바 있다. 이와 연관지어 (a)의 답으로부터 MIMO 시스템의 다이버시티 차수를 결정하는 변수는 무엇인지 쓰시오. 왜 그 변수가 다이버시티 차수를 결정하게 되는지 물리적인 이유도 설명하시오.

7.C. 안테나 수('Nr', 'Nt')가 각각 (2,2), (2,3)인 경우 BER curve를 비교하여 다음을 답하시오.

(a) 어떤 경우의 BER 성능이 더 좋지 않은가?

(b) 송신 안테나의 증가가 MIMO시스템의 BER에 미치는 영향을 쓰시오. 직관적인 이유도 함께 쓰시오.

7.D. 송신안테나수의 증가는 BER 성능을 좋지 않게 하지만 다른 성능 척도 관점에서 장점이 존재한다. 장점을 쓰시오.

7.E. 'Nr' > 'Nt' 인 MIMO 시스템, 그리고 'Nr' < 'Nt' 인 MIMO 시스템은 각각 어떤 상황에 적합한지 쓰시오. 채널 또는 시스템 요구사항과 관련지어 쓰시오.

>>> 30 CHAPTER Near Ultrasonic Wireless OFDM Modem Design

- 비가청 대역에서 무선으로 이미지를 전송하고 수신한다.
- 비가청 대역 OFDM 모뎀 알고리듬을 분석한다.
- 송수신 과정의 중요한 지점에서 파형과 스펙트럼을 관찰하고 분석한다.

1. 비가청 대역 무선 OFDM 모뎀을 이용한 이미지 전송

비가청(near ultrasonic) 대역 무선채널을 통하여, 스마트폰으로부터 노트북 PC로 데이터 신호를 전송해보자. 아래 실험은 이미지 데이터를 비가청 대역에서 OFDM 변조한 후, 스마트폰으로 그 파형을 무선 채널을 통해 전송하고, 노트북에서 OFDM 변조 신호를 수신하여 이미지를 복원한다.

1.A. 실험에 앞서, 매트랩이 설치되어 있고 마이크가 내장된 노트북 PC와 스마트폰을 준비하자. 다음의 세부 절차에 따라 실험을 수행하시오.

Step 1. 아래 3파일을 자신의 노트북 PC의 MATLAB 작업 폴더에 저장하시오.

- 자신의 사진 파일. PC에 활용할 수 있는 자신의 사진이 없는 경우 스마트폰에서 즉석으로 찍은 후, PC의 MATLAB 작업 폴더로 옮길 것.
- '실습자료 파일'에서 `NUS_AOFDM_TX.m`
- '실습자료 파일'에서 `NUS_AOFDM_DEM.m`

Step 2. 사진 파일명의 확장자는 유지하고 파일명을 myphoto로 변경하시오.

Step 3. MATLAB m-file editor에서 NUS_AOFDM_TX.m를 열어서 4번째 라인 `'A=imread('myphoto', 'jpg');'`에서 확장자 jpg를 자신의 이미지 파일 확장자에 맞게 수정한 후 수정된 m-file을 실행하시오.

※ 사용하고 있는 매트랩 버전이 'audiowrite()' 함수를 지원하지 않는 경우에는 'NUS_AOFDM_TX.m'를 열어서 'audiowrite('NUS_AOFDM_TX.wav',tx,fs);' 라인을 삭제하고, 'wavwrite(tx,fs,'NUS_AOFDM_TX.wav');' 라인을 활성화하기 위해 주석처리 기호 '%'를 제거 하시오.

Step 4. 자신의 MATLAB 작업 폴더에 NUS_AOFDM_TX.wav 파일이 생성되었는지 확인하시오. 이 파일은 자신의 사진 데이터를 OFDM 방식으로 변조한 신호이다. 이 파일을 자신의 스마트폰으로 옮기시오.

※ USB 케이블을 이용하여 옮기거나 메일로 전송하여 스마트폰에서 다운로드 받으시오. 아이폰인 경우에는 PC에서 자신의 Gmail메일 주소로 파일을 전송하고, 아이폰에서 Gmail에 접속하여 첨부파일을 바로 재생할 수 있도록 준비하시오.

Step 5. 본 교재의 13장 문제 3의 '참고'를 참조하여 노트북 PC와 스마트폰의 사운드 및 녹음 장치의 설정을 세팅하시오.

Step 6. NUS_AOFDM_DEM.m을 open하여 바로 실행(초록색 플레이 아이콘)할 수 있도록 준비하시오. 또는 Command 창에 '>>NUS_AOFDM_DEM'을 입력해 놓아서 엔터키만 누르면 바로 실행될 수 있도록 준비하시오.

Step 7. 스마트폰의 볼륨을 최대로 켜고, 스마트폰 스피커(통화 시 귀에 대는 통화용 스피커 말고 오디오 재생이나 스피커 폰 모드 시 사운드 출력되는 스피커)를 노트북의 마이크(내장 마이크의 경우, 보통 노트북의 화면 위나 밑 중앙에 위치)로 향하도록 하고 스피커와 마이크와의 거리를 최대한 가깝게(5cm 이내로) 위치시키시오.

Step 8. OFDM 변조된 자신의 사진을 스마트폰에서 무선으로 PC로 전송하기 위해, 스마트폰에서 NUS_AOFDM_TX.wav 파일을 재생하시오. wav파일 전체 재생시간의 절반이 재생되기 전에 NUS_AOFDM_DEM.m의 실행을 시작하시오. 수 초간 수행될 것임. 수행 완료될 때까지 wav파일의 재생을 멈추지 말 것.

1.A1. 위 모든 과정이 완료된 후 생성된 다음 항목을 캡쳐하시오.

(a) Figure 1 창. 전체화면으로 확대한 후 캡쳐. 3번 문제를 위해 Figure 1창을 파일로 저장할 것.
(b) Figure 3 창
(c) Command window의 'fo_pilot' 출력 값. 3번 문제에서 사용됨.

1.A2. 스마트폰과 노트북의 거리를 조금씩 증가시키면서 Step 6~8 을 반복하시오. 복조된 이미지가 전혀 인식이 불가능할 때 까지 반복하시오. 인식이 불가능한 거리는 얼마인가? 이 실험에서는 Figure 1 창을 저장하지 말 것.

2. OFDM 송신기 알고리듬 및 신호 분석

2.A. NUS_AOFDM_TX.m의 'OFDM signal parameter' 부분에는 OFDM 신호를 생성하는데 사용한 시스템 변수들의 값이 설정되어 있으며 각 변수의 정의가 주석 처리되어 있다.

2.A1. 정의된 변수의 의미와 값을 표로 정리하시오. 주석되어 있는 정의 설명이나 변수의 이름으로 부터 변수의 의미를 유추하지 말고, 변수 설정이 어떻게 되어있는지, 설정된 변수 값은 이후 m-file 어디에서 어떻게 쓰이는지를 파악하여 변수의 의미를 쓸 것. 변수가 벡터나 행렬인 경우는 변수의 의미만 쓸 것.

2.A2. 문제 2.A1의 값을 이용하여 다음을 계산하시오. (a) 부반송파 간격 (b) 전체 대역폭 (c) 보호 구간의 길이(삽입 전 OFDM 심벌 길이 대비 비율)

2.B. NUS_AOFDM_TX.m의 `'OFDM modulated image data packet generation'` 부분에서는 `'Pixel'`이라는 벡터에 정렬된 이미지 데이터 심벌을 OFDM 변조하여 복소 기저대역 OFDM 신호(의 샘플 벡터) `'x'`를 생성한다. 내부 for loop는 OFDM 심벌을 연결하여 OFDM 프레임을 만들고, 외부 for loop는 내부 for loop에서 만들어진 OFDM 프레임을 연결하여 전체 데이터 패킷을 만든다. 즉, 외부 for loop의 `'k'`는 프레임 인덱스이고, 내부 for loop의 `'kk'`는 프레임 내 OFDM 심벌 인덱스이다.

2.B1. 그림 30.1은 전체 이미지 데이터의 OFDM 패킷을 시간 주파수 행렬로 나타낸 것이다. 각 셀은 한 OFDM 신호의 한 부반송파를 의미한다. 굵은 선으로 표시된 부분은 하나의 OFDM 프레임을 나타낸다. 문제 2.A1의 변수의 정의와 m-file의 'OFDM modulated image data packet generation' 부분을 토대로 그림 30.1에서 미지수 A, B, C의 값을 쓰시오.

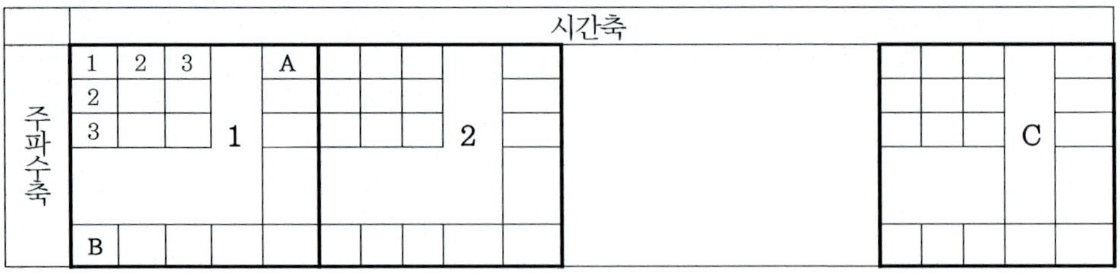

그림 30.1 이미지 전송을 위한 패킷 구조

2.B2. `'OFDM modulated image data packet generation'` 부분에서 벡터 변수 `'D'`는 OFDM 심벌 생성을 위한 IFFT 입력 벡터이다. (a) m-file에 따르면 파일럿 반송파(문제 2.B-3의 '파일럿 OFDM 심벌'과 다름을 주의할 것)의 위치는 몇 번째 반송파에 실리도록 되어있는지 쓰시오. (b) 그림 30.1에 파일럿 반송파가 존재하는 셀을 모두 빗금으로 표시하시오.

2.B3. 외부 for loop과 내부 for loop을 순서대로 따라가 보면 매 OFDM 프레임마다 한 개의 파일럿 OFDM 심벌(파일럿 반송파와 다름)이 삽입되게 되어있다. 파일럿 OFDM 심벌은 수신기의 프레임동기와 채널 추정을 돕기 위해 수신기에서 미리 알고 있는 정보이다. 반면, 파일럿 반송파는 수신기의 주파수 및 위상 동기를 위해서, 송신기에서 보내는 신호로써 데이터 변조되지 않은 반송파를 의미한다. 해당 라인을 분석하여 프레임 내 파일럿 OFDM 심벌의 삽입위치를 알아내고 그림 30.1에 빗금으로 표시하시오.

2.B4. m-file에 따르면 한 OFDM의 한 부반송파 당 (a) 몇 개의 'Pixel' 원소가 (b) 어떠한 방식으로 실리게 되어 있는지 쓰시오.

2.C. NUS_AOFDM_TX.m의 'Up conversion' 부분에서는 복소 기저대역 OFDM 신호 'x'를 비가청 주파수 대역으로 up conversion 시켜 실수 통과대역 OFDM 신호 'tx'를 생성한다.

2.C1. up conversion 후 통과대역 OFDM 신호의 첫 번째 부반송파의 주파수는 변수 'fc'의 값과 같다. m-file을 토대로 그 이유를 설명하시오.

2.C2. 문제 2.B2(a)에서 답한 기저대역 OFDM 신호에서 파일럿 반송파의 위치와 문제 2.C1의 설명에 따라, 통과대역 OFDM 신호에서 파일럿 반송파의 주파수는 얼마가 되는지 쓰시오.

2.D. NUS_AOFDM_TX.m을 실행하여 생성된 Figure 2의 창을 캡쳐하시오.

2.D1. m-file을 토대로 Figure 2의 두 subplot은 각각 무엇을 그린 것인지 쓰시오.

2.D2. 두 subplot을 바탕으로 OFDM 신호가 제대로 생성 되었다고 판단할 수 있는 근거를 모두 쓰시오.

2.D3. Figure 2의 상단 subplot에서 OFDM 신호에 해당하는 spectrum 부분을 크게 확대한 후 캡쳐하시오.

2.D4. 문제 2.D3의 캡쳐 결과로부터 OFDM 신호의 대역폭을 측정하여 쓰고 문제 2.A2(b)의 답과 일치하는지 확인하시오. 일치하지 않은 경우 문제 2.A2를 다시 풀 것.

2.D5. (a) 문제 2.D3의 캡쳐 결과로부터 파일럿 반송파의 주파수를 측정하시오. (b) 문제 2.C2에서 답한 파일럿 반송파의 위치가 일치하는가? 일치하지 않은 경우 문제 2.C2를 다시 풀 것.

2.E. NUS_AOFDM_TX.m의 `'Packet repetition and sidelobe suppression'` 부분의 첫 라인에서는 수신 실험 시 샘플링(녹음) 시작 시각에 여유를 두기 위해 패킷을 한 번 더 반복하고, 두 번째 라인에서는 BPF를 통하여 통과대역 OFDM 신호의 side lobe 성분을 억제하는 과정을 수행한다. side lobe 성분 억제과정의 필요성을 확인하기 위해 두 번째 라인'tx=conv(tx,bpf);'을 임시로 주석처리(%)한 후 NUS_AOFDM_TX.m을 다시 실행하시오.

2.E1. 생성된 Figure 2의 창을 캡쳐하시오. 문제 2.D에서 캡쳐한 Figure 2와 비교하여 차이점을 쓰시오.

2.E2. Command 창에서 '>>soundsc(tx,fs)'를 수행하여 사운드를 청취하시오. 소리가 들린다면 (또는 들리지 않는다면) 이유를 설명하시오.

2.E3. 문제 2.E1과 2.E2의 결과를 토대로, 전송전에 BPF를 통한 side lobe 성분 억제과정이 왜 필요한지 설명하시오.

2.E4. 주석 처리된 라인 'tx=conv(tx,bpf);'을 다시 원상 복구하여 활성화 하고, NUS_AOFDM_TX.m 을 다시 실행하시오. 문제 2.E2를 다시 반복하시오.

3. OFDM 수신 알고리듬 분석

3.A. NUS_AOFDM_DEM.m의 'Near ultrasonic sound sampling'로 표시된 부분은 노트북 PC의 마이크로 입력되는 신호를 샘플링 하는 부분이다.

3.A1. m-file을 바탕으로 Figure 1(문제 1.A1(a)에서 저장한 것)의 1, 2번째 subplot은 각각 무엇을 그린 것이며 예상한 그림과 일치하는지 쓰시오.

3.A2. 문제 2.D에서 캡쳐한 그림과 비교하시오. 가장 큰 차이점과 그 원인은 무엇인지 쓰시오.

3.B. NUS_AOFDM_DEM.m의 'Front end BPF stage'로 표시된 부분은 샘플링된 마이크 입력에서 비가청 대역에 존재하는 OFDM 신호를 필터링 하는 부분이다.

3.B1. m-file을 바탕으로 Figure 1의 3, 4번째 subplot은 각각 무엇을 그린 것인지 쓰시오.

3.B2. Figure 1의 1번째와 3번째의 subplot을 비교하고, 2번째와 4번째의 subplot을 비교하여 BPF를 해야 하는 이유를 쓰시오.

3.B3. 'Front end BPF stage'로 표시된 부분에서 각 라인에 대하여 좌변의 변수가 의미하는 바는 무엇인지, 왜 우변과 같이 구하는지를 설명하시오.

3.B4. 4번째의 subplot에서 OFDM 신호에 해당하는 스펙트럼 부분을 크게 확대하여 캡쳐하시오.

3.B5. 문제 3.B4의 캡쳐 결과를 바탕으로 사용중인 무선 채널의 페이딩은 주파수 선택적(selective) 페이딩인지 비선택적 페이딩인지 쓰시오. 판단근거도 쓰시오.

3.C. NUS_AOFDM_DEM.m의 'Down conversion'으로 표시된 부분은 BPF 출력을 복소 기저대역 신호로 down-conversion하여 해당 샘플 벡터 'cbb'를 생성하는 과정이다. 해당 부분의 각 라인에

대하여 좌변의 변수가 의미하는 바는 무엇인지, 왜 우변과 같이 연산하는지를 설명하시오.

3.D. NUS_AOFDM_DEM.m의 `'Carrier recovery'`로 표시된 부분은 down-conversion된 기저대역 신호에 남아 있는 주파수 오차를 측정하고, 이를 이용하여 주파수 오차가 보정된 복소 기저대역 신호 `'rcbb'`를 생성하는 부분이다.

m-file 에서는 송신신호 생성 시 사용한 반송파 주파수 `'fc'`를 그대로 설정하여 down-conversion한다. 따라서, 이상적인 경우 기저대역 신호에 주파수오차가 존재하지 않는다. 하지만 스마트폰과 노트북 PC에 사용하는 시스템 클럭이 완벽하게 동일하지 않으므로 수신된 신호의 실제 캐리어의 주파수와 `'Down conversion'` 부분에서 생성한 로컬 반송파 주파수 (=`'fc'`)의 오차가 발생한다.

주파수오차가 존재하지 않으면 기저대역 신호의 Pilot은 주파수가 0이 되어 스펙트럼에서 주파수 0에 위치해 있어야 하지만, 주파수 오차가 존재하면 그만큼 Pilot의 주파수도 어긋나 있게 된다. `'Carrier recovery'`로 표시된 부분에서는 Pilot 반송파를 필터링 하고 FFT 연산을 수행하여 Pilot 반송파의 주파수를 알아내는 방법을 사용한다. 첫 3줄은 기저대역의 파일럿 반송파 신호 필터링에 앞서서, 계산량을 줄이고 FFT의 주파수 해상도를 높이기 위해 기저대역 신호를 100:1로 다운 샘플링 하는 과정이다.

3.D1. 'Carrier recovery'로 표시된 부분의 4번째 라인부터 마지막 라인까지 각 라인에 대하여 좌변의 변수가 의미하는 바는 무엇인지, 왜 우변과 같이 연산하는지를 설명하시오.

3.D2. Figure 1의 5번째 subplot은 필터링 된 파일럿 부 반송파의 스펙트럼이다. 피크 값을 최대한 크게 확대하여 파일럿 부반송파의 주파수 오차를 쓰시오.

3.D3. 문제 1.A1(c)에서 캡쳐한 `'fo_pilot'` 출력값은 `'Carrier recovery'`알고리듬에서 추정한 주파수 오차 값이다. 문제 3.D2의 결과와 비교하여 `'Carrier recovery'`알고리듬이 근사한 값으로 추정하였는지를 쓰시오.

3.E. OFDM 신호를 복조하기 위해서는 복소 기저대역 신호를 FFT하게 되는데 이를 위해서는 각 OFDM 심벌의 첫 샘플 지점을 알아야한다. NUS_AOFDM_DEM.m의 `'Frame Synchronization'`으로 표시된 부분에서는, OFDM 심벌의 첫 샘플 지점을 알아내는 과정이다. 먼저, 프레임의 파일럿 OFDM 심벌 첫 샘플 시작점을 알아낸다. 이후 OFDM 심벌들은 OFDM 심벌주기로 수신되므로 파일럿 OFDM 심벌의 첫 샘플 지점으로부터 OFDM 심벌 길이씩 더해서 이후 OFDM 심벌의 FFT 시작점을 계산한다.

이를 위한 선행 절차로, 복소 기저 대역 신호는 파일럿 OFDM 심벌 신호에 정합된 필터를 통과한다. 다음, 그림 30.1에 완성한 패킷 개념도에서 파일럿 OFDM 심벌이 프레임주기로 반복되는 점을 이용하여, 프레임 단위로 기저대역 신호(정합 필터 출력)를 누적하여 파일럿 OFDM 심벌의 첫 샘플 지점을 알아낸다. 동일한 패턴이 반복되는 파일럿 심벌 지점은 누적이 되어 갈수록 그 값이 증가하고, 반면 매번 랜덤하게 변하는 데이터 OFDM 심벌지점의 누적값은 크지 않다. 따라서 누적값이 확연히 크게 되는 점을 이용하여 파일럿 OFDM 심벌의 첫 샘플 지점을 알아내는 것이다.

이후 OFDM 심벌들은 OFDM 심벌주기로 수신되므로 파일럿 OFDM 심벌의 샘플지점으로부터 OFDM 심벌 길이씩 더해서 이후 OFDM 심벌의 FFT 시작점을 계산한다.
'Frame Synchronization'으로 표시된 부분의 첫 3라인은 계산량 감소를 위하여 복소 기저대역 신호를 다운샘플하여 변수 'rcbb_dec'을 만든다.

3.E1. 'Frame Synchronization'으로 표시된 부분의 '다섯' 번째 라인부터 마지막 라인까지는, 파일럿 심벌 신호에 정합된 필터를 거친 복소기저대역 신호를 프레임 단위로 누적하여 최고지점의 위치를 찾고 이를 이용하여, 파일럿 OFDM 심벌의 첫 샘플 지점 'ST'를 알아내는 과정이다. 각 라인에서 좌변의 의미와 우변처럼 수행하는 이유를 설명하시오.

3.E2. 'Frame Synchronization'으로 표시된 부분의 4번째 라인 'rcbb_dec=abs(conv(rcbb_dec,conj(Pf_GI_dec(end:-1:1))));'은 누적에 앞서 어떤 필터링과 abs()를 수행함을 알 수 있다. 필터의 계수는 'Pf_GI_dec(end:-1:1)' 임을 알 수 있는데 이것은 'Pf_GI_dec'를 y축에 대하여 대칭과 같다.

(a) 'Pf_GI_dec'는 'rcbb_dec'와 동일한 다운 샘플링 주기로 'Pf_GI'를 다운샘플링한 것임을 알 수 있다. 한편, 송신부 m-file NUS_AOFDM_TX.m의 시스템 변수 설정부분에서 'Pf_GI'의 정의를 알 수 있다.
4번째 라인 'rcbb_dec=abs(conv(rcbb_dec,conj(Pf_GI_dec(end:-1:1))));'에서 'rcbb_dec'를 'conj(Pf _GI_dec(end:-1:1))'와 필터링하는 이유는 무엇인가?
(b) y축 대칭한 후 필터링하는 이유는 무엇인가?
(c) 필터링 후 'abs()'를 수행해야하는 이유는 무엇인가? 선행된 주파수 보상 오차가 완벽하지 않다고 전제할 것.

3.E3. Figure 1의 6번째 subplot은 누적된 OFDM 프레임을 보인 것이다. 결과가 예상한 모양과 일치하는지 쓰시오.

3.F. NUS_AOFDM_DEM.m의 'OFDM demodulation with Channel compensation'로 표시된 부분은 OFDM 심벌에 대하여 FFT를 수행하여 파일럿 OFDM심벌인 경우 각 반송파의 채널을 추정하여 저장하고, 일반 데이터 OFDM 심벌인 경우 FFT 출력에 대하여, 채널 보상하여 'Pixel' 스트림의 값을 복조하는 과정이다.

3.F1. 맨 바깥 for loop은 OFDM 심벌 인덱스를 순차적으로 증가시키면서, OFDM 복조를 하기 위

한 루프이다. for 문 아래 두 라인 'T=fft(rcbb(ST+GI+ NpGI*(k-1)+(1:Np)));'과 'D=T(1:N);'는 현재 OFDM 심벌의 전체(='N'개) 반송파에 실려 있는 값을 벡터 'D'에 저장하는 과정이다.

(a) 'T=fft(rcbb(ST+GI+NpGI*(k-1)+(1:Np)));'에서 fft를 취하기 전 벡터 'rcbb'의 원소 인덱스를 ST+GI+NpGI*(k−1)+(1:Np)으로 설정한 이유를 설명하시오.

(b) 'D=T(1:N);'를 수행하면 D는 현재 OFDM 심벌의 'N'개 반송파에 실려 있는 데이터 심벌 벡터의 복조값이 된다. 왜 fft의 출력 중 첫 N개의 원소(=T(1:N))가 이에 해당하는 지 설명하시오.

3.F2. 맨 바깥 for loop 안에 'if mod(k,Ns)==1'는 해당 심벌이 파일럿 심벌인지 데이터 심벌인지를 구분한다. 이렇게 하면 구분이 되는 이유를 설명하시오.

3.F3. 라인 'if mod(k,Ns)==1' 아래 'ch=D./P;'와 'ch_tbl(frcnt,:)=ch;'에 대하여 각각 좌변의 변수가 의미하는 바는 무엇이며 왜 우변과 같이 연산하는지 설명하시오. 변수 'frcnt'는 프레임 인덱스이다. 벡터 변수 'P'는 송신부 m-file NUS_AOFDM_TX.m의 시스템 변수 설정부분에 정의되어 있으니 참고할 것.

3.F4. 라인 'else' 아래 'D_buffer=[D_buffer ; D];'은 파일럿 심벌 다음부터 연속되는 일반 데이터 OFDM 심벌의 FFT 출력을 행렬에 쌓아가며 저장하는 과정이다. 루프가 반복되어 저장된 후 다시 'if mod(k,Ns)==1'가 만족되면, 즉 이전 OFDM 프레임이 행렬에 다 쌓이면, 가장 안쪽의 for 루프에서는, 저장된 데이터 심벌에 대하여 비로소 채널 보상을 수행하여 최종적으로 'Pixel' 원소의 복조된 값을 생성한다. 문제 2.B-3에서 분석한 OFDM 프레임의 구조상, 프레임내의 일반 데이터 OFDM 심벌들은 인접한 두 파일럿 OFDM 심벌사이에 위치하게 된다. 가장 안쪽 for 루프 상단의 'Pch'는 현재 복조하고자하는 OFDM 프레임의 첫 심벌에 위치하는 파일럿으로 추정된 채널 벡터이고, 'Cch'는 다음 OFDM 프레임의 파일럿으로 추정된 채널 벡터이다. 따라서 둘 사이에 위치하는 OFDM 심벌의 채널은 프레임 양끝에서 추정된 채널을 보간(심벌 위치에 따라 다른 가중치를 주어 결합)하여 사용한다.
가장 안쪽 for 루프 내부의 처음 3라인에 대하여 좌변의 의미는 무엇이며 우변과 같이 연산하는 이유를 각각 설명하시오.

3.F5. Figure 1의 7번째 subplot은 추정된 채널의 Magnitude 응답을 시간, 주파수 영역에 대하여 3차원으로 그린 것이다. 4번째 subplot에 나타난 수신신호의 실제 스펙트럼 모양과 비교하여 채널 추정이 제대로 된 것인지 아닌지 설명하시오.

3.F6. 추정된 채널의 Magnitude 응답(Figure 1의 7번째 subplot)을 바탕으로, 해당 채널은 시간축과 주파수축 둘 중 어떤 쪽에서 채널 변동이 심한가?

3.G. NUS_AOFDM_DEM.m의 마지막 부분인 'Image packet synchronization'은 'DemPixel'(=복조

된 'Pixel' 스트림)에서 이미지 데이터 패킷의 첫 픽셀위치를 찾고 첫 픽셀이 'DemPixel' 스트림의 첫 원소가 되도록 스트림을 순환 천이(cyclic shift)하는 과정이다.

3.G1. 각 라인의 좌변의 의미와 우변과 같이 수행하는 이유를 쓰시오. 변수 'Preamble'는 OFDM 송신 신호 생성 시 'Pixel' 스트림 앞부분에 삽입한 프리앰블 패턴임을 참고할 것

3.G2. Figure 1의 9번째 subplot은 프리앰블 패턴과 'DemPixel'(=복조된 'Pixel' 스트림)과의 상관함수를 그린 것이다. 예상한 모양과 일치하는지 쓰시오.

4. 시스템 변수에 따른 성능 분석

4.A. NUS_AOFDM_DEM.m의 초반부의 라인 'RX_time=TX_time+1;' 바로 아래에 다음 두 줄을 연이서 삽입하고 저장하시오.

- load NUS_AOFDM_TX_tx.mat tx;
- soundsc(tx,fs);

이제 NUS_AOFDM_DEM.m을 수행하면 노트북 PC 스피커에서 비가청 대역 OFDM 변조신호가 재생되고 이를 노트북 PC가 직접 바로 수신(녹음)하여 복조하게 된다. 따라서 스마트폰 없이 노트북 스피커와 마이크로 이미지 무선 송수신을 한 번에 수행할 수 있다.

4.A1. 노트북 PC의 볼륨을 최대로 키우고 수정 저장된 NUS_AOFDM_DEM.m을 실행하시오. 복조 이미지를 캡쳐하시오.

4.A2. 송신신호 생성 파일 NUS_AOFDM_TX.m에서 라인 'GI=ceil(Np*1/8);'을 'GI=0'으로 수정하고 NUS_AOFDM_TX.m을 수행하시오. 다음 NUS_AOFDM_DEM.m을 수행하시오. 복조 이미지를 캡쳐하시오.

4.A3. 'GI=0' 으로 수정하면 화질이 저하되는 이유를 설명하시오.

4.B. 다음을 답하시오.

4.B1. 'N'과 'Np'가 비례식으로 되어 있는데, 이것은 'N'과 상관없이 전체 데이터 속도를 일정하게 함이다. 이를 증명하시오. 'GI'=0이라 가정할 것.

4.B2. 문제 2.A2(b)에서 'N', 'Np', 'fs' 변수 값을 이용하여 전체 대역폭을 계산한 바 있다. 'N'과 'Np'가 비례관계에 있으면 전체대역폭은 'N'과 상관없이 일정하게 유지됨을 보이시오.

4.B3. 'N'을 16, 256으로 변경하여 NUS_AOFDM_TX.m를 실행하고 각 경우에 대하여 복조된 이미지를 캡쳐하여 보이시오.

4.B4. 'N'=16, 64, 256의 경우에 각각에 대하여 Figure 2를 캡쳐하시오. 각 경우, Figure 2의 송신 신호 파형을 비교하고 어떤 경우가 피크전력(=순간 최대 전력)이 가장 높은지 쓰시오. 결과에 대한 이유를 쓰시오.

4.C. NUS_AOFDM_TX.m의 라인 'Pixel=Pixel(ILindex);'은 순차적으로 정렬된 이미지 픽셀을 랜덤하게 인터리빙하는(순서를 뒤섞는) 과정이다. 이 라인을 주석처리 한 후 NUS_AOFDM_TX.m을 실행하시오.

4.C1. Figure 2를 캡쳐하시오. 문제 2.D 에서 캡쳐한 파형과 비교하여 어떤 것이 더 큰 피크전력 값을 갖는지(어떤 파형이 PAPR (peak to average power ratio)이 큰지) 쓰시오.

4.C2. 이미지데이터의 특성상 순차적으로 정렬된 'Pixel' 스트림을 그대로 OFDM 변조한 경우 큰 피크전력 값을 갖게 되는 이유를 쓰시오.

4.C3. 인터리빙을 통해 B-2 의 문제를 해결할 수 있는 이유를 설명하시오.

4.D. 제공된 두 m-file의 송수신 알고리듬은 아직 더 개선할 수 있는 여지를 가지고 있다.

4.D1. 송수신 알고리듬을 수정하여 성능(보다 먼 거리에서 보다 좋은 화질)을 개선해 보시오. 공정한 비교를 위해 대역폭, 채널 환경(스마트폰과 노트북의 위치와 자세, 주위소음레벨), 스마트폰 볼륨을 동일하게 유지하시오.

(a) 어느 라인을 왜 그렇게 수정하였는지 설명하시오.

(b) 수정 전후 이미지 화질을 비교하여 성능이 개선되었음을 보이시오.

4.D2. 송수신 알고리듬을 수정하여 대역폭 효율을 개선해 보시오. 즉, 동일한 전송시간에 대역폭을 줄이거나, 동일한 대역폭에 전송시간을 줄이도록 수정해보시오.

(a) 어느 라인을 왜 그렇게 수정하였는지 설명하시오.

(b) 대역폭 효율이 개선되었음(작아진 대역폭 또는 빨라진 전송시간)을 확인할 수 있는 결과를 캡쳐하시오.

(c) 수정 전후 수신 이미지 화질도 유지됨을 보이시오.

4.D3 제공된 두 m-file의 송수신 알고리듬은 계산량 측면에서도 아직 더 개선할 수 있는 여지를 가지고 있다. 송수신 알고리듬을 수정하여 동일한 성능(동일한 채널 환경에서 동일한 수신 화질)을 유지하면서 계산량을 줄여보시오.

(a) 어느 라인을 왜 그렇게 수정하였는지 설명하시오.

(b) 이전대비 몇 %정도 계산량 감소효과가 있는지 계산하시오.

(c) 수정 전후 수신 이미지 화질도 유지됨을 보이시오.

부록

1. 주요 함수의 푸리에 변환

$f(t)$	$F(\omega)$	$f(t)$	$F(\omega)$
1. $e^{-at}u(t)$	$1/(a+j\omega)$	11. $\cos\omega_0 t$	$\pi[\delta(\omega-\omega_0)+\delta(\omega+\omega_0)]$
2. $te^{-at}u(t)$	$1/(a+j\omega)^2$	12. $\sin\omega_0 t$	$-j\pi[\delta(\omega-\omega_0)-\delta(\omega+\omega_0)]$
3. $e^{-a\|t\|}$	$2a/(a^2+\omega^2)$	13. $\mathrm{rect}(t/\tau)$	$\tau\,\mathrm{sinc}(\omega\tau/2)$
4. $e^{-t^2/(2\sigma^2)}$	$\sigma\sqrt{2\pi}\,e^{-\sigma^2\omega^2/2}$	14. $\frac{W}{2\pi}\mathrm{sinc}(Wt/2)$	$\mathrm{rect}(\omega/W)$
5. $sgn(5)$	$2/(j\omega)$	15. $\frac{W}{\pi}\mathrm{sinc}(Wt)$	$\mathrm{rect}(\omega/2W)$
6. $j/(\pi t)$	$sgn(\omega)$	16. $\Lambda(t/\tau)$	$\tau[\mathrm{sinc}(\omega\tau/2)]^2$
7. $u(t)$	$\pi\delta(\omega)+1/(j\omega)$	17. $\frac{W}{2\pi}[\mathrm{sinc}(Wt/2)]^2$	$\Lambda(\omega/W)$
8. $\delta(t)$	1	18. $\cos(\pi t/\tau)rect(t/\tau)$	$\frac{2\tau}{\pi}\frac{\cos(\pi\tau/2)}{1-(\pi\tau/\pi)^2}$
9. 1	$2\pi\delta(\omega)$	19. $\frac{2W}{\pi^2}\frac{\cos(Wt)}{1-(2Wt/\pi)^2}$	$\cos[\pi\omega/(2W)]rect[(\omega/(2W)]$
10. $e^{\pm jw_0 t}$	$2\pi\delta(\omega\mp\omega_0)$	20. $\delta_\Gamma(t)$	$\omega_0\delta_{\omega 0}(\omega)$ $where\ \omega_0=2\pi/T$

※ $\mathrm{rect}(t/\tau)$ 함수

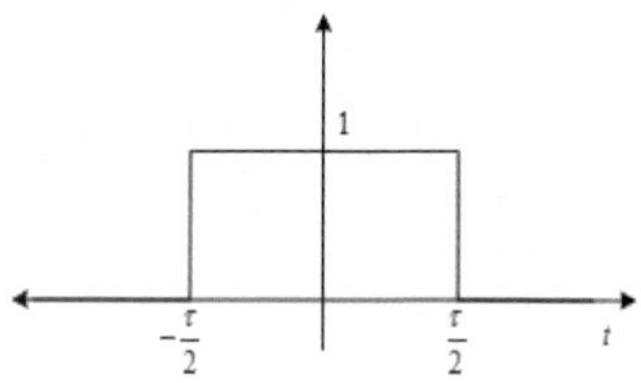

2. 가우시안 분포

$$f_X(x)=\frac{1}{\sigma\sqrt{2\pi}}exp\left[-\frac{1}{2}\left(\frac{x-m_x}{\sigma}\right)^2\right]$$

위에서 m_x=X의 평균, σ=X의 표준편차

3. erfc()함수와 Q() 함수

$$erfc(x)=\frac{2}{\sqrt{\pi}}\int_x^\infty \exp(-u^2)du$$

$$Q(x)=\frac{1}{2}erfc\left(\frac{x}{\sqrt{2}}\right)$$

4. Gaussian Error Probabilities

$Q(x)$	x
10^{-3}	3.35
10^{-4}	3.72
10^{-5}	4.27
10^{-6}	4.75
10^{-7}	5.20
10^{-8}	5.61

5. 주요 연산의 푸리에 변환

Operation	$f(t)$ $\leftrightarrow$	$F(\omega)$
Linearity (superposition)	$a_1 f_1(t) + a_2 f_2(t)$	$a_1 F_1(\omega) + a_1 F_2(\omega)$
Complex conjugate	$f^*(t)$	$F^*(-\omega)$
Scaling	$f(\alpha t)$	$\frac{1}{\lvert\alpha\rvert} F\left(\frac{\omega}{\alpha}\right)$
Delay	$f(t-t_0)$	$e^{-j\omega_0} F(\omega)$
Frequency translation	$e^{jw_0 t} f(t)$	$F(\omega-\omega_0)$
Amplitude modulation	$f(t)\cos\omega_0 t$	$\frac{1}{2}F(\omega+\omega_0) + \frac{1}{2}F(\omega-\omega_0)$
Time convolution	$\int_{-\infty}^{\infty} f_1(\tau) f_2(t-\tau) d\tau$	$F_1(\omega) F_2(\omega)$
Frequency convolution	$f_1(t) f_2(t)$	$\frac{1}{2\pi}\int_{-\infty}^{\infty} F_1(u) F_2(\omega-u) du$
Duality: time-frequency	$F(t)$	$2\pi f(-\omega)$
Symmetry: even-odd	$f_e(t)$	$F_e(\omega)$ [real]
	$f_o(t)$	$F_o(\omega)$ [imaginary]
Time differentiation	$\frac{d}{dt} f(t)$	$j\omega F(\omega)$
Time integration	$\int_{-\infty}^{t} f(\tau) d\tau$	$\frac{1}{j\omega} F(\omega) + \pi F(0)\delta(\omega)$, where $F(0) = \int_{-\infty}^{\infty} f(t) dt$

6. 단위의 배수와 약수

Prefix	Symbol	Factor	Prefix	Symbol	Factor
milli	m	10^{-3}	kilo	k	10^{3}
micro	μ	10^{-6}	mega	M	10^{6}
nano	n	10^{-9}	giga	G	10^{9}
pico	p	10^{-12}	tera	T	10^{12}
femto	f	10^{-15}	peta	P	10^{15}

7. 삼각함수 공식

덧셈정리	$\sin(\alpha+\beta)=\sin\alpha\cos\beta+\cos\alpha\sin\beta$
	$\sin(\alpha-\beta)=\sin\alpha\cos\beta-\cos\alpha\sin\beta$
	$\cos(\alpha+\beta)=\cos\alpha\cos\beta-\sin\alpha\sin\beta$
	$\cos(\alpha-\beta)=\cos\alpha\cos\beta+\sin\alpha\sin\beta$
	$\tan(\alpha+\beta)=\dfrac{\tan\alpha+\tan\beta}{1-\tan\alpha\tan\beta}$
	$\tan(\alpha-\beta)=\dfrac{\tan\alpha-\tan\beta}{1+\tan\alpha\tan\beta}$
합성	$a\sin\theta+b\cos\theta=\sqrt{a^2+b^2}\sin(\theta+\alpha)$ (단, $\cos\alpha=\dfrac{a}{\sqrt{a^2+b^2}}$, $\sin\alpha=\dfrac{b}{\sqrt{a^2+b^2}}$)
	$\alpha\sin\theta+b\cos\theta=\sqrt{a^2+b^2}\cos(\theta-\beta)$ (단, $\cos\beta=\dfrac{b}{\sqrt{a^2+b^2}}$, $\sin\beta=\dfrac{a}{\sqrt{a^2+b^2}}$)
배각	$\sin 2\alpha=2\sin\alpha\cos\alpha$
	$\cos 2\alpha=\cos^2\alpha-\sin^2\alpha=2\cos^2\alpha-1=1-2\sin^2\alpha$
	$\tan 2\alpha=\dfrac{2\tan\alpha}{1-\tan^2\alpha}$
	$\sin 3\alpha=3\sin\alpha-4\sin^3\alpha$
	$\cos 3\alpha=4\cos^3\alpha-3\cos\alpha$

반각	$\sin^2\frac{\alpha}{2}=\frac{1-\cos\alpha}{2}$ $\cos^2\frac{\alpha}{2}=\frac{1+\cos\alpha}{2}$ $\tan^2\frac{\alpha}{2}=\frac{1-\cos\alpha}{1+\cos\alpha}$
product to sum	$\sin\alpha\cos\beta=\frac{1}{2}(\sin(\alpha+\beta)+\sin(\alpha-\beta))$ $\cos\alpha\sin\beta=\frac{1}{2}(\sin(\alpha+\beta)-\sin(\alpha-\beta))$ $\cos\alpha\cos\beta=\frac{1}{2}(\cos(\alpha+\beta)+\cos(\alpha-\beta))$ $\sin\alpha\sin\beta=\frac{1}{2}(\cos(\alpha-\beta)-\cos(\alpha+\beta))$
sum to product	$\sin A+\sin B=2\sin\frac{A+B}{2}\cos\frac{A-B}{2}$ $\sin A-\sin B=2\cos\frac{A+B}{2}\sin\frac{A-B}{2}$ $\cos A+\cos B=2\cos\frac{A+B}{2}\cos\frac{A-B}{2}$ $\cos A-\cos B=-2\sin\frac{A+B}{2}\sin\frac{A-B}{2}$

8. Graphic manipulation

MATLAB Figure 파일을 다루는 방법에 대해 소개한다. MATLAB에서는 plot, stem 또는 semilogy 등을 통해 Figure 파일을 생성할 수 있다. 이때 생성된 MATLAB Figure 파일의 선 (line) 모양, 굵기, 색, 마커 등을 설정할 수 있다. 또한 다른 Figure창에 있는 그래프를 가져와서 원하는 Figure창에 붙일 수도 있다. 아래의 예제를 통해 Figure 창에 있는 그래프를 편집하는 방법을 익혀보자.

(1) 그래프의 선모양, 굵기, 색, 마커 설정

1) 먼저 command window에 '>>plot(0:10,0:10)'를 실행하여 아래와 같은 MATLAB Figure 창 생성

2) Figure 창의 좌측 상단에 있는 화살표 ①를 클릭

3) 그래프 'line'②을 선택

4) 마우스의 커서를 'line'위에 둔 상태에서 우클릭

5) 'line'을 편집할 수 있는 다양한 명령어들을 선택하여 편집

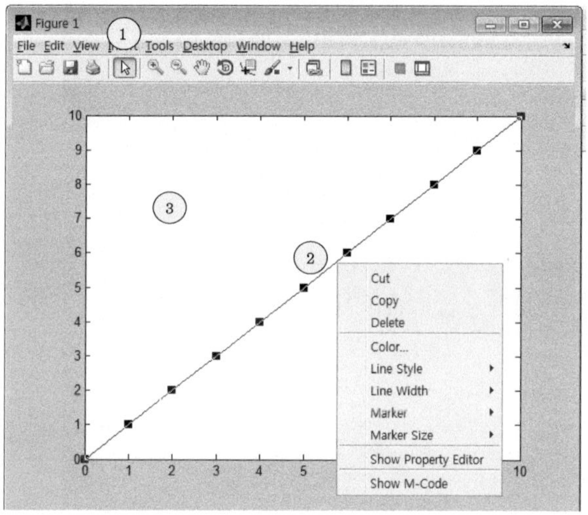

명령어	기능
Cut	선택한 'line'을 자르기
Copy	선택한 'line'을 복사하기
Delete	선택한 'line'을 지우기
Color...	선택한 'line'의 색설정
Line Style	선택한 'line'의 모양설정(실선, 점선)
Line Width	선택한 'line'의 두께설정
Marker	선택한 'line'의 마커모양 설정

(2) 다른 Figure 창에 있는 그래프를 원하는 Figure 창에 가져오기.

1) Command window에 '>>figure; plot(0:10,10:-1:0)'을 실행하여 새로운 Figure창 생성

2) 생성된 Figure창(Figure 2)의 좌측 상단에 위치한 ①'화살표'를 클릭

3) 복사 대상인 Figure 2의 그래프('line')를 클릭하여 선택

4) 우클릭하여 'copy'를 선택

5) 앞의 1번 과정에서 생성했던 Figure 창(Figure 1)을 선택

5) 좌측 상단에 위치한 ①'화살표'를 다시 클릭

6) Figure 1 창의 그래프 배경 ③에 커서를 대고 우클릭한 후 'paste'를 선택

7) Figure 2 창에 있는 그래프를 Figure 1창에 가져옴.

교강사를 위한 실습 강의자료 및 실습 모범답안

교강사의 원활한 수업진행을 위해 실습 강의자료 및 실습 모범답안을 제작하였습니다. 저자에게 요청시 간단한 확인절차를 거친 후 실습 강의자료 및 실습 모범답안을 제공합니다.

요청 이메일 주소 : hongpub@hongpub.co.kr